高等职业教育“十三五”规划教材

液压与气动系统安装与调试

Installation and Adjustment of Hydraulic and Pneumatic System

赵秀华　崔剑平　主　编
杨　眉　张　娜　董　雪　副主编
王秋敏　主　审

電子工業出版社
Publishing House of Electronics Industry
北京 • BEIJING

内容简介

本书采用“任务驱动”的模式组织内容，更易于教师展开教学和学生进行学习。同时，将专业英语词汇和句子融入教材内容，便于学生学习与液压和气动知识相关的专业英语知识。

内容共分为十个学习项目，分别为液压与气压传动技术基础、液压油及其流动特性分析、液压泵工作特性分析及选用、液压缸/液压马达的工作特性分析与选用、方向控制阀及方向控制回路、压力控制阀及压力控制回路、流量控制阀及速度控制回路、液压泵站安装与调试、液压系统的调试与故障分析、气动回路的安装与调试。每个项目下设置多个学习任务，每个任务下设有精选的任务检查与考核的题目。

教材内容以“必须、够用”为度，同时注重与工程和生活实际相结合，以图代文，由浅入深，使学习者对原理知识一目了然。

本书可作为高等职业院校机电、机械类相关专业的通用教材，也可作为液压与气动技术相关培训的培训教材及有关工程技术人员工作的参考书。

图书在版编目（CIP）数据

液压与气动系统安装与调试 / 赵秀华，崔剑平主编. —北京：电子工业出版社，2018.2
ISBN 978-7-121-33092-6

Ⅰ. ①液…　Ⅱ. ①赵…　②崔…　Ⅲ. ①液压系统-设备安装-高等职业教育-教材②气动设备-设备安装-高等职业教育-教材③液压系统-调试方法-高等职业教育-教材④气动设备-调试方法-高等职业教育-教材
Ⅳ. ①TH137②TH138

中国版本图书馆 CIP 数据核字（2017）第 285249 号

策划编辑：朱怀永
责任编辑：胡辛征
印　　刷：北京虎彩文化传播有限公司
装　　订：北京虎彩文化传播有限公司
出版发行：电子工业出版社
　　　　　北京市海淀区万寿路 173 信箱　邮编 100036
开　　本：787×1092　1/16　印张：22.25　字数：534 千字
版　　次：2018 年 2 月第 1 版
印　　次：2021 年 8 月第 6 次印刷
定　　价：49.90 元

凡所购买电子工业出版社图书有缺损问题，请向购买书店调换。若书店售缺，请与本社发行部联系，联系及邮购电话：（010）88254888。

质量投诉请发邮件至 zlts@phei.com.cn，盗版侵权举报请发邮件至 dbqq@phei.com.cn。

本书咨询联系方式：（010）88254608，zhy@phei.com.cn。

前　言

本书是根据高等职业教育《液压与气动系统安装与调试》教学大纲的要求，结合高等职业教育的特点及机械、机电类专业的人才培养目标和职业教育教学改革实践经验，本着“理论知识必须够用为度、培养实践技能、重在技术应用”的原则编写的。本书的编写是以切实培养和提高高等职业院校机电类专业学生的职业技能为目的，突出实用性和针对性，不拘泥于理论研究，注重理论与实际应用相结合，强调应用能力的培养。本书可作为高等职业院校机电、机械类相关专业的通用教材，也可作为液压与气动技术相关培训的培训教材及有关工程技术人员工作的参考书。

本书共分为十个学习项目，分别为液压与气压传动技术基础、液压油及其流动特性分析、液压泵工作特性分析及选用、液压缸/液压马达的工作特性分析与选用、方向控制阀及方向控制回路、压力控制阀及压力控制回路、流量控制阀及速度控制回路、液压泵站安装与调试、液压系统的调试与故障分析、气动回路的安装与调试。每个项目下设置多个学习任务，每个任务均采用“任务驱动”的模式组织内容，每个任务下都设有精选的任务检查与考核题目，题目形式多样，对于学生加深基本概念的理解、加强分析能力的训练等都是有益的。

本书在编写形式上打破了传统的知识框架。液压部分的内容将液压基本回路与液压元件的内容合并在一起编写，将液压基本回路的内容放在各液压元件的应用讲解中，没有单独设置液压基本回路的章节，精简了内容，也符合教师讲解的特点；将液压辅助元件的内容融入到相应的学习内容中，哪里用到哪里讲，让学生知道这些元件用在哪里、怎么用。气动部分的内容根据设置的任务编写，既遵循了“哪里用到哪里讲”的原则，又保证了知识的完整性和系统性，编写思路有新意，为同类教材所少见。同时，根据高等职业教育双语教学的要求，将专业英语词汇和句子融入教材内容，便于学生学习液压与气动知识相关的专业英语内容。

在内容上，本书增加了企业实际应用的液压泵站和液压叠加阀组相关的内容，同时介绍了新技术（如比例控制阀和位移传感器），以培养技能型人才为目标，满足新形势下课程教学的需要。

本书的名词术语、液压气动图形符号、单位、物理符号等都统一采用国家最新标准。

本书配套数字化教学资源有：电子课件、动画、行业标准等。

本书由山东职业学院赵秀华、崔剑平担任主编并负责统稿。参加本书编写工作的有山东理工职业学院杨眉（项目四）、山东职业学院崔剑平（项目八、项目九）、赵秀华（项目二、项目三、项目六、项目七）、张娜（项目十），山东交通职业技术学院董雪（项目一、项目五）。全书由山东职业学院王秋敏主审。在本书编写过程中山东大学刘延俊教授、山东拓普液压气动有限公司张莹莹工程师等提出了宝贵意见和建议，在此表示衷心地感谢。

由于编者水平有限，本书难免存在疏漏和不足之处，在此恳请广大读者批评指正。

目 录

项目 1　液压与气压传动技术基础（Item1　Fundamentals of Hydraulic and Pneumatic Transmission Technology）

知识目标	能力目标	素质目标
1. 掌握液压与气压传动的工作原理及组成。 2. 了解液压与气压传动的优缺点及其应用。 3. 掌握压力及流动的形成。 4. 掌握压力的表示方法及单位。	1. 能够分析液压气动系统的组成及各部分的作用。 2. 具备分析液压与气动系统特点的能力。	1. 培养学生在完成任务过程中小组成员团队协作的意识。 2. 培养学生文献检索、资料查找与阅读相关资料的能力。 3. 培养自主学习的能力。

任务 1.1　认识液压与气压传动的特点及应用（Task1.1 Cognitive the Characteristics and Application of Hydraulic and Pneumatic Transmission）

1. 了解常用的传动形式的分类和特点。
2. 掌握液压与气压传动的定义。
3. 熟悉液压与气压传动的优缺点及其应用。

什么是机器？机器由哪几部分组成？

任何机器一般主要由三部分组成：原动机、传动机构和工作机。原动机提供机器工作所需能源（如内燃机、电动机），传动系统实现能量的转换，工作机运动（直线运动、回转运动等）能够输出能量。

你知道的传动形式有哪些？

1.1.1 液压与气压传动的定义(Definition of Hydraulic and Pneumatic Transmission)

就传动方式而言，常用的有以下几种。

1. 机械传动（Mechanical Transmission）：如齿轮传动、带传动、链传动、蜗杆传动、螺旋传动等。

机械传动直观、易懂，且传动简单、直接、可靠、效率高，但不易调节控制，难以实现自动化。

2. 电力传动（Power Transmission）：是利用电动机将电能变为机械能，以驱动机器工作部分的传动。

电气传动速度快，控制敏捷、可靠、精度高，但不能过载，难以实现无级变速和在低速或静态下的大负荷驱动。

3. 流体传动（Fluid Transmission）：是以流体（液体或气体）为工作介质的一种传动。

依靠液体的静压力能传递能量的称为液压传动（**Hydraulic Transmission**）。依靠流体动能作用传递能量的称为液力传动（**Hydrodynamics Transmission**）。利用气体的压力能传递能量的称为气压传动（**Pneumatic Transmission**）。我们这门课主要学习液压传动与气压传动。

液压与气压传动是以液压油或压缩空气作为工作介质来实现能量传递和控制的一种传动形式。液压传动与气压传动的基本原理、元件工作机理及回路构成等诸方面极其相似，所不同的是作为液压传动工作介质的液压油几乎不可压缩，作为气压传动工作介质的压缩空气具有较大的压缩性。

1.1.2 液压与气压传动发展 (Development of Hydraulic and Pneumatic Transmission)

一、液压传动的发展 (Development of Hydraulic Transmission)

1. 帕斯卡定律

1653 年，一位名叫布莱斯·帕斯卡的人发现了液压杠杆传动原理。这一原理后来被称为帕斯卡定律。

2. 水压机

在帕斯卡定律的基础上，英国的约瑟夫•布拉曼（Joseph Braman，1749—1814 年）于 1795 年在伦敦用水作为工作介质，以水压机的形式将其应用于工业上，诞生了世界上第一台水压机。1905 年，将工作介质水改为油，又进一步得到改善。这使液压首次得到了实际应用。

3. 液压技术迅速发展

第一次世界大战（1914—1918 年）后，液压传动广泛应用，特别是 1920 年以后，发展更为迅速。1925 年，液压元件大约在 19 世纪末 20 世纪初的 20 年间，才开始进入正规的工业生产阶段。1925 年，维克斯（F • Vickers）发明了压力平衡式叶片泵，为近代液压元件工业或液压传动的逐步建立奠定了基础。20 世纪初，康斯坦丁 • 尼斯克（G • Constantimsco）对能量波动传递所进行的理论和实际研究，以及 1910 年对液力传动（液力联轴节、液力变矩器等）方面的贡献，使这两个领域得到了发展。

第二次世界大战（1941—1945 年）期间，在美国机床中有 30%应用了液压传动。应该指出，日本液压传动的发展较欧美等国家晚了 20 多年。在 1955 年前后，日本迅速发展液压传动，1956 年成立了“液压工业会”。近二三十年间，日本液压传动发展迅速，居世界领先地位。

液压技术主要是由武器装备对高质量控制装置的需要而发展起来的。随着控制理论的出现和控制系统的发展，液压技术与电子技术的结合日臻完善，电液控制系统具有高响应、高精度、高功率-质量比和大功率的特点，从而广泛运用于武器和各工业部门及技术领域。

4. 液压传动的发展趋势

（1）减少能耗，充分利用能量。

（2）泄漏控制。泄漏控制是提高液压传动和电气、机械传动竞争能力的一个重要课题，主要包括两个方面：防止液体泄漏到外部造成环境污染；防止外部环境对系统的侵害。发展无泄漏（1eakfree）元件和系统：发展集成化和复合化的元件和系统，实现无管连接，研制新型密封和无泄漏管接头以及电机和液压泵的组合装置（电机转子中间装有泵，减少泵轴封的漏油）。

（3）污染控制。

（4）主动维护。

（5）机电一体化。

（6）计算机技术的应用。

（7）可靠性和性能稳定性继续提高。

（8）增强对工作环境的适应性。

（9）高度集成化，提高元器件的功能密度。

（10）发展轻小型器件和微型液压技术。

总之，液压技术作为便捷和廉价的自动化技术，有着良好的发展前景。液压产品不仅在机电、轻纺、家电等传统领域有着很大的市场，而且在新兴的产业如信息技术产业、生物制品业、微纳精细加工等领域都有广阔的发展空间。脚踏实地，放眼未来，经过行业的共同努力，我国的液压工业一定能走进一个新天地。

二、气压传动的发展（Development of Pneumatic Transmission）

气压传动的历史非常悠久。早在公元前，埃及人就开始使用风箱产生压缩空气用于助燃。后来，人们懂得用空气作为工作介质传递动力做功。如古代利用自然风力推动风车并带动水车提水灌溉，利用风能航海等。从 18 世纪的产业革命开始，气压传动逐渐被应用于各类行业中，如矿山用的风钻、火车的刹车装置、汽车的自动开关门等。而气压传动应用于一般工业中的自动化、省力化则是近些年的事情。目前世界各国都把气压传动作为一种低成本的工业自动化手段应用于工业领域。国内外自 20 世纪 60 年代以来，随着工业机械化和自动化的发展，气动技术越来越广泛地应用于各个领域里。目前气压传动元件的发展速度已超过了液压元件，气压传动已成为一个独立的专门技术领域。

液压传动与气压传动相比，有什么不同之处？

1.1.3 液压与气压传动的优缺点（Advantages and Disadvantages of Hydraulic and Pneumatic Transmission）

一、液压传动的优缺点（Advantages and Disadvantages of Hydraulic Transmission）

液压传动之所以能得到广泛的应用，是由于它与机械传动、电气传动相比具有以下的主要优点：

（1）由于液压传动是油管连接，所以借助油管的连接可以方便灵活地布置传动机构，这是比机械传动优越的地方。例如，在井下抽取石油的泵可采用液压传动来驱动，以克服长驱动轴效率低的缺点。由于液压缸的推力很大，又加之极易布置，在挖掘机等重型工程机械上，已基本取代了老式的机械传动，不仅操作方便，而且外形美观大方。

（2）液压传动装置重量轻、结构紧凑、惯性小。例如，相同功率液压马达的体积为电动机的 12%～13%。液压泵和液压马达单位功率的重量指标，目前是发电机和电动机的十分之一，液压泵和液压马达可小至 0.0025N/W（牛/瓦），发电机和电动机则约为 0.03N/W。

（3）可在大范围内实现无级调速。借助阀或变量泵、变量马达，可以实现无级调速，调速范围可达 1∶2000，并可在液压装置运行的过程中进行调速。

（4）实现无间隙传动，传递运动均匀平稳，负载变化时速度较稳定。正因为此特点，金属切削机床中的磨床传动现在几乎都采用液压传动。

（5）液压装置易于实现过载保护——借助于设置溢流阀等，同时液压件能自行润滑，因此使用寿命长。

（6）液压传动容易实现自动化——借助于各种控制阀，特别是采用液压控制和电气控制结合使用时，能很容易实现复杂的自动工作循环，而且可以实现遥控。

（7）液压元件已实现了标准化、系列化和通用化，便于设计、制造和推广使用。

液压传动的主要缺点如下：

（1）液压系统中的漏油等因素，影响运动的平稳性和正确性，使得液压传动不能保证严格的传动比。

（2）液压传动对油温的变化比较敏感，温度变化时，液体黏性变化，引起运动特性的变化，使得工作的稳定性受到影响，所以它不宜在温度变化很大的环境条件下工作。

（3）为了减少泄漏，以及为了满足某些性能上的要求，液压元件的配合件制造精度要求较高，加工工艺较复杂。

（4）液压传动要求有单独的能源，不像电源那样使用方便。

（5）液压系统发生故障不易检查和排除。

总之，液压传动的优点是主要的，随着设计制造和使用水平的不断提高，有些缺点正在逐步加以克服。液压传动有着广泛的发展前景。

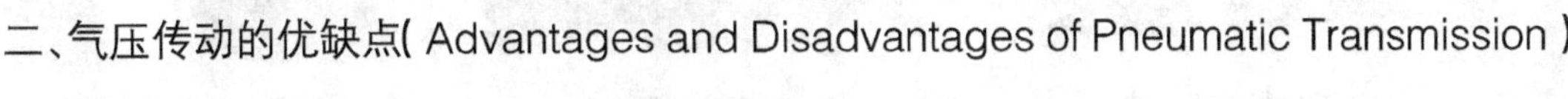

二、气压传动的优缺点(Advantages and Disadvantages of Pneumatic Transmission)

气压传动具有一些独特的优点，主要有如下几点：

（1）空气随处可取，取之不尽，节省了购买、存储、运输介质的费用和麻烦；用后的空气直接排入大气，对环境无污染，处理方便。不必设置回收管路，因而也不存在介质变质、补充更换等问题。

（2）因空气黏度小（约为液压油的万分之一），在管内流动阻力小。压力损失小，便于集中供气和远距离输送。即使有泄漏，也不会像液压油一样污染环境。

（3）与液压相比，气动反应快，动作迅速，维护简单，管路不易堵塞。

（4）气动元件结构简单、制造容易，适于标准化、系列化、通用化。

（5）气动系统对工作环境适应性好，特别在易燃、易爆、多尘埃、强磁、辐射、振动等恶劣工作环境中工作时，安全可靠性优于液压、电子和电气系统。

（6）空气具有可压缩性，使气动系统能够实现过载自动保护，也便于储气罐存储能量，以备急需。

（7）排气时气体因膨胀而温度降低，因而气动设备可以自动降温，长期运行也不会发生过热现象。

气压传动也存在以下一些缺点：

（1）空气具有可压缩性，当载荷变化时，气动系统的动作稳定性差，但可以采用气液联动装置解决此问题。

（2）工作压力较低（一般为0.4～0.8MPa），又因结构尺寸不宜过大，故输出力较小。

（3）气信号传递的速度比光、电子速度慢，故不宜用于要求高传递速度的复杂回路中，但对一般机械设备，气动信号的传递速度是能够满足要求的。

（4）工作介质没有润滑性，必须进行给油润滑。

（5）排气噪音大，需加消声器。

1.1.4 液压与气压传动的应用（Application of Hydraulic and Pneumatic Transmission）

你能列举出哪些地方用到了液压传动和气压传动吗？

如图1-1所示，液压与气压传动应用非常广泛，机床、汽车工业、组装/搬运、印刷和造纸工业、食品和包装工业、橡胶和塑料机械、隧道和矿山工业、水利工程、娱乐设施、海事技术及船舶应用等各行各业都有液压传动的应用。

(a) 起重机液压系统

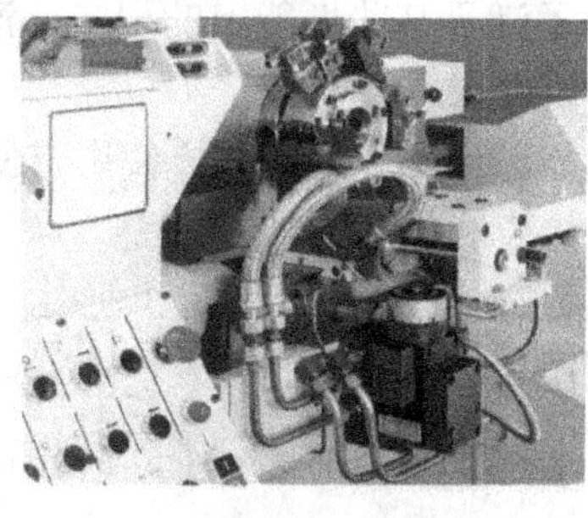

(b) 机床液压系统

(c) 运河防洪闸液压系统

(d) 盾构机液压系统

(e) 飞机起落架液压系统

(f) 汽车制动系统

(g) 娱乐设施中液压系统

(h) 液压升降舞台

(i) 气动机械手工业品柔性磨边

图 1-1　液压传动的应用

工业各部门使用液压与气压传动的出发点是不尽相同的：有的是利用它们在传递动力上的长处，如工程机械、压力机械和航空工业采用液压传动的主要原因是取其结构简单、体积小、重量轻、输出功率大；有的是利用它们在操纵控制上的优点，如机床上采用液压传动是取其在工作过程中实现无级变速，易于实现频繁的换向，易于实现自动化；在采矿、钢铁和化工等部门采用气压传动是取其空气工作介质具有防爆、防火等特点；在电子工业、包装机械、印染机械、食品机械等方面应用气压传动主要是取其操作方便，且无油、无污染的特点。

任务检查与考核

一、判断题

1. 液压传动不容易获得很大的力和转矩。(　　)
2. 液压传动可在较大范围内实现无级调速。(　　)

3. 液压传动系统不宜远距离传动。（ ）
4. 液压传动的元件要求制造精度高。（ ）
5. 气压传动适合集中供气和远距离传输与控制。（ ）
6. 与液压系统相比，气压传动的工作介质本身没有润滑性，需另外加油雾器进行润滑。（ ）
7. 液压传动系统中，常用的工作介质是汽油。（ ）
8. 与机械传动相比，液压传动其中一个优点是运动平稳定。（ ）

二、简答题

1. 什么是液压传动？什么是气压传动？
2. 液压传动有什么优点和缺点？
3. 气压传动有什么优点和缺点？

任务1.2 液压千斤顶、平面磨床工作台液压系统工作过程分析（Task1.2 Working Process Analysis of Hydraulic Jack and Surface Grinder Table Hydraulic System）

1. 会分析千斤顶液压系统工作过程。
2. 会分析平面磨床液压系统的工作过程。
3. 掌握液压系统的组成及各部分的作用。

分析液压千斤顶液压系统工作过程。

完成以下内容：

（1）大活塞缸上的重物是如何被提起的？
（2）大活塞缸的重物重力和两活塞的面积以及施加在手柄上的力各有什么关系？
（3）小活塞缸活塞的下降速度和大活塞缸活塞的上升速度有联系吗？
（4）液压千斤顶在工作过程中经过了哪些能量转换？

1.2.1 液压千斤顶液压系统工作过程分析（Working Process Analysis of Hydraulic Jack System）

图 1-2 所示为液压千斤顶的示意图。当向上提手柄 1 使泵缸 2 内的活塞上移时，泵缸 2 下腔因容积增大而产生真空，油液从油箱 5 通过吸油单向阀 4 被吸入并充满泵缸 2。当按压手柄 1 使泵缸 2 活塞下移时，则刚才被吸入的油液通过排油单向阀 3 输到液压缸 11 的下腔，油液被压缩，压力立即升高，当油液的压力升高到能克服作用在大活塞上的负载（重物）所需的压力值时，重物就随手柄的下按而同时上升，此时吸油单向阀 4 是关闭的。为了把重物能从举高的位置放下，系统中专门设置了截止阀 8。

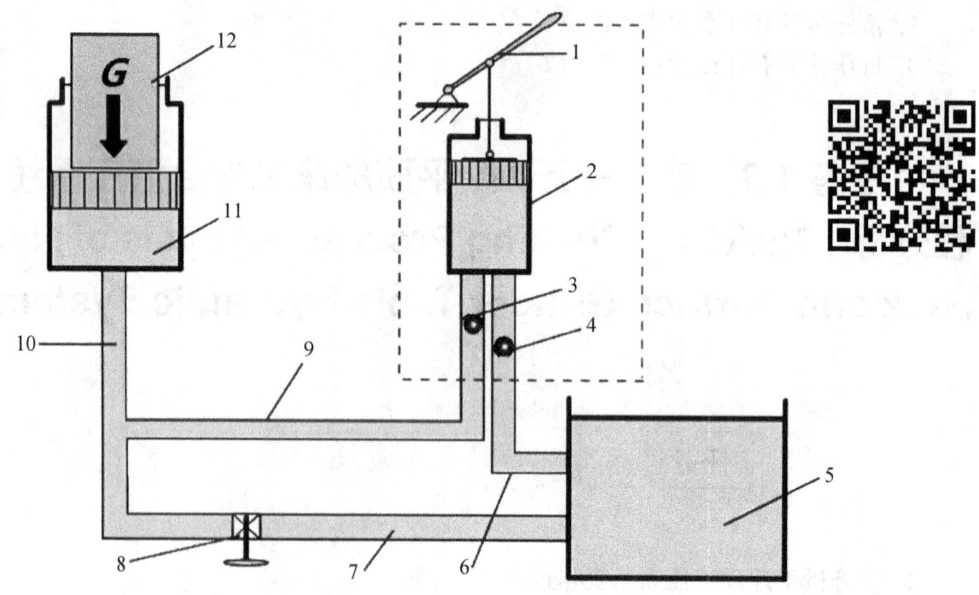

1—手柄；2—泵缸；3—排油单向阀；4—吸油单向阀；5—油箱；
6，7，9，10—油管；8—截止阀；11—液压缸；12—重物

图 1-2 液压千斤顶示意图

图 1-2 所示的系统不能对重物的上升速度进行调节，也没有防止压力过高的安全措施，**是简单的液压系统**。由这个例子也可清楚地看到，在泵缸 2 中，手按动小活塞所做的机械能变成了排出流体的压力能；而在液压缸 11 中，进入液压缸 11 的流体压力能通过大活塞转变成为驱动负载所需的机械能。所以，在液压与气动系统中，要发生两次能量的转变，把机械能转变为流体压力能的元件或装置称为能源装置，而把流体压力能转变为机械能的元件称为执行元件。

设大、小活塞的面积为 A_2、A_1，当作用在大活塞上的负载为 G，作用在小活塞上的作用力为 F_1 时，根据帕斯卡原理，大、小活塞下腔以及连接导管构成的密闭容积内的油液具有相同的压力值，设为 p，如忽略活塞运动时的摩擦阻力，有

$$p = \frac{G}{A_2} = \frac{F_1}{A_1} \tag{1-1}$$

式（1-1）说明**液压系统的压力 p 取决于作用负载 G 的大小**。该式也说明当 $A_2/A_1>>1$ 时，

作用在小活塞上一个很小的力 F_1，便可在大活塞上举起很重的负载 G。这就是液压千斤顶的原理。

另外，设大、小活塞的速度为 v_2 和 v_1，则在不考虑泄漏情况下稳定工作时，有

$$q = v_1 A_1 = v_2 A_2 \tag{1-2}$$

或

$$v_2 = v_1 \frac{A_1}{A_2} = \frac{q}{A_2} \tag{1-3}$$

式中，q 为泵缸 2 和液压缸 11 中液体的流量。

式（1-2）说明，**液压缸 11 活塞运动的速度，在液压缸的结构尺寸一定时，取决于输入的流量。**

压力和流量是液压传动中最重要的参数。

任务实施1

根据以上任务分析，完成任务描述 1 中的 4 个问题，填入下面框中。

任务描述2

分析平面磨床工作台液压系统工作过程。

完成以下内容：

（1）提供压力油的元件是哪个元件？

（2）控制工作台往复运动的元件是哪个元件？

（3）控制工作台运动速度的是哪个元件？

（4）液压泵出口处的压力靠哪个元件决定？

1.2.2 平面磨床工作台液压系统工作过程分析（Working Process Analysis of Surface Grinder Table Hydraulic System）

比较完善的系统是图 1-3 所示的平面磨床工作台液压系统，它的工作原理如下：电动机带动液压泵 4 旋转，经过滤器 2 从油箱 1 中吸油。油液经液压泵输出进入压力管 10 后，在图 1-3（a）所示的状态下，通过开停阀 9、节流阀 13、换向阀 15 进入液压缸 18 左腔，推动活塞 17 和工作台 19 向右移动，而液压缸右腔的油经换向阀和回油管 14 排回油箱。

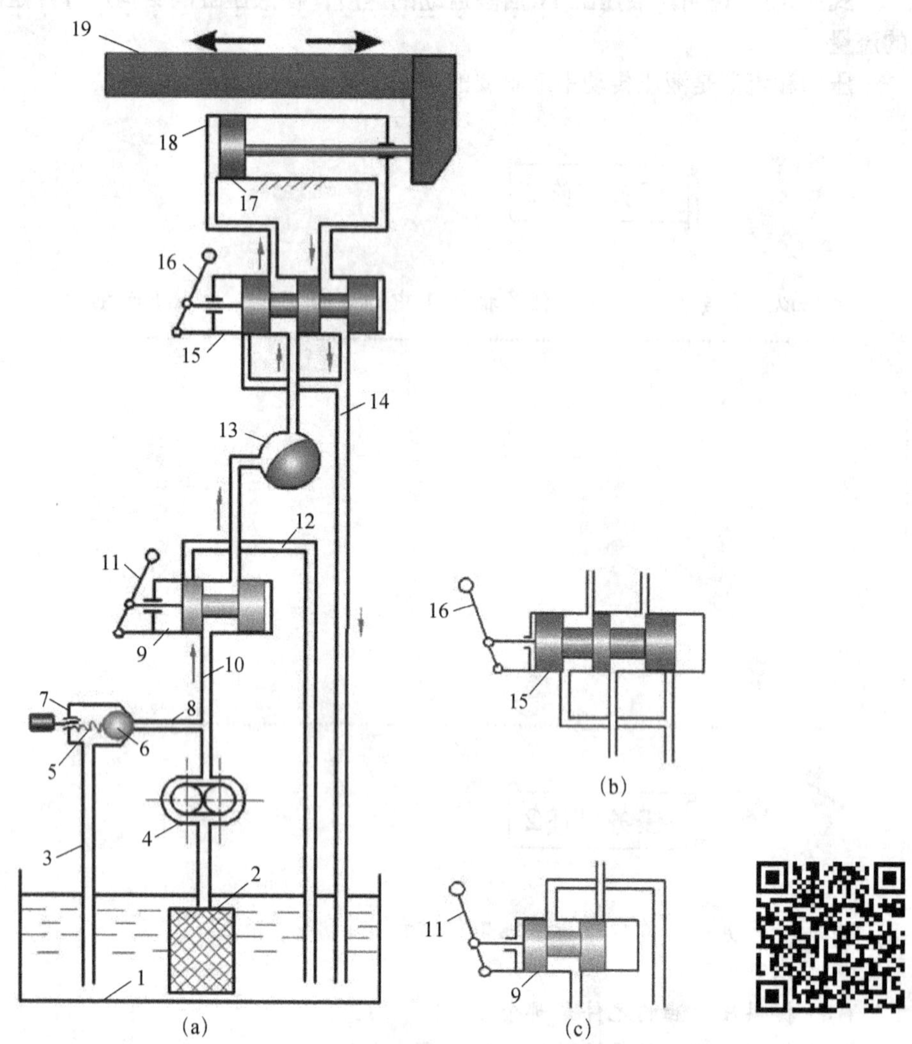

1—油箱；2—过滤器；3，12，14—回油管；4—液压泵；5—弹簧；6—钢球；
7—溢流阀；8—压力支管；9—开停阀；10—压力管；11—开停手柄；
13—节流阀；15—换向阀；16—换向阀手柄；17—活塞；18—液压缸；19—工作台

图 1-3 平面磨床工作台液压系统工作原理图

如果将换向阀手柄 16 转换成图 1-3（b）所示的状态，则压力管中的油将经过开停阀、节流阀和换向阀进入液压缸右腔，推动活塞和工作台向左移动，并使液压缸左腔的油经换向阀和回油管排回油箱。

工作台的移动速度是由节流阀来调节的。开大节流阀，进入液压缸的油液增多，工作台的移动速度增大；反之，工作台的移动速度减小。

为了克服移动工作台时所受到的各种阻力，液压缸必须产生一个足够大的推力，这个推力是由液压缸中的油液压力产生的。要克服的阻力越大，液压缸中的油液压力越高；反之压力就越低。输入液压缸的油液是通过节流向调节的，液压泵输出的多余的油液须经溢流阀7和回油管3排回油箱，这只有在压力支管8中的油液压力对溢流阀钢球6的作用力等于或略大于溢流阀中弹簧5的预紧力时，油液才能顶开溢流阀中的钢球流回油箱。所以，在图示系统中液压泵出口处的油液压力是由溢流阀决定的，它和液压缸中的油液压力不同。

如果将开停手柄11转换成图1-3（c）所示的状态，压力管中的油液将经开停阀和回油管12排回油箱，不输到液压缸中去，液压泵出口处的压力就降为零，这时工作台就停止运动。

根据以上任务分析，完成任务描述2中的4个问题，填入下面框中。

1.2.3　液压与气压传动系统的组成和表示方法（Composition and Representation of Hydraulic and Pneumatic Transmission System）

一、系统的组成（System Composition）

由图1-3可知，液压系统主要由以下5部分组成：

1. 能源装置（Power Equipment）——把机械能转换成油液液压能的装置。最常见的形式就是液压泵，它给液压系统提供压力油。

2. 执行元件（Actuator）——把油液的液压能转换成机械能的元件。有做直线运动的液压缸，或做回转运动的液压马达。

3. 控制调节元件（Controlling and Regulating Element）——对系统中油液压力、流量或油液流动方向进行控制或调节的元件。例如，图1-4中的溢流阀、节流阀、换向阀、开停阀等。这些元件的不同组合形成了不同功能的液压系统。

4. 辅助元件（Auxiliary Component）——上述三部分以外的其他元件，例如油箱、过滤器、油管等。它们对保证系统正常工作有重要作用。

5. 工作介质（Working Medium）——是传递能量的载体。液压油是液压系统中传递能量的工作介质，有各种矿物油、乳化液和合成型液压油等几大类。

气压传动系统，则除了能源装置（气源装置）、执行元件（汽缸、气马达）、控制元件（气动阀）、辅助元件（管道、接头、消声器）外，常常还装有一些完成逻辑功能的逻辑元件等。

液压系统各组成部分各自分工又紧密相连，是一个有机整体。任何一部分的故障便会导致整个液压系统无法工作，所以液压系统的故障诊断和排除是目前液压行业的一大技术难题。

二、系统的图形符号表示（System Graphical Symbols）

图 1-3 所示的液压系统图是一种半结构式的工作原理图，直观性强，容易理解，但绘制起来比较麻烦，系统中元件数量多时更是如此。图 1-4 所示的是上述液压系统用**液压图形符号（Hydraulic Graphic Symbols）**绘制成的工作原理图。使用这些图形符号绘制液压系统图简单明了，便于绘制。

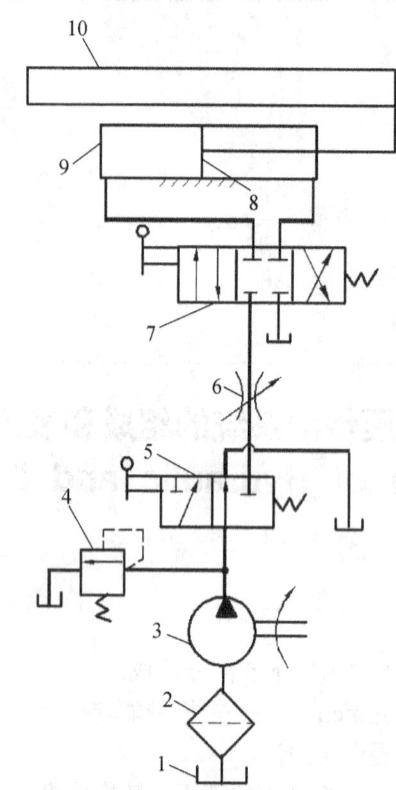

1—油箱；2—过滤器；3—液压泵；4—溢流阀；5—开停阀；6—节流阀；7—换向阀；8—活塞；9—液压缸；10—工作台

图 1-4　平面磨床工作台液压系统图形符号图

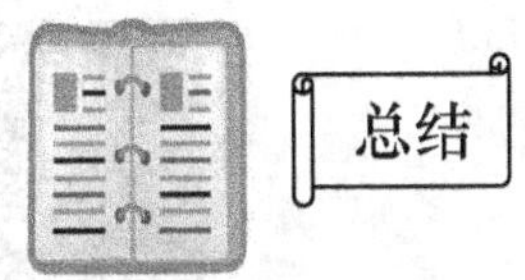

总结

1. 液压系统主要由能源装置、执行元件、控制调节元件、辅助元件和工作介质 5 部分组成。

2. 用图形符号绘制的液压系统图更简单明了，便于绘制。

任务检查与考核

一、填空题

1. 液压系统是由________、________、________、________和________5 部分组成的。

2. 能源装置是把________转换成流体的压力能的装置，执行装置是把流体的________转换成机械能的装置，控制调节装置是对液（气）压系统中流体的压力、流量和流动方向进行控制和调节的装置。

二、选择题

1. 把机械能转换成液体压力能的装置是（　　）。

A. 动力装置　　B. 执行装置　　C. 控制调节装置

2. 液压传动系统中，液压泵属于（　　），液压缸属于（　　），溢流阀属于（　　），油箱属于（　　）。

A. 动力装置　　B. 执行装置　　C. 辅助装置　　D. 控制装置

3.（　　）是液压传动中最重要的参数。

A. 压力和流量　　B. 压力和负载　　C. 压力和速度　　D. 流量和速度

项目拓展（行业标准）

1. GB-T 786.1—2009 流体传动系统及元件图形符号和回路图

2. GB-T 17446—1998 流体动力系统及元件　术语

3. GB-T 7935—2005 液压元件通用技术条件

4. GB-T 2346—2003 流体传动系统及元件　公称压力系列

项目 2　液压油及其流动特性分析（Item2　Analysis of Hydraulic Oil and Its Flow Characteristics）

知识目标	能力目标	素质目标
1. 了解液压油的类型和性质。 2. 掌握我国液压油牌号的标定。 3. 掌握液压油黏度、影响因素和选择原则。 3. 了解液压油的污染控制方法。 4. 掌握过滤器的类型和应用以及图形符号画法。 5. 熟悉蓄能器的分类、工作原理、应用和图形符号的画法。 6. 掌握雷诺数的概念。 7. 熟知液体的流动状态。 8. 掌握连续性方程和伯努利方程的应用。 9. 掌握液体流动时的三种能量形式及其转换。 10. 掌握管路内压力损失的计算方法。 11. 掌握液压冲击和气穴现象产生及防止措施。	1. 能辨识液压油质量。 2. 会选用液压油。 3. 会根据要求选择过滤器。 4. 会根据雷诺数判断液体的流动状态。 5. 会求液体的流动速度。 6. 能够利用连续性方程和伯努利方程分析实际问题和一些现象。 7. 会分析产生压力损失的原因。 8. 会分析液压冲击现象和气穴现象及产生的原因。 9. 会选择过滤器和蓄能器。 10. 会分析蓄能器在实际应用中的作用。	1. 培养学生在完成任务过程中小组成员团队协作的意识。 2. 培养学生文献检索、资料查找与阅读相关资料的能力。 3. 培养自主学习的能力。 4. 培养学生分析问题和解决问题的能力。

任务 2.1　液压油的辨识与选用（Task2.1　Identification and Selection of Hydraulic Oil）

1. 熟悉液压油的种类和性质。

2. 会辨识液压油的质量。
3. 掌握液压油的黏度的种类。
4. 熟知液压油黏度的影响因素及液压油牌号的选择原则。

如图 2-1 所示，从左到右液压油的牌号分别为 L-HL32 液压油、L-HL46 液压油、L-HL68 液压油。如何判断这三种液压油哪一种的黏度最高？哪一种的黏度最低？

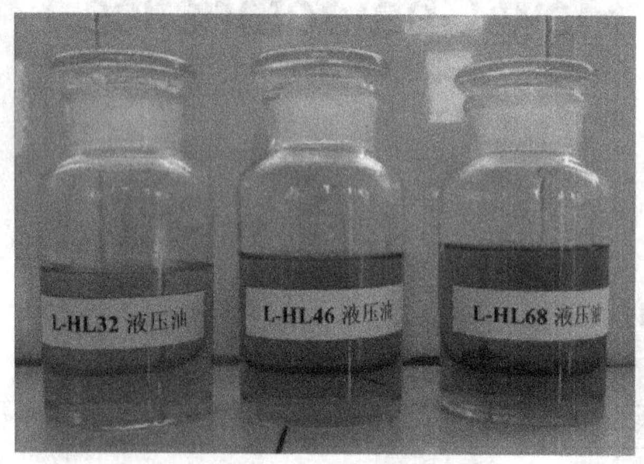

图 2-1 不同牌号的液压油

问题 1：什么是液压油的黏度？
问题 2：什么是液压油的牌号？
问题 3：液压油的牌号是根据什么制定的？

液压系统中的液压油是作为能量传输的载体。它也是精密零件的润滑剂和系统冷却剂，在液压系统中起着能量传递、抗磨、系统润滑、防腐、防锈、冷却等作用。液压油和液压系统的其他元件一样重要。

液压传动最初的工作介质为水。1905 年，美国人詹涅首先用矿物油代替水。相对于液压油来说，用水作为工作介质，更容易泄漏，影响效率，易生锈。

为什么液压油分为不同的牌号？液压油的牌号是根据什么制定的？

2.1.1 液压油的种类（Types of Hydraulic Oils）

液压系统中使用的**液压油**（**Hydraulic Fluid，Hydraulic Oil**）的种类分为石油基液压油和难燃型液压油两种大的类型，具体分类见表 2-1。

（1）石油基液压油

石油基液压油是以机械油为基础精炼后按需要加入适当的添加剂而成的。这类液压油的润滑性好，但抗燃性差。

表 2-1　液压传动工作介质的种类

<table>
<tr><td rowspan="10">液压传动的工作介质</td><td>类别</td><td colspan="3">组成与特性</td><td colspan="2">代号</td></tr>
<tr><td>石油基液压油</td><td colspan="3">无添加剂的石油基液压液
HH+抗氧化剂、防锈剂
HL+抗磨剂
HL+增黏剂
HM+增黏剂
HM+防爬剂</td><td colspan="2">L-HH
L-HL
L-HM
L-HR
L-HV
L-HG</td></tr>
<tr><td rowspan="8">难燃液压油</td><td rowspan="4">含水液压油</td><td rowspan="2">高含水液压液</td><td>水包油乳化液</td><td rowspan="2">L-HFA</td><td>L-HFAE</td></tr>
<tr><td>水的化学溶液</td><td>L-HFAS</td></tr>
<tr><td colspan="2">油包水乳化液</td><td colspan="2">L-HFB</td></tr>
<tr><td colspan="2">水一乙二醇</td><td colspan="2">L-HFC</td></tr>
<tr><td rowspan="4">合成液压油</td><td colspan="2">磷酸酯液</td><td colspan="2">L-HFDR</td></tr>
<tr><td colspan="2">氯化烃</td><td colspan="2">L-HFDS</td></tr>
<tr><td colspan="2">HFDR+HFDS</td><td colspan="2">L-HFDT</td></tr>
<tr><td colspan="2">其他合成液压液</td><td colspan="2">L-HFDU</td></tr>
</table>

（2）难燃型液压油

难燃型液压油分为含水型和合成型两种。相对于石油基液压油，它抗燃性好，但润滑性能差。

2.1.2　液压油的辨识（Identification of Hydraulic Oil）

一、密度（Density）

单位体积液体所具有的质量称为该液体的密度。即

$$\rho=\frac{m}{V} \tag{2-1}$$

式中，ρ 为液体的密度；V 为液体的体积；m 为液体的质量。

液体的密度 ρ 随着温度或压力的变化而变化，但变化不大，通常忽略，一般取 ρ=900kg/m^3。

二、可压缩性（Compressibility）

液体受压力作用而发生体积缩小的性质称为该液体的可压缩性。液体可压缩性的大小用体积弹性模量 K 表示。K 越大，液体抵抗压缩的能力越大，可压缩性就越小。

液体不是不可压缩的，只是压缩量很小，所以一般认为是不可压缩的。在压力变化很大的高压系统或研究系统动态性能及计算远距离操纵的液压系统时，必须考虑液压油的可压缩性。

油液中混入空气时，其抵抗压缩的能力会显著下降；当混入 1%的气体时，K 值只为纯净油液的 30%；当混入 4%的气体时，K 值只为纯净油液的 10%。所以，液压系统中要避免液压油中混入空气。但是油液中的气体很难完全排净，故工程计算中常取液压油的 $K=0.7\times10^3$MPa，纯净液压油的 K=（1.4～2.0）$\times10^3$MPa。

三、黏性（Viscosity）

1. 黏性

液体在外力作用下流动时，分子间的内聚力阻止液体流动，从而沿其界面产生的内摩擦

力，这一特性称为液体的**黏性**。如图 2-2 所示，当液体在圆管中流动时，靠近管中心的地方液体流动得快，靠近管壁的地方液体流动得慢，也是液体具有黏性的一种体现。

图 2-2　液体黏性的体现

液体的黏性只有在液体流动时才呈现出来，静止的液体是不呈现黏性的。

2. **黏度**

黏性的大小可用黏度来衡量，黏度是选择液压油的主要指标，是流体的重要物理性质。**流体的黏度有三种表示方法：动力黏度（绝对黏度）、运动黏度、相对黏度。**

（1）动力黏度（Dynamic Viscosity）

动力黏度又称绝对黏度，表示流体内摩擦力的大小，用字母 μ 表示。国际（SI）计量单位为 N・s/m² 或 Pa・s。

（2）运动黏度（Kinetic Viscosity）

液体动力黏度 μ 与其密度 ρ 之比称为该液体的运动黏度 ν，即

$$\nu = \frac{\mu}{\rho} \tag{2-2}$$

在我国法定计量单位制及 SI 制中，运动黏度 ν 的单位为 m^2/s、mm^2/s。因其中只有长度和时间的量纲，类似运动学的量，故称为运动黏度。

3. **液压油的牌号**（Hydraulic Oil Number）

我国液压油的牌号是以 40℃时，运动黏度的平均值来制定的。比如 L-HL32 液压油，指这种油在 40℃时的平均运动黏度为 32 mm^2/s。

我国液压油黏度等级分为 10、15、22、32、46、68、100 和 150 8 种，常用的黏度等级为 32、46 和 68 三种。

（3）相对黏度（Relative Viscosity）

相对黏度是根据特定测量条件制定的，故又称为条件黏度。测量条件不同，所用的相对黏度单位也不同，如恩氏度 °E（中国、德国、前苏联）、通用赛氏秒 SUS（美国、英国）、商用雷氏秒 R_1S（英国、美国）和巴氏度 °B（法国）等。

恩氏黏度用恩氏黏度计测定，即将 200mL 温度为 t℃的被测液体装入黏度计的容器内，由其底部 φ2.8mm 的小孔流出，测出液体流尽所需时间 t_1，再倒出相同体积温度为 20℃的蒸馏水在同一容器中流尽所需的时间 t_2；这两个时间之比即为被测液体在 t℃下的恩氏黏度，即

$$E_t = \frac{t_1}{t_2} \tag{2-3}$$

四、液压油质量辨识（Quality Identification of Hydraulic Oil）

液压油质量的好坏，不仅影响着工程机械的正常工作，而且会造成液压系统零部件的严重损坏。现结合工作实践归纳出几种在无专用检测仪器情况下，简易鉴别液压油质量的方法。

1. 液压油水分含量的辨识

（1）目测法：如油液呈乳白色混浊状，则说明油液中含有大量水分。

（2）燃烧法：用洁净、干燥的棉纱或棉纸沾少许待检测的油液，然后用火将其点燃。若发现“噼啪”的炸裂声响或闪光现象，则说明油液中含有较多水分。

2. 液压油杂质含量的辨识

（1）感观鉴别：油液中有明显的金属颗粒悬浮物，用手指捻捏时直接感觉到细小颗粒的存在；在光照下，若有反光闪点，则说明液压元件已严重磨损；若油箱底部沉淀有大量金属屑，则说明主油泵或马达已严重磨损。

（2）加温鉴别：对于黏度较小的液压油可直接放入洁净、干燥的试管中加热升温。若发现试管中油液出现沉淀或悬浮物，则说明油液中已含有机械杂质。

（3）滤纸鉴别：对于黏度较大的液压油，可用纯净的汽油稀释后，再用干净的滤纸进行过滤。若发现滤纸上存留大量机械杂质（金属粉末），则说明液压元件已严重磨损。

（4）声音鉴别：若整个液压系统有较大的、断续的噪音和振动，同时主油泵发出“嗡嗡”的声响，甚至出现活塞杆“爬行”的现象，这时观察油箱液面，油管出口或透明液位计，会发现大量的泡沫。这种情况说明液压油已浸入了大量的空气。

3. 液压油黏度变化的辨识

（1）玻璃板倾斜法：取一块干净的玻璃板，将其水平放置，并将被测液压油滴一滴在玻璃上，同时在旁边再滴一滴标准液压油（同牌号的新品液压油），然后将玻璃板倾斜，并注意观察：如果被测油液的流速和流动距离均比标准油液大，则说明其黏度比标准油液低；反之，则说明其黏度比标准油液高。

（2）玻璃瓶倒置法：将被测的液压油液与标准油液分别盛在两个大小和长度相同的透明玻璃瓶中（不要装得太满），再用塞子将两瓶口堵上。将两瓶并排放置在一起，然后同时迅速将两瓶倒置。如果被测液压油在瓶中的气泡比标准油液在瓶中的气泡上升得快，则说明油液的黏度比标准油液黏度低；反之，则说明油液黏度比标准油液黏度高；若两种油液气泡上升的速度接近，则说明黏度也相似。

4. 液压油质量变化的鉴别

（1）油泵油液的鉴别：从油泵中取出少许被测油液，若发现其已呈乳白色混浊状（有时像淡黄色的牛奶），且用燃烧法鉴别时，发现其含大量水分，用手感觉已失去黏性，则说明该油液已彻底乳化变质，不宜再用。

（2）油箱油液的鉴别：从油箱中取出少许被测油液，用滤纸过滤，若滤纸上存留有黑色残渣，且有一股刺鼻的异味，则说明该油液已氧化变质，也可直接从油箱底部取出部分沉淀油泥，若发现其中有许多沥青和胶质沉淀，将其放在手指上捻捏，若感觉到胶质多，黏附性强，则说明该油已氧化变质。

在该任务中，要求判断三种牌号的液压油哪种黏度高。判断方法有两种。

最简单的方法是根据液压油牌号的制定原则，知道 L-HL32 液压油、L-HL46 液压油、L-HL68 三种液压油的牌号中后面数字越大，表示这种液压油的运动黏度值越大，即液压油的黏度就越高。

另一种判断方法是根据玻璃板倾斜法或玻璃瓶倒置法来判断。当采用玻璃板倾斜法判断时，流速和流动距离大的液压油黏度最低，流速和流动距离小的液压油黏度最高。当采用玻璃瓶倒置法来判断时，液压油在瓶中的气泡上升得最快的，这种液压油的黏度最低；反之，黏度最高。

写出哪种液压油黏度最高。

2.1.3 影响液压油黏度的因素（Factors Affecting Viscosity of Hydraulic Fluid）

液压油的黏度主要受压力和温度两个因素的影响。

一、温度的影响（The Effect of Temperature）

液压油的黏度随温度变化十分敏感。温度升高时，黏度下降，如图 2-3 所示。但是当液压油黏度过高时，液压油泄漏的可能性就增大；当液压油黏度过低时，运动部件就会动作缓慢，增加能量损耗，如图 2-4 所示。所以要求液压油的黏温特性（**Viscosity-temperature Characteristics**）要好。液压油的黏度随温度变化小，说明液压油的黏温特性好。

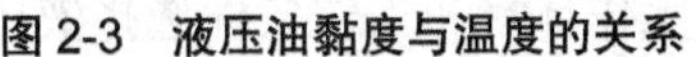

图 2-3　液压油黏度与温度的关系

图 2-4　液压油温度对运动部件的影响

二、压力的影响（The Effect of Pressure）

压力增大时，液压油黏度会变高。但是，这种影响在低压时并不明显，可以忽略不计；当压力大于 20MPa 时，其影响趋于显著。

2.1.4　液压油的选择（Selection of Hydraulic Oils）

为什么要正确选择液压油？

液压系统 70%的故障是由于选用不正确的液压油，或者油中含有脏物和其他污染物引起的，选择正确的油是系统发挥正常效能和延长系统寿命的要求。

若想使液压油具有抗磨、系统润滑、防腐、防锈、冷却等特点，对液压油必须有哪些要求？

一、对液压油的要求（Requirements for Hydraulic Oils）

液压油是液压传动系统的重要组成部分，是用来传递能量的工作介质。除了传递能量外，它还起着润滑运动部件和保护金属不被锈蚀的作用。液压油的质量及其各种性能将直接影响液压系统的工作。从液压系统使用油液的要求来看，有下面几点：

（1）合适的黏度和良好的黏温特性。选取液压油时黏度是最重要的指标。

（2）良好的润滑性，能对液压元件滑动部位充分润滑。

（3）长期稳定性。对热、氧化、水解都有良好稳定性，使用寿命长。

（4）防锈和抗腐蚀性好。对铁及非铁金属的锈蚀性小。

（5）闪点和燃点高，流动点和凝固点低。

- 闪点：可燃液体挥发，与空气的混合物与火源接触闪出火花时，该短暂的燃烧过程叫做闪燃，发生闪燃的最低温度叫闪点。闪点越低，引起火灾的危险性越大。

● 凝固点：油液完全失去其流动性的最高温度。

(6) 抗泡沫性好（介质中的气泡容易逸出并消除）、抗乳化性好（除含水液压液外的油液，油水分离要容易）。

(7) 纯净度好，杂质少。

(8) 对人体无害，对环境污染小，成本低，价格便宜。

因而，所选择的液压油必须含有必要的添加剂，以保证油品具有上述特性。

二、液压油的选择 (Selection of Hydraulic Oils)

正确而合理地选用工作油液，对液压系统适应各种环境条件和工作条件，提高元件和系统的工作可靠性，延长其使用寿命，防止意外事故等都有直接的影响。

1. 液压油类型的选择

在选择液压油时，一般先根据液压系统的工作环境和工作条件选择液压油的类型。在液压传动装置中，液压泵的工作条件最为恶劣，较简单实用的方法是按液压泵的要求确定液压油，见表 2-2。

表 2-2　液压泵用油黏度范围及推荐用油表

<table>
<tr><th colspan="2" rowspan="2">名称</th><th colspan="2">黏度范围（mm²/s）</th><th rowspan="2">工作压力/（MPa）</th><th rowspan="2">工作温度/（℃）</th><th rowspan="2">推荐用油</th></tr>
<tr><th>允许</th><th>最佳</th></tr>
<tr><td colspan="2" rowspan="2">叶片泵（1200r/min）</td><td rowspan="4">16～220</td><td rowspan="4">26～54</td><td rowspan="2">7</td><td>5～40</td><td rowspan="2">L-HM 液压油 32，46，68</td></tr>
<tr><td>40～80</td></tr>
<tr><td colspan="2" rowspan="2">叶片泵（1800r/min）</td><td rowspan="2">7 以上</td><td>5～40</td><td rowspan="2">L-HM 液压油 46，68，100</td></tr>
<tr><td>40～80</td></tr>
<tr><td colspan="2" rowspan="4">齿轮泵</td><td rowspan="4">4～220</td><td rowspan="4">25～54</td><td rowspan="2">12 以下</td><td>5～40</td><td rowspan="2">L-HM 液压油 32，46，68</td></tr>
<tr><td>40～80</td></tr>
<tr><td rowspan="2">12 以上</td><td>5～40</td><td rowspan="2">L-HM 液压油 46，68，100，150</td></tr>
<tr><td>40～80</td></tr>
<tr><td rowspan="4">柱塞泵</td><td rowspan="2">径向</td><td rowspan="2">10～65</td><td rowspan="2">16～48</td><td rowspan="2">14～35</td><td>5～40</td><td rowspan="2">L-HM 液压油 32，46，68，100，150</td></tr>
<tr><td>40～80</td></tr>
<tr><td rowspan="2">轴向</td><td rowspan="2">4～76</td><td rowspan="2">16～47</td><td rowspan="2">35 以上</td><td>5～40</td><td rowspan="2">L-HM 液压油 32，46，68，100，150</td></tr>
<tr><td>40～80</td></tr>
</table>

注：液压油牌号 L-HM32 的含义是，L 表示润滑剂，H 表示液压油，M 表示抗磨型，黏度等级为 VG32。

2. 液压油牌号选择

在液压油品种的选择上，黏度是所考虑的主要因素之一。一般推荐油液的黏度大多在 11.5～60mm²/s 之间。液压油黏度的选用应充分考虑环境温度、工作压力、运动速度等要求。

如温度高时选用高黏度油，以减少泄漏，反之应选用低黏度油；当工作压力高时，选用黏度高的液压油。因为工作压力越高，泄漏量越大，为了减少泄漏，应选择黏度高的液压油；执行元件的速度越高，选用油液的黏度应越低。因为执行元件速度越高，选用的液压油如果黏度过高，则产生的阻抗大、发热量多、会导致油温过高。

总之，选择液压油的黏度时，高温、高压、低速时，应选用黏度高的液压油；反之，选择黏度低的液压油。

1. 液压油的类型有石油基液压油和难燃型两种，石油基液压油润滑性能好但抗燃性差，难燃型液压油润滑性能差但抗燃性好。

2. 液体的黏性是指液体在外力作用下流动时，分子间的内聚力从而沿界面产生内摩擦力阻止液体流动的现象。液体的黏性只有在流动时才呈现出来，静止的液体不呈现黏性。

3. 黏性是一种性质，它的大小用黏度来衡量。黏度的表示方法有动力黏度、运动黏度和相对黏度三种。

4. 我国液压油的牌号是以 40℃时，运动黏度以厘斯（mm^2/s）为单位的平均值来制定的。

5. 液压油的黏度受温度和压力的影响，温度越高，黏度越低；压力越大，黏度越高。

6. 液压油黏度的选择原则是：高温高压低速时选黏度高的液压油。

一、填空题

1. 我国生产的液压油采用________℃的________黏度（mm^2/s）为黏度等级标号，如牌号 L-HL32 的含义是________。

2. 在常温下，纯净油液的体积弹性模量 $K=(1.4\sim2)\times10^3$MPa，其可压缩性是钢的 100～150 倍，因此对液压系统来讲，由于压力的变化引起的液压油体积变化很小，可以认为________，但是当液体中混入空气，其压缩性显著________。

3. 液体只有在流动时才会呈现出黏性，静止液体是________。

4. 常用的表示黏度的方法有________、________和________。

5. 影响油液黏度的因素有________和________，其中，黏度对________非常敏感。

二、选择题

1. 对油液黏度影响较大的因素是（　　）。

A. 压力　　B. 温度　　C. 流量　　D. 流速

2. 油液的黏度较高，则液压系统的（　　）。

A. 压力增大　　B. 压力损失增大　　C. 流量增大　　D. 流量损失增大

3. 若液压系统的工作温度较高时，应选用________的液压油。

A. 黏度指数较大　　B. 黏度较高　　C. 黏度指数较小　　D. 黏度较低

4. 若液压系统的工作压力较高时，应选用________的液压油。

A. 黏度指数较大　　B. 黏度较高　　C. 黏度指数较小　　D. 黏度较低

5. 若液压系统的工作部件运行速度较高时，应选用________的液压油。

A. 黏度指数较大　　B. 黏度较高　　C. 黏度指数较小　　D. 黏度较低

三、简答题

1. 为什么液压系统用液压油作为工作介质？如果用水作为工作介质，有什么缺点？

2. 用 PPT、表格、图等形式形成一份液压油调研报告。要求包含液压油的分类、价格、品牌、性能和牌号。

3. 如何能辨别液压油的质量和黏度的高低？

4. 什么是液压油的黏度？液压油黏度的表示方法有哪几种？

5. 液压油的黏度会受哪些因素的影响？有什么样的影响？

6. 选择液压油时需要考虑哪些因素？液压油黏度的选择原则是什么？

7. 液压油的污染根源有哪些？如何控制污染？

任务2.2 压力形成分析（Task2.2 Pressure Formation Analysis）

1. 熟悉压力是如何形成的。
2. 会用帕斯卡定律分析问题。
3. 掌握压力的表示方法和压力单位。

判断图 2-5（a）和图 2-5（b）中哪个压力表的读数更大，为什么？

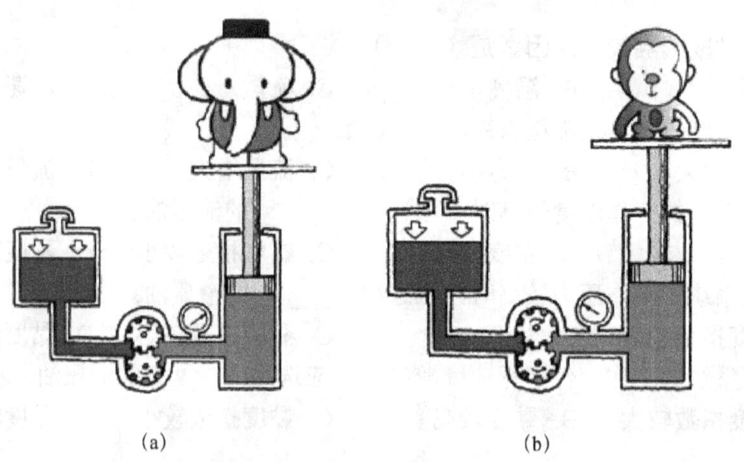

图 2-5 液压系统的压力

问题 1：什么引起压力？

问题 2：两图中压力表处的压力（系统压力）是多少？

问题 3：液压系统的压力是由什么因素决定的？

2.2.1　压力形成（Pressure Formation）

压力和流动是每一个液压系统中的两种主要参量。压力和流动互相关联，但是各自完成的任务不同。压力推动或施加力或扭矩，流动使事物移动。水枪是压力和流动在实际使用中的很好的例子，图 2-6（a）中的水枪能冲倒木头人，扣动扳机，活塞右移，水枪内的水受到挤压会膨胀，产生的作用力就是压力。水枪内形成的压力使水从水枪前面射出，从而使木制士兵移动。图 2-6（b）中的打气筒能给轮胎充满气，是因为当不断往上提往下压打气筒手柄时，打气筒内的气体受到压缩，压力升高到比轮胎内压力高时，打气筒内的气体注入轮胎，轮胎内不断注入空气，直至打气筒停止运动。

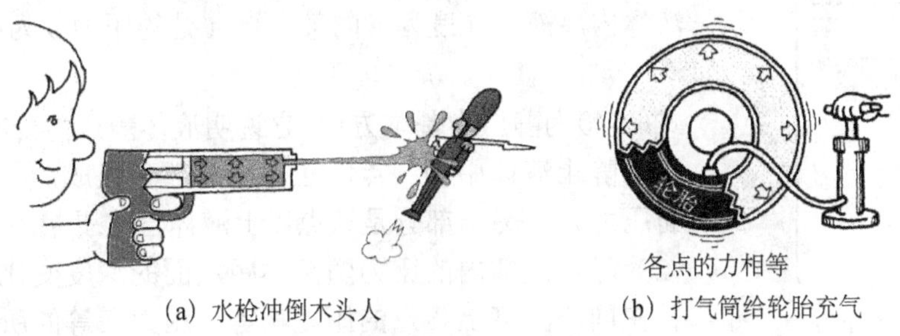

（a）水枪冲倒木头人　　（b）打气筒给轮胎充气

图 2-6　液体与气体压力形成

密闭液体或气体受到挤压产生的作用力称为压力。

液体受挤压和气体受挤压有什么不同？

由图 2-7 可以看出，如果推动密闭的液体，则产生压力，如果压力太大，容器会破裂。而密闭气体可以做较大的压缩。由此可见，气体可做较大的压缩，液体只能做微量压缩。所以，通常认为液体是不可压缩的。

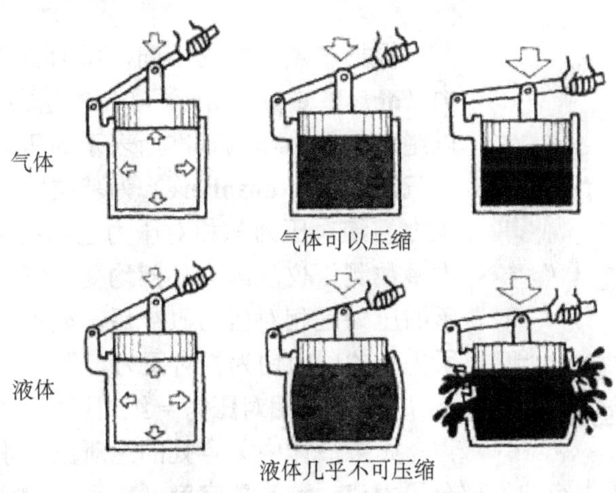

图 2-7　液体和气体的压缩

根据图 2-5，思考是什么引起压力的？液压系统中的压力来自何方？

2.2.2 静压力及其特性（Static Pressure and Its Characteristics）

液体重量也产生压力。潜入海中的潜水员会告诉你，他们不能潜得太深。如果他们潜得太深，压力会使他们受到伤害，这种压力来自水的重量。压力与深度成比例地增大，用 ρgh 来计算。

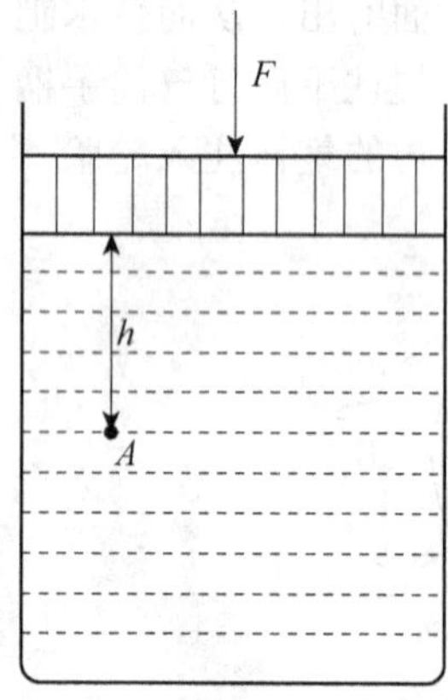

图 2-8 液体内的压力

液压系统中的压力除了液体的重量引起的压力之外，大部分压力来自负载本身。图 2-5 中的泵每时每刻供应着油，泵出的油通过管道进入液压缸。负载重量产生压力，压力的量则取决于负载的大小。

静止液体在单位面积上所受的法向力称为静压力。如图 2-8 所示，液体内离液面深度为 h 的某一点 A 处的压力 p 为：

$$p = p_0 + \rho gh \qquad (2\text{-}4)$$

式(2-4)为静压力基本方程。它说明液体静压力分布有如下特征：

（1）静止液体中任一点的压力由两部分组成，一部分是液面上的表面压力 p_0，另一部分是该点以上液体自重引起的压力 ρgh。

（2）静止液体内的压力随液体距液面的深度变化呈线性规律分布，且在同一深度上各点的压力相等，压力相等的所有点组成的面为等压面。很显然，在重力作用下静止液体的等压面为一个平面。

我国采用法定计量单位 Pa 来计量压力，1Pa＝1N/m^2。液压技术中习惯用 MPa 和 bar，1MPa＝10^{6}Pa，1MPa＝10bar。

当液面上只受大气压力 p_a 的作用时，该点的压力该如何表示？

2.2.3 压力表示方法（Representation of Pressure）

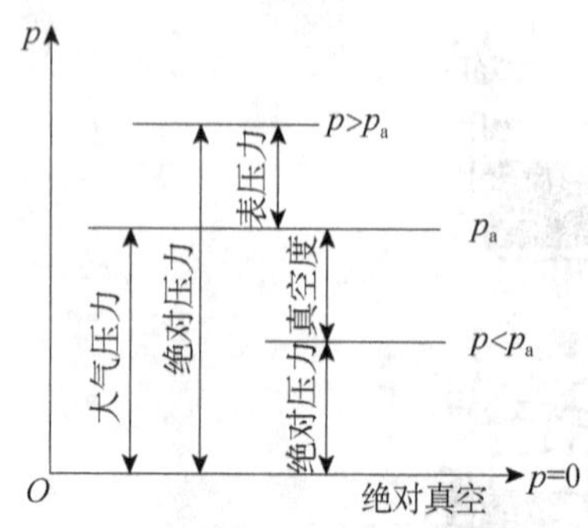

图 2-9 绝对压力和相对压力的关系

根据度量基准的不同，压力有两种表示方法：**绝对压力（absolute pressure）**和**相对压力（relative pressure）**。以绝对零压力作为基准所表示的压力，称为绝对压力；以**大气压力（atmosphere）**为基准所表示的压力，称为相对压力。绝对压力与相对压力之间的关系如图 2-9 所示。绝大多数测压仪表因其外部均受大气压力作用，所以仪表指示的压力是相对压力。今后，如不特别指明，液压传动中所提到的压力均为相对压力。

相对压力＝绝对压力－大气压力

如果液体中某点处的绝对压力小于大气压力，这时该点的绝对压力比大气压力小的那部分压力值，称为**真空度（Vacuum Degree）**。所以

真空度＝大气压力－绝对压力

在图 2-5 中，压力表指示的压力数值为相对压力。如果活塞面积为 A，压力表处液体的深度为 h，图 2-5（a）中的系统压力为

$$p_{\mathrm{a}}=\frac{G_{\text{大象}}}{A}+\rho gh$$

图 2-5（b）中的系统压力为

$$p_{\mathrm{b}}=\frac{G_{\text{猴子}}}{A}+\rho gh$$

因为大象的重量大于猴子的重量，所以 $p_{\mathrm{a}}>p_{\mathrm{b}}$，因此图 2-5（a）中的压力表读数更大。

由此可见，液压系统中负载大的系统压力大。

结论：在液压系统中，系统压力取决于负载的大小。

分析图 2-10 中 A、B、C 三种动物哪一个先被举出。

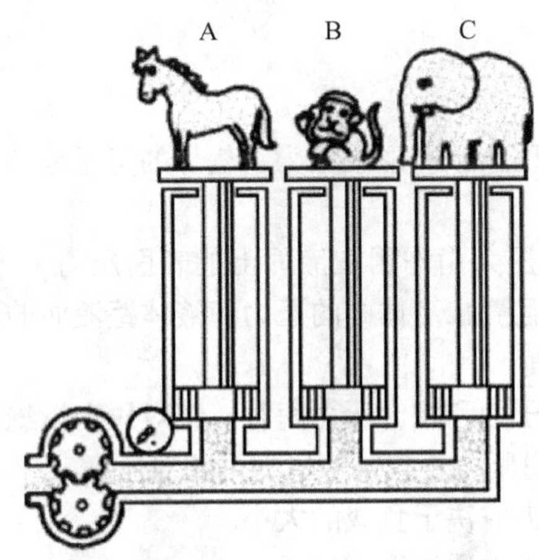

图 2-10　动物举出顺序

在受压状态下，受压液体始终寻求最小阻力通道流动。

2.2.4　帕斯卡定理（Pascal's Law）

帕斯卡定理：施加在密闭液体上的压力丝毫不减地向各个方向传递。

Pascal Law: The pressure applied to a confined liquid is transmitted in all directions without decreasing.

图 2-11（a）所示的活塞模型是液压杠杆互相平衡重量的例子。图中可以看到当在左侧 1cm^2 的小活塞上作用 10kg 的作用力时，根据帕斯卡原理，它将产生 10kg/cm^2 的压力。该压

力作用于大活塞上 50cm^2 的面积上，因此，大活塞上能举起 500kg 的重物。也就是只要活塞面积与重量成比例，小活塞上的小重量就可以平衡大活塞上的大重量，其原因是液体在相同的面积上作用着相同的力。

从图 2-11（b）中可以看出，当用 10kg 的力举起 500kg 的重物时，小活塞一侧产生 50cm 的移动，而大活塞只移动 1cm。

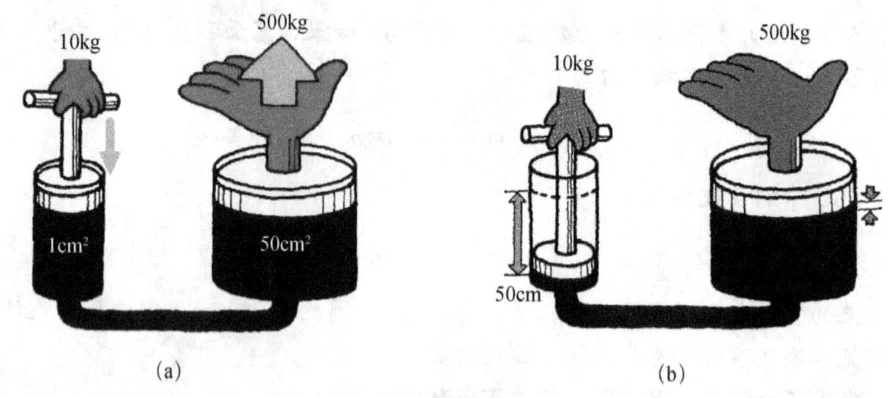

图 2-11 帕斯卡原理的应用

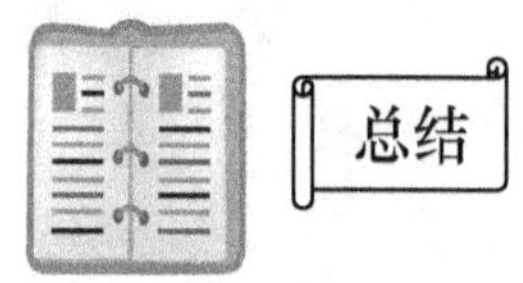

总结

1. 密闭液体或气体受挤压膨胀即形成压力。气体的可压缩性大，液体一般认为是不可压缩的。

2. 静止液体中任一点的压力由作用在液面上的表面压力 p_0 和由该点以上液体自重引起的压力 ρgh 两部分组成，并且静止液体内的压力随液体距液面的深度变化呈线性规律分布。静止液体的等压面为一个平面。

3. 压力表示方法有绝对压力和相对压力两种，绝对压力以绝对真空（零压力）为基准，相对压力以大气压为基准。用压力表测得的压力为相对压力。

4. 液压系统中，系统压力取决于负载的大小。

5. 液压油始终是沿最小阻力通道流动的。

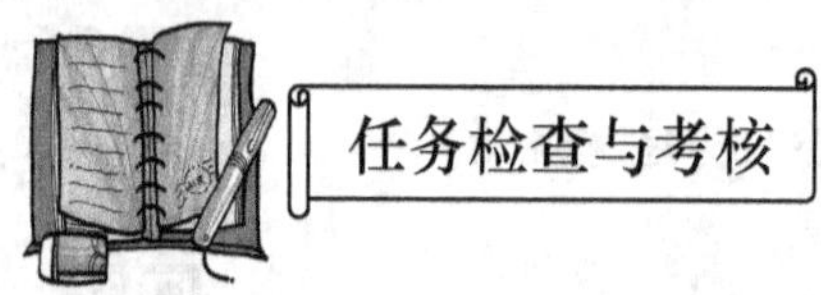

任务检查与考核

一、填空题

1. 以大气压力为基准测得的压力是________，也称为________。

2. 根据度量基准的不同，压力有两种表示方法：绝对压力和________。

3. 液压系统中的压力取决于________的大小。

二、判断题

1. 液压系统的工作压力数值是指其绝对压力值。（　　）
2. 静止液体内的等压面肯定是水平面。（　　）
3. 绝对压力是以大气压为基准表示的压力。（　　）
4. 用压力表测得的压力就是绝对压力。（　　）

三、选择题

1. 液压系统中压力表所指示的压力为（　　）。

A. 绝对压力　　B. 相对压力　　C. 大气压力　　D. 真空度

2. 在密闭容器中，施加于静止液体内任一点的压力能等值地传递到液体中的所有地方，这称为（　　）。

A. 能量守恒原理　　B. 动量守恒定律　　C. 质量守恒原理　　D. 帕斯卡原理

3. 在液压传动中，压力一般是指压强，在国际单位制中，它的单位是（　　）。

A. Pa　　B. N　　C. W　　D. N • m

4. 在液压传动中人们利用（　　）来传递力和运动。

A. 固体　　B. 液体　　C. 气体　　D. 绝缘体

四、简答题

1. 绘图说明绝对压力、相对压力、真空度三者的关系。
2. 压力的单位有哪些？它们之间有什么关系？
3. 描述液体的压缩和气体的压缩有哪些不同？
4. 压力的表示方法有哪几种？压力表指示的压力属于哪一种？它和大气压力之间有什么关系？大气压用相对压力表示是多少？

任务 2.3　分析液体的流动状态与能量形式（Task2.3 Analysis of Flowing State and Energy Form of Liquid）

1. 会分析液体流动产生的原因。
2. 掌握恒定流动和非恒定流动的概念。
3. 掌握理想液体、过流断面、流量和流速的概念。
4. 会分析液压缸中液体的流动速度。
5. 熟悉液体的两种流动状态，会判断液体的流动状态。
6. 会应用连续性方程和伯努利方程分析现象。
7. 熟悉液体流动时的三种能量形式。

8. 掌握液体在管路内流动时的压力损失的表现形式。

9. 熟悉热交换器的种类和工作原理。

在液压传动系统中，液压油总是在不断流动的，因此我们要研究液体在外力作用下的运动规律和作用在流体上的力以及这些力和流体运动特性之间的关系。

本任务主要讨论两个基本方程：液流的连续性方程和伯努利方程。它们是力学中的质量守恒和能量守恒原理在流体力学中的具体应用。

任务描述1

提高图 2-12 所示液压缸的运动速度有哪些方法？

（1）写出液压缸运动速度的公式。

（2）写出提高液压缸活塞运动速度的方法。

问题：液压缸的运动速度取决于什么？

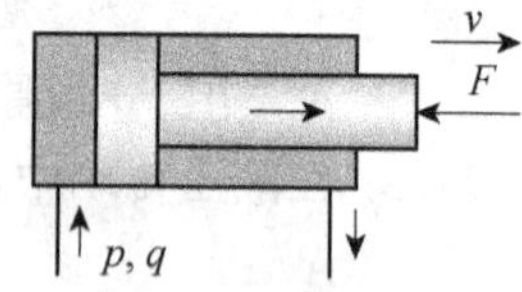

图 2-12　液压缸的运动

2.3.1　流动的产生（Formation of Flowing）

压力差引起液体或气体的流动。当液压系统或气动系统中的两点上有不同的压力时，液体或气体就会从压力较高的地方流动至压力较低的一点上。

2.3.2　流量和流速（Quantity and Velocity of Flow）

实际液体具有黏性，研究液体流动时必须考虑黏性的影响，但由于这个问题非常复杂，所以开始分析时可以假设液体没有黏性，然后再考虑黏性的作用并通过实验验证等办法对理想化的结论进行补充或修正。一般把既无黏性又不可压缩的假想液体称为**理想液体**（**Ideal Liquid**）。

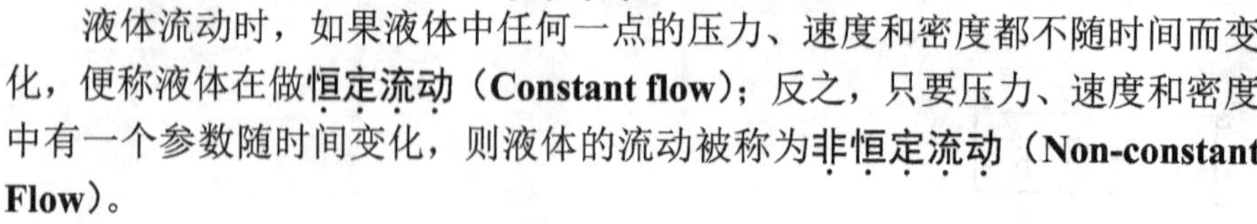

液体流动时，如果液体中任何一点的压力、速度和密度都不随时间而变化，便称液体在做**恒定流动**（**Constant flow**）；反之，只要压力、速度和密度中有一个参数随时间变化，则液体的流动被称为**非恒定流动**（**Non-constant Flow**）。

液体流动时，垂直于流动方向的断面称为**过流断面**（**Cross Section**）。过流断面可能是平面也可能是曲面。断面上每点处的流动速度都垂直于这个面。

单位时间内流过某过流断面的液体的体积称为**流量**（**Quantity of Flow**），常用 q 表示，即

$$q=\frac{V}{t} \tag{2-5}$$

式中，q 为流量，在液压传动中流量常用单位为 L/min 和 m^3/s，$1L/min=(1\times10^{-3}m^3)/60s$；$V$ 为液体的体积；t 为流过液体体积 V 所需的时间。

假设过流截面上各点流速均匀分布，单位过流断面面积上流过的流量称为该过流断面上的**平均流速**（**Average Velocity**）。平均流速为

$$v = \frac{q}{A} \tag{2-6}$$

由式（2-6）可知，当过流断面面积 A 一定时，流量 q 越大，平均流速 v 越大；当流量 A 一定时，过流断面面积越小，平均流速 v 越大。

由于实际液体具有黏性，因此液体在管道内流动时，过流断面上各点的**流速**（**Velocity of flow**）是不相等的。关闭处的流速为零，管道中心处流速最大，流速分布如图 2-13 所示。液体以平均流速 v 流经过流断面的流量等于以实际流速流过的流量。

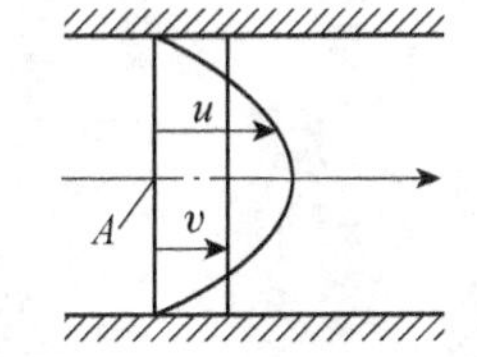

图 2-13　流量和平均流速

由图 2-14（a）可以看出，进入液压缸流量相同时，液压缸直径越小，活塞运动速度越大，反之运动速度越小。由图 2-14（b）可知，液压缸直径相同时，进入液压缸的流量越大，活塞的运动速度越大，反之运动速度越小。

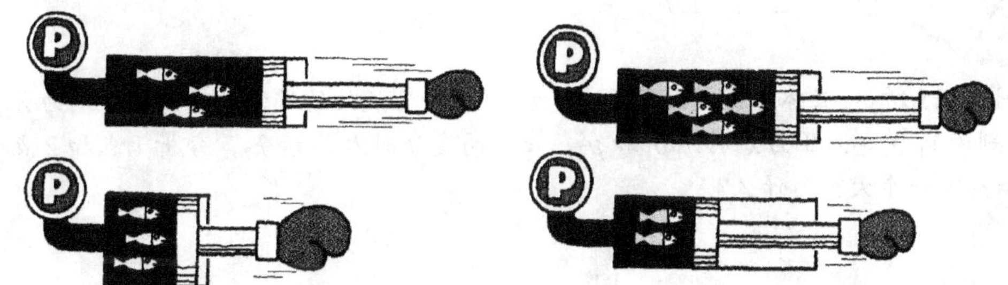

(a) 流量相同，液压缸直径不同　　(b) 液压缸直径相同，流量不同

图 2-14　液压缸运动速度分析

任务分析1

由式（2-6）和以上分析可知，液压缸的运动速度取决于两个方面，一个是流入液压缸的流量 q，另一个是液压缸的有效工作面积 A。若想提高液压缸的运动速度，有两种方法：一是增加进入液压缸的流量，二是缩小液压缸有效工作面积。

但是，液压缸一旦确定，其尺寸很难改变。所以，提高液压缸速度的方法一般是通过增加进入液压缸流量的方法。

结论：在液压系统中，执行元件的运动速度取决于进入液压缸流量的多少。

任务实施1

写出液压缸运动速度的公式，并写出提高液压缸运动速度的方法。

如图 2-15 所示，液体在变截面管道中流动，1 点和 2 点处的过流断面面积分别为 A_1 和 A_2，流速分别为 v_1 和 v_2，压力分别为 p_1 和 p_2，液柱高度分别为 h_1 和 h_2，分析 1 点和 2 点处的压力 p_1 和 p_2 哪一个大？为什么？

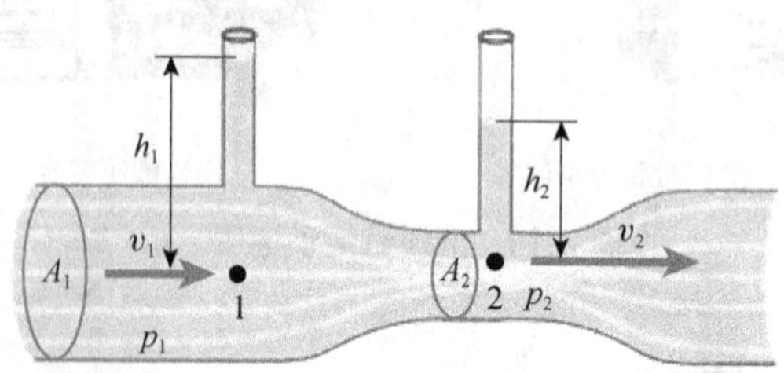

图 2-15 液压缸的运动

问题：1 点和 2 点处的压力 p_1 和 p_2 与液柱高度 h_1 和 h_2 有什么关系？用公式写出来。

2.3.3 液体的流动状态（The Flowing State of a Liquid）

实际流体运动存在两种状态，即**层流（laminar flow）**和**紊流（turbulent flow）**。可以通过雷诺实验观察这两种流动状态。实验装置如图 2-16（a）所示，试验时保持水箱中水位恒定，然后将阀门 K 微微开启，使少量水流流经玻璃管，玻璃管内平均流速 v 很小。这时，如将盛满红色水的小容器 B 的阀门 C 开启，使红色水流入玻璃管 D 内，在玻璃管内看到一条明显的红色直线流，而且不论红色水放在玻璃管内的任何位置，它都能呈直线状，这说明红色水和周围的液体没有混杂，管中水流是分层的，层与层之间互不干扰，这种流动状态是层流，其流动状态如图 2-16（b）所示。如果把 K 阀缓慢开大，管中流量和它的平均流速 v 也将逐渐增大至某一数值，红色流开始弯曲颤动，这说明玻璃管内液体质点不再保持安定，开始发生

脉动，这说明玻璃管内液体层流被破坏，液流紊乱，其流动状态如图 2-16（c）所示。如果 K 阀继续开大，平均流速 v 进一步增大，脉动加剧，红色水完全与周围液体混合，红色充满整段玻璃管，液体的流动杂乱无章，这时的流动状态称为紊流，其流动状态如图 2-16（d）所示。

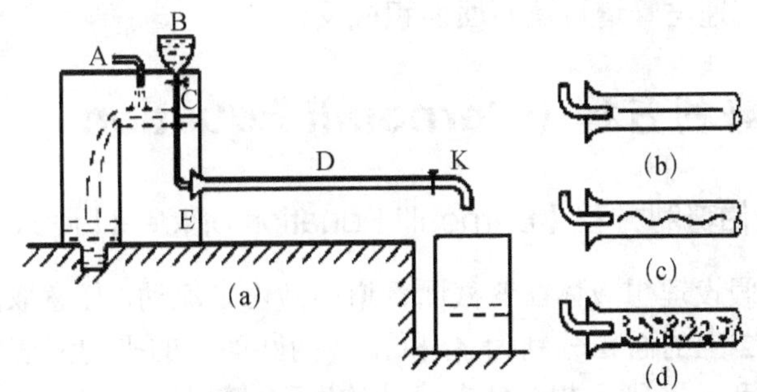

（a）实验装置；（b）层流；（c）层-紊过渡；（d）紊流

A—进水管；B—小容器；C，K—调节阀；D—玻璃管；E—玻璃管进口

图 2-16　雷诺实验

如果将阀门 K 逐渐关小，则玻璃管中的流动状态又从紊流转变为层流，但转变时阀口面积要比由层流向紊流转变时要小。

实验证明，液体在圆管中的流动状态不仅与管内平均流速 v 有关，还与管径 d 和液体的运动黏度 ν 有关，三个参数组成了一个判定液体流动状态的无量纲数，即雷诺数 Re：

$$\mathrm{Re}=\frac{vd}{\nu} \tag{2-7}$$

液流从层流向紊流转变时雷诺数为上临界雷诺数，由紊流向层流转变时雷诺数为下临界雷诺数，下临界雷诺数小于上临界雷诺数，一般用下临界雷诺数作为判断液体流态的依据，称为临界雷诺数，记为 Rec。当实际雷诺数小于 Rec 时为层流，反之为紊流。常见液流管道的临界雷诺数，如表 2-3 所示。

表 2-3　常见液流管道的临界雷诺数

管道形状	Rec	管道形状	Rec
光滑金属圆管	2320	带环槽的同心环状缝隙	700
橡胶软管	1600～2000	带环槽的偏心环状缝隙	400
光滑同心环状缝隙	1100	圆柱形滑阀阀口	260
光滑偏心环状缝隙	1000	锥阀阀口	20～100

2.3.4　连续性方程（Continuity Equation）

如图 2-17 所示，假设液体在任意形状的管道内做恒定流动，任意取 1、2 两个不同的过流断面，面积分别为 A_1 和 A_2，液体流过两过流断面时的平均流速分别为 v_1 和 v_2，根据质量守恒，相同的时间流过 A_1 和 A_2 两断面的液体质量相等，即

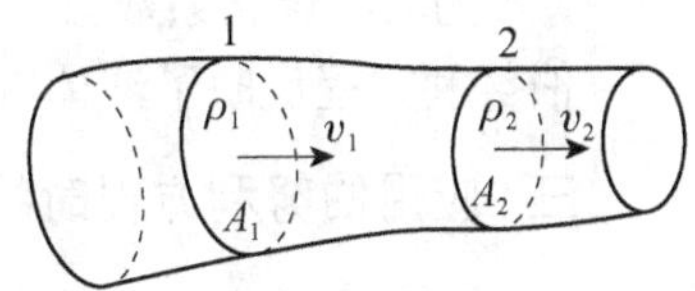

图 2-17　液流的连续性原理

$$tv_1A_1\rho=tv_2A_2\rho$$

若忽略液体的可压缩性，即 $\rho_1 = \rho_2$，整理后得

$$v_1 A_1 = v_2 A_2 = 常数 \tag{2-8}$$

式（2-8）为不可压缩液体做恒定流动时的流量连续性方程，它说明：

（1）通过无分支的管道任一过流断面的流量相等。

（2）液体的平均流速与管道过流断面面积成反比。

2.3.5 伯努利方程（Bernoulli Equation）

一、理想液体的伯努利方程（Bernoulli Equation of Ideal Liquid）

如图 2-18 所示，假设理想液体在变截面管道中做恒定流动，任意取两个过流断面 1 和 2，已知断面 1 上和断面 2 上的面积分别为 A_1 和 A_2，两断面上的平均流速分别为 v_1 和 v_2，两断面上的压力分别为 p_1 和 p_2，则理想液体在流动的过程中满足以下关系：

$$p_1 + \rho g h_1 + \frac{\rho v_1^2}{2} = p_2 = \rho g h_2 + \frac{\rho v_2^2}{2} \tag{2-9}$$

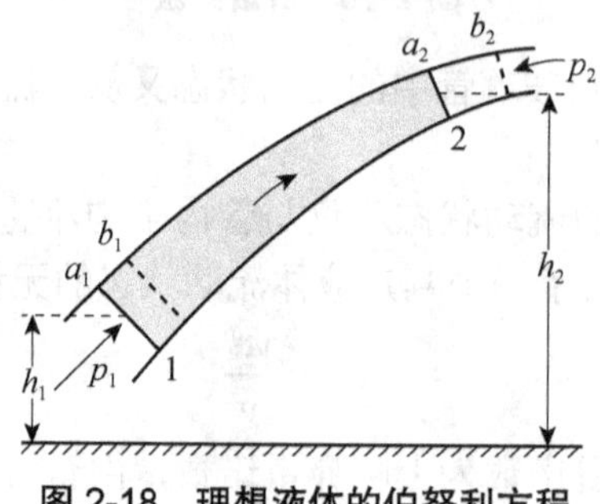

图 2-18 理想液体的伯努利方程

该方程为理想液体的伯努利方程。理想液体的伯努利方程的物理意义是：在密闭管道中做恒定流动的理想液体具有压力能、位能和动能三种能量，在流动过程中，三种能量可以相互转化，但三种能量之和为定值。

二、实际液体的伯努利方程（Bernoulli Equation of Real Liquid）

由于实际液体存在黏性，管道内过流断面上流速分布不均匀，用平均流速代替实际流速，存在动能误差，为此引入动能修正系数 α。又因为液体具有黏性，液体内各质点间存在内摩擦，液体与管壁之间存在外摩擦，管道局部性质与尺寸变化等都要消耗能量，因此实际液体流动存在能量损失 Δp。

因此，实际液体的伯努利方程为

$$p_1 + \rho g h_1 + \frac{\rho \alpha_1 v_1^2}{2} = p_2 + \rho g h_2 + \frac{\rho \alpha_2 v_2^2}{2} + \Delta p \tag{2-10}$$

式中，α 为动能修正系数。当流动状态为层流时，$\alpha = 2$；为紊流时，$\alpha = 1$。

伯努利方程反映了液体流动过程中的能量变化规律，是流体力学中一个重要的基本方程。

三、应用伯努利方程时的注意事项（Considerations for Applying Bernoulli Equations）

（1）两端面需顺流向选取，否则 Δp 为负值，且应选在缓变的过流断面上。

（2）选取适当的水平基准面，断面中心在基准面以上时，h 取正值，反之取负值。

（3）两断面的压力表示方法应相同，即同为相对压力或同为绝对压力。

在图 2-15 中，1 点处的过流断面的面积 A_1 大于 2 点处过流断面的面积 A_2，根据连续性方程可知 1 点处液体的平均流速 v_1 小于 2 点处的平均流速 v_2，取过两断面中心的水平面为基准面，$h_1 = h_2 = 0$，两点处的位能均为零，所以 1 点处的压力 p_1 大于 2 点处的压力。

根据图 2-15 和上面的任务分析，写出分析过程。

2.3.6　管道内的压力损失（Pressure Loss In Pipe）

10m 的水柱引起的压力能约有 0.1MPa，当液体在管道中以 10m/s 的速度流动时，引起的动能约有 0.05MPa，而液压系统的压力远比这要大得多。由此可见，在液压系统中，压力能比动能和位能之和大得多。所以在液压传动中，动能和位能常忽略不计，主要依靠压力能来做功，这就是“液压传动”的由来。因此，实际液体的伯努利方程可写为 $p_1 = p_2 + \Delta p$，即 $\Delta p = p_1 - p_2$，可见，液压系统中的能量损失表现为压力损失。

在液压传动中，由于管路中的障碍和液体的黏性，液压油流动时存在阻力，克服阻力要消耗能量，因此产生能量损失，即实际液体的伯努利方程中的压力损失 Δp。压力损失由沿程压力损失和局部压力损失两部分组成。压力损失造成功率消耗增加、油液发热、泄漏增加、系统效率下降、性能变坏。压力损失的大小与液体的流动状态有关。

一、沿程压力损失（Linear Pressure Loss）

油液沿等径直管中流动时，由于液压油有黏性引起的液压油和管壁之间的外摩擦力和液压油内部的摩擦力造成的能量消耗，称为沿程压力损失，可用式（2-11）进行计算。

$$\Delta p_{\lambda} = \lambda \frac{l}{d} \frac{\rho v^2}{2} \tag{2-11}$$

式中，λ 为沿程阻力系数。对于圆管层流，理论值 $\lambda = 64/Re$，由于实际液流靠近管壁处的冷却作用，黏度增高，流动阻力增大，因此，对金属圆管内层流常取 $\lambda = 75/Re$，而对橡胶管内层流常取 $\lambda = 80/Re$。

根据式（2-11）和图 2-19 可知，管道越长、管道直径越小、流量越大、液压油黏度越高，液体的沿程压力损失就越大；反之，压力损失越小。

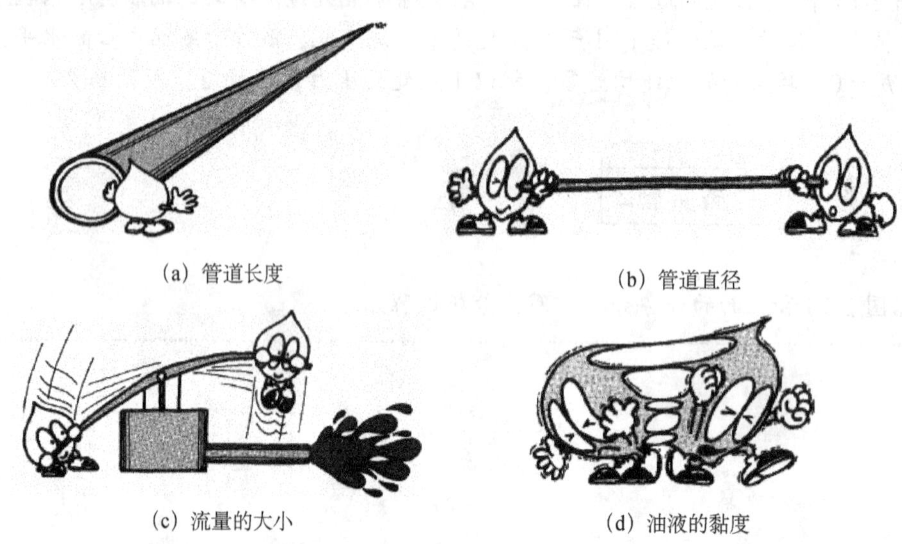
(a) 管道长度　(b) 管道直径　(c) 流量的大小　(d) 油液的黏度

图 2-19　影响沿程压力损失的因素

二、局部压力损失（Local Pressure Loss）

如图 2-20 所示，油液经过局部障碍（如弯头、接口、阀口、过滤器滤网、截面突变等）时，由于液流方向和速度变化，形成局部旋涡而消耗能量，称为局部压力损失。可根据式（2-12）计算得到

$$\Delta p_{\xi} = \xi \frac{\rho v^2}{2} \tag{2-12}$$

式中，ξ 为局部阻力系数，可查阅有关手册了解相关内容。

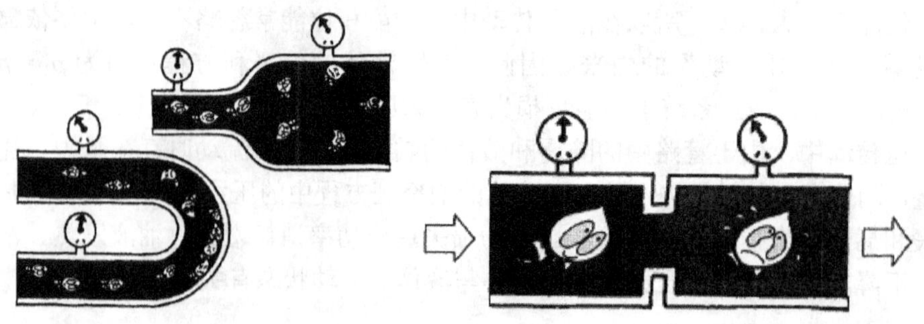
(a) 过流断面面积突变或运动方向突变时　(b) 流经阀口时

图 2-20　局部压力损失

三、总压力损失

油液流过的管道、接头和阀越多，能量损失就越大。管路中总压力损失等于所有直管中压力损失和局部压力损失之和，即

$$\Delta p_{总}=\sum\Delta p_{\lambda}+\sum\Delta p_{\xi} \tag{2-13}$$

在液压系统中，绝大部分压力损失转变为热能，使液压油温度升高、泄漏增大，影响液压系统的工作性能。通过上述分析，减小流速，缩短管长，减少管道截面突变，提高管道内壁加工质量等，都可以减小压力损失，其中以流速的影响最大，所以液体在管道内的流速不宜过高，一般管道内流速限制在 4.5m/s 以下。

液压系统中的能量损失最后会以什么样的形式体现出来？

液压系统中的能量损失几乎全部变成热量，使油液温度升高。

液压系统中的热量散发有哪些途径？

液压系统排解热能有两条途径：一是通过油箱表面自然散热；二是通过冷却器散热。

为了把功率损耗所产生的热量传到周围环境，油箱表面必须足够大。然而，这往往因空间所限而没有可能。通过另外加装冷却器，可以减小油箱的容积。同时环境气温过高等散热问题，都可以用冷却器来解决。

2.3.7　热交换器（Heat Exchanger）

液压系统的最佳工作温度范围为 40℃～60℃，温度最高不能超过 65℃，最低不得低于 15℃。液压系统如果长时间油温过高，油液黏度降低，泄漏增加，密封老化，油液氧化，严重影响系统正常工作。液压油可以通过油箱来散热，当油箱的散热面积不够时，为保证液压系统工作在正常的工作温度范围内，需要在系统中安装**冷却器**。相反，油温过低，油液黏度过高，设备启动困难，压力损失加大并引起过大的振动。此种情况下的系统应安装**加热器**，将油液温度升高到适合的温度。

冷却器和加热器统称为热交换器。

一、冷却器（Cooler）

要求冷却器要有足够的散热面积，散热效率高，压力损失小。根据冷却介质不同有风冷式、水冷式两大类。

1. **水冷式**

液压系统中用得较多的水冷式冷却器是一种多管式冷却器，如图 2-21 所示。它是一种强制对流式冷却器。多管式冷却器由壳体 2、隔板 4 和散热管 6 等组成。工作时，冷却水通过壳体 2 右侧的进水口 7 流入，流过内部铜管，再经由出水口 1 流出。高温油液从进油口 5 进入冷却器，经多条散热铜管 6 的外壁及隔板 4 冷却后，从出油口 3 流出。由于多条冷却铜管及隔板的作用，这种冷却器热交换效率高，应用比较广泛，但是这种机器体积大、重量大、价格高。

(a) 实物图

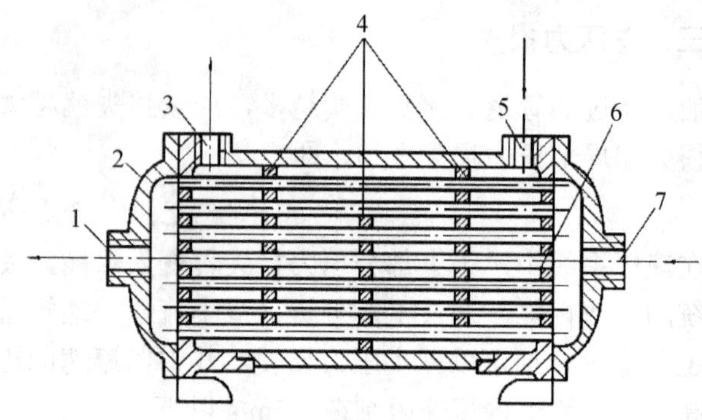

1—出水口；2—壳体；3—出油口；4—隔板；
5—进油口；6—散热管；7—进水口

(b) 结构图

图 2-21　多管式冷却器

2. **风冷式**

风冷式冷却器是通过空气流动带走热量，它由风扇（或鼓风机）和许多带散热片的管子组成，其中高温油从管内流过，风扇（或鼓风机）迫使空气穿过带有散热片的管子表面带走热量，起到降温的作用。风冷式冷却器适用于移动式液压设备。风冷式冷却器可以是排管式，也可以是翅片式（单层管壁），其体积小，但散热效率不如水冷式高。

冷却器的图形符号如图 2-22 所示。

冷却器的安装位置应该根据液压系统的工作情况来确定。冷却器一般安装在液压系统的回油管路上，可以对已经发热的主系统回油进行冷却。如图 2-23 所示，将冷却器 2 安装在液压系统的回油路上，由于溢流阀溢流的油液带有大量的热量，通常将溢流阀与回油管路并联，这样同时可以对溢流阀溢流的油液进行冷却，即主系统回油和溢流阀溢流的油一起经冷却器冷却后回到油箱。当不需要冷气冷却油液时，打开截止阀 1，油液不用经冷却器直接回油箱。

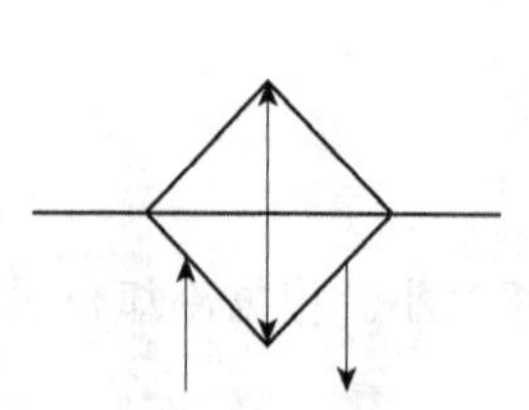

图 2-22　冷却器图形符号

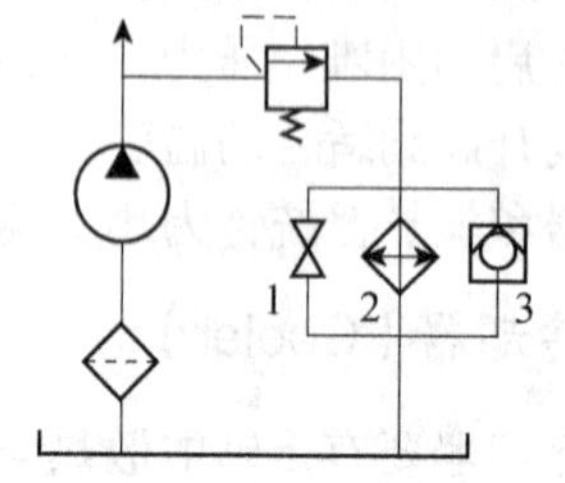

1—截止阀；2—冷却器；3—单向阀

图 2-23　回油冷却器回路

二、加热器（Heater）

环境温度很低的液压系统，因油的黏度大，启动困难。要使系统升温后，才能投入正常工作。通常可使用带有温度控制装置的电加热器，能按需要自动控制油液的温度，从而满足系统要求。电加热器结构简单，控制方便，可以根据需要设定温度。如图 2-24 所示，为电加热器的安装及图形符号。

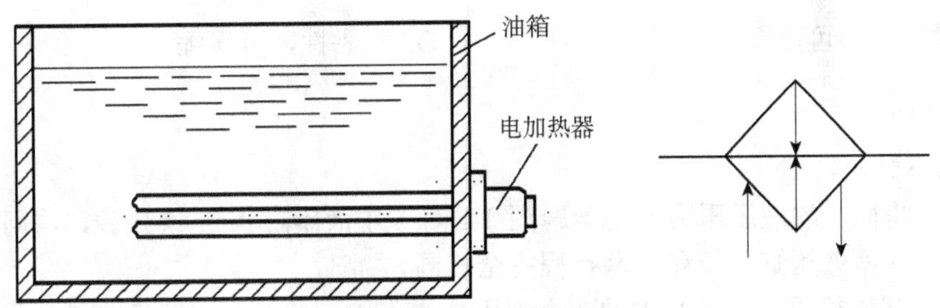

图 2-24 电加热器的安装及图形符号

1. 压力差引起液体或气体的流动。

2. 没有黏性、不可压缩的液体为理想液体。

3. 液体流动时，垂直于流动方向的断面称为过流断面。过流断面可能是平面也可能是曲面。

4. 单位过流断面面积上流过的流量称为该过流断面上的平均流速。当过流断面面积 A 一定时，流量 q 越大，平均流速 v 越大；当流量 q 一定时，过流断面面积越小，平均流速 v 越大。

5. 液体有层流和紊流两种流动状态，用雷诺数来判断液体的流动状态。

6. 伯努利方程和连续性方程用来分析液体流动时的一些现象。液体在密闭管道中流动时有压力能、位能和动能三种形式的能量，三种形式的能量之和为常量，三者之间可以相互转化。

7. 液体流动时的能量损失由沿程压力损失和局部压力损失两部分组成。

一、填空题

1. 理想液体是指没有________，不可________的液体。

2. 液体的流动状态可分为________和________。用________来判断液体的流动状态。

3. 理想液体在密闭管道中流动时有________、________和________三种形式的能量。

4. 液体在管道中流动时压力损失有________和________两种。

二、判断题

1. 液体中任何一点的密度、压力、速度都不随时间变化的流动称为恒定流动。（　　）

2. 过流断面肯定是平面。（　　）

3. 当液体通过的横截面积一定时，液体的流动速度越高，需要的流量越小。（　　）

三、选择题

理想液体是一种假想液体，它（　　）。

A. 无黏性，不可压缩　　　　B. 无黏性，可压缩

C. 有黏性，不可压缩　　　　　　　　　　D. 有黏性，可压缩

四、分析题

1. 做如下分析。

（1）假定将同样的液压压力作用于题图 2-1（a）中液压缸 A 腔和 B 腔，请问活塞的运动方向是什么？（两液压缸直径和活塞行程完全相同）

（2）假定有如题图 2-1（b）中的两个液压缸 A 和 B，并以相同流量向 A 腔和 B 腔供油。请问哪一个液压缸的活塞运动速度更快？（两液压缸直径和活塞行程完全相同）

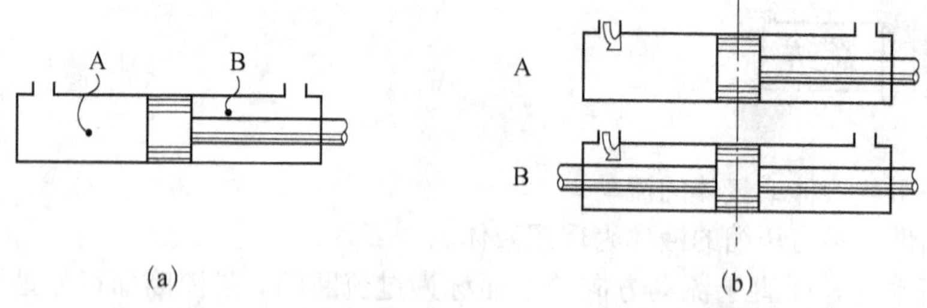

题图 2-1

2. 解释下面的现象。

（1）在题图 2-2 中，当对着漏斗口吹气时，乒乓球会掉下来吗？请分析原因。

（2）飞机为什么能飞上天？

（3）在海洋中平行航行的两艘大轮船，相互不能靠得太近，否则就会有相撞的危险，为什么？

（4）为什么足球踢出去是个弧线球？

（5）简单的实验：用两张窄长的纸条，相互靠近，用嘴从两纸条中间吹气，会发现二纸条不是被吹开而是相互靠拢。

吹气
漏斗
乒乓球

题图 2-2

任务 2.4　液压油的污染和控制（Task2.4 Hydraulic Oil Contamination and Control）

1. 了解液压油的污染控制方法。
2. 掌握滤油器的类型，会根据要求选择滤油器。
3. 掌握滤油器、油箱图形符号的画法。
4. 掌握油箱和滤油器的作用。
5. 会设计油箱。

6. 会选用冷却器。

分析图 2-25 中标注出的各滤油器的作用。

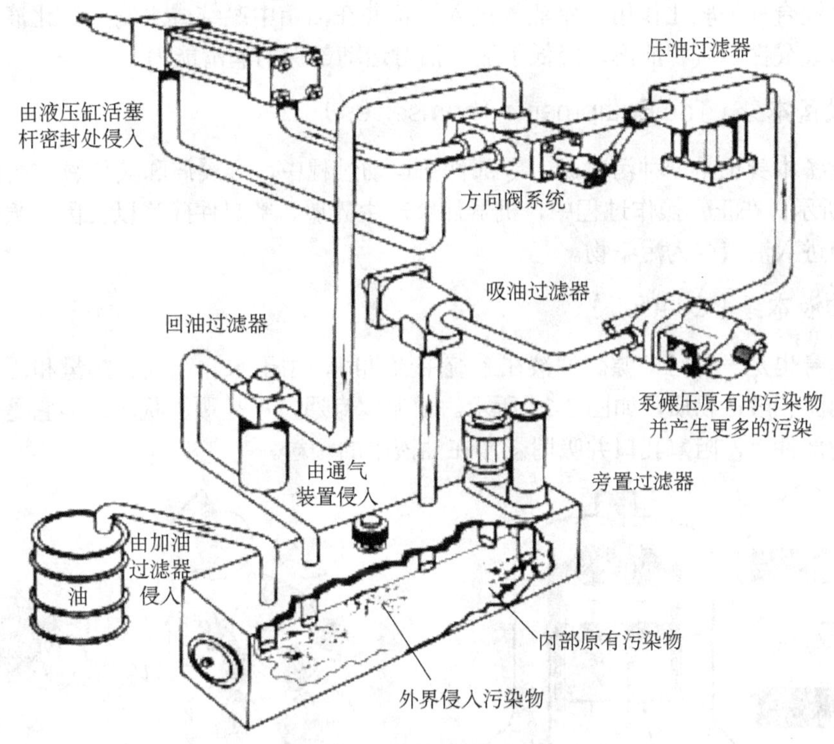

图 2-25 液压油的污染控制

问题 1：污染及污染物是怎样进入液压系统，造成液压油污染的？
问题 2：污染物对系统会产生什么影响？
问题 3：采取什么措施可以对液压油的污染进行控制？

实践证明，液压油的污染是液压系统发生故障的主要原因。液压油污染严重影响液压系统的可靠性及液压元件的寿命。因此，对液压油的正确使用、管理及污染控制是提高液压系统综合性能的重要手段。

2.4.1 工作介质污染原因（Reasons for the Pollution of the Working Medium）

液压系统中的污染物，是指包含在油液中的金属颗粒、灰尘、棉绒等脏物和杂质。液压油液被污染后，将对系统及元件产生不良后果。

一、空气（The Air）

空气是液压油的主要污染源。空气中可能包含大气层中的水气和微粒，以及道路和施工现场的灰尘。对系统修理和维护时，这些污染物可能进入系统。此时，如果使用了不清洁的容器和漏斗，或者使用了有污垢和棉绒的抹布，液压油也会遭到污染。

空气中的氧气与液压元件中的铁发生氧化作用，形成铁锈。所有的油都可以在某种程度上与空气中的氧气作用，氧化作用形成对金属元件有害的酸性物质和油泥。

油和水混合称为乳化作用。水蒸气进入油箱并在油箱中凝结成水滴。乳化液助长铁锈生成，加快形成酸性物质和油泥，降低了液压油对运动部件的润滑能力。

二、设备本身（The Equipments Themselves）

液压设备本身也是一种污染源。零部件在运动过程中，金属屑和其他颗粒会污染设备，如图 2-26 所示。在正常操作过程中，机器还会产生碎屑、密封件碎片以及因磨损引起的金属颗粒等也会进入油液成为污染物。

三、油液本身（Oil Itself）

油液本身也是一种污染源。油液在系统中流动时，由于水、空气、热量和压力的化学作用形成了油泥和酸性物质，如图 2-27 所示。油泥本身通常不是颗粒状的，但它是胶状物，会附着在运动部件上，阻塞孔口并吸附悬浮在油液中的颗粒。

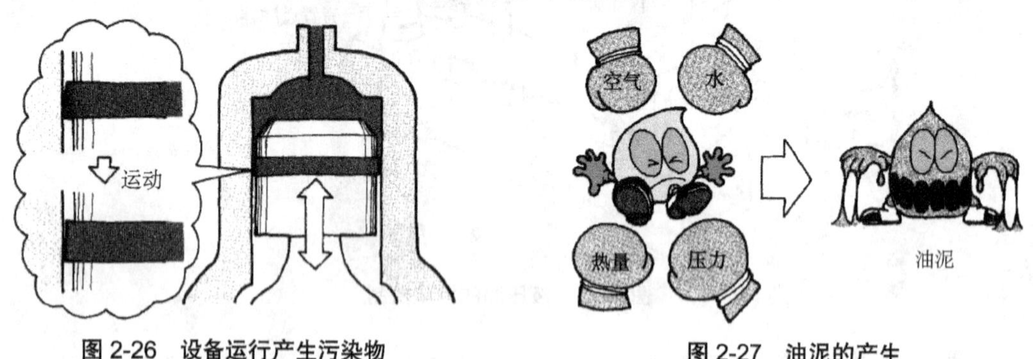

图 2-26 设备运行产生污染物　　图 2-27 油泥的产生

2.4.2 工作介质污染的危害（Hazards of Working Medium Pollution）

在液压油中循环的金属和非金属粒子对液压系统可造成十分显著的危害。杂质中较大的颗粒停留在运动部件的边缘，它们使油泥进一步聚集或磨损阀门的边缘。较小的颗粒停留在精密配合的零件之间，造成这些零件运动受阻或卡死。

2.4.3 工作介质污染控制（Work Medium Pollution Control）

液压油的污染用污染度等级来表示，它是指单位体积液压油中固体颗粒污染物的含量，即液压油中所含固体颗粒的浓度。液压油的污染程度可按国际标准 ISO4406（见表 2-4）定量地描述和评定，污染度等级用两个数码表示，前面的数码代表 1mL 液压油中尺寸不小于 5μm 的颗粒等级，后面的数码代表 1mL 液压油中尺寸不小于 15μm 的颗粒等级，两个数码之间用一斜线分隔。例如，污染度等级为 18/15 的液压油，表示它在每毫升内不小于 5μm 的颗粒数在 1300～2500 之间，不小于 15μm 的颗粒数在 160～320 之间。

表 2-4　ISO4406 污染度等级

每毫升油液中的颗粒数		等级数码	每毫升油液中的颗粒数		等级数码
大于	上限值		大于	上限值	
80 000	160 000	24	10	20	11
40 000	80 000	23	5	10	10
20 000	40 000	22	2.5	5	9
10 000	20 000	21	1.3	2.5	8
5 000	10 000	20	0.64	1.3	7
2 500	5 000	19	0.32	0.64	6
1 300	2 500	18	0.16	0.32	5
640	1 300	17	0.08	0.16	4
320	640	16	0.04	0.08	3
160	320	15	0.02	0.04	2
80	160	14	0.01	0.02	1
40	80	13	0.005	0.01	0
20	40	12	0.0025	0.005	0.9

每一个污垢粒子都是产生更大污染的根源。它加速缩短液压元件的使用寿命，导致机器的永久磨损。为了防止油液污染，在实际工作中应采取如下措施：

（1）对元件和系统进行清洗，清除在加工和组装过程中残留的污染物。

（2）防止污染物从外界侵入。

（3）采用合适的滤油器。这是控制液压油液污染的重要手段，应根据系统的不同情况选用不同过滤精度、不同结构的滤油器，并定期检查和清洗。

（4）控制液压油液的温度。

（5）定期检查和更换液压油液。

为了有效地控制液压传动系统的污染，以保证液压传动系统的工作可靠性和液压元件的使用寿命，国家制定的典型液压元件和液压传动系统清洁度等级见表 2-5 和表 2-6。

表 2-5　典型液压元件清洁度等级

液压元件类型	优等品	一等品	合格品	液压元件类型	优等品	一等品	合格品
各种类型液压泵	16/13	18/15	19/16	活塞缸和柱塞缸	16/13	18/15	19/16
一般液压阀	16/13	18/15	19/16	摆动缸	17/14	19/16	20/17
伺服阀	13/10	14/11	15/12	液压蓄能器	16/13	18/15	19/16
比例控制阀	14/11	15/12	16/13	滤油器壳体	15/12	16/13	17/14
液压马达	16/13	18/15	19/16				

表 2-6 典型液压传动系统清洁度等级

液压传动系统类型	清洁度等级										
	12/9	13/10	14/11	15/12	16/13	17/14	18/15	19/16	20/17	21/18	22/19
对污染敏感的系统	—	—	—	—	—						
伺服系统		—	—	—	—	—					
高压系统			—	—	—	—	—				
中压系统					—	—	—	—	—		
低压系统						—	—	—	—	—	
低敏感系统							—	—	—	—	—
数控机床液压传动系统		—	—	—	—	—					
机床液压传动系统					—	—	—	—	—		
一般机械液压传动系统						—	—	—	—	—	
行走机械液压传动系统				—	—	—	—	—			
重型机械液压传动系统						—	—	—	—	—	
冶金轧钢设备液压传动系统				—	—	—	—	—			

2.4.4 滤油器的选用（Selection of Oil Filters）

液压油中往往含有颗粒状杂质，会造成液压元件相对运动表面的磨损、滑阀卡滞、节流孔口堵塞，使系统工作可靠性大为降低。如果想保持液压系统无故障运行，就必须保持液压油清洁。在系统中安装一定精度的滤油器，是保证液压系统正常工作的必要手段。

一、滤油器的作用（The Function of the Oil Filter）

滤油器（Filter，Strainer）是从流体中分离固态颗粒的设备，一般由滤芯（或滤网）和壳体构成。其通流面积由滤芯上无数个微小间隙或小孔构成。当混入油中的污物（杂质）大于微小间隙或小孔时，杂质被阻隔而滤清出来。若滤芯使用磁性材料，则可吸附油中能被磁化的铁磁性杂质。因此，滤油器的作用是滤去液压油中的杂质，保持油液清洁，防止油液受到污染，保证液压系统正常工作。

二、过滤精度（Filter Precision）

过滤固体颗粒的过程多种多样，过滤设备是由需要的过滤精度决定的。滤油器的过滤精度是指滤芯能够滤除的最小杂质颗粒的大小，以直径 d 作为公称尺寸表示，按精度可分为粗滤油器（$d<100$m）、普通滤油器（$d<10$m）、精滤油器（$d<5$m）、特精滤油器（$d<1$m）。

一般对滤油器的基本要求是：

（1）能满足液压系统对过滤精度要求，即能阻挡一定尺寸的杂质进入系统。

（2）滤芯应有足够强度，不会因压力而损坏。

（3）通流能力大，压力损失小。

（4）易于清洗或更换滤芯。

三、滤油器的类型和特点（Types and Characteristics of Oil Filters）

按滤芯的材料和结构形式，滤油器可分为网式、线隙式、纸质滤芯式、烧结式滤油器及磁性滤油器等。

按工作原理的不同分为表面型滤油器、深度型滤油器和吸附型滤油器三种。表面型滤油器的工作原理如图 2-28 所示，整个过滤作用是由一个几何面实现的。滤下的污染杂质被截留在滤芯元件靠油液上游的一面。滤芯材料具有均匀的标定小孔，可以滤除比小孔尺寸大的杂质。由于污染杂质积聚在滤芯表面上，因此它很容易被阻塞。网式滤油器和线隙式滤油器属于表面型滤油器。深度型滤油器的工作原理如图 2-29 所示，这种滤油器滤芯材料为多孔可透性材料，内部具有曲折迂回的通道。大于表面孔径的杂质直接被截留在外表面，较小的污染杂质进入滤材内部，撞到通道壁上，由于吸附作用而得到滤除。纸芯式滤油器和烧结式滤油器属于深度型滤油器，磁性滤油器属于吸附型滤油器。

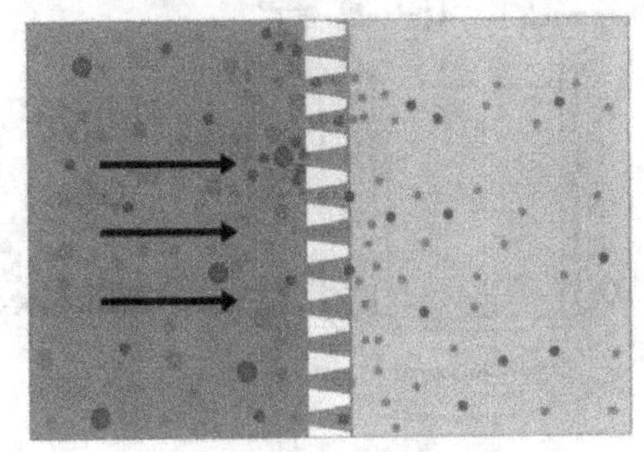

图 2-28 表面型滤油器

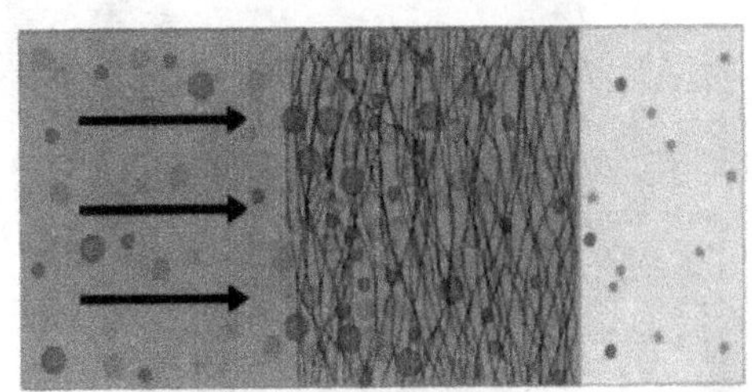

图 2-29 深度型滤油器

根据滤油器安放的位置不同，还可以分为吸油滤油器、压油滤油器和回油滤油器，考虑到泵的自吸性能，吸油滤油器多为粗滤器。

1. **表面型滤油器**（surface filter）

（1）网式滤油器（Mesh Filter）

如图 2-30 所示为网式滤油器，图 2-30（a）为网式滤油器的实物图，图 2-30（b）为结构图。其滤芯以铜网为过滤材料，在周围开有很多孔的塑料或金属筒形骨架 1 上，包着一层或两层铜丝网 2，其过滤精度取决于铜网层数和网孔的大小。这种滤油器结构简单，通流能力大，清洗方便，但过滤精度低，一般用于液压泵的吸油口。

(a) 实物图

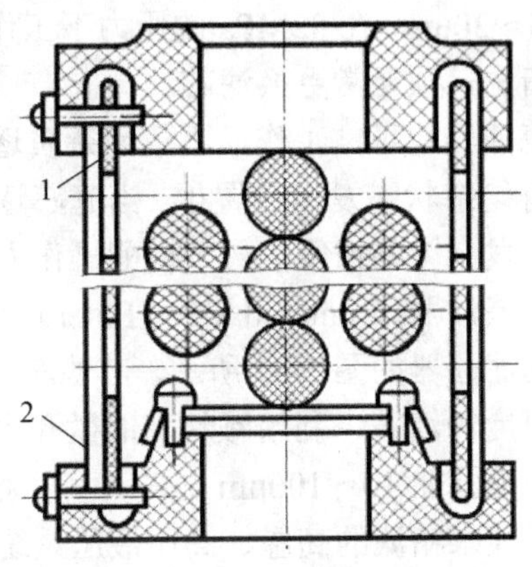

(b) 工作原理图

1—骨架；2—铜丝网

图 2-30 网式滤油器

（2）线隙式滤油器（Wire-wound Filter）

线隙式滤油器如图 2-31 所示，图 2-31（a）为线隙式滤油器的实物图，图 2-31（b）为其结构图。用铜线或铝线密绕在筒形骨架的外部来组成滤芯，依靠铜丝间的微小间隙滤除混入液体中的杂质。其结构简单，通流能力大，过滤精度比网式滤油器高，但不易清洗，多为回油滤油器。

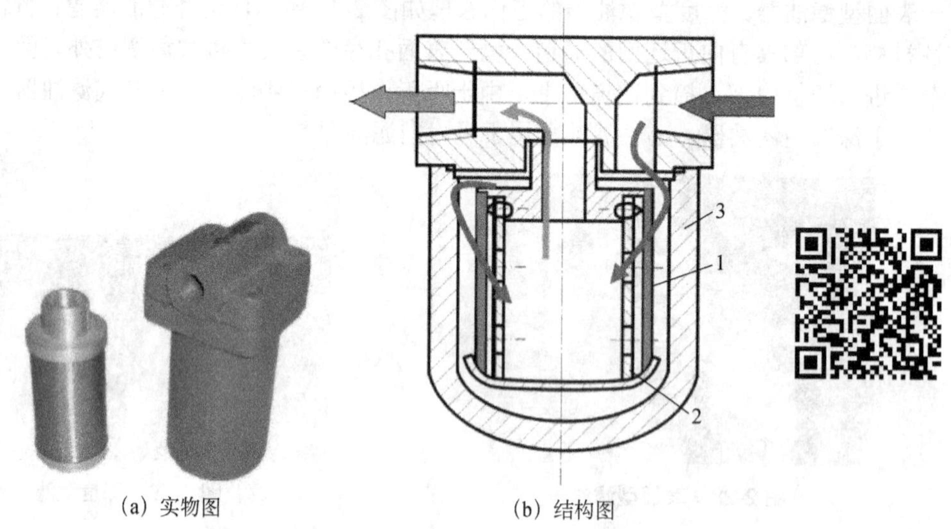

（a）实物图　　（b）结构图

1—金属绕线；2—骨架；3—壳体

图 2-31　线隙式滤油器

2. **深度型滤油器**（Depth type oil filter）

（1）纸芯式滤油器（Pleated Paper Filter）

纸芯式滤油器如图 2-32 所示，其滤芯由三层组成，外层 2 为粗眼钢板网，中层 3 为折叠成星状的滤纸，里层 4 由金属丝网与滤纸折叠组成。纸芯式滤油器滤芯结构类同于线隙式，只是滤芯为纸质。其滤芯为平纹或波纹的酚醛树脂或木浆微孔滤纸制成的纸芯，将纸芯围绕在带孔的镀锡铁做成的骨架上，以增大强度。为增加过滤面积，纸芯一般做成折叠形。滤芯过滤精度可达 5～30μm，在 32MPa 的压力下工作。其过滤精度较高，一般用于油液的精过滤，但堵塞后无法清洗，须经常更换滤芯。

为了保证滤油器能正常工作，不致因杂质逐渐聚积在滤芯上引起压差增大而损坏纸芯，滤油器顶部装有堵塞状态发讯装置 1，当滤芯逐渐堵塞时，压差增大，感应活塞推动电气开关并接通电路，发出堵塞报警信号，提醒操作人员更换滤芯。

（2）烧结式滤油器（Sintered Metal Filter）

金属烧结式滤油器如图 2-33 所示，其滤芯可按需要制成不同的形状，选择不同粒度的粉末烧结成不同厚度的滤芯，利用颗粒间的微孔来挡住油液中的杂质通过，可以获得不同的过滤精度，其过滤范围在 10～100μm 之间。其滤芯强度高，抗冲击性能好，抗腐蚀性好，过滤精度高，适用于要求精滤的高温、高压液压系统。

3. **吸附型滤油器**（Adsorption type oil filter）

磁性滤油器（**magnetic filter**）属于吸附型滤油器，其工作原理是利用磁铁吸附油液中的铁质微粒。但一般的磁性滤油器对其他非铁质污染物不起作用，通常用作回油过滤或被用作其他形式滤油器的一部分。

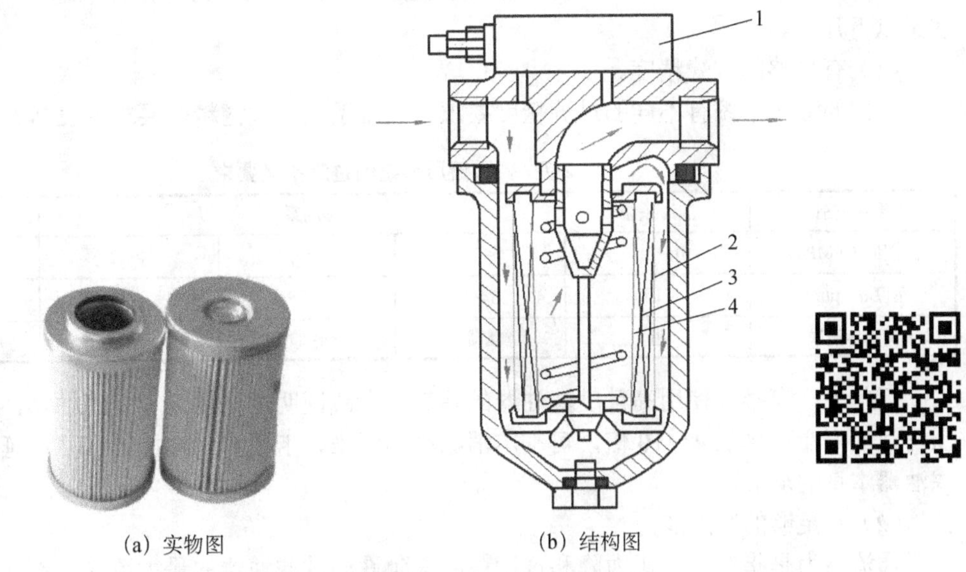

(a) 实物图　　(b) 结构图

1—压差报警器；2—粗眼钢板网；3—滤纸；4—金属丝网

图 2-32　纸芯式滤油器

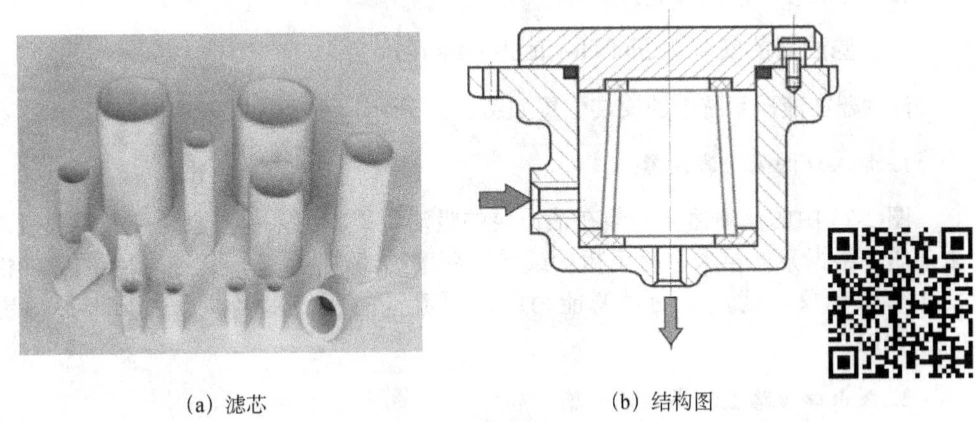

(a) 滤芯　　(b) 结构图

图 2-33　烧结式滤油器

在以上各种类型的滤油器中，网式和线隙式滤油器过滤精度较低，纸芯式和烧结式滤油器过滤精度较高。

滤油器的图形符号如图 2-34 所示。

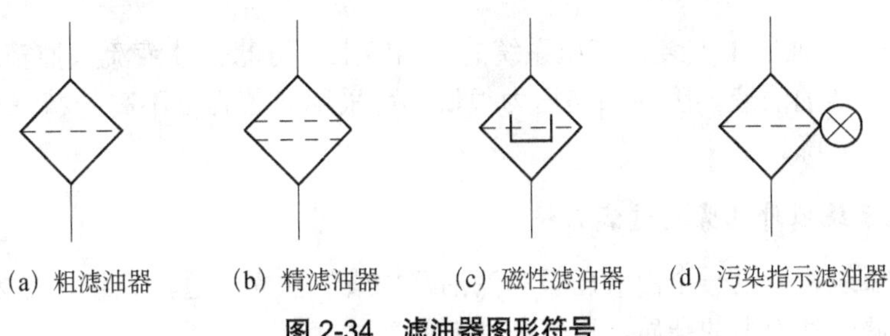

(a) 粗滤油器　(b) 精滤油器　(c) 磁性滤油器　(d) 污染指示滤油器

图 2-34　滤油器图形符号

四、滤油器的选用（Selection of Oil Filters）

滤油器应根据其技术特点、过滤精度、使用压力及通流能力等条件来选择，在选用时应注意以下几点。

（1）有足够的过滤精度。

不同的液压系统有不同的过滤精度要求。液压系统的过滤精度要求见表 2-7。

表 2-7　各种液压系统的过滤精度要求

系统类别	润滑系统	传动系统			伺服系统
工作压力（MPa）	0～2.5	<14	14～32	>32	≤21
精度 d（μm）	≤100	25～50	≤25	≤10	≤5
滤油器精度	粗	普通	普通	普通	精

近年来，有推广使用高精度滤油器的趋势。实践证明，采用高精度滤油器，液压泵、液压马达的寿命可延长 4～10 倍，可基本消除阀的污染、卡紧和堵塞故障，并可延长液压油和滤油器本身的寿命。

（2）有足够的通流能力。

通流能力是指在一定压力降和过滤精度下允许通过滤油器的最大流量。不同类型的滤油器可通过的流量值都有一定的限制，需要时可查阅有关样本和手册。

（3）滤芯便于清洗或更换。

五、滤油器的安装（Oil Filter Installation）

滤油器在液压系统中的安装位置如图 2-35 所示，主要有以下几种。

1. 泵入口的吸油滤油器

图 2-35 中的滤油器 3 安装在液压泵的吸油口处，用来保护泵，使其不致吸入较大的机械杂质。根据泵的要求，可用粗的或普通精度的滤油器。为了不影响泵的吸油性能，防止发生气穴现象，滤油器的过滤能力应为泵流量的两倍以上，压力损失不得超过 0.01～0.035MPa。

2. 泵出口油路上的高压滤油器

图 2-35 中的滤油器 7 安装在液压泵的出油口处，主要用来滤除进入液压系统的污染杂质，一般采用过滤精度为 10～15μm 的滤油器。它应能承受油路上的工作压力和冲击压力，其压力降应小于 0.35MPa，并应有安全阀或堵塞状态发讯装置，以防泵过载和滤芯损坏。

3. 系统回油路上的低压滤油器

图 2-35 中的滤油器 1 安装在液压系统的回油路上，可滤去油液流入油箱之前的污染物，为液压泵提供清洁的油液。因回油路压力很低，可采用滤芯强度不高的精滤油器，并允许滤油器有较大的压力降。

4. 安装在系统以外的旁路过滤系统

大型液压系统可专设一个由液压泵和滤油器构成的独立的过滤系统（图 2-35 中的滤油器 8），不间断地滤除油液中的杂质，以保证油液的清洁度。

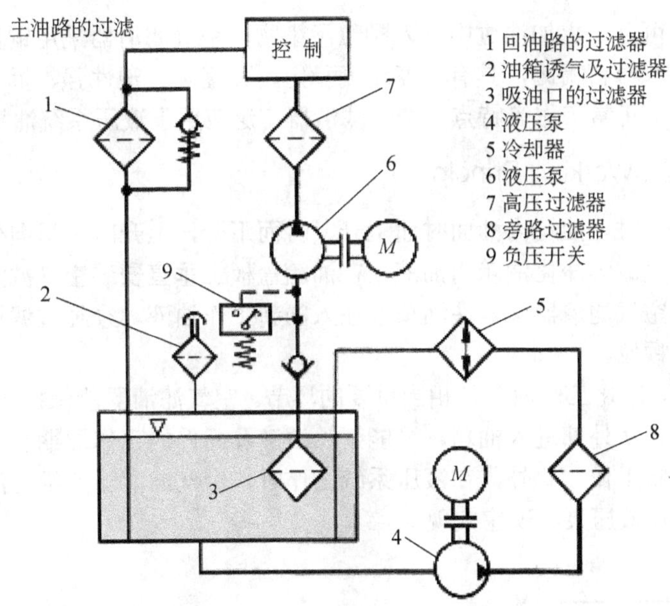

图 2-35　滤油器的安装位置

安装滤油器时应注意，一般滤油器只能单向使用，即进、出口不可反接，以利于滤芯清洗和安全。必要时可增设单向阀和滤油器，以保证双向过滤。目前双向滤油器已问世。

在液压泵站中为什么要设置空气过滤器？空气过滤器的作用是什么？

2.4.5　空气滤清器的选用（Selection of Air Filter）

一、空气滤清器的作用（The Functions of Air Filters）

为防止灰尘进入油箱，通常在油箱的上方通气孔装有空气滤清器。有的油箱利用此通气孔当注油口，如图 2-36 所示为带注油口的空气滤清器。空气滤清器和滤油器传统上都叫做滤油器，因为它们做同一项工作——截留和清除油液中的杂质，其在液压系统中的应用如图 2-35 中的 2 所示。

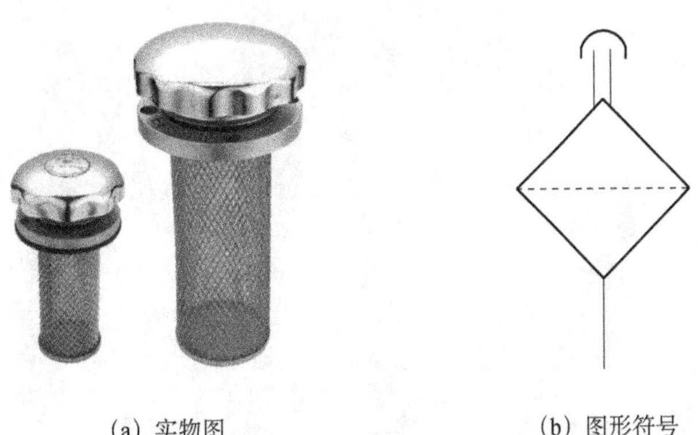

(a) 实物图　　(b) 图形符号

图 2-36　空气滤清器

空气滤清器由空气过滤器和加油过滤两部分构成，不仅可以防止颗粒污染物通过油箱呼吸口侵入系统，还可以防止加油过中混入颗粒污染物。空气滤清器采用铜基粉末冶金烧结过滤片，与非金属过滤材料相比，具有过滤精度稳定、强度高、塑性强、拆洗方便并能承受热应力与冲击及高温下正常工作等特点。空气滤清器广泛应用于液压系统油箱。

二、工作原理（Working Principle）

当液压系统工作时，油箱内油面时而上升、时而下降，上升时由里向外排出空气，下降时由外向内吸入空气。为净化油箱内油液，在油箱盖板上垂直安装空气滤清器，就可以过滤吸入的空气；同时空气滤清器又是注油口，注入的新工作油液，须经过滤再进油箱，从而滤除了油液内的脏物颗粒。

在液压系统中，净化工作油液是相当重要的环节。空气滤清器能保持油箱内油液的清洁，既可以防止脏物颗粒从外部进入油箱，又能延长油液及元件的工作周期和使用寿命，从而保证了液压系统的正常工作。此外，在液压系统工作时，空气滤清器能维持油箱内的压力和大气压力平衡，以避免液压泵出现空穴现象。

任务分析

在图 2-25 中，吸油滤油器放置在液压泵的吸油口处，用来保护液压泵。压油滤油器放置在液压泵的出油口处，用来过滤掉液压泵产生的杂质颗粒，保护除液压泵之外的其他元件。回油滤油器放置在回油箱之前，防止系统运行过程中生成的杂质进入油箱。对于一些对液压油要求较高的液压系统，必须设置旁置滤油器。

可根据 2.4.4 小节中的相关内容了解各滤油器的作用。

任务实施

将图 2-25 中各滤油器的作用写至下面的方框中，并完成任务描述 2 的内容。

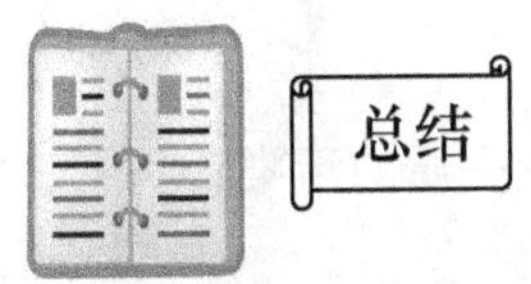

1. 液压油的污染常常是造成液压系统故障的主要原因，为了保持液压油的清洁，可在液压系统中设置滤油器。

2. 液压滤油器根据滤芯类型的不同可分为网式滤油器、线隙式滤油器、纸芯式滤油器、烧结式滤油器、磁性滤油器等多种类型。其中网式和线隙式滤油器过滤精度等级较低，纸芯式和烧结式滤油器过滤精度等级较高。

3. 空气滤清器不仅可以防止颗粒污染物通过油箱呼吸口侵入系统，还可以防止加油过程中混入颗粒污染物。此外，在液压系统工作时，空气滤清器能维持油箱内的压力和大气压力平衡，以避免泵出现空穴现象。

任务检查与考核

一、填空题

1. 以大气压力为基准测得的压力是________，也称为________。
2. 根据度量基准的不同，压力有两种表示方法：绝对压力和________。
3. 液压系统中的压力取决于________的大小。

二、选择题

1. 下列滤油器中属表面型的是（　　）。
   A. 网式滤油器　B. 纸芯式滤油器　C. 线隙式滤油器　D. 金属烧结式滤油器
2. 滤油器的过滤精度常用（　　）作为尺寸单位。
   A. μm　B. mm　C. nm　D. mm^2
3. 滤油器的作用是（　　）。
   A. 储油、散热　B. 连接液压管路　C. 保护液压元件　D. 指示系统压力
4. 强度高、耐高温、抗腐蚀性强、过滤精度高的滤油器是（　　）。
   A. 网式滤油器　B. 线隙式滤油器　C. 烧结式滤油器　D. 纸芯式滤油器
5. 液压系统工作介质维护的关键是（　　）。
   A. 选择适当的油液黏度　B. 选择黏度指数较大的油液
   C. 控制油液的污染　D. 经常更换液压油
6. 实践统计表明，液压系统发生故障的主要原因是（　　）。
   A. 油液黏度选择不合适　B. 油液黏度指数选择不合适
   C. 油液被污染　D. 油液的压力和温度较高
7. 液压系统油箱透气孔处需设置（　　）。
   A. 空气滤清器　B. 加滤油器　C. 防溢油装置　D. A + B

三、简答题

1. 液压传动的介质污染原因主要有哪几个方面？应该怎样控制介质的污染？
2. 滤油器有哪些类型？安装滤油器时要注意什么？
3. 什么叫滤油器的过滤精度？滤油器在系统中安装在什么位置？
4. 根据哪些原则选用滤油器？
5. 如何对液压油的污染进行控制？

任务 2.5　分析液压冲击和气穴现象（Task2.5　Analysis of Hydraulic Shock and Cavitation）

1. 掌握液压冲击现象和气穴现象的概念。
2. 会分析液压冲击现象和气穴现象产生的原因。
3. 会分析液压系统中的液压冲击现象和气穴现象的防止措施。
4. 掌握蓄能器的分类。
5. 掌握气囊式蓄能器的工作原理和应用。
6. 熟悉蓄能器的安装和使用方法。

如图 2-37 所示，在液压泵的自吸过程中，在液压泵的吸油口处出现气泡，试分析原因，并提出改进措施。

图 2-37　液压泵吸油口处出现气泡

问题 1：什么原因导致了气泡的产生？

问题 2：液压泵进油口处的压力取决于什么？

2.5.1 分析液压冲击现象(Analysis of Hydraulic Shock)

液压系统管路中液体流速或方向突然改变，或者运动部件突然制动，使系统内部的压力突然急剧升高，形成很高的压力峰值，这种现象就叫做**液压冲击（Hydraulic Shock，Hydraulic Impact）**。

一、液压冲击产生的原因 (Causes Producing Hydraulic Impact)

1. 阀门突然关闭引起液压冲击

有一液位恒定并能保持液面压力不变的容器如图 2-38 所示。容器底部连一管道，在管道的输出端装有一个阀门。管道内的液体经阀门 B 出流。若将阀门突然关闭，则紧靠阀门的这部分液体立刻停止运动，液体的动能瞬时转变为压力能，产生冲击压力，接着后面的液体依次停止运动，依次将动能转变为压力能，在管道内形成压力冲击波，并以速度 c 由 B 向 A 传播。压力冲击波在管道中液体内的传播速度 c 一般在 890～1420m/s 范围内。

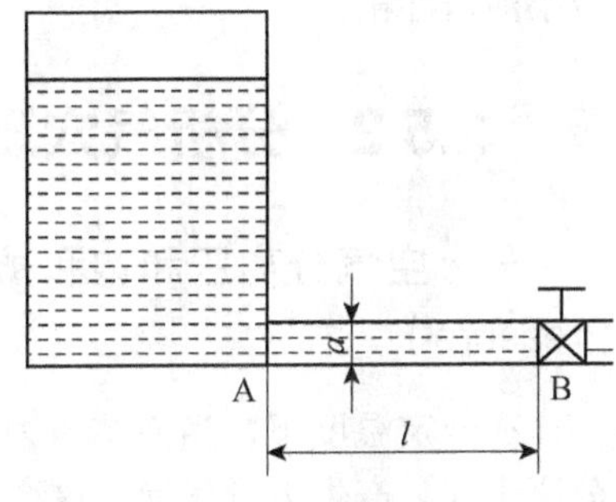

图 2-38 阀门突然关闭引起液压冲击

2. 运动部件突然制动或换向时引起液压冲击

如图 2-39 所示，活塞以速度 v 驱动负载 m 向左运动。当突然关闭出口通道时，液体被封闭在左腔中。但由于运动部件的惯性而使腔内液体受压，这一瞬间，运动部件的动能会转化为封闭油液的压力能，引起液体压力急剧上升，出现液压冲击。运动部件则因受到左腔内液体压力产生的阻力而制动。

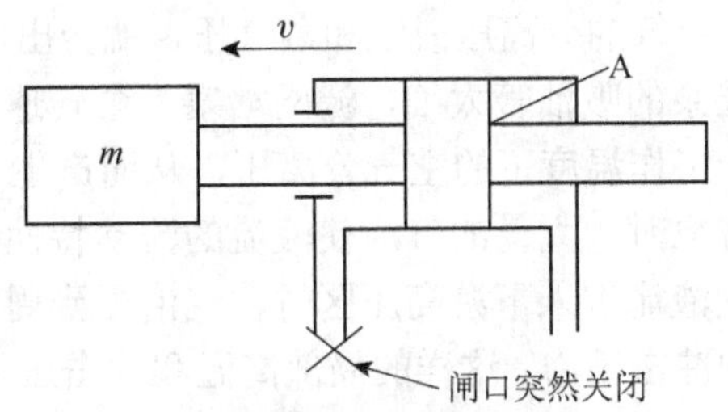

图 2-39 运动部件突然制动引起液压冲击

二、液压冲击的危害 (Hazards of Hydraulic Shock)

液压系统中出现液压冲击时，瞬间压力峰值通常比正常工作压力高出好多倍。对液压系统会产生以下危害：

1. 巨大的瞬时压力峰值使液压元件，尤其是液压密封件遭受破坏。
2. 系统产生强烈震动及噪音，并使油温升高。
3. 使压力控制元件（如压力继电器、顺序阀等）产生误动作，造成设备故障及事故。

三、减少液压冲击的措施（Measures to Reduce Hydraulic Shock）

1. 延长阀门关闭和运动部件换向制动时间，当阀门关闭和运动部件换向制动时间大于0.3s时，液压冲击就大大减小。为控制液压冲击，可采用换向时间可调的换向阀。如采用带阻尼的电液换向阀，可通过调节阻尼以及控制通过先导阀的压力和流量来减缓主换向阀阀芯的换向（关闭）速度，液动换向阀也与此类似。

2. 限制管道内液体的流速和运动部件速度。比如在机床液压系统中，常常将管道内液体的流速限制在4.5m/s以下。一般情况下，运动部件速度小于10m/min，使$\Delta p_{rmax} \leqslant 5$MPa就是安全的。

3. 适当加大管道内径或采用橡胶软管，可减小压力冲击波在管道中的传播速度，同时加大管道内径也可降低液体的流速，相应瞬时压力峰值也会减小。

4. 在液压冲击源附近设置蓄能器，使压力冲击波往复一次的时间短于阀门关闭时间，可减小液压冲击。

2.5.2 分析气穴现象（Analysis of Cavitation）

一、空气分离压和饱和蒸气压（Air Separation Pressure and Saturated Vapor Pressure）

在一定温度下，当液体压力低于某值时，溶解在液体中的空气将会突然地迅速从液体中分离出来，产生大量气泡，这个压力称为液体在该温度下的空气分离压。

当液体在某一温度下其压力继续下降而低于一定数值时，液体本身便迅速汽化，产生大量蒸气，这时的压力称为液体在该温度下的饱和蒸气压。

一般来说，液体的饱和蒸气压比空气分离压要小得多。

二、气穴的产生及危害（Cavitation and Its Harm）

当液压油流过过流断面面积收缩较小的阀口时，流速会很高，根据伯努利方程，该处的压力会很低，如果压力低于空气的分离压或饱和蒸气压，就会出现气穴现象（cavitation）。在液压泵的自吸过程中，如果泵的吸油管太细、滤网堵塞、泵转速过快或泵安装位置过高等，也会使其吸油腔的压力低于工作温度下的空气分离压，从而产生气穴。

当液压系统出现气穴现象时，大量的气泡使液流的流动特性变坏，造成流量不稳，噪音骤增。特别是当带有气泡的液流进入下游高压区时，气泡受到周围高压的压缩，迅速破灭，使局部产生非常高的温度和冲击压力。这样的局部高温和冲击压力，一方面使金属表面疲劳，另一方面又使工作介质变质，对金属产生化学腐蚀作用，从而使液压元件表面受到侵蚀、剥落，甚至出现海绵状的小洞穴。因气穴而对金属表面产生腐蚀的现象称为气蚀。气蚀会严重损伤元件表面质量，大大缩短其使用寿命，因而必须加以防范。

三、减少气穴的措施（Measures to Reduce Cavitation）

在液压系统中，哪里压力小于空气分离压，哪里就会产生气穴现象。为了防止气穴现象的发生，最根本的一条是避免液压系统中的压力过分减小。具体措施有：

1. 减小阀孔口前后的压差，一般希望其压力比$p_1/p_2 < 3.5$。

2. 正确设计和使用液压泵站。
3. 液压系统各元部件的连接处要密封可靠，严防空气侵入。
4. 采用抗腐蚀能力强的金属材料，提高零件的机械强度，减小零件表面的粗糙度值。

任务分析

在图 2-37 中，由于液压泵进油口处的油管出现局部变细的现象，根据连续性方程，此处的液体流速增大，动能就会变大，根据伯努利方程，会导致此处的压力能过小。当此处的压力小于空气分离压时，就会有气泡产生，从而产生气穴现象。

任务实施

根据图 2-37 中出现的现象，提出改进措施，填入下面的方框内。

判断图 2-40 中的两种蓄能器分别是哪种类型？分别用在什么情况下？

图 2-40　蓄能器

2.5.3 利用蓄能器吸收液压冲击（Using Accumulator to Absorb Hydraulic Shock）

一、蓄能器的作用（Function of Accumulator）

蓄能器（Accumulator）是液压系统中的一种存储油液压力能的元件，它存储多余的压力油，并在需要时释放出来供给系统。当系统瞬间压力增大（出现液压冲击现象）时，它可以吸收这部分的能量，以保证整个系统压力正常。

蓄能器是液压系统中的重要辅件，对保证系统正常运行、改善其动态品质、保持工作稳定性、延长工作寿命、降低噪音等起着重要的作用。蓄能器给系统带来的经济、节能、安全、可靠、环保等效果非常明显。在现代大型液压系统，特别是具有间歇性工况要求的系统中尤其值得推广使用。

二、蓄能器的结构类型及工作原理（Structure and Working Principle of Accumulator）

蓄能器类型多样、功用复杂，不同的液压系统对蓄能器功用要求不同，只有清楚了解并掌握蓄能器的类型、功用，才能根据不同工况正确选择蓄能器，使其充分发挥作用，达到改善系统性能的目的。

蓄能器按结构类型可分为弹簧式、重锤式和充气式三种类型，其中充气式蓄能器最常用。液压油是不可压缩液体，因此利用液压油是无法存储压力能的，必须依靠其他介质来转换、存储压力能。充气式蓄能器是利用气体（氮气）的可压缩性质研制的一种存储液压油能量的装置。充气式蓄能器由油液部分和带有气密封件的气体部分组成，**它利用压缩空气的体积变化存储和释放压力能**。当压力增大时油液进入蓄能器，气体被压缩，系统管路压力不再增大；当管路压力减小时压缩空气膨胀，将油液压入回路，从而减缓管路压力的减小。

根据蓄能器中气体和油液隔离方式的不同，充气式蓄能器又分为活塞式、气囊式和隔膜式三种。

1. 气囊式蓄能器（Gasbag Accumulator）

图 2-41（a）、图 2-41（b）所示分别为气囊式蓄能器的实物图和结构原理图。这种蓄能器是利用气体（氮气）的可压缩性来蓄积液体的原理（即采用氮气作为压缩介质来积蓄能量）而工作的。

气囊式蓄能器由带有气密隔离件的橡胶气囊 3（内装氮气）、油液部分和壳体 2（钢瓶）构成。位于气囊周围的油液与液压回路相通。因此，当油液压力增大到大于气囊充气压力时，油液进入囊式蓄能器，气体被压缩，当压缩到气囊内的气体压力等于油液压力时停止压缩；当压力减小时，压缩气体膨胀，进而将油液压入回路。通俗地说，当油液压力大于气囊充气压力时，油液压缩气体，对气体做功，相当于油液将能量积蓄在气囊内的气体中：当油液压力出现急剧减小时，被压缩的气体及时膨胀，对油液做功，将积蓄的能量传给油液，增大回路中油液的压力，达到消除油系统压力波动的目的。

气囊式蓄能器重量轻、惯性小、反应灵敏，是当前最广泛应用的一种蓄能器，但气囊制造困难。

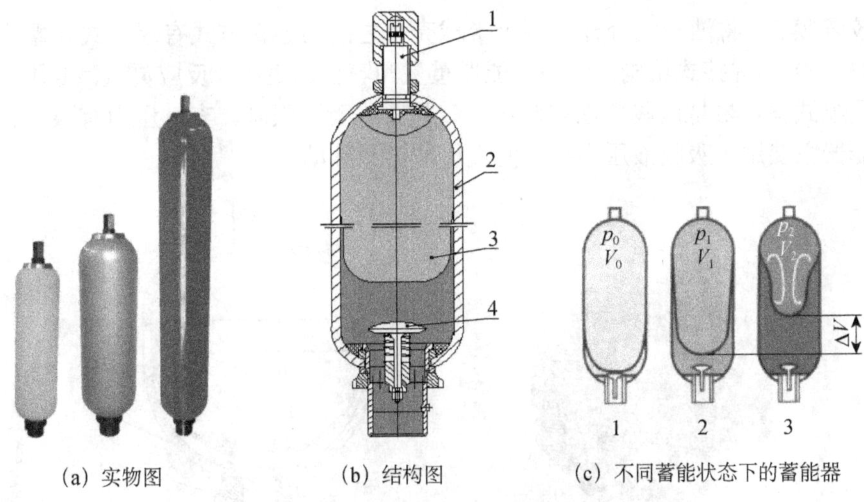

（a）实物图　（b）结构图　（c）不同蓄能状态下的蓄能器

1—充气阀；2—壳体；3—气囊；4—蝶形阀

图 2-41　气囊式蓄能器

2. 活塞式蓄能器（Piston Accumulator）

图 2-42（a）为活塞式蓄能器的实物图，活塞式蓄能器利用活塞将气体和液体隔开，活塞和筒状蓄能器内壁之间有密封，所以油不易氧化。如图 2-42（b）所示，活塞 1 的上部为压缩空气，活塞 1 随下部压力油的存储和释放而在缸筒 2 内来回滑动，图 2-42（c）为不同蓄能状态下的蓄能器。活塞式蓄能器对缸筒加工和活塞密封性要求较高。

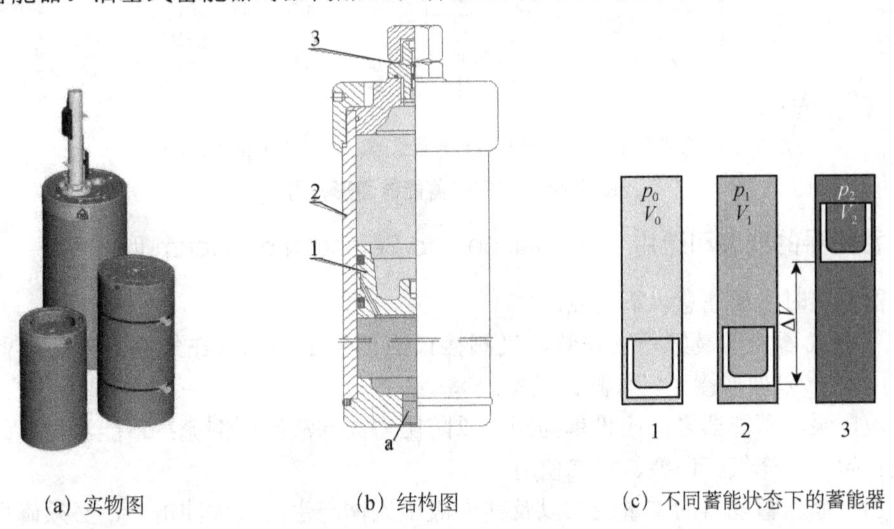

（a）实物图　（b）结构图　（c）不同蓄能状态下的蓄能器

1—活塞；2—缸筒；3—充气阀；a—油口

图 2-42　活塞式蓄能器

活塞式蓄能器结构简单、工作可靠、维护方便、寿命长，但由于活塞有一定的惯性，且密封圈与缸筒存在较大的摩擦力，所以反应灵敏性差。常用来存储能量或用于中高压系统中吸收压力脉动。

3. 隔膜式蓄能器（Hydraulic Diaphragm Accumulator）

如图 2-43 所示，隔膜式蓄能器是由两个半球形壳体 1 扣在一起组成的，两个半球之间夹着一张橡胶隔膜3，将油和气分开。两个半球壳体之间的连接方式有焊接式和螺纹连接式两种，图2-43（b）为焊接式结构。这种蓄能器重量和容积比最小，反应灵敏，低压消除脉动效果显著。隔膜式蓄能器橡胶隔膜面积较小，气体膨胀受到限制，充气压力有限，容量小，所以这种蓄能器主要用来吸收液压系统中的液压冲击和脉动。

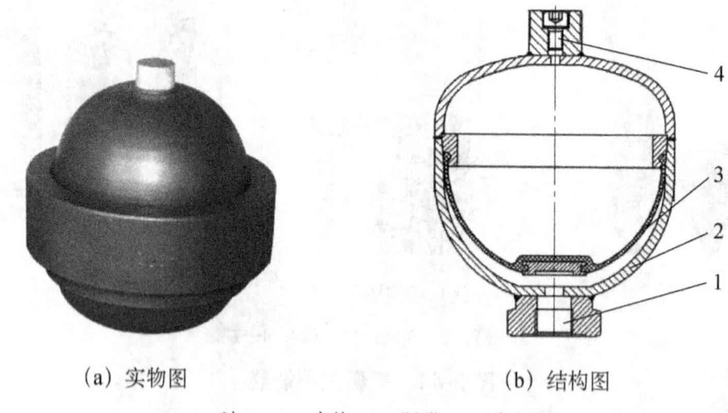

（a）实物图　　（b）结构图

1—油口；2—壳体；3—隔膜；4—充气阀

图2-43　隔膜式蓄能器

各种充气式蓄能器的图形符号如图2-44所示。

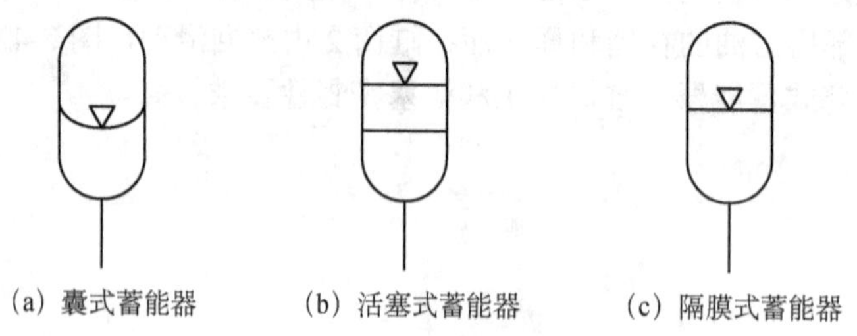

（a）囊式蓄能器　　（b）活塞式蓄能器　　（c）隔膜式蓄能器

图2-44　充气式蓄能器图形符号

三、蓄能器的安装和选用（Installation and Selection of Accumulators）

蓄能器安装时需要注意以下几点：

（1）气囊式蓄能器最好垂直安装，气阀接口应该位于顶部。在气阀上方必须留出一个200mm的间隙，以便连接充气与测试设备。

（2）液压泵与蓄能器之间应设单向阀，以防压力油向液压泵倒流；蓄能器与系统连接处应设置截止阀，供充气、调整、检修使用。

（3）由于液压蓄能器的重量较大以及其中液压流体产生的较大冲击力，必须确保液压充气式蓄能器充分固定，以保证在存在与工作相关的振动或有可能管道破裂的情况下，给予安全的支承。

（4）气囊式蓄能器必须采用压力控制阀进行保护。

（5）气囊式蓄能器和其他用到的所有零件必须以洁净方式安装。液压流体的污染会对气囊式蓄能器的使用寿命产生相当大的影响。

（6）气囊式蓄能器的温度必须适合安装地点的环境温度。用一定时间让气囊式蓄能器适应温度条件。

（7）蓄能器中应充氮气，不可充空气和氧气。充气压力约为系统最低工作压力的 85%～90%。

（8）不能拆卸在充油状态下的蓄能器。

蓄能器一般根据工作压力进行选择。蓄能器允许的工作压力视蓄能器的结构形式而定，例如气囊式蓄能器的工作压力为 3.5～32MPa。不同的蓄能器各有其适用的工作范围，例如，气囊式蓄能器的气囊因强度不高，故不能承受很大的压力脉动，并只能在-20℃～70℃的温度范围内工作。

四、蓄能器的充气（Accumulator Charging）

充气式蓄能器应使用惰性气体，一般为氮气。蓄能器补充氮气通常有两种方式：

（1）当蓄能器使用压力小于 8MPa 时可通过氮气瓶和充氮工具来补充氮气，将充氮工具一端与氮气瓶相连，另一端与蓄能器相连，打开氮气瓶阀门即可完成充气。

（2）当蓄能器使用压力大于 8MPa 时，通过氮气瓶和充氮工具已无法完成充气，在这种情况下可用充氮车、充氮工具、氮气瓶三者配合使用来给蓄能器补充氮气。首先用高压软管将氮气瓶和充氮车进气口连接起来，充氮车出气口通过充氮工具与蓄能器进气口连接起来，在充氮车上设定好输出压力，然后打开氮气瓶阀门，充氮车接上电源，打开充氮车开机旋钮即可完成充气。图 2-45 为使用充气工具向蓄能器充入氮气。

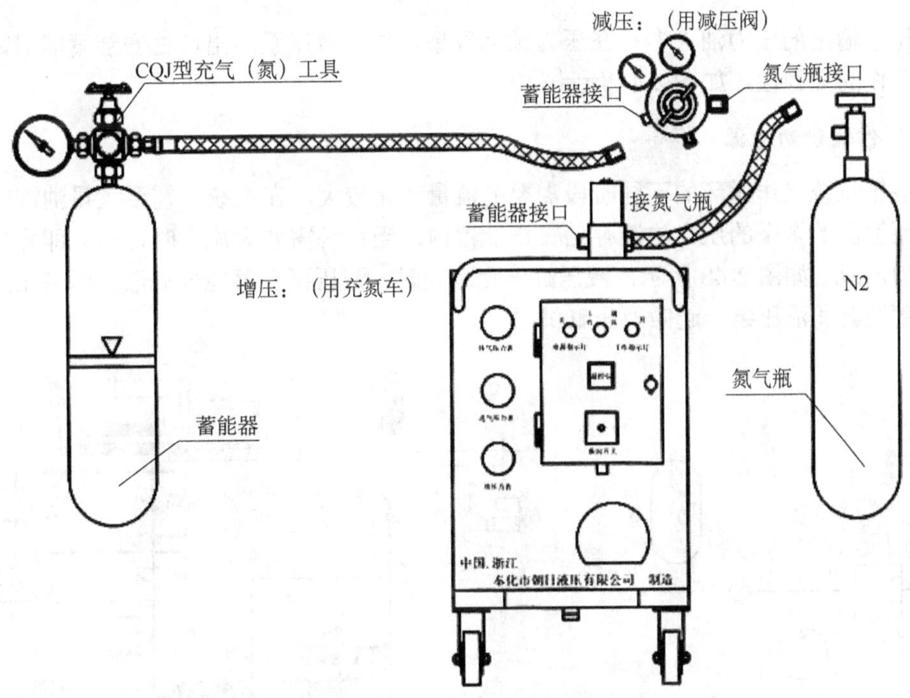

图 2-45　使用充气工具向蓄能器充入氮气

五、蓄能器吸收液压冲击（Using Accumulator to Absorb Hydraulic Shock）

在液压系统中，对于压力波动较大的场合，如当液压泵突然启动或停止、液压阀突然关闭或开启、液压缸突然运动或停止时，系统会产生液压冲击，可在液压冲击处安装蓄能器，起吸收液压冲击的作用。

当车辆行驶在不平坦的道路或轨道上时，会产生机械冲击，损坏车身和底盘。可以在车辆中使用液-气式蓄能器悬挂系统，由液压缸将机械冲击转化为液压冲击。利用悬挂系统中的蓄能器吸收这些液压冲击，如图 2-46 所示。

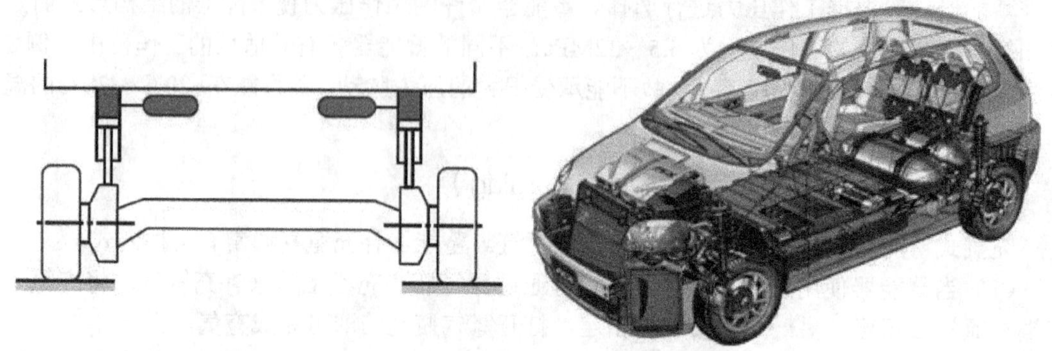

图 2-46　蓄能器用于车辆悬挂系统

六、蓄能器的其他应用（Other Applications of Accumulators）

蓄能器除了可以吸收液压系统中的液压冲击之外，还可以有以下应用。

1. 吸收压力脉动

液压泵输出的压力油大多存在压力脉动现象，如在液压泵的出口处安装蓄能器，可以提高系统工作的平稳性，如图 2-47 所示。

2. 用作辅助动力源

在液压系统工作循环的不同阶段需要的流量变化较大，在系统不需要大量油液时，可以把液压泵输出的多余的压力油液存储在蓄能器内，当系统需要大流量时，能立即释放出所存储的压力油液。如图 2-48 所示，液压缸停止运动时，液压泵向蓄能器充液，当液压缸快速运动时，蓄能器和液压泵一起向液压缸供油。

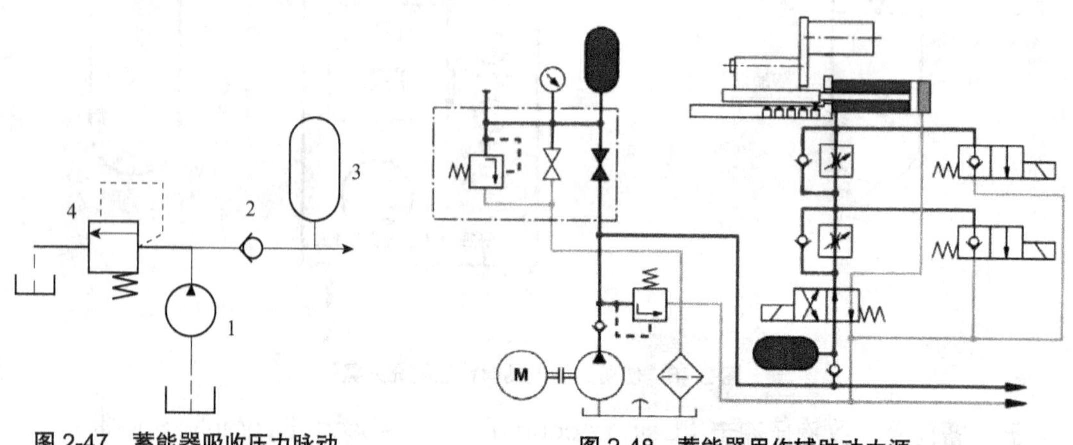

图 2-47　蓄能器吸收压力脉动

图 2-48　蓄能器用作辅助动力源

3. 用作应急动力源

有的系统（如缆车制动系统，如图 2-49 所示），当液压泵损坏或停电不能正常供油时，可能发生事故。有的液压系统要求在供油突然中断时，执行元件应继续完成必要的动作（如液压缸活塞杆应缩回缸内，如图 2-50 所示）。因此，应该在系统中增设蓄能器用作应急动力源，以便在短时间内维持一定压力。

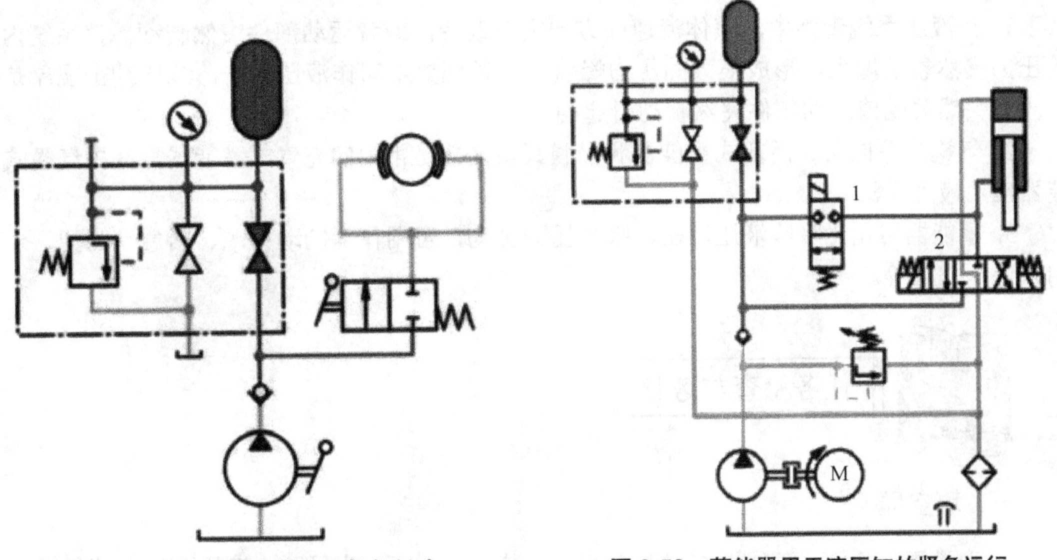

图 2-49　蓄能器用于缆车的紧急制动

图 2-50　蓄能器用于液压缸的紧急运行

4. **保压补漏**

如图 2-51 所示，当液压缸到达预定工作位置之后，三位四通换向阀换至中位，液压泵卸荷，此时由蓄能器补充液压缸泄漏掉的油液，保持液压缸工作腔所需的工作压力。

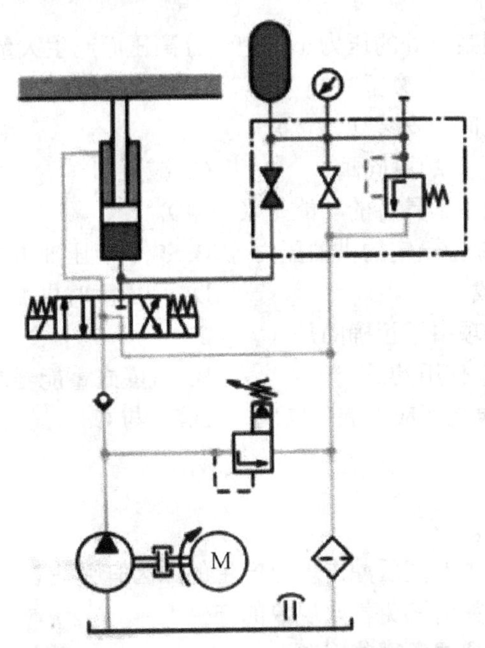

图 2-51　蓄能器用于保持工作腔所需的工作压力

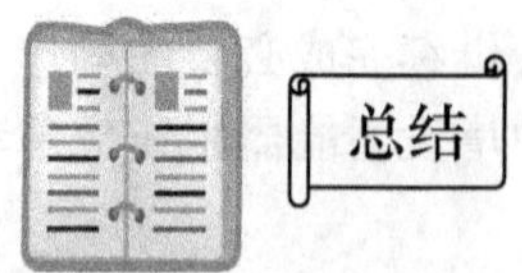

1. 在液压系统管路中，液体流速或方向突然改变，或者运动部件突然制动，使系统内部的压力突然急剧增大，形成很大的压力峰值，这种现象就叫作液压冲击。液压冲击现象是由于阀门突然关闭或运动部件突然制动引起的。

2. 气囊式蓄能器、活塞式蓄能器和隔膜式蓄能器是常用的充气式蓄能器，其中气囊式蓄能器应用最为广泛。

3. 蓄能器可用于吸收液压冲击、吸收压力脉动，可用作辅助动力源、紧急动力源，还可用来保压补漏等。

一、填空题

1. 为了便于检修，蓄能器与管路之间应安装________，为了防止液压泵停车或卸荷时蓄能器内的压力油倒流，蓄能器与液压泵之间应安装________。

2. 液压系统由于某些原因使液体压力急剧增大，形成很大的压力峰值现象称为________。

二、选择题

1. 在液体流动中，因某点处的压力小于空气分离压而产生大量气泡的现象称为（　　）。
A. 层流　　B. 液压冲击　　C. 气穴现象　　D. 紊流

2. 蓄能器与液压泵之间应安装（　　）。
A. 调速阀　　B. 单向阀　　C. 减压阀　　D. 节流阀

3. 蓄能器在液压系统中不具备的功能是（　　）。
A. 停泵期间系统保持一定的供油压力　　B. 减小液压冲击
C. 防止液压泵过载　　D. 增大瞬时供油能力

4. 使用蓄能器下列各项中不正确的是（　　）。
A. 充气式蓄能器中使用的是空气　　B. 气囊式蓄能器原则上应垂直安装
C. 蓄能器与液压泵之间应安装单向阀　　D. A与C

三、简答题

1. 简述蓄能器的功用。
2. 什么是液压冲击现象？液压冲击现象产生的原因有哪些？
3. 什么是气穴现象？如何避免气穴现象的产生？
4. 在安装蓄能器时需要注意哪些问题？

1. GB-T 2352—2003 液压传动　隔离式充气蓄能器压力和容积范围及特征量

2. GB-T 16898－1997 难燃液压液使用导则

项目 3　液压泵工作特性分析与选用（Item3　Working Characteristics Analysis and Selection of Hydraulic Pump）

知识目标	能力目标	素质目标
1. 了解液压泵基本工作原理。 2. 掌握液压泵性能参数的计算。 3. 熟悉液压泵的分类及图形符号的画法。 4. 掌握齿轮泵原理及三大结构问题。 5. 掌握单作用叶片泵和双作用叶片泵工作原理、类型及结构特点。 6. 掌握轴向和径向柱塞泵工作原理、类型及结构特点。 7. 熟悉液压泵的选择。	1. 能识读齿轮泵、叶片泵和柱塞泵的铭牌。 2. 会分析齿轮泵、单作用叶片泵、双作用叶片泵、轴向柱塞泵、径向柱塞泵的结构和工作原理。 3. 会正确拆装外啮合齿轮泵并对齿轮泵的结构进行分析。 4. 会选择液压泵。 5. 会计算液压泵相关的性能参数。	1. 培养学生在完成任务过程中小组成员团队协作的意识。 2. 培养学生文献检索、资料查找与阅读相关资料的能力。 3. 培养自主学习的能力。 4. 培养学生分析问题和解决问题的能力。

任务 3.1　液压泵工作原理和性能参数（Task3.1　Working Principle and Performance Parameters of Hydraulic Pump）

1. 熟悉液压泵基本工作原理。
2. 掌握液压泵性能参数的计算。
3. 熟悉液压泵的分类及图形符号的画法。

如图 3-1 所示，当泵的额定压力和流量为已知时，试说明下列各工况下压力表的读数［管道压力损失除图 3-1（c）为 Δp 外均忽略不计］。

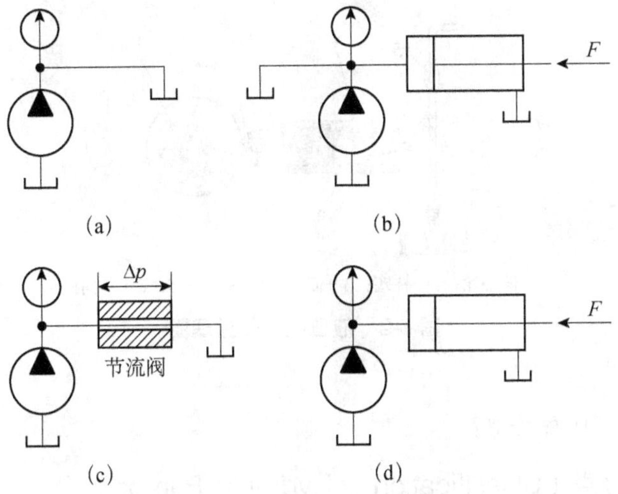

图 3-1　液压泵出口处压力

问题：液压泵在液压系统中的作用是什么？

3.1.1　液压泵的工作原理和分类（The Working Principle and Classification of Hydraulic Pump）

任何工作系统都需要动力驱动。液压系统是以液压泵作为向系统提供一定压力和流量的动力元件。**液压泵（Hydraulic Pump）**由电动机带动将液压油从油箱中吸出，并以一定的压力输送到系统，驱动执行元件运动。液压泵是液压系统中的动力元件，它是能够把机械能转换成压力能的装置。它输入转速 n 和转矩 T，输出压力 p 和流量 q。

一、液压泵的工作条件（Working Conditions of Hydraulic Pump）

目前液压系统中使用的液压泵，其工作原理几乎是一样的，都是靠液压密封工作腔的容积变化来实现吸油和压油的。容积式液压泵的工作原理很简单，以单柱塞液压泵为例，图 3-2 所示为液压泵的工作原理图。柱塞 2 装在缸体 3 内形成一个密封腔 a，柱塞 2 依靠弹簧 4 压在偏心轮 1 上。偏心轮 1 转动时，柱塞 2 便做往复运动。柱塞向右移动时，密封腔 a 因容积增大而形成一定真空，在大气压力作用下通过单向阀 6 从油箱吸进油液，这时单向阀 5 封闭压油口防止系统油液回流；柱塞向左移动时，密封腔 a 容积减小，将已吸入的油液通过单向阀 5 压出，这时单向阀 6 封闭吸油口防止油液流回油箱。偏心轮不停地转动，泵就不断地吸油和压油。由此可见液压泵是靠密封容积变化进行工作的，故常称其为**容积式泵**。单向阀 5 和 6 是保证液压泵正常吸油和压油所必须的配油装置。

从液压泵的工作原理可看出，容积泵基本的工作条件是：

（1）它必须构成密闭容积。

（2）密闭容积不断变化，以此完成吸油和压油过程。

（3）要有**配油装置（Distributing Device）**把吸压油口隔开。

（4）油箱要与大气相通。

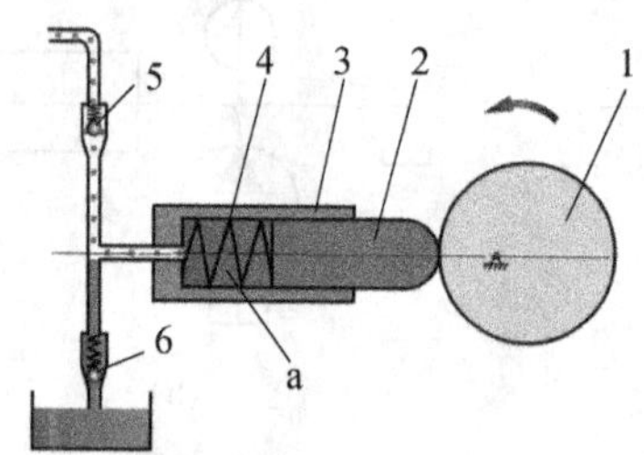

1—偏心轮；2—柱塞；3—缸体；4—弹簧；5，6—单向阀

图 3-2　液压泵工作原理图

液压泵有哪些种类型？

二、液压泵的分类（Classification of Hydraulic Pumps）

容积式液压泵的种类很多，按其结构形式的不同，可分为齿轮泵、叶片泵、柱塞泵和螺杆泵；按泵的排量能否改变，可分为**定量泵（Fixed Displacement Pump）**和**变量泵（Variable Displacement Pump）**；按泵的输出油液方向能否改变，可分为单向泵和双向泵；按压力等级可分为**低压泵（Low Pressure Pump）**、**中压泵（Medium Pressure Pump）**、**中高压泵（Medium and High Pressure Pump）**、**高压泵（High Pressure Pump）**和**超高压泵（Super Pressure Pump）**，具体压力等级划分见表 3-1。

表 3-1　液压泵的压力等级划分

压力等级	低压	中压	中高压	高压	超高压
压力（MPa）	≤2.5	2.5～8	8～16	16～32	32

液压泵的图形符号见图 3-3。

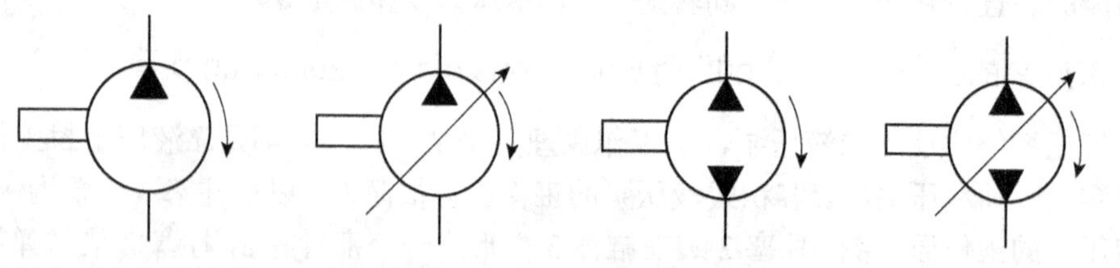

（a）单向定量液压泵　（b）单向变量液压泵　（c）双向定量液压泵　（d）双向变量液压泵

图 3-3　液压泵的图形符号

3.1.2 液压泵的性能参数（Performance Parameters of Hydraulic Pumps）

一、额定压力（Rated Pressure）

液压泵的额定压力是指在正常工作条件下，根据试验标准规定，允许液压泵连续运转的最高压力，用 p_n 表示。

二、工作压力（Working Pressure）

液压泵实际工作时的输出压力，称为工作压力，用 p 表示。工作压力取决于负载的大小。

三、排量（Displacement）

在不考虑泄漏的情况下，液压泵转一转所排出的液体的体积，称为液压泵的排量，用 V 表示。排量由液压泵的几何尺寸决定的密封容积的变化计算得到，其常用单位有 m^3/r，mL/r，L/r。

四、理论流量和实际流量（Theoretical Flow Rate and Actual Flow Rate）

液压泵的理论流量是指在不考虑液压泵的泄漏流量的理想条件下，单位时间内排出的液体的体积，用 q_t 表示。其大小与泵轴转速 n 和排量 V 有关，即

$$q_t = Vn \tag{3-1}$$

常用单位为 m^3/s 和 L/min。

液压泵的实际流量 q 是指单位时间内实际输出的油液体积。容积式液压泵总是存在容积损失，使得液压泵输出的实际流量 q 小于理论流量 q_t。实际流量和理论流量 q_t 之间的关系可用式（3-2）表示

$$q = q_t - \Delta q \tag{3-2}$$

式中 Δq 为某一工作压力下液压泵的流量损失，即泄漏流量。泄漏流量 Δq 与工作压力有关，工作压力越大，泄漏量越大。

四、功率与效率（Power and Efficiency）

1. **输入功率**（Input Power）

输入功率为驱动液压泵的机械功率。

理论输入功率为

$$P_{it} = 2\pi n T_t \tag{3-3}$$

式中 n 为液压泵的转速；T_t 为液压泵的理论转矩。

实际上液压泵会有能量损失，因此实际输入的转矩 T 总是比理论输入的转矩 T_t 要大，所以实际输入功率总是大于理论输入功率。实际输入功率为

$$P_i = 2\pi n T \tag{3-4}$$

式中 n 为液压泵的转速；T 为液压泵的实际输入转矩。

2. **输出功率**（Output Power）

输出功率为液压泵输出的液压功率。

理论输出功率

$$P_{ot} = pq_t \tag{3-5}$$

式中 p 为液压泵的工作压力；q_t 为液压泵输出的理论流量。

实际输出功率

$$P_o = pq \tag{3-6}$$

式中 p 为液压泵的工作压力；q 为液压泵实际输出的流量。

如果不考虑液压泵在能量转换过程中的损失，则输入功率等于输出功率，即理论输入功率等于理论输出功率，可表示为

$$P_{it} = P_{ot} = 2\pi nT_t = pq_t \tag{3-7}$$

3. **容积损失**（Volume Loss）

液压泵工作时存在两种损失，一是容积损失，二是机械损失。造成容积损失的主要原因有：

（1）容积式液压泵的吸油腔和排油腔在泵内虽然被隔开，但相对运动部件间总是存在着一定的间隙，因此泵内高压区内的油液通过间隙必然要泄漏到低压区。液压油的黏度愈低、压力愈大时，泄漏就愈大。

（2）液压泵在吸油过程中，由于吸油阻力太大、油液太黏或泵轴转速过高等原因都会造成泵的吸空现象，使密封的工作容积不能充满油液，使液压泵的工作腔没有被充分利用。由于上述两个方面的原因，使液压泵有容积损失。

用容积效率 η_v 来表示容积损失的大小，可表示为

$$\eta_v = \frac{q}{q_t} \tag{3-8}$$

泵的输出压力越高，排量越小，转速越低，容积效率就越小。

2. **机械损失**（Mechanical Loss）

因泵内摩擦而造成的转矩上的损失为机械损失。用机械效率 η_m 来表征机械损失，可表示为

$$\eta_m = \frac{T_t}{T} \tag{3-9}$$

总效率 η 是指液压泵的输出功率 P_o 与输入功率 P_i 的比值，即

$$\eta = \frac{P_o}{P_i} = \frac{pq}{2\pi nT} = \eta_v\eta_m \tag{3-10}$$

上式表明，液压泵的总效率等于容积效率和机械效率之乘积。

在该任务中，要求判断各图中液压泵出口处的压力。这要用到之前学过的知识：液压系统的压力取决于负载的大小。

在图 3-1（a）中，液压泵出口直接接油箱，由于油箱液面上的压力为 0，所以液压泵出口处压力也为 0。

在图 3-1（b）中，在液压泵的出口处有一个支路直接与油箱相连，另一个支路与负载为

F的液压缸相连。因为液压油始终是沿最小的阻力通道流动的，所以，液压油不会克服负载进入液压缸，而是直接流回油箱。所以，此时液压泵出口处压力仍然为0。

采用相同的分析方法可以分析出图3-1（c）和图3-1（d）中液压泵出口处压力的数值。

任务实施

分析图3-1（c）和图3-1（d）中液压泵出口处压力的数值。

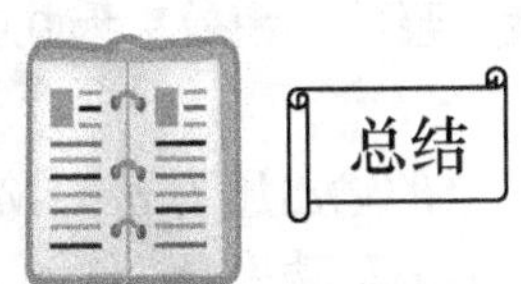

总结

1. 液压泵是液压系统的动力装置，它的作用是把机械能转换成压力能。

2. 液压泵正常工作需满足的条件为：（1）它必须构成密闭容积；（2）密闭容积不断变化，以此完成吸油和压油过程；（3）要有配油装置（Distributing Device）把吸压油口隔开；（4）油箱要与大气相通。

3. 液压泵按结构分为齿轮泵、叶片泵和柱塞泵三种类型。

4. 液压泵的工作压力 p 需小于额定压力 p_n，液压泵实际输出的流量 q 小于理论流量 q_t，实际输入的转矩 T 大于理论上需要输入的转矩 T_t。

任务检查与考核

一、填空题

1. 容积式液压泵是靠________来实现吸油和排油的。

2. 液压泵是把________能转变为液体的________能的一种能量转换装置。

3. 液体只有在流动时才会呈现出黏性，静止液体是________。

4. 按结构液压泵可以分为________、________和________。

二、选择题

1. 在没有泄漏的情况下，根据泵的几何尺寸计算得到的流量称为（　　）；泵在规定转速和额定压力下，输出的流量称为（　　）；泵在某工作压力下，实际输出的流量称为（　　）。

A. 实际流量　　B. 额定流量　　C. 理论流量

2. 液压泵的理论流量（　　）实际流量。

A. 大于　　B. 小于　　C. 等于

三、计算题和简答题

1. 一液压泵的排量为16cm^3/r，当泵的转速为1000r/min、压力为7MPa时，其输出流量为14.6L/min，原动机输入转矩为20.3N·m。求：

（1）液压泵的总效率。

（2）驱动泵所需的理论转矩。

2. 液压泵的额定流量为100L/min，额定压力为2.5MPa，当转速为450r/min时，机械效率为0.9。实验测得当压力为0MPa时，液压泵输出流量为106L/min；当压力为2.5MPa时，液压泵输出流量为100.7L/min。求：

（1）液压泵的容积效率。

（2）当液压泵的转速下降到500r/min时，求额定压力下液压泵输出的流量。

（3）两种转速下液压泵的驱动功率。

3. 某液压泵在压力为16MPa时，实际输出流量为63L/min，液压泵的容积效率为0.91，机械效率为0.9，问选用2.5kW的电动机能否拖动？

4. 某液压系统，泵的排量$V=25$mL/r，电机转速$n=1450$r/min，泵的输出压力$p=5$MPa，泵容积效率$\eta_v=0.95$，总效率$\eta=0.94$，求液压泵的输出功率和电机的驱动功率。

5. 已知轴向柱塞泵的额定压力为$p=16$MPa，额定流量$q=330$L/min，设液压泵的总效率为$\eta=0.9$，机械效率为$\eta_m=0.93$。求：

（1）驱动泵所需的额定功率。

（2）泵的泄漏流量。

6. 一叶片泵转速$n=1500$r/min，输出压力6.3MPa时输出流量为53L/min，测得泵轴消耗功率为7kW，当泵空载时，输出流量为56L/min，求该泵的容积效率和总效率。

7. 液压泵完成吸油和压油必须具备的条件是什么？

任务3.2　齿轮泵工作特性分析（Performance Characteristic Analysis of Gear Pump）

1. 掌握外啮合齿轮泵的工作原理及三大结构问题。
2. 能识读齿轮泵的铭牌。
3. 会分析齿轮泵的结构和工作原理。
4. 会正确拆装外啮合齿轮泵并对齿轮泵的结构进行分析。

如图 3-4 所示，观察外啮合齿轮泵吸入口和排出口两个油口有什么区别，分析原因并说出判断依据，同时说明图中卸荷孔的作用。

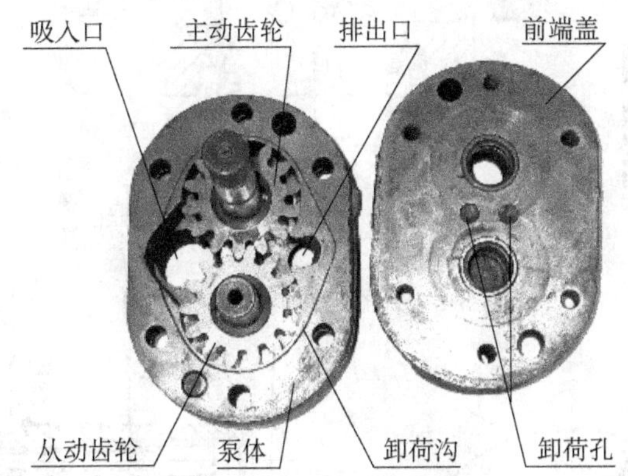

图 3-4　外啮合齿轮泵结构

问题 1：齿轮泵分为哪几种类型？

问题 2：每类齿轮泵的结构和工作原理是什么？

齿轮泵（Gear Pump）是一种常用的液压泵。它是利用一对齿轮的啮合运动，造成吸、排油腔的容积变化进行工作的，被广泛地应用于采矿设备、冶金设备、建筑机械、工程机械和农林机械等各个行业。齿轮泵按照其啮合形式的不同，有外啮合和内啮合两种，外啮合齿轮泵应用较广，内啮合齿轮泵则多为辅助泵。

3.2.1　外啮合齿轮泵工作特性分析（Performance Characteristic Analysis of External Gear Pump）

一、工作原理分析（Working Principle Analysis）

图 3-5 所示为**外啮合齿轮泵（External Gear Pump）**的工作原理图。齿轮泵由主动齿轮、从动齿轮、泵体和端盖的各个齿间槽组成了许多密封工作腔，当齿轮转向如图所示时，右侧吸油腔由于相互啮合的轮齿逐渐脱开，密封工作腔的容积逐渐增大，形成部分真空，油箱中的油液被吸入泵体，将齿间槽充满，并随着齿轮旋转，把油液带到左侧压油腔中。在压油腔一侧，由于齿轮逐渐进入啮合，密封工作腔容积不断减少，油液被挤压出去。

吸油区和压油区是由相互啮合的轮齿以及泵体分隔开，所以外啮合齿轮泵不需要专门的配流装置。

图 3-6 所示为 CB-B 型齿轮泵结构图。装在泵体 3 中的一对齿轮由传动轴 6 驱动，泵体 3 的两端面各铣有卸荷槽 a，经泵体 3 端面泄漏的油液由卸荷槽 a 流回回油腔，从而降低泵体与端盖结合面上的油液对端盖造成的推力，减少螺钉所受载荷。**这种结构的泵其吸油腔不能承受高压，故吸、排油腔不能互换，泵不能反向工作。**

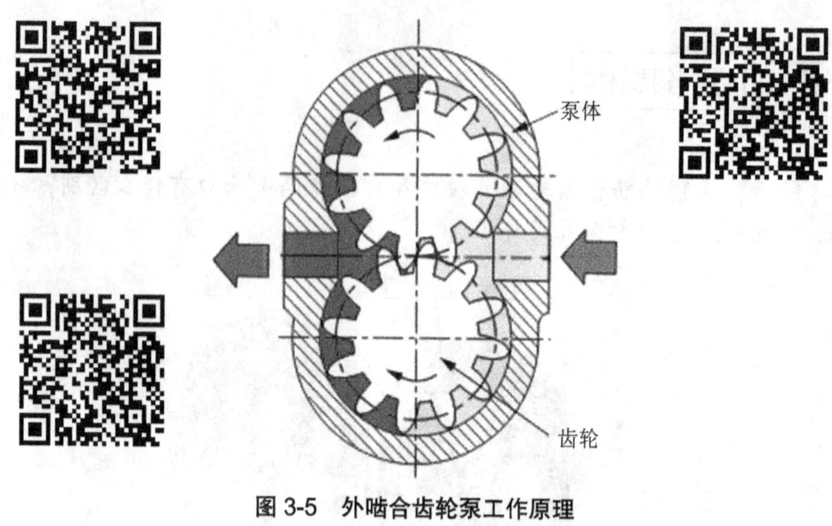

图 3-5　外啮合齿轮泵工作原理

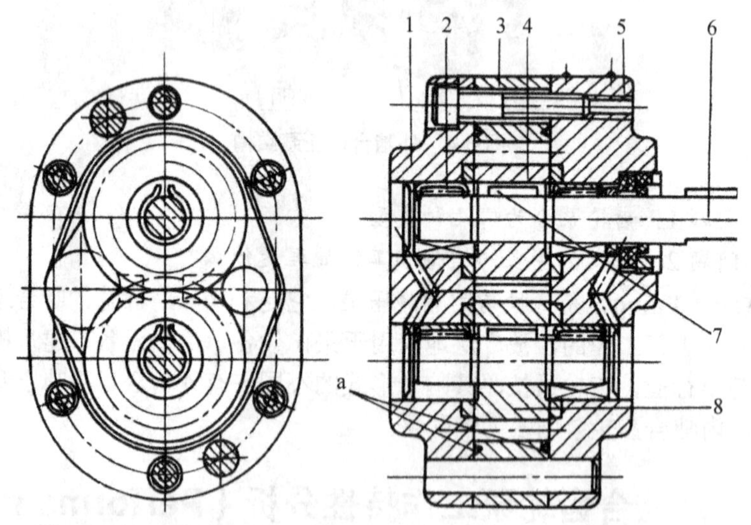

1—后盖；2—轴承；3—泵体；4—主动齿轮；5—前盖；6—传动轴；7—键；8—从动齿轮

图 3-6　CB-B 型齿轮泵结构图

二、结构分析（Structural Analysis）

外啮合齿轮泵在结构上存在三个问题：泄漏现象、径向力不平衡现象和困油现象。

1. 泄漏现象（Leakage Phenomenon）

外啮合齿轮泵运转时的泄漏途径有三个：一是端面泄漏，占总泄漏量的 75%～80%；二是齿顶泄漏，约占总泄漏量的 20%～25%；三是齿轮啮合处泄漏，约占总泄漏量的 5%。端面泄漏是影响外啮合齿轮泵压力提高的首要问题，故外啮合齿轮泵不适合用作高压泵。

为了提高外啮合齿轮泵的压力和容积效率，需要从结构上采取措施，对端面间隙进行自动补偿。减少端面泄漏通常采用自动补偿端面间隙装置来实现，主要有浮动轴套式和弹性侧板式两种。其原理为引入压力油使轴套或侧板紧贴在齿轮端面上，压力越高，间隙越小，可自动补偿端面磨损和减小间隙。在齿轮两侧加弹性侧板或浮动轴套，在浮动零件的背面引入压力油，使作用在背面的液压力稍大于正面的液压力。

2. **径向力不平衡**（Radial Force Imbalance）

在外啮合齿轮泵中，油液作用在齿轮外缘的压力是不均匀的，如图 3-7 所示，泵的左侧为吸油腔，油压力小，一般稍小于大气压力；右侧为压油腔，油压力大，通常为泵的工作压力。从低压腔到高压腔，压力沿齿轮旋转的方向逐齿递增，这些力的合力，就是齿轮和轴承受到的不平衡的径向力。因此，齿轮和传动轴受到径向不平衡力的作用。泵的工作压力越大，这个不平衡力就越大，其结果不仅加速轴承的磨损，降低了轴承的寿命，甚至使轴弯曲，造成齿顶和泵体内表面摩擦等。

为减小径向力不平衡现象，主要通过缩小排油口直径，使高压仅作用在 1、2 个轮齿的范围内，这样使压力油作用于齿轮的面积减小，因此径向力也相应减小。如图 3-7 所示，右侧油口直径小于左侧油口的直径。

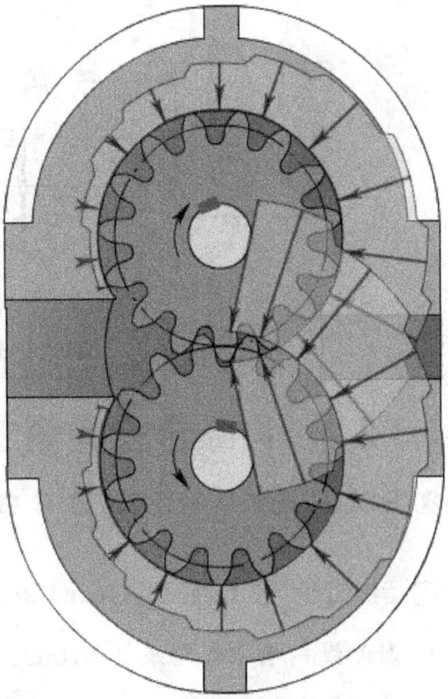

吸油　压油

图 3-7　外啮合齿轮泵的径向力不平衡

3. **困油现象**（Trapping Phenomenon）

齿轮泵要连续平稳地工作，齿轮啮合时的重合系数必须大于 1，即至少有一对以上的轮齿同时参加啮合，因此，在工作过程中，就有一部分油液困在两对轮齿啮合时所形成的封闭油腔之内，如图 3-8 所示，这个密封容积的大小随齿轮转动而变化。从图 3-8（a）到图 3-8（b），密封容积逐渐减小，受困油液受到挤压而产生瞬间高压，密封容腔的受困油液若无油道与排油口相通，油液将从缝隙中被挤出，导致油液发热，轴承等零件也受到附加冲击载荷的作用；从图 3-8（b）到图 3-8（c），密封容积逐渐增大，会造成局部真空，使溶于油液中的气体分离出来，产生气穴，这就是齿轮泵的困油现象。困油现象使齿轮泵产生强烈的噪音，并引起振动和气蚀，同时降低泵的容积效率，影响工作的平稳性和使用寿命。

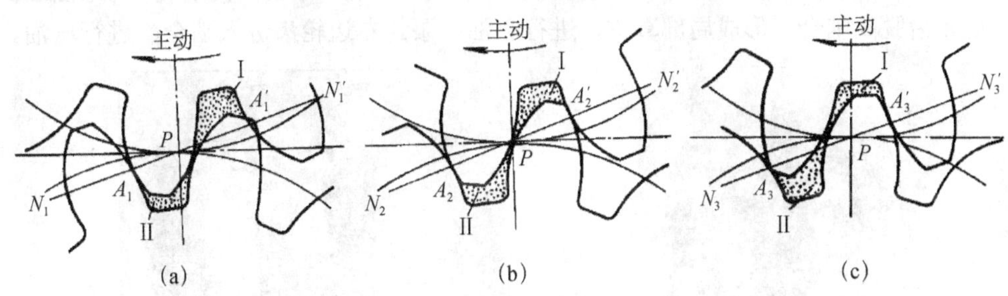

图 3-8　齿轮泵的困油现象

消除困油的方法，通常是在两端盖板上开困油卸荷槽，见图 3-9 中的虚线方框。当封闭容积减小时，通过右边的卸荷槽与压油腔相通，而封闭容积增大时，通过左边的卸荷槽与吸油腔通，两卸荷糟的间距必须确保在任何时候都不使吸、排油相通。

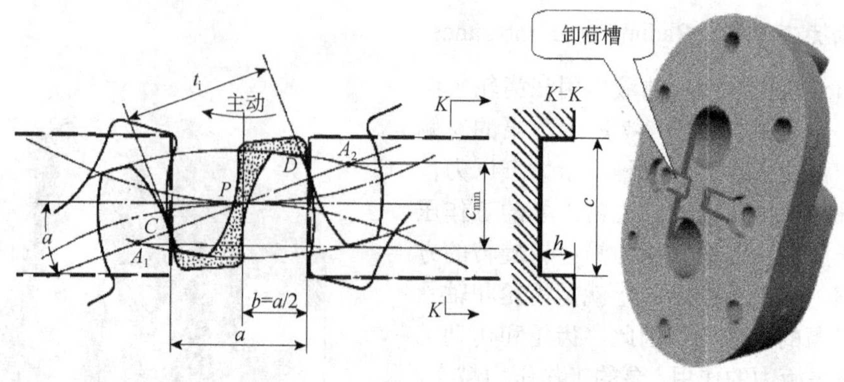

图 3-9　外啮合齿轮泵的困油卸荷槽

3.2.2　内啮合齿轮泵工作特性分析（Performance Characteristic Analysis of Internal Gear Pump）

内啮合齿轮泵（**Internal Gear Pump**）有渐开线齿轮泵和摆线齿轮泵（又名转子泵）两种。

1. **渐开线内啮合齿轮泵**（Involute Internal Gear Pump）

渐开线内啮合齿轮泵由小齿轮 5、内齿轮 6 和月牙形隔板 3、泵体 7 和端盖等零件组成，如图 3-10（a）所示。当小齿轮 5 按逆时针方向绕其传动轴中心旋转时，驱动内齿轮绕其中心同向旋转。月牙形隔板 3 把吸油腔 1 和压油腔 2 隔开。在泵的左边，轮齿脱离啮合，形成局部真空，油液从吸油窗口吸入，进入齿槽，并被带到压油腔。在压油腔的轮齿进入啮合，工作腔容积逐渐减小，将油液经压油窗口压出。

2. **摆线内啮合齿轮泵**（Cycloidal Internal Gear Pump）

摆线齿轮泵由小齿轮 5、内齿轮 6、泵体 7 和端盖组成。小齿轮 5 比内齿轮 6 少一个齿，不需设置隔板，直接把吸油腔 1 和压油腔 2 隔开，如图 3-10（b）所示。当小齿轮绕传动 4 轴中心旋转时，内齿轮被驱动，并绕其中心同向旋转，泵的左边轮齿脱离啮合，形成局部真空，进行吸油。泵的右边轮齿进入啮合，进行压油。

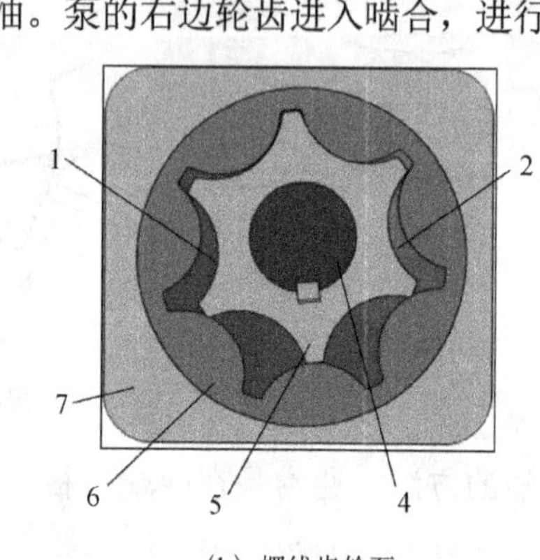

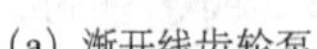

（a）渐开线齿轮泵　　（b）摆线齿轮泵

1—吸油腔；2—压油腔；3—隔板；4—传动轴；5—小齿轮；6—内齿轮；7—泵体

图 3-10　内啮合齿轮泵

3.2.3 齿轮泵优缺点（Advantages and Disadvantages of Gear Pumps）

外啮合齿轮泵优点是结构简单、尺寸小、重量轻、制造维护方便、价格低廉、工作可靠、自吸性能好、对油液的污染不敏感。它的缺点是齿轮承受不平衡的径向液压力，轴承磨损严重，工作压力的提高受到限制，故外啮合齿轮泵**常用作低压泵**。外啮合齿轮泵流量脉动和困油现象较严重、噪音大、排量不可变，且吸、排油腔不能互换，所以**外啮合齿轮泵只能用作定量泵和单向泵使用**。

内啮合齿轮泵的结构紧凑、尺寸小、重量轻、运转平稳、噪音低，但在低速、高压下工作时，压力脉动大，容积效率低，一般用于中、低压系统，或作为补油泵。另外，内啮合齿轮泵的缺点是齿形复杂、加工困难、价格较贵，且不适合高压的系统。

外啮合齿轮泵用于低压的工作压力为 2.5MPa；中、高压齿轮泵的工作压力为 16～20MPa；某些高压齿轮泵通过轴向和径向间隙补偿技术工作压力可达到 32MPa。但早先的内啮合齿轮泵由于缺少径向补偿功能而只有 25MPa 等级。国外经过最近十多年的研发，目前许多外企的内啮合齿轮泵产品的峰值压力已可达到 40MPa。

齿轮泵的转速一般可达 3000r/min，某些齿轮泵最高转速可达 8000r/min，但其低速运行性能较差，一般不适于低速运行。当泵的转速低于 200～300r/min 时，容积效率将降到很低。

观察图 3-4 中的外啮合齿轮泵中的油口，可以发现两个油口大小不同。经过学习 3.2.1 节中的内容可知，由于外啮合齿轮泵存在径向力不平衡现象，所以可通过缩小压油口面积的方法来减小径向力不平衡现象。

图中的卸荷孔是困油卸荷槽，作用是消除困油现象。

描述出吸油口直径大，压油口直径小的原因。

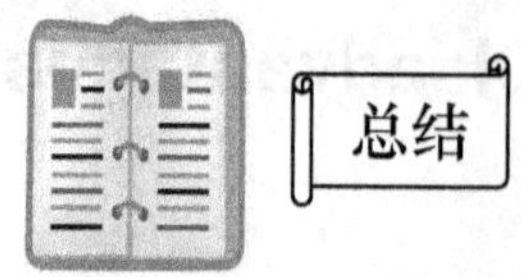

1. 齿轮泵是一种常用的液压泵。它是利用一对齿轮的啮合运动，造成吸、排油腔的容积变化进行工作的，有内啮合和外啮合两种。

2. 外啮合齿轮泵在结构中存在泄漏、径向力不平衡和困油三种问题。

3. 外啮合齿轮泵的泄漏有端面泄漏、齿顶泄漏和啮合处泄漏三种途径，其中以端面泄漏为主。减少泄漏一般是通过加浮动轴套和弹性侧板两种方式来解决。

4. 外啮合齿轮泵的径向力不平衡现象一般通过减少压油口面积的方法来解决；困油现象通过在端盖上开困油卸荷槽的方法来减少困油现象的不良影响。

5. 外啮合齿轮泵流量不可调节。

6. 外啮合齿轮泵一般用作低压泵。

一、填空题

1. 液压泵按结构特点一般可分为：________、________、________三类泵。

2. 齿轮泵按结构不同可分为________和________两类。

3. 齿轮泵的三大问题为________、________和________。

4. 外啮合齿轮泵位于轮齿逐渐脱开啮合的一侧是________腔，位于轮齿逐渐进入啮合的一侧是________腔。

二、选择题

1. 判断齿轮泵转向的依据是（　　）。

A. 原动机转向　B. 安全阀的位置　C. 吸排口方向　D. 齿轮啮合状况

2. 消除齿轮泵困油的常用方法是（　　）。

A. 降低油温　B. 减少流量

C. 在端盖上开卸荷槽　D. 调整齿轮啮合间隙

3. 在拆检和装配齿轮泵时应注意检查（　　）间隙。

A. 齿顶与泵壳　B. 齿轮端面部位　C. 齿轮啮合处　D. 泵轴伸出泵壳处

4. 齿轮泵会产生困油现象的原因（　　）。

A. 排出口太小　B. 齿轮端面间隙调整不当

C. 转速较高　D. 部分时间两对相邻齿同时啮合

5. 液压系统中，液压泵属于（　　）。

A. 动力部分　B. 执行部分　C. 控制部分　D. 辅助部分

6. 齿轮泵不平衡力解决方法之一是（　　）。

A. 减小工作压力　B. 增加径向间隙　C. 减小压油口　D. 增大吸油口

三、判断题

1. 齿轮泵都是定量泵。（　　）

2. 外啮合齿轮泵为了消除困油现象，在泵的端盖上开卸荷槽。（　　）

3. 齿轮泵的工作压力不宜提高的主要原因是泵的转速低。（　　）

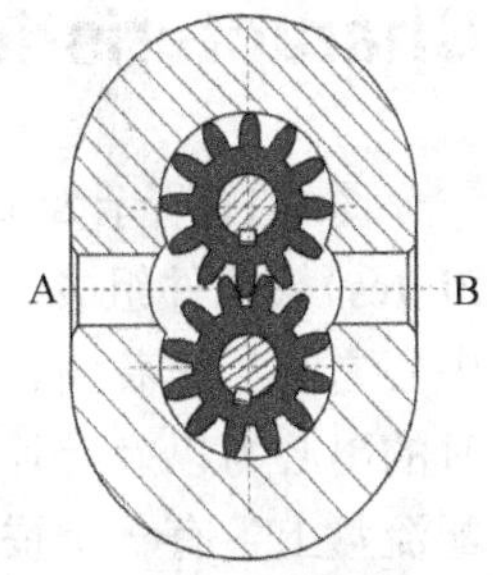

题图 3-1　外啮合齿轮泵工作原理图

四、简答题

1. 外啮合齿轮泵有何特点？主要用在哪些场合？

2. 齿轮泵的困油现象、轴向泄漏、径向不平衡力是怎样引起的，对工作有何影响，如何解决？

3. 外啮合齿轮泵是怎样进行吸油和压油的？当题图 3-1 中的 A 口进油 B 口回油时，上面的齿轮的转动方向请在图中标出。

任务 3.3　叶片泵工作特性分析（Task3.3　Performance Characteristic Analysis of Vane Pump）

1. 掌握单作用和双作用叶片泵的工作原理和工作特点。
2. 能识读叶片泵的铭牌。
3. 会分析单作用和双作用叶片泵的结构和工作原理。

由前面外啮合齿轮泵的知识可知，外啮合齿轮泵只能用作定量泵和单向泵。对于叶片泵来说，它有哪几种类型？这几种类型的叶片泵能否用作变量泵？能否用作双向泵？如果可以的话，如何调整？

叶片泵（**Vane Pump**）通过叶片的旋转，将机械能转换为压力能。它可分为**单作用叶片泵**（**Single-acting Vane Pump**）和**双作用叶片泵**（**Double-Acting Vane Pump**）。双作用叶片泵与单作用叶片泵相比，其流量均匀性好，转子所受的径向力基本平衡。双作用叶片泵是定量泵，单作用叶片泵一般设计成可以无级调节排量的变量泵。

双作用叶片泵是如何保证径向力平衡的？单作用叶片泵径向力平衡吗？

3.3.1 单作用叶片泵工作特性分析（Performance Characteristic Analysis of Single-acting Vane Pump）

图 3-11 所示为单作用叶片泵的工作原理图。泵由转子 2、定子 3、叶片 4 和**配流盘（Port Plates）**等元件组成。定子的内表面是圆柱面，**转子（Rotor）**和**定子（Cam Ring）**中心之间存在着偏心 *e*，叶片（Vane）在转子的槽内可灵活滑动，在转子转动时的离心力以及叶片根部油压力的作用下，叶片顶部贴紧在定子内表面上。配流盘上各有一个蚕豆形的吸油窗口和压油窗口。于是由两相邻叶片、配流盘、定子和转子便形成了一个密封的工作腔。

当转子按逆时针方向转动时，右半周的叶片向外伸出，密封工作腔容积逐渐增大，形成局部真空，于是通过吸油口和配流盘上的吸油窗口将油吸入。在左半周的叶片向转子里缩进，密封工作腔容积逐渐减小，工作腔内的油液经配流盘压油窗口和泵的压油口输到系统中去。

单作用叶片泵具有以下工作特性：

（1）泵在转子转一转的过程中，吸油、压油各一次，故称单作用叶片泵。

（2）这种泵的转子上受有单方向的液压不平衡作用力，轴承负载较大，所以，又称非平衡式液压泵。

（3）通过变量机构改变定子和转子间的偏心距 *e* 的大小，就可改变泵的排量，使其成为变量泵。改变定子和转子间的偏心 *e* 的方向，就可改变进、出油的方向，使其成为双向泵。

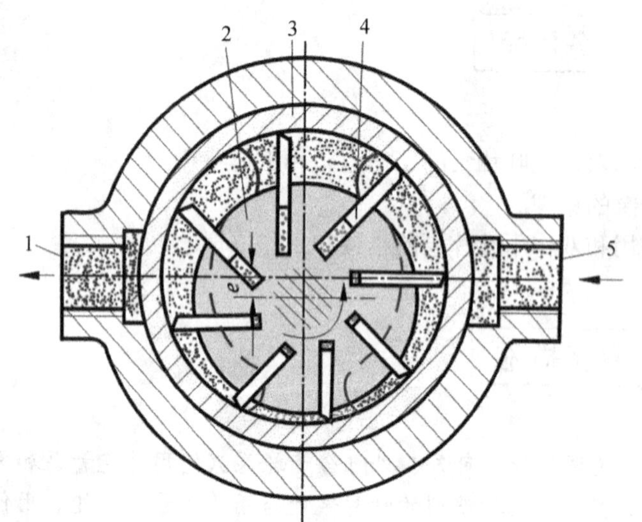

1—压油口；2—转子；3—定子；4—叶片；5—吸油口

图 3-11 单作用叶片泵工作原理

单作用叶片泵为了防止吸、压油腔相通，配流盘的吸、压油窗口间的密封角稍大于相邻两叶片间的夹角。因定子和转子不是同心圆，当密封容积变化时，则产生类似齿轮泵的困油现象。这时可在配流盘排油窗口边缘开三角形卸荷槽来消除。

为使叶片工作时易甩出，叶片槽常制作成后倾的结构。为使叶片能始终贴紧在定子内表面上，应在压油区叶片底部通高压油（压油区的压力油），在吸油腔叶片底部通低压油（吸油区的压力油）。

单作用叶片泵的流量是有脉动的。泵内叶片数越多，流量脉动率越小。此外，奇数叶片泵的脉动率比偶数叶片泵的脉动率小，一般取 13 片或 15 片。

3.3.2 双作用叶片泵工作特性分析（Performance Characteristic Analysis of Double-acting Vane Pump）

图 3-12 为双作用叶片泵的工作原理图，它的工作原理和单作用叶片泵相似，不同之处在于定子 1 的内表面由两段长半径圆弧、两段短半径圆弧和四段过渡曲线组成，且定子 1 和转子 3 同心。当转子顺时针方向转动时，密封容积在左上角和右下角处逐渐增大，是吸油区；在左下角和右上角处逐渐减小，是压油区；吸、压油区之间有一段封油区将两者隔开。

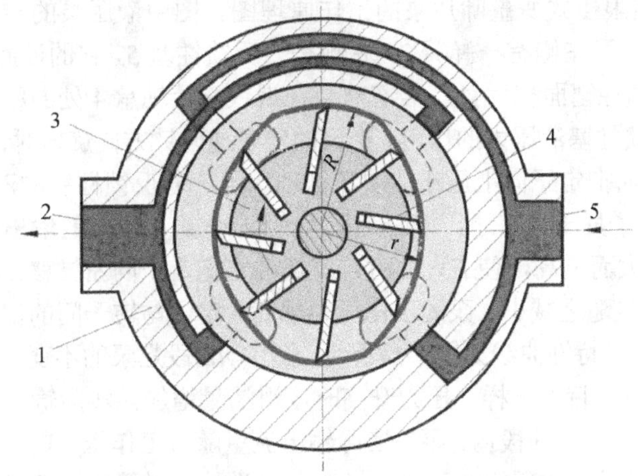

1—定子；2—压油口；3—转子；4—叶片；5—吸油口

图 3-12　双作用叶片泵工作原理

双作用叶片泵具有以下工作特性：

（1）泵在转子转一转的过程中，吸油、压油各两次，故称双作用叶片泵。

（2）由于这种泵的吸油区和压油区对称布置，因此，转子所受径向力是平衡的，所以，又称平衡式液压泵。

（3）双作用叶片泵的排量不可调，所以只能用作定量泵。其进、出油的方向也不能改变，所以只能用作单向泵。

一般双作用叶片泵为了保证叶片和定子内表面紧密接触，叶片底部都通高压油（压油腔压力油）。当叶片处在吸油腔时，叶片底部作用着压油腔压力，顶部作用着吸油腔的压力，这一压差使叶片以很大的力压向定子内表面，加速了定子内表面的磨损，影响泵的寿命。所以为了提高叶片泵的寿命、减小磨损，定子和叶片常采用耐磨的材料。定子一般多用 38CrMoAl 合金钢进行渗氮处理，使其内表面的耐磨性比较好，而叶片多采用 W18Cr4V。

双作用叶片泵叶片沿定子曲线滑动时，其端部受到定子内表面的反作用推力和与滑动方向相反的摩擦力作用，它们的合力可分解为沿叶片槽方向的分力和垂直于叶片方向的分力。叶片与定子曲线的接触压力角越大，垂直分力也就越大。为避免接触压力角过大造成叶片在槽中滑动困难或被卡住（自锁），结构上将叶片槽相对转子半径沿转动方向前倾一角度 θ，以减小接触压力角，一般取 θ 为 10°～14°。

双作用叶片泵也存在流量脉动，但比其他形式的泵要小得多，且在叶片数为 4 的倍数时最小，一般取 12 或 16 片。

3.3.3 限压式变量叶片泵工作特性分析（Performance Characteristic Analysis of Limited Pressure Variable Vane Pump）

限压式变量叶片泵（Limited Pressure Variable Vane Pump）可以随着负载的变化，自动调节输出流量的多少。在负载小时，泵输出流量大，可实现快速移动；当负载增加时，泵输出流量减少，输出压力增加，运动速度降低。此特性可减少能量消耗，避免油温升高。限压式变量叶片泵有内反馈式和外反馈式两种。

图 3-13 为外反馈限压式变量叶片泵的工作原理图。图中液压泵的转子 1 中心固定不动，定子 3 可左右移动。定子左侧有一弹簧 2，右侧是一反馈柱塞 5，它的油腔与泵的压油腔相通。设弹簧刚度为 k，反馈柱塞面积为 A_x，若忽略泵在滑块滚针轴承 4 处的摩擦力，则泵的定子受弹簧力 $F_s = k_s x_0$ 和反馈柱塞液压力的作用。当泵的转子逆时针方向旋转时，转子上部为压油腔，下部为吸油腔。压力油把定子向上压在滑块滚针轴承上。若反馈柱塞的液压力 F（等于 pA_x）小于弹簧力 F_s 时，定子处于最右边，偏心距最大，即 $e = e_{max}$，泵的输出流量最大。若泵的输出压力因工作负载增大而增高，使 $F > F_s$ 时，反馈柱塞把定子向左推移 x 距离，偏心距减小到 $e = e_{max} - x$，输出流量随之减小。泵的工作压力越高，定子与转子间的偏心距越小，泵的输出流量也越小。其压力流量特性曲线如图 3-14 所示。图中 AB 段是泵的不变量段，这是由于 $F > F_s$，e_{max} 是常数。如同定量泵特性一样，压力升高时，泄漏量增加，实际输出流量略有减小。图中 BC 段是泵的变量段，在这一曲段内，泵的实际输出流量随着工作压力的升高而减小。图中 B 点成为曲线的拐点，对应的工作压力 $p_B = k_x x_0 / A_x$，其数值由弹簧预压缩量 x_0 确定。C 点是变量泵最大输出压力 $p_C = p_{max}$，相当于实际输出流量为零（偏心 $e = 0$）时的压力。

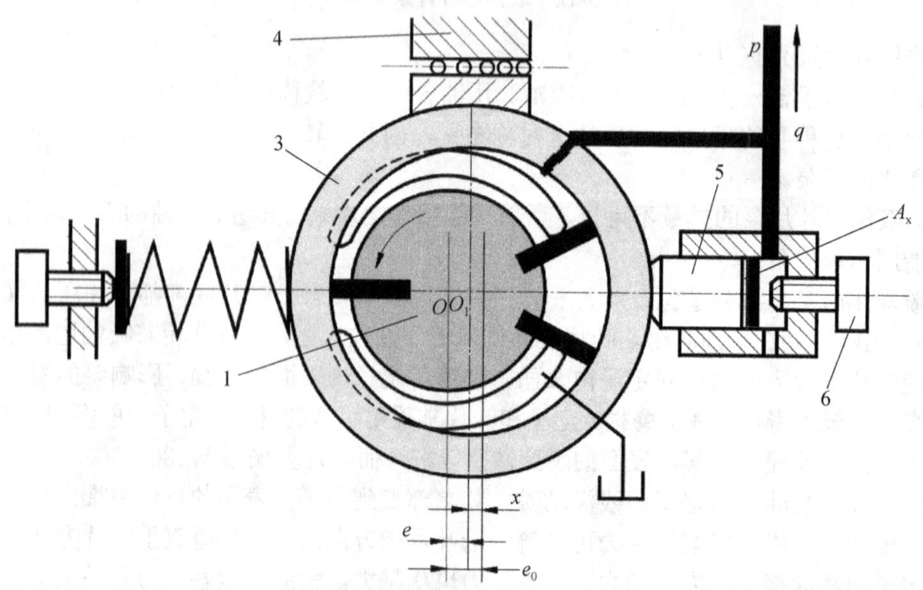

1—转子；2—弹簧；3—定子；4—滑块滚针轴承；5—反馈柱塞；6—流量调节螺钉

图 3-13 外反馈限压式变量叶片泵

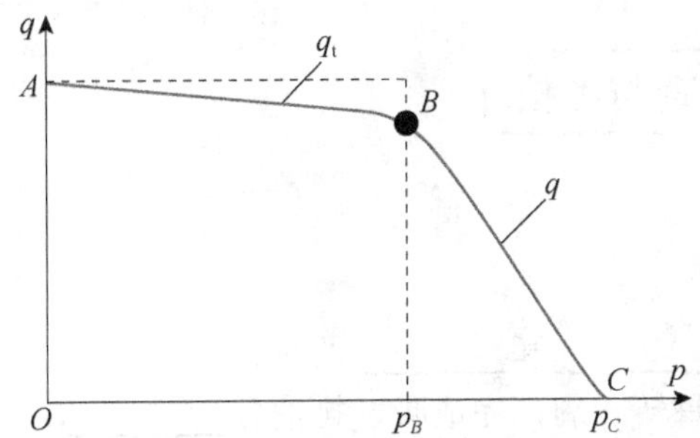

图 3-14 限压式变量叶片泵流量压力特性曲线

外反馈式变量叶片泵是利用外来油源推动变量机构，改变转子和定子偏心距大小及方向，实现双向变量。由于采用外来油源，故控制油压稳定，对泵的变量稳定性有一定好处。外反馈式变量叶片泵缺点是需有一套专用油源。

3.3.4 叶片泵的优缺点（Advantages and Disadvantages of Vane Pump）

叶片泵具有输出流量均匀、运转平稳、噪音小、结构紧凑的优点。但与齿轮泵相比叶片泵对油液的清洁度要求较高，油液中杂质较多时，叶片易出现卡死现象。中、低压叶片泵工作压力一般为 8MPa，高压叶片泵的工作压力可达 25～32MPa，泵的转速范围为 600～2500r/min。叶片泵多用于机械制造中的专用机床等。

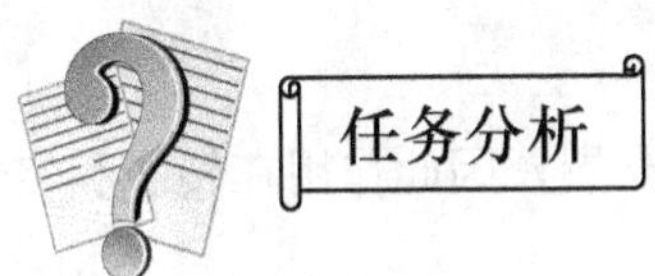

由所讲内容可知，叶片泵分为单作用叶片泵和双作用叶片泵两种类型。其中单作用叶片泵可以通过调节偏心的大小和方向，从而用作变量泵和双向泵。而双作用叶片泵不能用作变量泵，也不能用作双向泵。

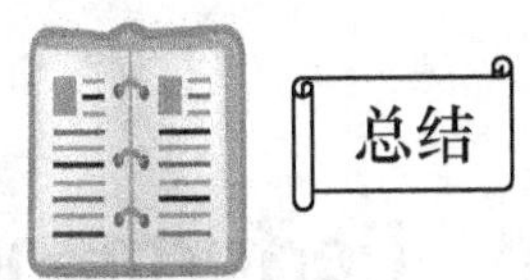

1. 叶片泵通过叶片的旋转，将机械能转换为压力能。它可分为单作用叶片泵和双作用叶片泵。

2. 双作用叶片泵转子所受的径向力平衡，双作用叶片泵是定量泵。

3. 单作用叶片泵可以通过调节偏心的大小和方向用作变量泵和双向泵。

4. 限压式变量叶片泵可以随着负载的变化，自动调节输出流量的多少。此特性可减少能量消耗，避免油温升高。

一、填空题

1. 叶片泵一般可分为________和________两种。

2. 单作用叶片泵转子每转一周，完成吸、排油各________次，同一转速的情况下，改变它的________可以改变其排量。

二、选择题

1. 双作用叶片泵具有（　　）的结构特点，而单作用叶片泵具有（　　）的结构特点。

A. 作用在转子和定子上的液压径向力平衡

B. 排量不可调

C. 转子和定子之间没有偏心

D. 改变定子和转子之间的偏心可改变排量

2. 双作用叶片泵定子内表面由几段曲线组成（　　）。

A. 4　　B. 6　　C. 8　　D. 10

3.（　　）叶片泵运转时，存在不平衡的径向力；（　　）叶片泵运转时，不平衡径向力相抵消，受力情况较好。

A. 单作用　　B. 双作用

三、判断题

1. 定量泵是指输出流量不随泵的输出压力改变的泵。（　　）

2. 双作用叶片泵因两个吸油窗口、两个压油窗口是对称布置，因此作用在转子和定子上的液压径向力平衡，轴承承受径向力小，寿命长。（　　）

3. 叶片泵的排量都是可调的。（　　）

四、简答题

1. 限压式变量叶片泵有何特点？适用于什么场合？

2. 叶片泵分为哪几种类型？各自有什么特点？

任务 3.4　柱塞泵工作特性分析（Task3.4　Performance Characteristic Analysis of Ram Pump）

1. 掌握轴向柱塞泵和径向柱塞泵的组成和工作原理。

2. 熟悉柱塞泵的特点和应用场合。
3. 能识别轴向和径向柱塞泵的外形，会识读柱塞泵的型号。

任务描述

图 3-15 所示的三种泵分别是哪种类型的柱塞泵？这三种类型的柱塞泵能否用作变量泵？如果可以的话，如何调整？

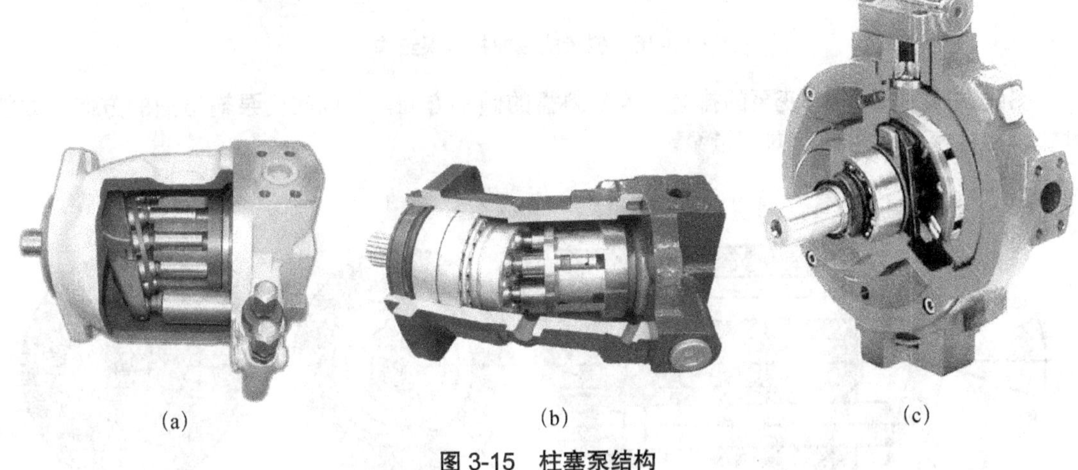

(a)　(b)　(c)

图 3-15　柱塞泵结构

问题 1：柱塞泵分为哪几种类型？

问题 2：每类柱塞泵的结构和工作原理是什么？

根据柱塞的布置和运动方向与传动主轴相对位置的不同，**柱塞泵（Ram Pump）**可分为**径向柱塞泵（Radial Piston Pump）**和**轴向柱塞泵（Axial Piston Pump）**两类。

3.4.1　轴向柱塞泵工作特性分析（Performance Characteristic Analysis of Axial Piston Pump）

轴向柱塞泵有斜盘式和斜轴式两大类。

一、斜盘式轴向柱塞泵（Swash-plate Axial Piston Pump）

图 3-16 为斜盘式轴向柱塞泵的结构图，泵由泵体、输入轴、斜盘、柱塞、缸体、端盖、配流盘、缸体和调节装置组成。图 3-17 为斜盘式轴向柱塞泵工作原理图，泵工作时，斜盘和配流盘不动，传动轴带动缸体、柱塞紧靠在斜盘上。当传动轴按图示方向旋转时，柱塞在自下而上回转的半周内逐渐伸出，缸体孔内密封工作腔容积逐渐增加，产生真空，将油液自配流盘上的吸油窗口吸入。当柱塞在自上而下回转的半周内逐渐缩回，缸体孔内密封工作腔容积逐渐减小，将油液经配流盘上的压油窗口压出。缸体每转一周，每个柱塞往复运动一次，完成一次吸油、压油的过程。

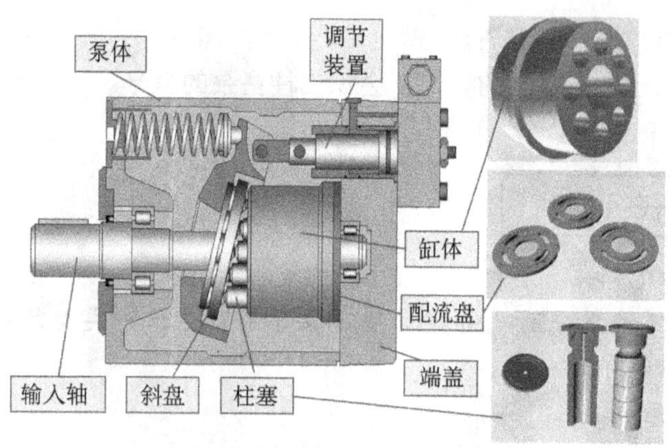

图 3-16 斜盘式轴向柱塞泵结构

斜盘的倾角 γ，可改变泵的排量；改变斜盘的倾斜方向，可以改变泵输出油的方向，故斜盘式轴向柱塞泵可用作双向变量泵。

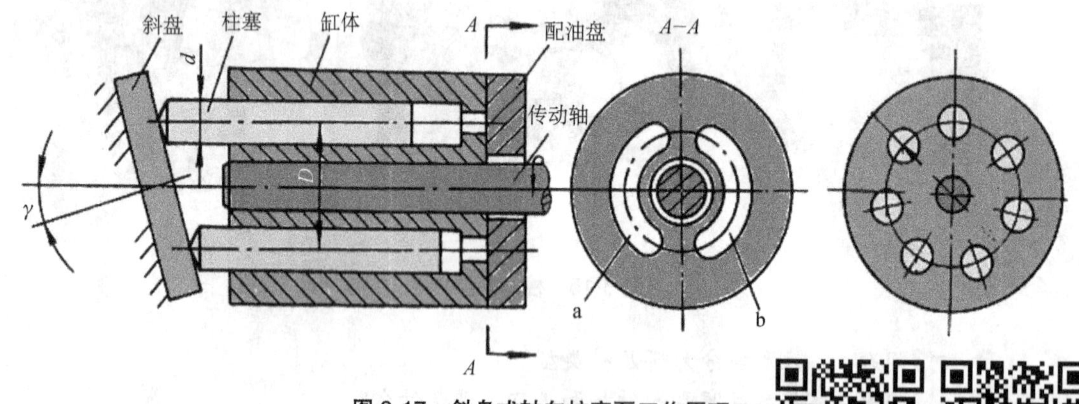

图 3-17 斜盘式轴向柱塞泵工作原理

二、斜轴式轴向柱塞泵（Axial Plunger Pump）

当泵的传动轴相对缸体中心倾斜一定角度时，称为斜轴式轴向柱塞泵。图 3-18 为其工作原理图，柱塞的运动由连杆来控制，工作原理与斜盘相似。改变传动轴与缸体间的夹角 γ，可改变泵的排量；改变倾斜方向，可以改变泵输出油的方向，故斜轴式轴向柱塞泵可用作双向变量泵。

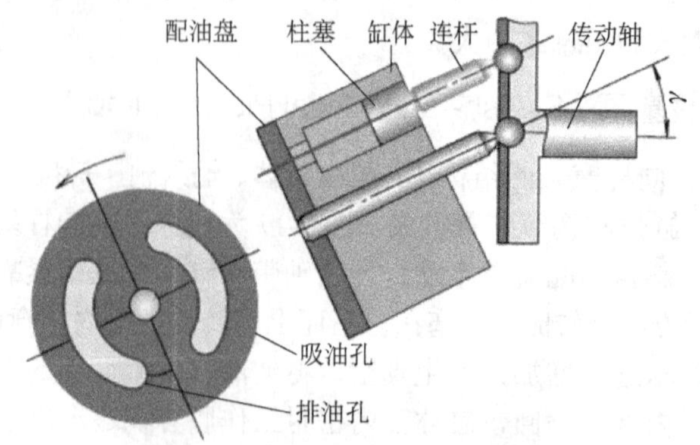

图 3-18 斜轴式轴向柱塞泵工作原理

三、变量机构（Variable Mechanism）

轴向柱塞泵上可安装各种变量控制机构，用以调节泵的排量，从而改变泵的输出流量。变量控制机构按控制方式分为手动控制、液压伺服控制和手动伺服控制等。以下以手动变量机构和手动伺服变量机构为例来说明其工作原理。

图 3-19 为手动变量机构，这种变量机构结构简单，但操纵费力，仅适用于中小功率的液压泵。旋转手把 1 借助于螺杆 2 使移动活塞 4 移动，通过销轴 7 拉动斜盘 8 绕支点摆动，使其改变倾角，以达到调节流量的目的。

图 3-20 为手动伺服变量机构，当手柄使拉杆 1 向下移动时，伺服阀 2 阀芯也向下移动，此时伺服阀上面的阀口打开，移动活塞 3 下腔 g 的压力油经孔道 A 进入上腔 H。由于活塞上腔 H 的有效面积大于下腔 g 的有效面积，所以活塞下移，活塞下移时又使伺服阀上面的阀口 A 关闭，最终使活塞停止运动。泵上的斜盘 5 通过销轴 4 与移动活塞 3 相连，借活塞的上、下移动来改变其倾角。

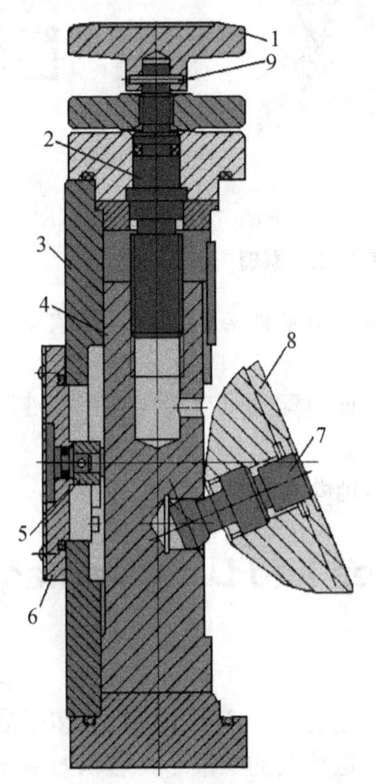

1—手把；2—螺杆；3—壳体；4—移动活塞；5—刻度盘；6—端盖；7—销轴；8—斜盘

图 3-19　手动变量机构

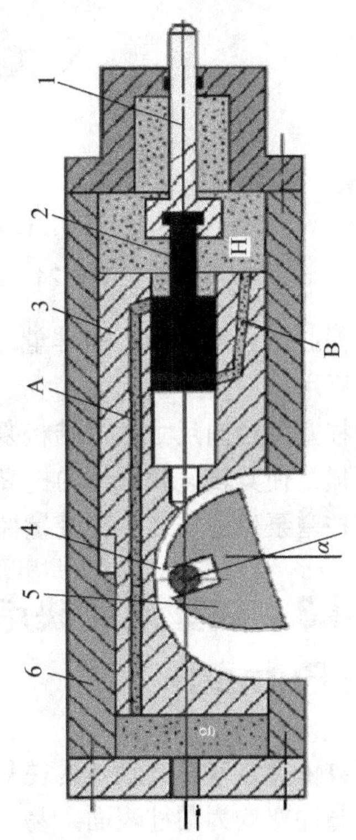

1—拉杆；2—伺服阀；3—移动活塞；4—销轴；5—斜盘；6—壳体；A，B—孔道；H—上腔

图 3-20　手动伺服变量机构

3.4.2　径向柱塞泵工作特性分析（Performance Characteristic Analysis of Radial Piston Pump）

径向柱塞泵可分为固定液压缸式和回转液压缸式两种。图 3-21 为回转液压缸式径向柱塞

泵工作原理图。转子 2 孔内装有衬套 4，随转子一起选择，衬套中的配油轴 3 不动。当转子按图示方向转动时，柱塞 5 和转子一起旋转，同时靠离心力压紧在定子内壁上。由于转子和定子间有偏心 e，故转子在上半部分转动时柱塞向外伸出，径向孔内的密封工作腔容积逐渐增大，形成局部真空，将油箱中的油液经配油轴上的吸油腔 6 吸入；转子转到下半周时，情况与此相反。转子每转一转，柱塞在每个径向孔内吸油、压油各一次。

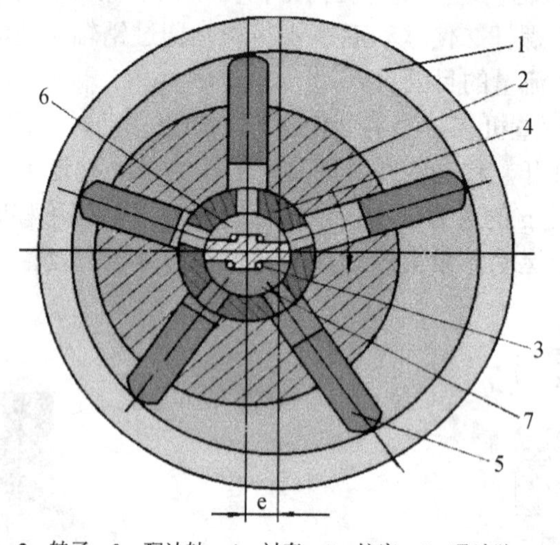

1—定子；2—转子；3—配油轴；4—衬套；5—柱塞；6—吸油腔；7—压油腔

图 3-21　回转液压缸式径向柱塞泵工作原理

改变偏心距 e 可改变泵的排量，可用作变量泵。改变偏心距 e 的方向，可改变吸、压油的方向，可用作双向泵。

径向柱塞泵径向尺寸大，结构复杂，自吸能力差，而且配油轴受径向不平衡液压力的作用，易磨损，使其转速和压力的提高受到限制。

径向柱塞泵也可安装各种变量控制机构，其形式与轴向柱塞泵相似。

3.4.3　柱塞泵优缺点（Advantages and Disadvantages of Piston Pump）

柱塞泵依靠柱塞在其缸体内往复运动时，密封工作腔的容积变化进行吸油和压油。由于缸体内孔与柱塞均为圆柱表面，易得到高精度的配合，这种泵的泄漏小，容积效率高，适用于高压、大流量、大功率场合。但其结构较复杂，制造困难，故在各类容积泵中，柱塞泵价格最贵。而且这类泵对油液的污染较敏感，对使用和维护的要求也较严格。

观察图 3-15，其中的液压泵均为柱塞泵，根据学习过的内容确定类型。

斜盘式和斜轴式轴向柱塞泵通过调节倾角的大小改变液压泵的排量，从而改变液压泵输出的流量。径向柱塞泵通过调节偏心的大小来改变输出流量的多少。

任务实施

描述出图 3-15 中三种液压泵的类型，并说明哪些可以用作变量泵，如果能如何调整。

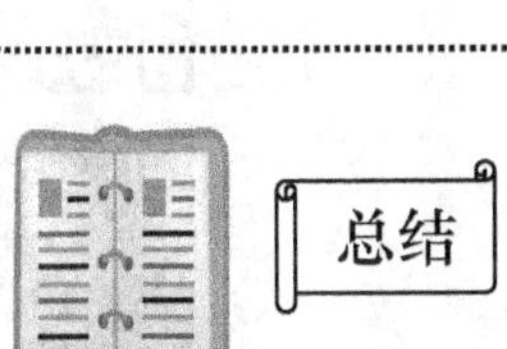

总结

1. 柱塞泵分为轴向柱塞泵和径向柱塞泵两种，轴向柱塞泵又分为斜盘式轴向柱塞泵和斜轴式轴向柱塞泵。

2. 斜盘式轴向柱塞泵和斜轴式轴向柱塞泵可以通过改变倾斜角度的大小和方向，来改变泵输出流量的多少和吸压油的方向，从而用作变量泵和双向泵使用。

3. 径向柱塞泵可以通过改变偏心的大小的方向来改变泵输出流量的多少和吸压油的方向，从而用作变量泵和双向泵使用。

4. 柱塞泵泵的泄漏小，容积效率高，适用于高压、大流量、大功率场合。

任务检查与考核

一、填空题

1. 柱塞泵一般分为________和________柱塞泵。

2. 斜盘式轴向柱塞泵依靠调节________来调节排量。

二、选择题

1. 下列各种结构形式的液压泵，相对而言额定压力最高的是（　　）。

A. 轴向柱塞泵　　　　B. 单作用叶片泵

C. 双作用叶片泵　　　　D. 内啮合齿轮泵

2. 液压泵总效率最高的是（　　）。

A. 双作用叶片泵　　B. 轴向柱塞泵

C. 单作用叶片泵　　D. 外啮合齿轮泵

三、判断题

1. 径向柱塞泵的排量 q 与定子相对转子的偏心有关，改变偏心即可改变排量。（　　）
2. 轴向柱塞泵既可以制成定量泵，也可以制成变量泵。（　　）
3. 改变轴向柱塞泵斜盘倾斜的方向就能改变吸、压油的方向。（　　）

1. GB-T 2347—1980 液压泵及马达公称排量系列

2. GB-T 17483—1998 液压泵空气传声噪音级测定规范

3. GB-T 2348—1993（2001） 液压气动系统及元件　缸内径及活塞杆外径

4. GB-T 2349—1980(1997) 液压气动系统及元件　缸活塞行程系列

项目 4　液压缸/液压马达的工作特性分析与选用（Item4　Working Characteristic Analysis and selection of Hydraulic Cylinder / Hydraulic Motor）

知识目标	能力目标	素质目标
1.了解液压缸的分类。 2. 掌握液压缸的工作特点。 3. 掌握液压缸的基本结构。 4. 掌握液压缸差动连接的工作原理。 5. 了解液压泵与液压马达的区别。 6. 掌握液压马达的分类和图形符号。 7. 了解液压马达的工作原理和主要性能参数。	1.能识读液压缸和液压马达的铭牌。 2. 会分析液压马达和液压缸的结构、工作原理。 3. 会分析差动连接时液压缸工作的工作原理。 4. 会选择液压缸和液压马达。	1.培养学生在完成任务过程中小组成员团队协作的意识。 2. 培养学生文献检索、资料查找与阅读相关资料的能力。 3. 培养自主学习的能力。 4. 培养学生分析问题和解决问题的能力。

液压传动中的执行元件是将流体的压力能转化为机械能的元件。它驱动机构做直线往复或旋转（或摆动）运动，其输出为力和速度，或转矩与转速。液压传动中的执行元件有液压缸和液压马达两种类型，其中液压缸做直线运动或摆动，液压马达可以做连续转动。

任务 4.1　液压缸工作特性分析（Task4.1　Working Characteristic Analysis of Hydraulic Cylinder）

1. 能识别各种类型的液压缸。

2. 会分析各类液压缸的工作特点。
3. 会根据要求选择液压缸。
4. 掌握差动连接的概念。
5. 熟悉液压缸的结构。

任务引入

液压缸（Hydraulic Cylinder）是将液压能转变为机械能的、做直线往复运动（或摆动运动）的液压执行元件。它结构简单、工作可靠。用它来实现往复运动时，可免去减速装置，并且没有传动间隙，运动平稳，因此在各种机械的液压系统中得到广泛应用。

液压缸是如何运动的？分别判断图 4-1（a）和图 4-1（b）中液压缸的运动方向。

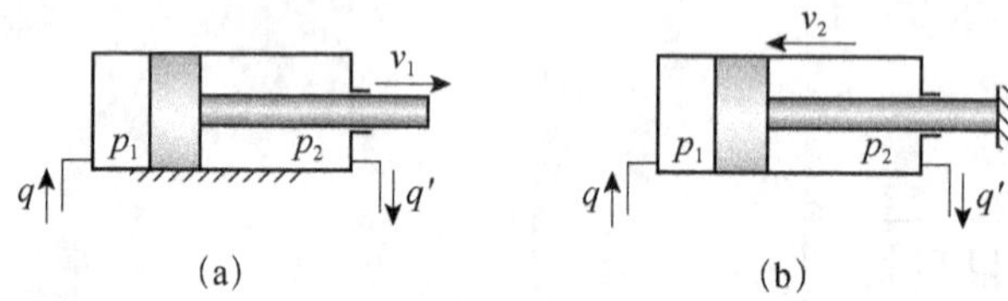

图 4-1 液压缸的运动

图 4-1（a）所示的液压缸缸体固定，液压油进入液压缸无杆腔，推动活塞右移，有杆腔回油，活塞杆伸出；图 4-1（b）所示的液压缸活塞杆固定，液压缸无杆腔进油，推动缸体左移，有杆腔回油。

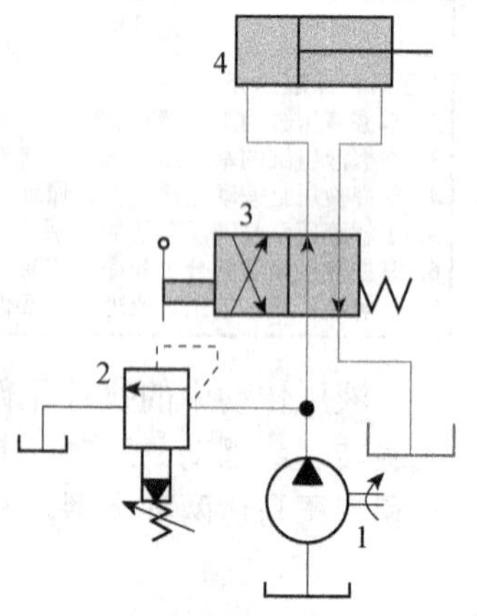

图 4-2 液压泵驱动液压缸

任务描述

图 4-2 中的元件 4 液压缸是如何动作的？它在回路中的作用是什么？

用 Fluidsim 软件仿真图 4-2 所示的回路，观察并分析液压缸是如何工作的，并在液压实训台上连接回路。

任务实施

用 Fluidsim 软件仿真图 4-2 所示的回路，并在液压实训台上连接回路，观察液压缸的动作。

通过完成任务可知，压力油液进入液压缸，推动液压缸直线运动，它们的作用是将液压油的压力能转换成往复直线运动的机械能，驱动工作部件进行工作。液压缸是液压系统中的执行元件。

除图 4-1 和 4-2 中的液压缸类型外，还有哪些种类型的液压缸？它们在工作特点上有什么区别？

4.1.1 液压缸的分类（Classification of Hydraulic Cylinders）

液压缸的种类很多，有各种不同的分类方法，主要有：

（1）按**结构形式**分为**活塞缸**、**柱塞缸**、**摆动缸**和**组合式缸**（活塞缸与活塞缸的组合、活塞缸与柱塞缸的组合、活塞缸与机械结构的组合等）等，如图 4-3 所示。常见液压缸的分类、结构简图及图形符号见表 4-1。

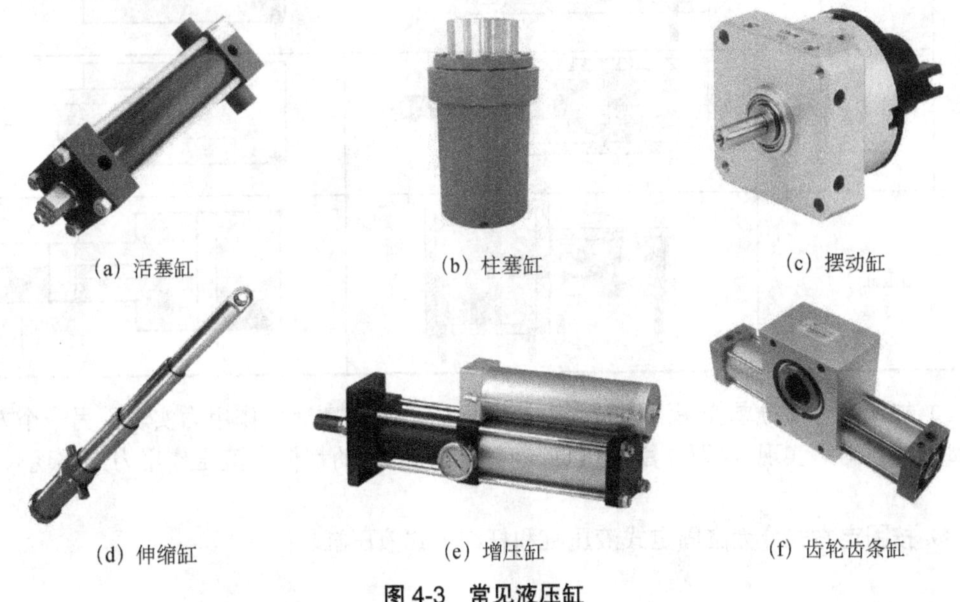

(a) 活塞缸　(b) 柱塞缸　(c) 摆动缸

(d) 伸缩缸　(e) 增压缸　(f) 齿轮齿条缸

图 4-3 常见液压缸

表 4-1　常见液压缸的分类、结构简图及图形符号

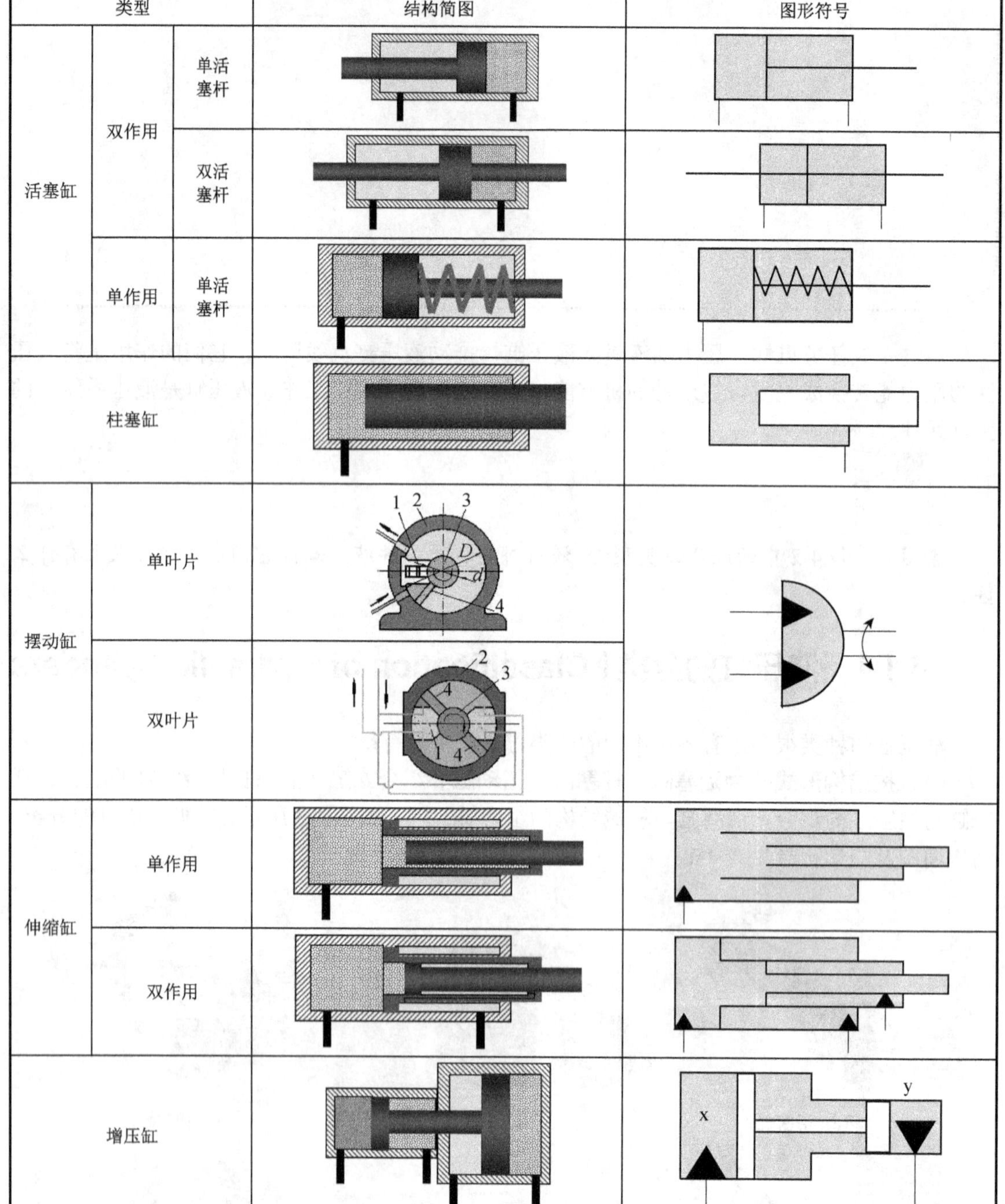

类型			结构简图	图形符号
活塞缸	双作用	单活塞杆		
		双活塞杆		
	单作用	单活塞杆		
柱塞缸				
摆动缸	单叶片			
	双叶片			
伸缩缸	单作用			
	双作用			
增压缸				

（2）按作用方式分**单作用液压缸**（一个方向的运动依靠液压作用力实现，另一个方向依靠弹簧力、重力等实现）、**双作用液压缸**（两个方向的运动都依靠液压作用力来实现）、**复合式缸**。

（3）按固定方式分为缸固定式液压缸和杆固定式液压缸。

4.1.2 液压缸的工作特点（Working Characteristics of Hydraulic Cylinder）

一、活塞缸（Piston Cylinder）

1. 单作用单杆活塞缸（Single-action Single-rod Piston Cylinder）

单杆活塞缸（或称为单活塞杆液压缸）的结构简图见表 4-1。它的特点是工作时靠压力油推动，返回时靠自重（或弹簧力）的作用实现。这种缸多用于行程较短、对活塞杆的运动速度和距离都无严格要求的场合，如各种制动、拔销、定位液压缸等。靠重力回程的液压缸只能用在垂直或倾斜安装的场合。如拖拉机的液压悬挂系统、汽车拖拉机自卸翻斗的驱动等。

2. 双作用单杆活塞缸（Double-action Single-rod Piston Cylinder）

（1）普通连接

双作用单杆活塞缸分为缸体固定式（活塞杆运动）和活塞固定式（缸体运动）两种结构形式，两者的结构和原理基本相同。下面以缸体固定式为例做一介绍。

双作用单杆活塞缸的工作原理图如图 4-4 所示。设进油压力为 p_1，回油压力为 p_2，进油流量为 q，作用在活塞杆上的负载为 F_1 和 F_2，两腔有效面积分别为 A_1 和 A_2，缸体内径为 D，活塞杆直径为 d。

所以，$A_1=\dfrac{\pi D^2}{4}$，$A_2=\dfrac{\pi(D^2-d^2)}{4}$。

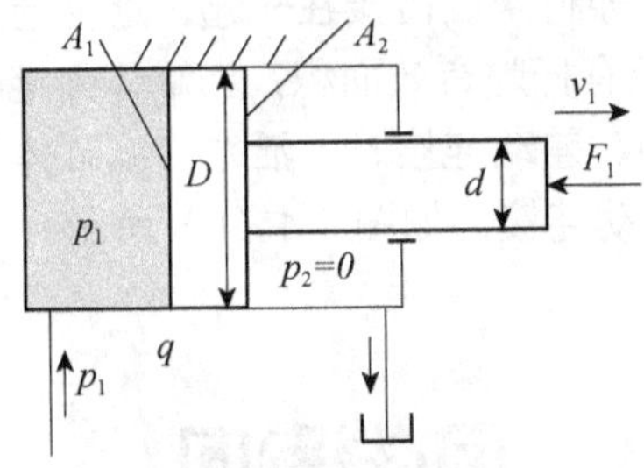

(a) 无杆腔进油，有杆腔回油箱

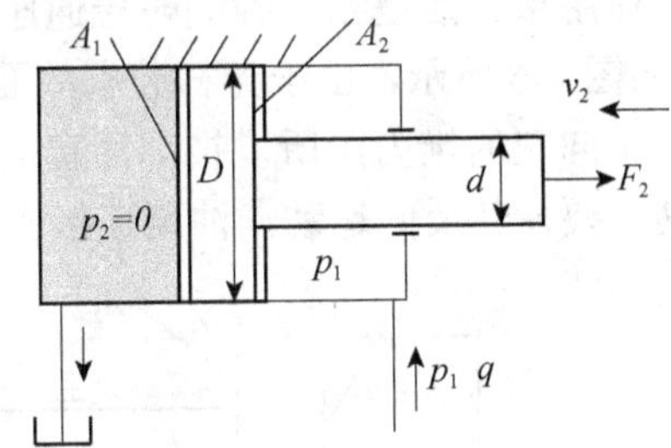

(b) 有杆腔进油，无杆腔回油箱

图 4-4 双作用单活塞杆液压缸

如何根据前面的已知条件确定工作腔压力和非工作腔的压力？如何确定液压缸输出推力的大小？

如图 4-4 所示，因为液压缸非工作腔与油箱相连，所以液压缸非工作腔压力 $p_2=0\text{MPa}$。若想确定液压缸两腔压力和液压缸输出推力，需根据液压缸活塞的受力平衡条件获得。液压缸活塞受力平衡，液压缸输出的推力和液压缸上面作用的负载大小相等，方向相反。

当无杆腔进油，有杆腔回油箱时［见图 4-4（a）］，活塞推力 F_1 和运动速度 v_1 分别为：

$$F_1=p_1A_1-p_2A_2=p_1A_1 \tag{4-1}$$

$$v_1=q/A_1 \tag{4-2}$$

当有杆腔进油，无杆腔回油箱时［见图 4-4（b）］，活塞推力 F_2 和运动速度 v_2 分别为：

$$F_2 = p_1A_2 - p_2A_1 = p_1A_2 \tag{4-3}$$

$$v_2 = q/A_2 \tag{4-4}$$

由以上分析可以看出，双作用单杆活塞缸有以下两个特点：

① 当两腔进油压力相同时，往返推力不等（$F_1 > F_2$）。

② 当两腔进油流量相同时，往返速度不等（$v_1 < v_2$）。即无杆腔进油时，推力大而速度低，有杆腔进油时推力小而速度高。因此双作用单缸活塞缸常用于一个方向有较大负载但运动速度较低，另一方向为空载而要求快速运动的设备，如机床、农业机械、压力机等液压系统。双作用单活塞杆液压缸应用非常广泛。

单杆活塞缸活塞只有一端带活塞杆，单杆液压缸有缸体固定和活塞杆固定两种形式，如图 4-5 所示，但它们的工作台移动范围都是活塞有效行程的 2 倍。

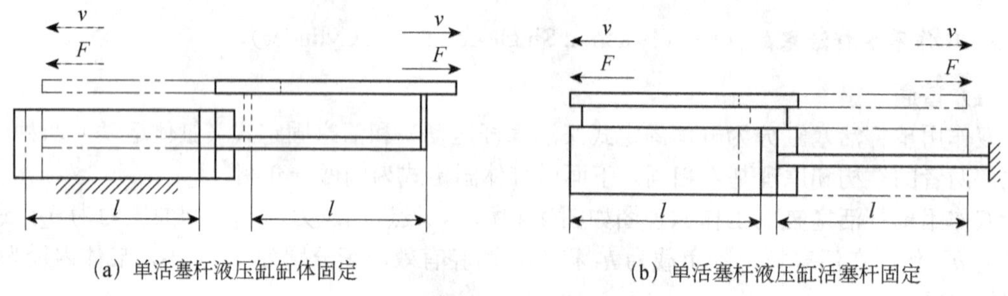

（a）单活塞杆液压缸缸体固定　　（b）单活塞杆液压缸活塞杆固定

图 4-5　单活塞杆液压缸运动所占空间

（2）差动连接（Differential Connection）

若将双作用单杆活塞缸两腔同时接通压力油，即将两油口接在一起，这种连接称为“差动连接”，如图 4-6 所示，由于无杆腔有效面积大于有杆腔有效面积，当缸体固定时，活塞向右的推力大于向左的推力，所以推动活塞向右运动。差动连接时，活塞（或缸体）只能朝一个方向运动，要使其反向运动，油路连接应断开差动连接，如图 4-4（b）所示。

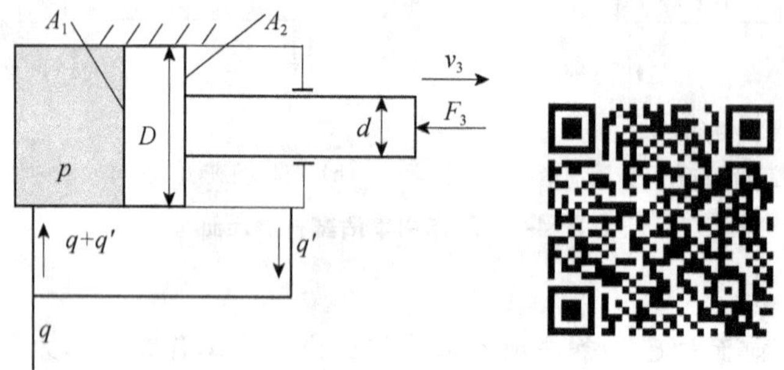

图 4-6　差动连接原理图

差动连接时进入液压缸无杆腔的流量为

$$q + q' = v_3A_1 \tag{4-5}$$

q'为从液压缸有杆腔流出的流量，$q' = v_3A_2$，代入式（4-5）得

$$q + v_3A_2 = v_3A_1 \tag{4-6}$$

整理后得差动连接时的运动速度 v_3 和推力 F_3

$$v_3 = q/（A_1 - A_2） \tag{4-7}$$

$$F_3 = p_1（A_1 - A_2） \tag{4-8}$$

根据式（4-1）～式（4-8）比较差动连接和普通连接，可看出：

① 当进油流量相同时，$v_3 > v_1$，即差动连接时液压缸运动速度加快；当两腔进油压力相同时，$F_3 < F_1$，即差动连接时推力减小。

② 若使 $v_3 = v_2$，此时 $A_1 = 2A_2$，即 $D = \sqrt{2}d$，满足该尺寸关系的液压缸称为差动液压缸，可以实现往返等速运动。

如图 4-7 所示，在输入油液压力和流量相同的条件下，普通连接无杆腔进油［见图 4-7（a）］、普通连接有杆腔进油［见图 4-7（b）］和差动连接［见图 4-7（c）］三种情况下速度的比较。请写出这三种情况下活塞运动速度的公式（已知工作腔压力为 p_1，无杆腔有效工作面积为 A_1，有杆腔有效工作面积为 A_2）。

实际应用中，液压系统常通过控制阀来改变单杆缸的油路连接，使其有不同的工作方式，从而获得“快进（差动连接）—工进（无杆腔进油）—快退（有杆腔进油）”的工作循环，如图 4-7 所示。

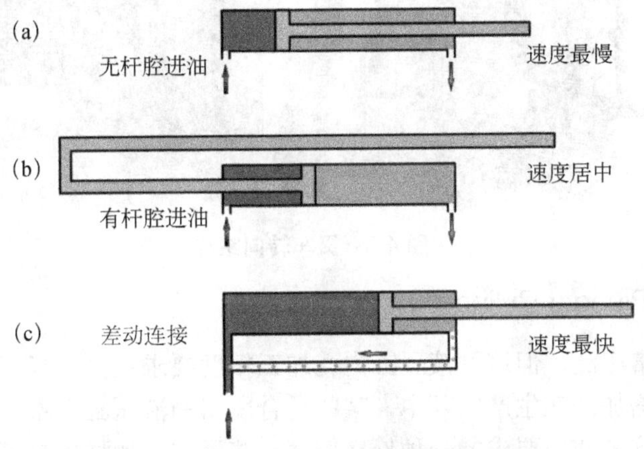

图 4-7　不同连接状态下活塞杆伸出速度比较

3. **双作用双杆活塞缸**（Double-action Double-rod Piston Cylinder）

双作用双杆活塞缸（或称为双活塞杆液压缸）的结构与单杆活塞缸基本相同，只是活塞两侧都有活塞杆。图 4-8 所示的是双作用双杆活塞缸原理图。由于两腔面积相同，所以当两腔进油压力、流量相同时，活塞（或缸体）两方向的运动速度和推力都相等［见式（4-9）和式（4-10）］。因此，这种缸常用于要求往复运动速度和推力都相等的场合，如各种磨床。

$$F_1 = F_2 = p_1A_1 - p_2A_2 = p_1A_1 \tag{4-9}$$

$$v_1 = v_2 = q/A_1 \tag{4-10}$$

图 4-8（a）为缸体固定式，工作台运动范围略大于液压缸有效行程 l 的三倍，所以占地空间较大。一般用于对工作空间无限制或限制较小的小型设备的液压系统。图 4-8（b）为活塞杆固定式，由缸体带动工作台运动。其运动范围略大于液压缸有效行程 l 的两倍，占地空间较小。常用于大、中型设备的液压系统。

双杆活塞缸可用于双向负荷基本相等的场合，如磨床液压系统、叉车转向系统（见图 4-9）。双杆活塞缸在工作时，设计成一个活塞杆是受拉的，而另一个活塞杆不受力，因此这种液压缸的活塞杆可以做得细些。

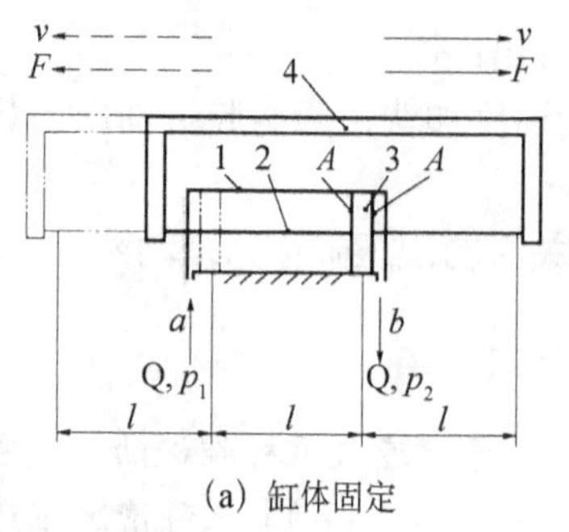

(a) 缸体固定

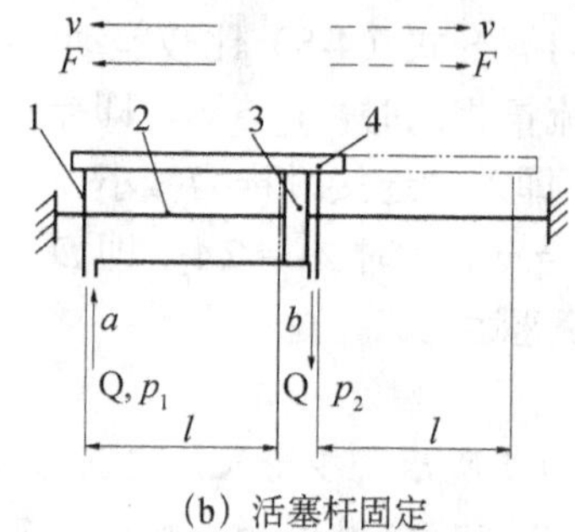

(b) 活塞杆固定

图 4-8 双作用双杆活塞缸原理图

图 4-9 叉车转向系统

二、柱塞缸（Plunger Cylinder）

活塞缸应用非常广泛，但这种液压缸内孔加工精度要求很高，当行程较长时，加工难度大，使得制造成本增加。在生产实际中，某些场合所用的液压缸并不要求双向控制，柱塞式液压缸正是满足了这种使用要求的一种价格低廉的液压缸，如柱塞缸可用于长行程机床，如在龙门刨床、大型拉床、矿用液压支架等，在液压升降机、自卸汽车和叉车中也有应用。图 4-10 和图 4-11 分别为柱塞缸在液压升降机和自卸汽车中的应用。

图 4-10 柱塞缸在液压升降机中的应用

图 4-11 柱塞缸在自卸汽车中的应用

柱塞缸为单作用式，一般靠重力回程。图 4-12（a）为柱塞缸工作原理图，柱塞只能实现一个方向的运动，反向运动要靠外力。例如在图 4-10 所示的液压升降机中就用到柱塞缸，柱塞返回时靠重力。若需要实现双向运动，则必须成对使用，如图 4-12（b）所示，每个柱塞缸控制一个方向的运动。柱塞缸的柱塞和缸筒不接触，因此缸筒的内壁不需精加工，工艺性好，成本低。

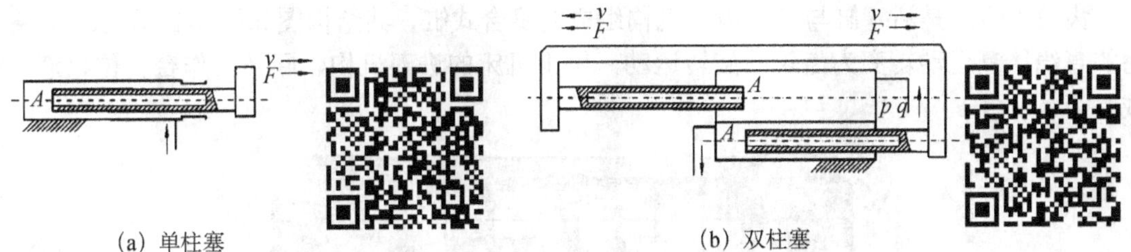

(a) 单柱塞 (b) 双柱塞

图 4-12 柱塞缸

柱塞缸输出的推力和速度分别为

$$F = pA = p\frac{\pi d^2}{4} \tag{4-11}$$

$$v = \frac{q}{A} = \frac{4q}{\pi d^2} \tag{4-12}$$

式中，d 为柱塞的直径。

推动柱塞运动的作用力是压力油作用于柱塞端面产生的。为了输出较大的推力，柱塞一般较粗、较重，水平安装时会因自重而下垂，造成单边磨损，故柱塞常制成空心并设置支撑套和托架。一般柱塞缸都垂直安装使用。

三、摆动缸（Oscillating Cylinder）

摆动式液压缸也称为摆动马达，输出转矩并实现往复摆动，在结构上有单叶片和双叶片两种形式，如图 4-13 所示。单叶片式摆动液压缸由缸体 1、限位挡块 2、摆动轴 3、叶片 4 等主要零件组成。限位挡块 2 固定在缸体 1 上，叶片 4 和摆动轴 3 固连在一起。当两油口相继通以压力油时，叶片即带动摆动轴做往复摆动。当输入压力和流量不变时，双叶片摆动液压缸摆动轴输出转矩是相同参数单叶片摆动缸的两倍，而摆动角速度则是单叶片的一半，单叶片摆动液压缸的摆角一般不超过 280°，而双叶片摆动液压缸的摆角一般不超过 150°。摆动缸结构紧凑，输出转矩大，但密封困难，一般只用于中、低压系统中往复摆动、转位或间歇运动的地方。

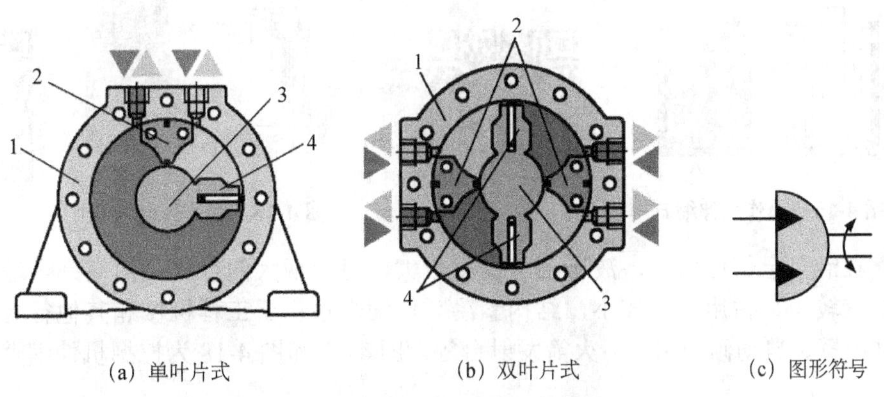

(a) 单叶片式 (b) 双叶片式 (c) 图形符号

1—缸体；2—限位挡块；3—摆动轴；4—叶片

图 4-13 摆动液压缸结构简图

四、齿轮齿条缸（Rack cylinder）

齿轮齿条缸是活塞缸与齿轮齿条机构组成的复合式缸，其结构图如图 4-14 所示。它将活塞的直线往复运动转变为齿轮的旋转运动，用于机床的进刀机构、回转工作台转位、液压机械手等。

图 4-14　齿轮齿条液压缸的结构图

五、伸缩缸（Telescopic cylinder）

伸缩缸又称多级缸。由两级或多级活塞缸套装而成，前一级缸的活塞杆就是后一级缸的缸套。分为单作用伸缩缸和双作用伸缩缸。

图 4-15 为单作用伸缩缸，这种缸只有一个油口 A。液压油从 A 口进入，当作用在液压缸活塞上的负载一定，流入液压缸的流量也一定时，液压缸中的压力从小到大变化，活塞伸出的顺序是面积从大到小，活塞伸出的速度则是由慢变快。活塞靠外力返回。

图 4-16 为双作用伸缩缸，这种缸有两个油口 A 和 B。如果作用在液压缸活塞上的负载一定，流入液压缸的流量也一定，当 A 口进油，B 口回油时，活塞伸出的顺序是面积从大到小，而伸出的速度则是由慢变快。当 B 口进油，A 口回油时，活塞缩回。空载缩回的顺序一般是从小活塞到大活塞，速度由快变慢。

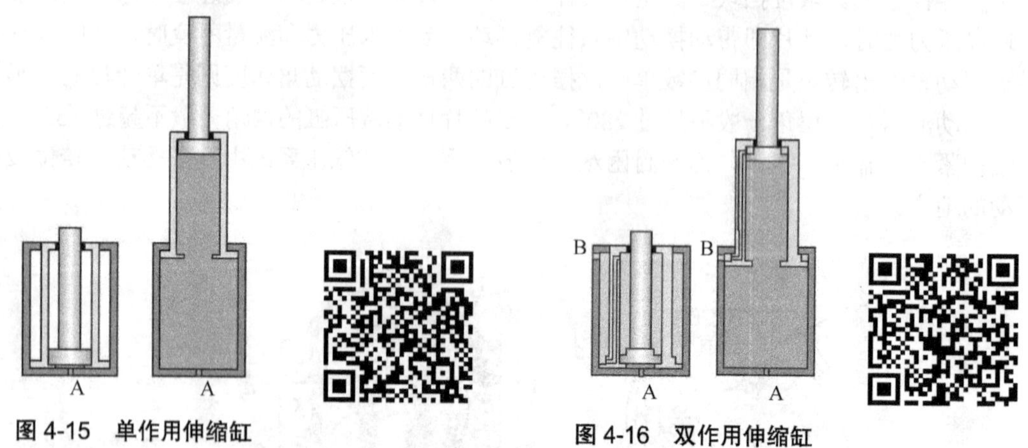

图 4-15　单作用伸缩缸　　图 4-16　双作用伸缩缸

伸缩缸活塞全部伸出后，液压缸总长度较大，可实现大的行程；活塞完全缩回后，液压缸总长度较短，占用空间较小，结构紧凑。伸缩缸适用于工程机械和其他行走机械，如起重机伸缩臂、自动倾卸卡车、火箭发射台等，图 4-17 和图 4-18 为挖掘机伸缩臂和起重机伸缩臂。

图 4-17 挖掘机伸缩臂

图 4-18 起重机伸缩臂

六、增压缸（Pressure cylinder）

1. 增压原理

增压缸也称增压器，增压缸可以在不提高泵压的前提下靠减小活塞面积得到高压，能将输入的低压油转变为高压油供液压系统中的高压支路使用，如图 4-19 所示。它由有效面积为 A_1 的大液压缸和有效作用面积为 A_2 的小液压缸在机械上串联而成，大缸作为原动缸，输入压力为 p_a，小缸作为输出缸，输出压力为 p_b。若不计摩擦力，根据力平衡关系，可有如下等式：

$$A_1 p_a = A_2 p_b$$

或

$$p_b = \frac{A_1}{A_2} p_a \tag{4-13}$$

比值 A_1/A_2 称为增压比，由于 $A_1/A_2 > 1$，压力 p_b 被放大，从而起到增压的作用。

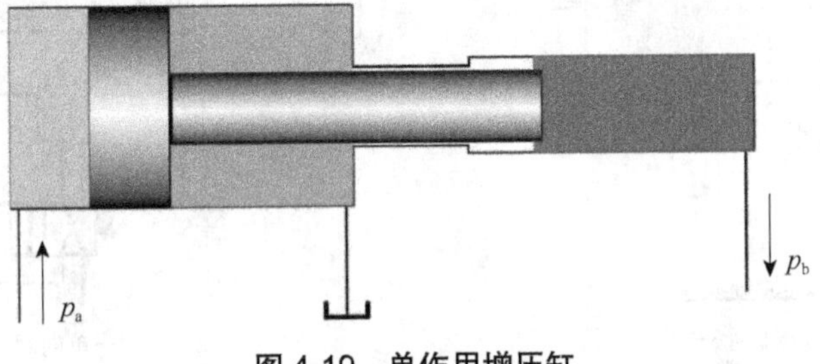

图 4-19 单作用增压缸

图 4-19 中的液压缸只有在活塞右行时才能输出高压液体，不能连续输出高压，这种缸称为单作用增压缸。为了克服这一缺点，可采用双作用增压缸（见后面的图 4-21），由两个高压端连续向系统供油。

增压缸能实现增压，输出的流量有没有增加？输出的能量有没有增加？

增压能力是在降低有效流量的基础上得到的，也就是说增压缸仅仅是增大输出的压力，并不能增大输出的能量。输出高压是以输出小的流量为代价的。

2. 增压回路（Supercharging Loop）

当液压系统中某一分支油路所需的压力高于主油路压力时，为节省能源，在不采用高压泵的前提下，常使用增压回路。增压回路分为单向增压回路和双向增压回路。

（1）单向增压回路（One Way Supercharging Loop）

图 4-20 为采用单作用增压缸的单向增压回路。当电磁换向阀的电磁铁得电时，换向阀右位接通，液压泵输出的一定压力 p_1 的油液，油液进入增压缸 1 的左腔，活塞右移，在液压缸 1 的右腔输出的较高压力 p_2 的液压油进入单作用液压缸 2，使液压缸 2 的活塞移动。当电磁铁断电时，增压缸 1 和液压缸 2 的活塞返回。当增压缸活塞有油液泄漏时，补充油箱 3 中的油液可以通过单向阀进入增压缸，以补充这一部分管路的泄漏。

（2）双向增压回路（Bidirectional Supercharging Loop）

图 4-21 为一采用双作用增压缸的双向增压回路，能连续输出高压油。在图示位置，液压泵输出的压力油经换向阀 5 和单向阀 1 进入增压缸左端大、小活塞腔，右端大活塞腔的回油通油箱，右端小活塞腔增压后的高压油经单向阀 4 输出，此时单向阀 2、3 被关闭。当增压缸活塞移到右端时，换向阀得电换向，增压缸活塞向左移动。同理，左端小活塞腔输出的高压油经单向阀 3 输出，这样，增压缸的活塞不断往复运动，两端交替输出高压油，从而实现了连续增压。

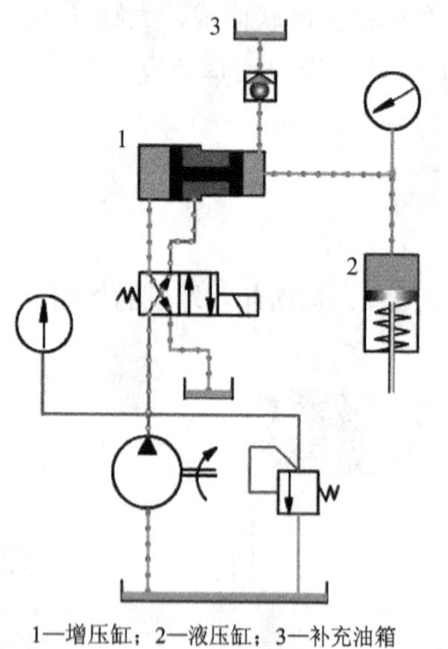

1—增压缸；2—液压缸；3—补充油箱

图 4-20　单向增压回路

高压油输出

1，2，3，4—单向阀；5，6—换向阀

图 4-21　双向增压回路

单向增压回路和双向增压回路有什么区别？

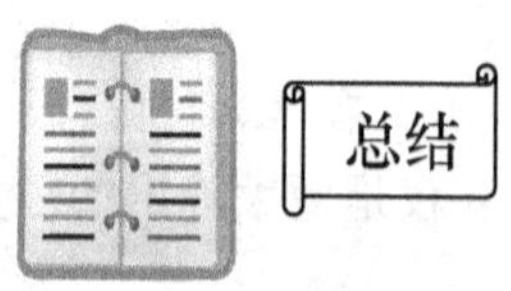

1. 液压缸按结构可分为活塞缸、柱塞缸、摆动缸和组合缸。液压缸按作用方式分单作用液压缸和双作用液压缸。按固定方式可分为缸固定式和杆固定式。

2. 差动连接是将双作用单杆活塞缸两腔同时接通压力油，即将两油口接在一起的一种连接方式。差动连接可实现更快的运动速度。

3. 伸缩缸活塞全部伸出后，液压缸总长度较大，可实现大的行程；活塞完全缩回后，液压缸总长度较短，占用空间较小，结构紧凑。

4. 增压缸可以在不提高泵压的前提下通过减小活塞面积来提高输出压力。单作用增压缸只能实现断续增压，双作用增压缸可以实现连续增压。

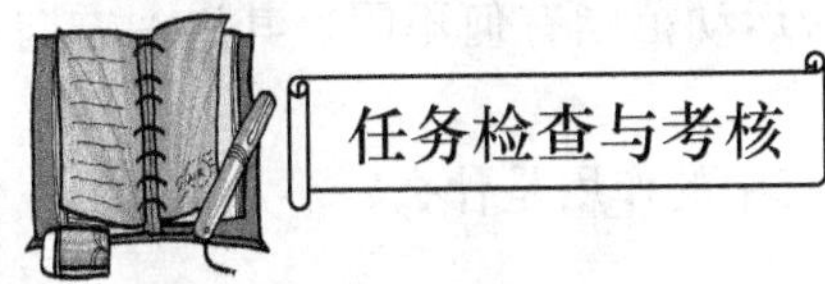

一、填空题

1. 液压缸是液压系统的________元件，是将________能转变为________能，用来实现直线往复运动的执行元件。

2. 一个双作用双杆液压缸，若将缸体固定在床身上，活塞杆和工作台相连，其运动范围为活塞有效行程的________倍；若将活塞杆固定在床身上，缸体与工作台相连时，其运动范围为液压缸有效行程的________倍。

二、判断题

1. 液压缸是把液体的压力能转换成机械能的能量转换装置。（ ）

2. 双活塞杆液压缸又称为双作用液压缸，单活塞杆液压缸又称为单作用液压缸。（ ）

3. 液压缸差动连接可以提高活塞的运动速度，并可以得到很大的输出推力。（ ）

4. 差动连接的单出杆活塞液压缸，可使活塞实现快速运动。（ ）

三、选择题

1. 单杆式活塞液压缸的特点是（ ）。

A. 活塞两个方向的作用力相等。

B. 活塞有效作用面积为活塞杆面积 2 倍时，工作台往复运动速度相等。

C. 其运动范围是工作行程的 3 倍。

D. 常用于实现机床的快速退回及工作进给。

2. 起重设备要求伸出行程长时，常采用的液压缸形式是（ ）。

A. 活塞缸 B. 柱塞缸 C. 摆动缸 D. 伸缩缸

3. 要实现工作台往复运动速度不一致，可采用（ ）。

A. 双杆活塞式液压缸

B. 柱塞缸

C. 活塞面积为活塞杆面积 2 倍的差动液压缸

D. 单出杆活塞式液压缸

4. 液压龙门刨床的工作台较长，考虑到液压缸缸体长、孔加工困难，所以采用（ ）液压缸较好。

A. 单杆活塞式 B. 双杆活塞式 C. 柱塞式 D. 摆动式

四、简答题

1. 何谓单作用液压缸和双作用液压缸？简述其特点和应用。

2. 差动液压缸有什么特点？是否将各种形式液压缸的两个油口接在一起都会使速度加快？为什么？

3. 缸体固定和活塞杆固定液压缸所驱动的工作台运动范围有何不同？其进油方向和工作台运动方向之间是什么关系？

4. 液压缸属于液压系统的哪一部分？它在液压系统中的作用是什么？

五、计算题

1. 题图 4-1 所示的三个液压缸的缸筒和活塞杆直径都是 D 和 d，当输入压力油的流量都是 q 时，试说明各缸筒的移动速度、移动方向和活塞杆的受力情况。

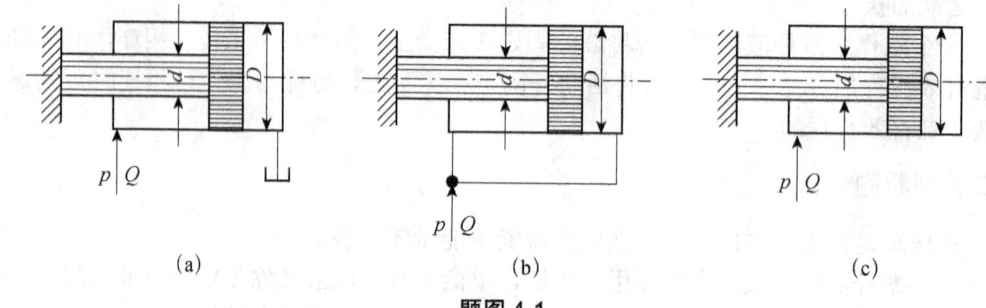

题图 4-1

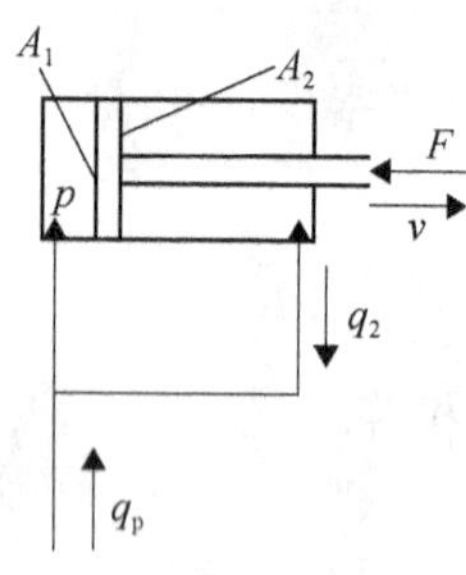

题图 4-2

2. 差动连接的液压缸如题图 4-2 所示，若无杆腔面积 $A_1 = 100\text{cm}^2$，有杆腔面积 $A_2 = 50\text{cm}^2$，负载 $F = 25000\text{N}$，求：

（1）缸工作压力 p。

（2）当活塞以 0.02m/s 的速度运动时，泵所需提供的流量 q_p（L/min）。

（3）液压缸的输出功率。

3. 题图 4-3 所示为两结构尺寸相同的液压缸，$A_1 = 100\text{cm}^2$，$A_2 = 80\text{cm}^2$，$p_1 = 0.9\text{MPa}$，$q_1 = 12\text{L/min}$。若不计摩擦损失和泄漏，试问：

（1）两缸负载相同（$F_1 = F_2$）时，两缸的负载和速度各为多少？

（2）缸 1 不受负载时，缸 2 能承受多少负载？

（3）缸 2 不受负载时，缸 1 能承受多少负载？

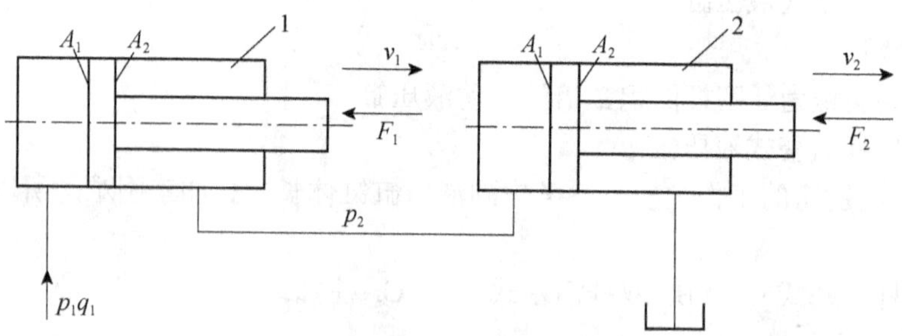

题图 4-3

任务 4.2 液压缸典型结构分析（Task4.2 Typical Structure Analysis of Hydraulic Cylinder）

1. 熟悉液压缸的结构和组成。
2. 能识别液压缸的主要部件。
3. 会分析液压缸各部分的特点。

液压缸在工作过程中出现泄漏故障，要求：

（1）分析出现泄漏的原因。

（2）针对故障原因分析如何解决故障。

问题：油温过高是否加剧泄漏？

液压缸一般由缸体组件（缸筒和缸盖）、活塞和活塞杆组件、密封装置、缓冲装置和排气装置五个部分组成。

图 4-22、图 4-23 所示为一个较常用的双作用单活塞杆法兰连接拉杆液压缸的实物图和对应的结构图，它是由缸盖 1、缸底 2、缸筒 4、法兰 5、导向套 6、活塞 7 和活塞杆 3 组成。缸筒 4、缸底 2、缸盖 1、法兰 5 之间采用拉杆连接，以便拆装检修。两端设有油口，活塞 7 与活塞杆 3 之间采用螺纹连接。活塞 7 与缸筒 4 的密封采用的是一对 Y 形聚氨酯密封圈 16，由于活塞与缸孔有一定间隙，采用由尼龙 1010 制成的耐磨环（又叫支撑环）13 定心导向。导向套 6 则可保证活塞杆不偏离中心，导向套外径由 O 形圈 19 密封，而其内孔则由 Y 形密封圈 16 和防尘圈 15 分别防止油外漏和灰尘带入缸内。为防止活塞快速退回到行程终端时撞击缸盖，液压缸端部还设置缓冲装置，有时还需设置排气装置。

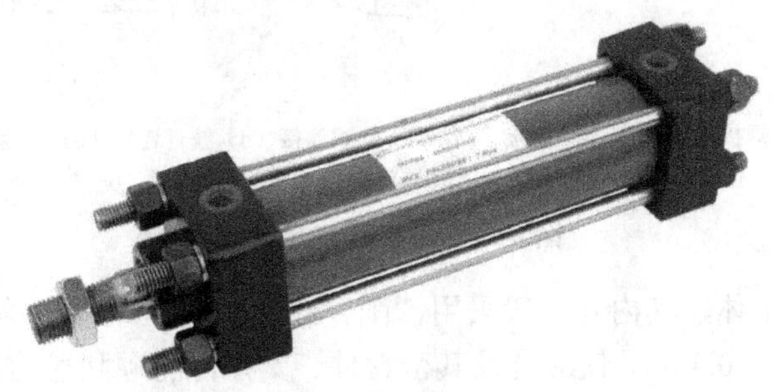

图 4-22 法兰连接拉杆液压缸实物图

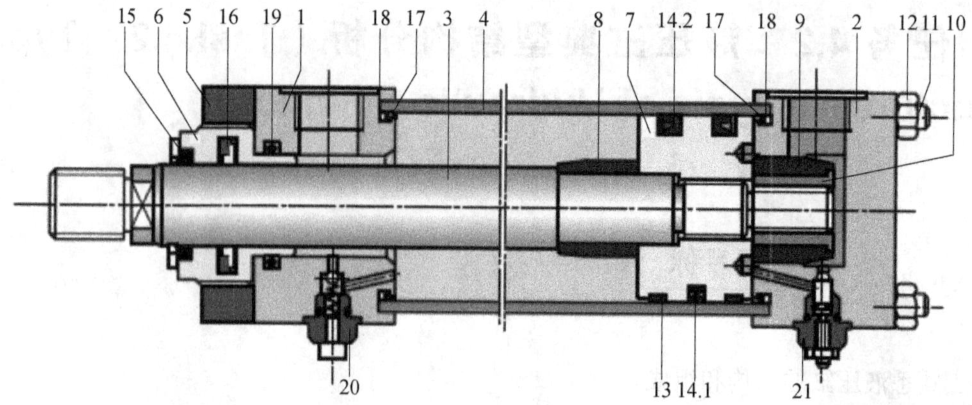

1—缸盖；2—缸底；3—活塞杆；4—缸筒；5—法兰；6—导向套；7—活塞；8，9—缓冲套；10—螺纹衬套；11—拉杆；12—螺母；13—支撑环；14—活塞密封；15—防尘圈；16—Y 形密封圈；17—端盖密封圈；18—垫圈；19—O 型密封圈；20—排气单向阀；21—缓冲节流阀

图 4-23 法兰连接拉杆液压缸结构

4.2.1 缸体组件结构分析（Structure Analysis of Cylinder Block Assembly）

一般来说，缸筒和缸盖的结构形式与液压缸工作压力及所使用的材料有关。工作压力小于 10MPa 时，使用铸铁材料；工作压力小于 20MPa 时使用无缝钢管；工作压力大于 20MPa 时使用铸钢或锻钢材料。

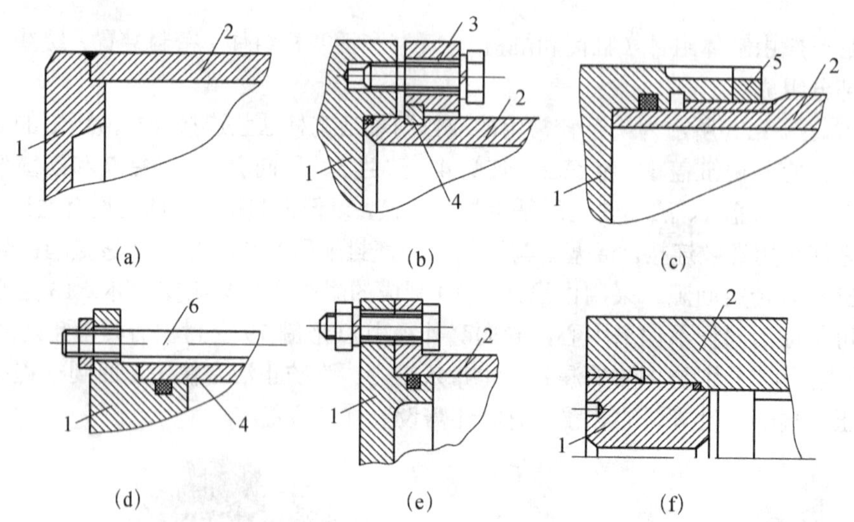

(a) 焊接连接 (b) 半环连接 (c)，(f) 螺纹连接 (d) 拉杆连接 (e) 法兰连接

1—缸盖；2—缸筒；3—压板；4—半环；5—防松螺帽；6—拉杆

图 4-24 缸筒和缸盖结构

缸筒是液压缸的主体，其内孔一般采用镗削、绞孔、滚压或珩磨等精密加工工艺制造，要求表面粗糙度在 0.1～0.4μm，使活塞及其密封件、支撑件能顺利滑动，从而保证密封效果，减少磨损。由于缸筒要承受很大的液压力，所以应具有足够的强度和刚度。

缸盖装在缸筒两端，与缸筒形成封闭油腔，同样承受很大的液压力，因此，缸盖及其连接件都应有足够的强度。设计缸盖时既要考虑强度，又要选择工艺性较好的结构形式。

根据缸筒的材料，铸铁、铸钢或锻钢制作的缸筒多采用法兰式连接［见图 4-24（e)]，这种结构易于安装和装配，但外形尺寸较大；用无缝钢管制成的缸筒常采用半环式连接［见图 4-24（b)］和螺纹连接［见图 4-24（c)、图 4-24（f)]，这两种连接方式结构简单、重量轻。但半环式连接须在缸筒上加工环形槽，削弱了缸筒的强度；而螺纹连接须在上加工螺纹，端部结构比较复杂，装拆时需要专门工具，拧紧缸盖时有可能将密封圈拧扭。较短的液压缸常采用拉杆连接［见图 4-24（d)]，这种连接具有加工和装配方便等优点，其缺点是外套尺寸和重量较大。此外，还有焊接式连接［见图 4-24（a)]，其结构简单，尺寸小，但焊后缸体有变形，且不易加工，故使用较少。

4.2.2 活塞组件结构分析（Structure Analysis of Piston Assembly）

活塞组件由活塞、活塞杆和连接件等组成，根据液压缸的工作压力、安装方式和工作条件的不同，活塞组件有多种结构形式，常见的有半环式连接［见图 4-25（a)、图 4-25（c)］和螺纹连接［见图 4-25（b)］和销连接［见图 4-25（d)］多种形式。短行程的液压缸可以把活塞杆与活塞做成一体，这是最简单的形式。但当行程较长时，这种整体式活塞组件的加工较费事，所以常把活塞与活塞杆分开制造，然后再连接成一体。螺纹连接装拆方便、连接可靠、使用范围广，缺点是加工和装配时都要用可靠的方法将螺母锁紧。半环式连接装拆简单、连接可靠、加工工艺性好、活塞与活塞杆之间允许有微小的活动、不易卡滞，但要求活塞与活塞杆的档槽之间有适当的轴向公差，以便装配，故结构比较复杂，适用于高压大负荷，特别是振动较大的场合。

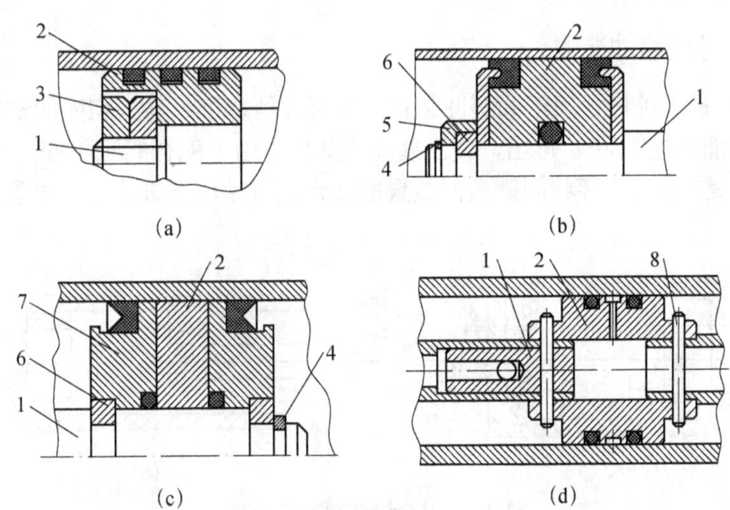

（a）单半环式连接；（b）螺纹连接；（c）双半环式连接；（d）销连接

1—活塞杆；2—活塞；3—螺母；4—弹簧卡圈；5—压环；6—半环；7—密封圈座；8—锥销

图 4-25 常见的活塞与活塞杆的连接方式

4.2.3 密封与防尘装置结构分析（Structure Analysis of Sealing and Dust-proof Device）

由于液压缸在工作时，进油腔和回油腔之间、液压缸内部与外部之间存在一定的压力差，将会造成液压缸发生内、外泄漏，液压缸高压腔中的油液向低压腔泄漏称为内泄漏，缸内油液向外部泄漏称为外泄漏。由于内、外泄漏的存在会使液压缸容积效率降低，影响液压缸的工作性能，严重时系统压力上不去，甚至无法工作。另外，外泄漏会污染工作环境。为了防止泄漏，液压缸须在必要的地方进行密封，液压缸需密封的部位有活塞、活塞杆和端盖处。

密封分为动密封和静密封两大类。在设置密封装置时，一方面要充分保证密封效果、防止泄漏，另一方面要尽量减少摩擦阻力，还要求拆装方便、成本低且寿命长。具体的密封装置见任务 8.1。

经常在野外作业的机械，工作条件恶劣，污染较严重，因此在活塞杆和缸盖的配合表面应有防尘措施，通常采用防尘挡圈和帆布套等。

防尘圈与密封圈有什么区别？

4.2.4 缓冲装置结构分析（Structure Analysis of Buffer）

当液压缸驱动的工作部件质量较大、运动速度较高或换向平稳性要求较高时，应在液压缸中设置缓冲装置，以免在行程终端换向时产生很大的液压冲击、噪音，甚至机械碰撞等，影响工作平稳性。缓冲装置一般都利用如下原理达到缓冲效果：当活塞接近行程终端时，减小回油通流面积，增大回油阻力，使活塞减缓速度。常见缓冲装置的结构有环状间隙式、节流口变化式和节流口可调式。

一、环状间隙式缓冲装置

图 4-26（a）是一种环状间隙式缓冲装置，当缓冲柱塞进入与其相配的缸盖上的内孔时，孔中的液压油只能通过间隙 δ 排出，使活塞速度降低。由于配合间隙不变，故随着活塞运动速度的降低，起缓冲作用。环状间隙缓冲装置的凸台也可做成圆锥凸台，如图 4-26（b）所示，缓冲效果较好。

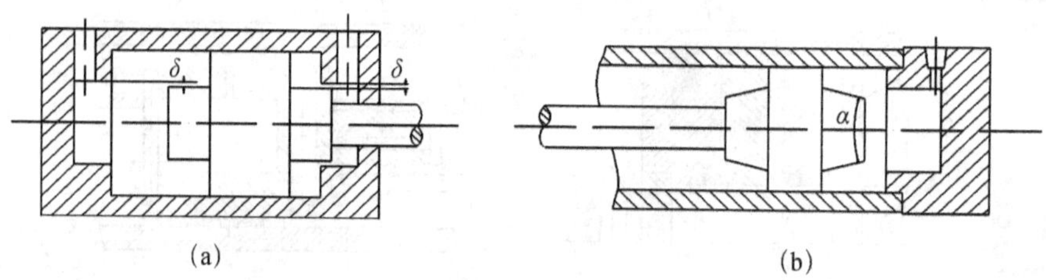

图 4-26　环状间隙式缓冲装置

二、可变节流式缓冲装置

如图 4-27 所示，在其圆柱形的缓冲柱塞上开有几个均布的三角形节流沟槽，随着柱塞伸入孔中的距离增大，其通流面积减小，增加了回油阻力，起到缓冲效果。这种形式的缓冲作用均匀，冲击压力小，制动位置精度高。

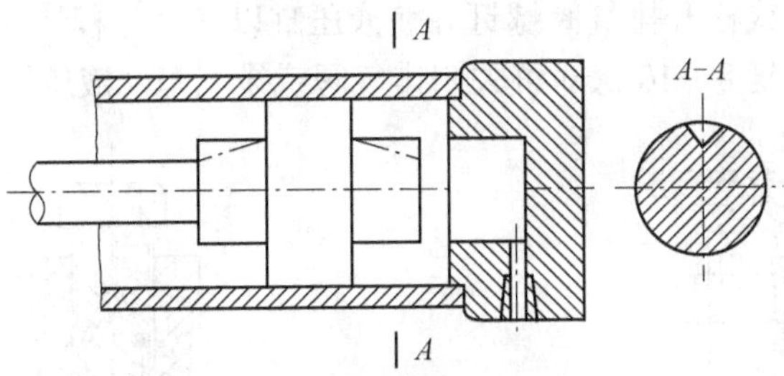

图 4-27 可变节流式缓冲装置

三、可调节流式缓冲装置

如图 4-28 所示，在液压缸端盖上设有单向阀 9 和可调节流阀 7。当缓冲柱塞 2 伸入缸底 3 的内孔时，活塞 1 与缸底 3 间的油液需经节流阀 7 流出，调节节流阀 7 的开度，即可获得理想的缓冲效果。

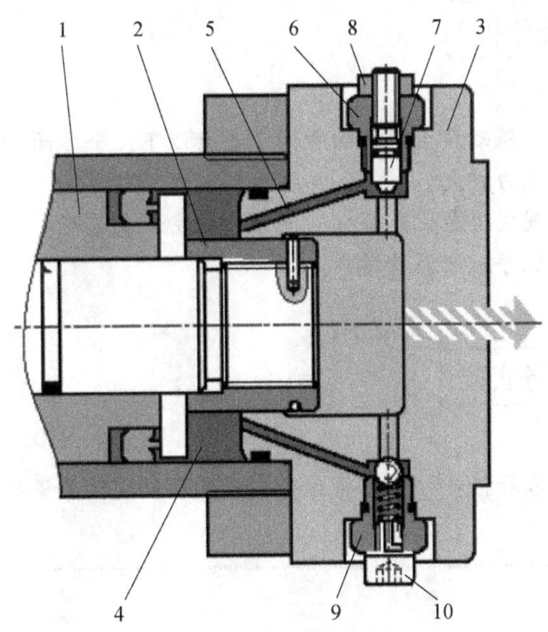

1—活塞；2—缓冲柱塞；3—缸底；4—液压油；5—阻尼通道；6—节流阀阀套；7—节流阀；8—螺母；9—单向阀；10—排气阀

图 4-28 可调节流式缓冲装置

4.2.5 排气装置结构分析(Structure Analysis of Exhausted Apparatus)

液压系统中混入空气会产生振动、噪音、低速爬行和启动前冲等现象，从而影响系统的工作平稳性，因此设计液压缸时必须考虑排气问题。对要求不高的液压缸可不设置专门的排气装置，而将油口布置在缸筒两端的最高处，由流出的油液将缸中的空气带回油箱中，再从油箱中溢出；对速度稳定性要求较高的液压缸和大型液压缸，则需在其最高部位设置排气孔并用管道与排气阀相连，如图 4-29（a）所示，或在最高部位设置排气塞［见图 4-29（b）］进行排气。当打开排气阀或松开排气阀螺钉并使液压缸以最大行程快速运行时，缸中的空气即可排出。一般空行程往复 8～10 次即可关闭排气阀或排气塞，液压缸便可进入正常工作。

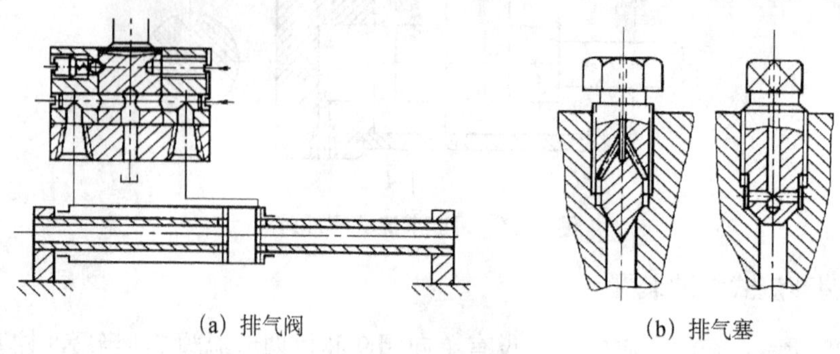

(a) 排气阀　　(b) 排气塞

图 4-29　排气装置

任务分析

由学习内容可知，液压缸发生泄漏的原因主要有以下几个方面：

（1）液压缸工作腔压力过大。

（2）液压缸密封装置发生老化或损坏，忘记安装密封装置等。

（3）液压油黏度过低导致泄漏量增加。

任务实施

经过学习前面的内容和任务分析，将你查到的液压缸发生泄漏的原因描述出来，并提出排除故障的方法。

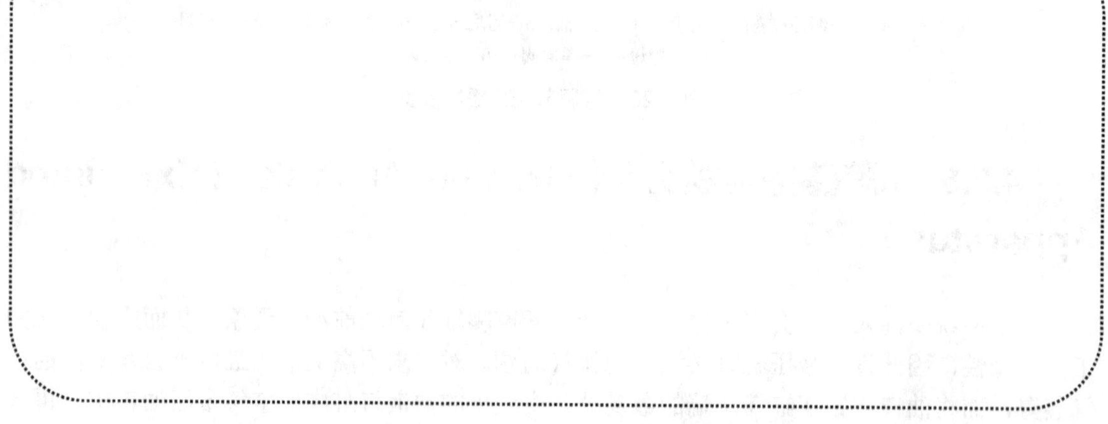

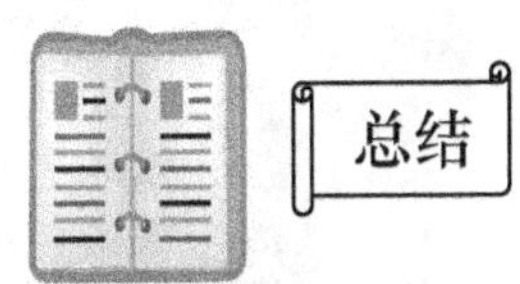

1. 液压缸一般由缸体组件、活塞和活塞杆组件、密封装置、缓冲装置和排气装置五部分组成。

2. 为了避免活塞在行程两端撞击缸盖、产生噪音、影响工作精度以致损坏机件，所以对于一些大型、高速或要求高的液压缸必须要设缓冲装置。缓冲原理是利用节流的方法在液压缸的回油腔产生阻力，减小速度，避免撞击。

一、简答题

1. 缸体组件、活塞组件的连接方式有哪几种？各用于什么场合？
2. 活塞与缸体、活塞杆与端盖之间的密封方式有哪几种？各用于什么场合？
3. 液压缸的缓冲方式有哪几种？各有何特点？
4. 液压缸由哪几部分组成？
5. 解释液压缸型号 MOB R 40 × 300 FA-Y 的含义。
6. 液压缸的缓冲方式有哪几种？各有何特点？
7. 液压缸安装完毕，加入液压油以后，需要进行排气，如何操作？

任务 4.3　液压马达的选用（Task4.3　Selection of Hydraulic Motors）

1. 能区分液压泵和液压马达的不同。
2. 能识别各种类型的液压马达。
3. 会根据要求选择合适的液压马达。
4. 熟悉液压马达的调速方法。
5. 会分析容积调速回路的工作原理。

任务描述

图 4-30 中的元件 3 液压马达是如何动作的？它在回路中的作用是什么？

用 Fluidsim 软件仿真图 4-30 所示的回路，观察并分析液压马达是如何工作的，并在液压实训台上连接回路。

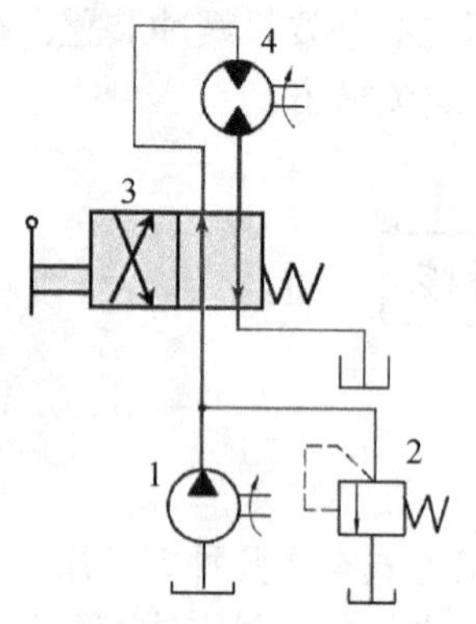

1—液压泵；2—溢流阀；3—液压马达

图 4-30　液压泵驱动液压马达

任务实施

用 Fluidsim 软件仿真图 4-30 所示的回路，并在液压实训台上连接回路，观察液压马达的动作。

问题 1：什么是液压马达？液压马达和液压缸有什么区别和联系？

问题 2：液压马达和液压泵有什么区别和联系？

通过完成任务可知，压力油液进入液压马达，推动液压马达转动，它们的作用是将液压油的压力能转换成旋转或摆动的机械能，驱动工作部件进行工作。液压马达是液压系统中的执行元件。

4.3.1　液压泵和液压马达的区别（The Difference between Hydraulic Pump and Hydraulic Motor）

液压马达在结构上与液压泵非常相似，但是工作过程与液压泵是相反的。从工作原理上分析，液压泵和液压马达是可逆的，即向容积泵中输入压力油，就可使泵转动，输出转矩和转速，成为液压马达。但由于它们各自的使用条件和工作要求不同，不少同类型的液压泵和液压马达在结构上存在差异，一般是不能互换使用的。

4.3.2　液压马达的分类及图形符号（Classification and Graphical Symbols for Hydraulic Motors）

液压马达有很多种类和不同的分类方法，主要有：

（1）按结构形式分为齿轮马达、叶片马达和柱塞马达，如图 4-31 所示。

(a) 齿轮马达

(b) 叶片马达

(c) 柱塞马达

图 4-31　液压马达

（2）按输出转速分为高速液压马达和低速液压马达。

（3）按流量是否可调分为定量马达和变量马达。

（4）按额定压力高低分为低压马达、中压马达和高压马达。

液压马达的图形符号见表 4-2 。

表 4-2　液压马达的图形符号

名称	单向定量	双向定量	单向变量	双向变量
液压马达				

4.3.3 液压马达的工作原理(Working Principle of Hydraulic Motor)

一、齿轮马达 (Gear Motor)

1. 工作原理

齿轮马达和齿轮泵的结构基本上是相同的，图 4-32 为齿轮马达的工作原理图。图中 P 点为相互啮合两齿轮的啮合点，h 为齿高，a 和 b 分别为啮合点 P 到两齿根的距离，显然 a 和 b 均小于 h。当液压油进入马达进油腔时，压力油就会在进油腔内两个相互啮合的轮齿面上分别产生作用力 $p(h\text{-}a)B$ 和 $p(h\text{-}b)B$（B 为齿宽），从而对两齿轮产生旋转转矩，使其按图示方向旋转，拖动外负载做功。随着齿轮的连续旋转，进油腔容积不断增加，压力油不断地输入，且不断地带到回油腔排回油箱。

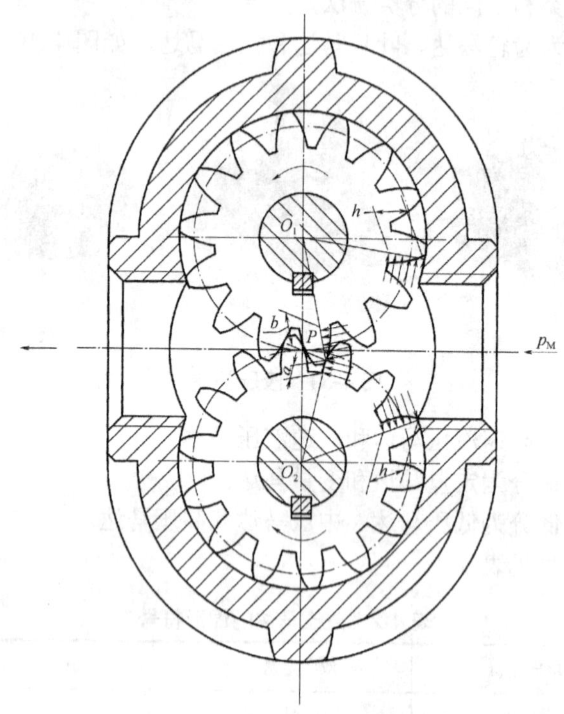

图 4-32　齿轮马达工作原理图

齿轮马达和齿轮泵可以互换使用吗?

2. 结构特点

从工作原理上看，齿轮马达和齿轮泵是可逆的，即可以互换使用。但由于马达要实现正反转而要求结构对称，而齿轮泵为解决有关问题（如困油问题、径向力问题和泄漏问题），在实际应用中，结构不对称，所以外啮合齿轮泵不能直接作为马达使用（内啮合式齿轮泵可以）。

齿轮马达主要有以下特点：

（1）进出油口对称，孔径相同，以便实现正反转。

（2）内部泄漏油需单独用油管引回油箱，这是因为马达回油腔压力往往高于大气压力，如果采用内泄漏结构，可能把轴端油封冲坏，特别是马达正反转时，原来的回油腔变为进油腔，情况会更为严重。

（3）可以不采用端面间隙自动补偿装置。若要采用则需要设置压力油道自动转换机构。另外，解决困油问题的卸荷槽必须采用对称布置式，以适应正反转要求。

（4）多采用滚动轴承，以减少磨损改善启动性能。

齿轮马达结构简单，成本低，高速运转时稳定性较好，被广泛应用于农业机械、工程机械和林业机械上。

二、叶片马达（Vane Motor）

1. 工作原理

图 4-33 为叶片马达工作原理图，当压力油进入油腔时，在叶片 1、3 和 5、7 上，一面作用有压力油，另一面无压力油作用。由于叶片 1、5 受力面积大于 3、7，从而由受力面积差产生作用力差，进而产生旋转转矩，推动转子按图示方向旋转（图中叶片 2、6 两侧均受压力油作用，图中未标注）起来，这就是叶片马达的工作原理。

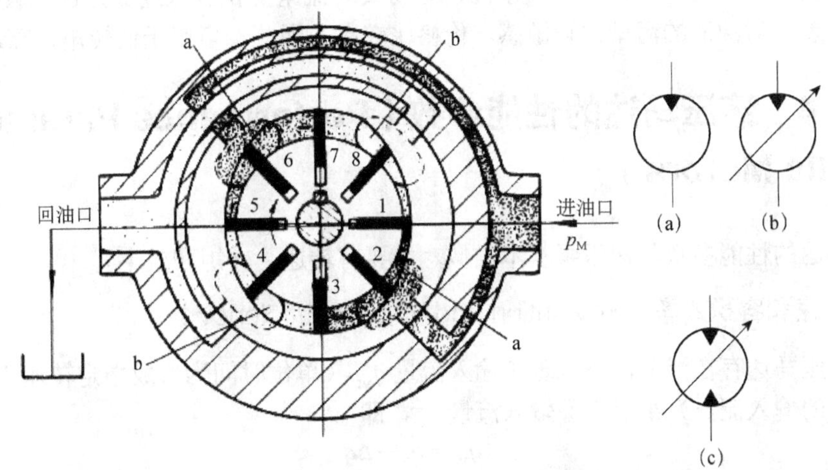

图 4-33 叶片马达工作原理图

2. 结构特点

叶片马达和叶片泵在结构上也有所不同，不能直接互换使用，其主要特点有：

（1）叶片径向放置，以适应正反转要求。

（2）为使叶片底部能始终通压力油、不受回转方向的影响，在进回油腔通入叶片根部的通路上装有两个单向阀。

（3）叶片根部槽内装有燕形弹簧，使叶片始终处于伸出状态，保证初始密封。

叶片马达体积小、转动惯量小、动作灵敏、换向频率较高，但泄漏大、低速、不稳定，因此该马达适用于高转速、低转矩、频繁换向和要求动作灵敏的场合。

三、柱塞马达（Piston Motor）

和前两种液压马达不同，轴向柱塞泵和轴向柱塞马达具有可逆性，即柱塞泵可直接作为马达使用。图 4-34 为斜盘式轴向柱塞马达的工作原理示意图。当压力油经配油盘进入柱塞根部孔时，柱塞受压力油作用向外伸出，并紧压在斜盘上。这时斜盘对柱塞产生一反作用力 F。力 F 可分解为两个分力：一个轴向分力 F_x，它和作用在柱塞上的压力相平衡；另一个是垂直分力 F_y，它对缸体产生扭矩，而使缸体旋转起来。

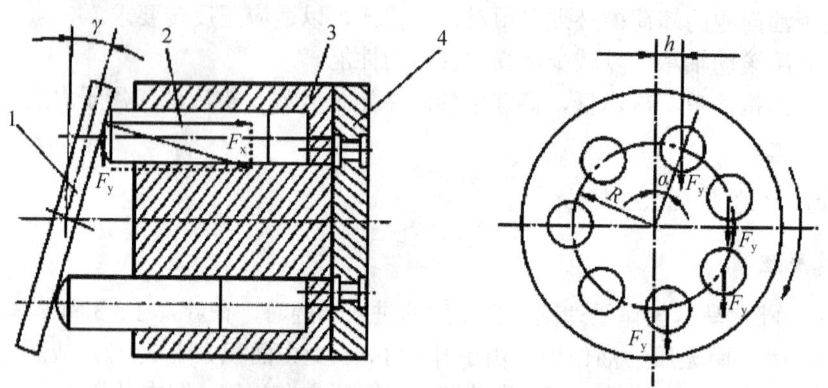

图 4-34　斜盘式轴向柱塞马达工作原理图

轴向柱塞马达应用广泛，容积效率高，容易实现流量变化且低速稳定性也较好，但耐冲击振动性较差，对油液的污染比较敏感，价格比较高，因此，多用于低转矩、高速场合。

4.3.4　液压马达的性能参数（Performance Parameters of Hydraulic Motors）

液压马达的性能参数与液压泵基本类似，主要有转速、转矩和效率。

一、转速和容积效率（Revolution and Volume Efficiency）

由于液压马达存在泄漏，所以理论输入流量 q_{vt}（单位时间为形成指定转速所需的流量，即无负载时的输入流量）小于实际输入流量 q_v，即

$$q_{vt}=q_v-\Delta q \tag{4-14}$$

液压马达的容积效率 η_v 为理论流量与实际流量之比，即

$$\eta_v=\frac{q_{vt}}{q_v} \tag{4-15}$$

液压马达的转速为

$$n=\frac{q_v\eta_v}{V_M} \tag{4-16}$$

式中，V_M 为液压马达的排量。

二、转矩和机械效率（Torque and Mechanical Efficiency）

若不考虑液压马达的摩擦损失，液压马达的理论转矩 M_t（压力油作用于液压马达转子形成的转矩）公式与液压泵相同，即 $M_t=\dfrac{pV_M}{2\pi}$，而实际上液压马达工作时必然造成摩擦损失，故实际转矩 M（马达的理论转矩克服摩擦转矩 ΔM 后的转矩，即马达输出的转矩）小于理论

转矩。即

$$M = M_t - \Delta M \tag{4-17}$$

液压马达的机械效率为实际转矩与理论转矩之比，即

$$\eta_m = \frac{M}{M_t} = \frac{2\pi M}{pV_M} \tag{4-18}$$

液压马达的实际转矩为

$$M = M_t \eta_m = \frac{pV_M}{2\pi} \eta_m \tag{4-19}$$

三、总效率（Gross Efficiency）

液压马达的总效率为输出的机械功率与输入的液压功率之比，也等于机械效率和容积效率之积，即

$$\eta = \frac{P_o}{P_i} = \frac{2\pi nM}{pq_v} = \eta_m \eta_v \tag{4-20}$$

4.3.5 液压马达的调速（Speed Regulation of Hydraulic Motor）

根据液压马达的转速 $n = \frac{q_v \eta_v}{V_M}$ 可知，当不考虑液压马达的能量损失时，式中 $\eta_v = 1$，此时该式就变为 $n = \frac{q_v}{V_M}$。若想改变液压马达的转速 n，有两种方法：一是改变液压泵的输出流量 q_v（即进入液压马达的流量）；二是改变液压马达的排量 V_M。这两种液压马达的调速方法是通过改变液压泵或液压马达的排量的方法进行调速的，称为容积调速。

容积调速回路是通过改变回路中液压泵或液压马达的排量来实现调速的。其主要优点是功率损失小（没有溢流损失和节流损失）且其工作压力随负载变化，所以效率高、油的温度低，适用于高速、大功率系统。按油路循环方式不同，容积调速回路有开式回路和闭式回路两种。

开式回路中泵从油箱吸油，执行机构的回油直接回到油箱，油箱容积大，油液能得到较充分冷却，但空气和脏物易进入回路。闭式回路中，液压泵将油输出进入执行机构的进油腔，又从执行机构的回油腔吸油。闭式回路结构紧凑，只需很小的补油箱，但冷却条件差。为了补偿工作中油液的泄漏，一般设补油泵，补油泵的流量为主泵流量的 10%～15%。压力调节为 0.3～1MPa。

容积调速回路通常有下面几种基本形式：变量泵-液压缸式（在 3.5.2 节中已介绍）、变量泵-定量马达式、定量泵-变量马达式、变量泵和变量马达式容积调速回路。

一、变量泵-定量马达式容积调速回路

图 4-35 所示为变量泵-定量马达式容积调速回路，回路中采用变量泵 3 来调节液压马达 5 的转速，安全阀 4 用以防止过载，低压辅助泵 1 用以补油，其补油压力由低压溢流阀 6 来调节。

变量泵-液压缸式和变量泵-定量马达式容积调速回路调速范围较大。适用于调速范围较大，要求恒扭矩输出的场合，如大型机床的主运动或进给系统中。

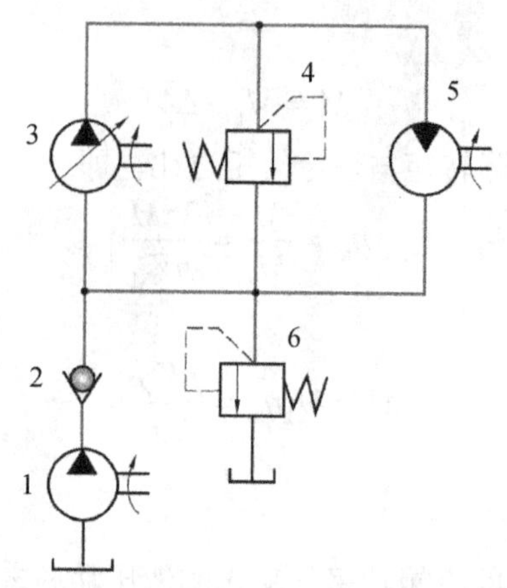

1—低压辅助泵；2—单向阀；3—变量泵；4—安全阀；5—定量马达；6—低压溢流阀

图 4-35　变量泵-定量马达式容积调速回路

二、定量泵-变量马达式容积调速回路

定量泵-变量马达容积调速回路如图 4-36 所示。该回路为闭式回路。回路中 1 为定量泵、2 为变量马达，溢流阀 3 为安全阀，4 为补油泵，5 为低压溢流阀。此回路是由调节变量马达的排量 V_M 来实现调速的。

定量泵-变量马达容积调速回路，调速范围比较小（一般为 3～4），因而较少单独应用。

三、变量泵-变量马达式容积调速回路

图 4-37 为变量泵和变量马达式容积调速回路，该回路是前面两种调速回路的组合，其调速特性也具有两者之特点。

回路中调节变量泵 1 的排量和变量马达 2 的排量，都可调节马达的转速；补油泵 3 通过单向阀 4 和 5 向低压腔补油，其补油压力由溢流阀 9 来调节；安全阀 8 用以防止正反两个方向的高压过载。为合理地利用变量泵和变量马达调速中各自的优点，克服其缺点，在实际应用时，一般采用分段调速的方法。

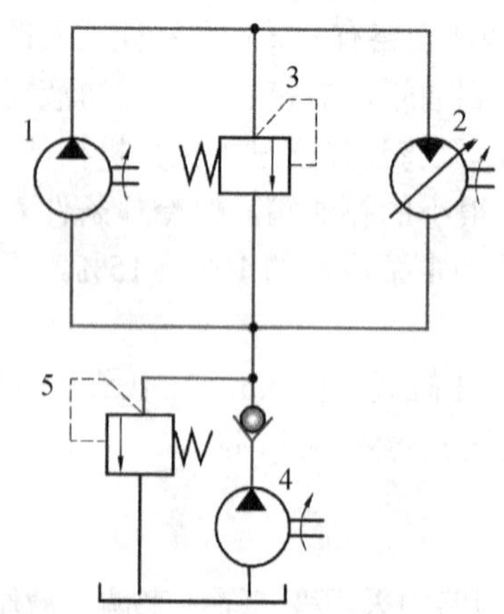

1—定量泵；2—变量马达；3—安全阀；4—补油泵；5—低压溢流阀

图 4-36　定量泵-变量马达式容积调速回路

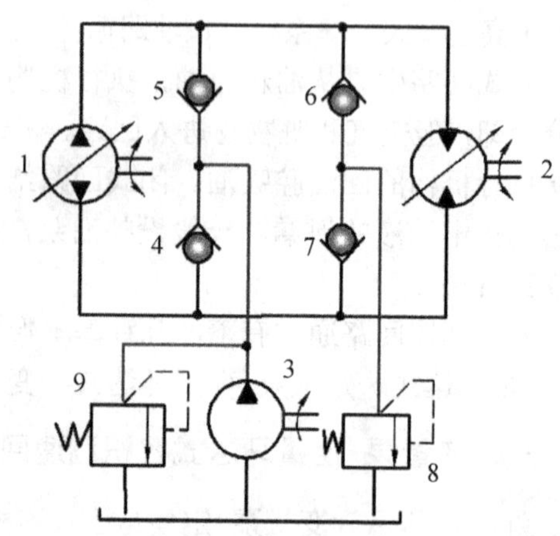

1—变量泵；2—变量马达；3—补油泵；4，5，6，7—单向阀；8—安全阀；9—溢流阀

图 4-37　变量泵-变量马达式容积调速回路

第一阶段将变量马达的排量调到最大值并使之恒定，然后调节变量泵的排量从最小逐渐加大到最大值，则马达的转速便从最小逐渐升高到相应的最大值，这一阶段相当于变量泵定量马达的容积调速回路；第二阶段将已调到最大值的变量泵的排量固定不变，然后调节变量马达的排量，使之从最大逐渐调到最小，此时马达的转速便进一步逐渐升高到最高值，这一阶段相当于定量泵变量马达的容积调速回路。

这种容积调速回路的调速范围是变量泵调节范围和变量马达调节范围之乘积，其调速范围大，并且有较高的效率，它适用于大功率的场合，如矿山机械、起重机械以及大型机床的主运动液压系统。

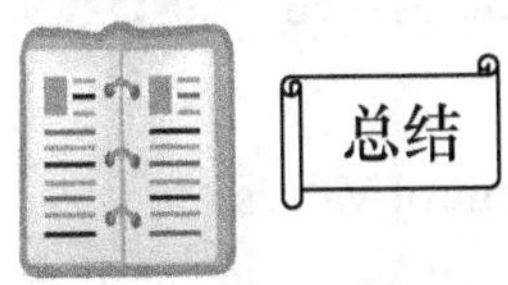

总结

1. 液压马达是液压系统的执行元件，它输入的是压力 p 和流量 q，输出的是转矩 T 和转速 n。它能够把压力能转换成机械能。

2. 液压马达按结构形式分为齿轮马达、叶片马达、柱塞马达；按转速可分为高速马达和低速马达；按排量是否可调可分为定量马达和变量马达。

3. 与液压泵相比，液压马达与液压泵在功用上相反，在结构上相似，在原理上互逆。

4. 通过改变液压泵或者液压马达的排量进行的调速的方法称为容积调速。

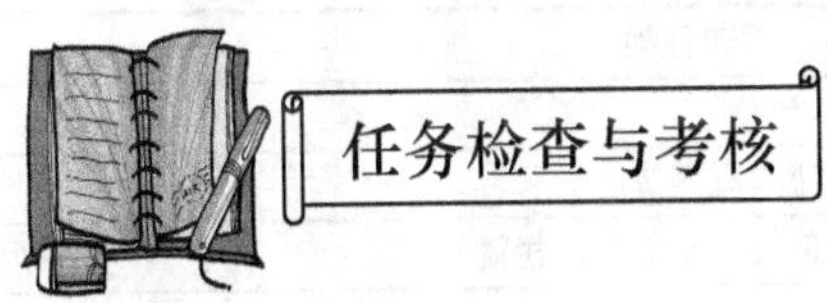

任务检查与考核

一、判断题

1. 因存在泄漏，输入液压马达的实际流量大于其理论流量，而液压泵的实际输出流量小于其理论流量。

2. 液压马达与液压泵从能量转换观点上看是互逆的，因此所有的液压泵均可以用来做马达使用。

二、简答题

1. 画出液压马达的图形符号。

2. 液压马达与液压缸有什么区别和联系？

3. 液压马达在液压系统中属于哪一部分？它的输入和输出分别是什么？

4. 调节液压马达的转速有哪些方法？

5. 什么是容积调速回路？它有哪些种类型？

一、液压控制阀预备知识（Preliminary knowledge of Hydraulic Control Valve）

在液压传动系统中，用来对液流的方向、压力和流量进行控制和调节的液压元件称为**液压控制阀（Hydraulic Control Valve）**，又称液压阀，简称阀。阀是液压系统中不可缺少的重要元件，通过这些阀对执行元件的启动、停止、运动方向、速度、动作顺序和克服负载的能力进行调节与控制，保证执行元件按照要求进行工作。

1. 液压控制阀的基本要求（Basic Requirements for Hydraulic Control Valves）

（1）动作准确、灵敏、可靠，工作平稳，无冲击和振动。

（2）密封性能好，泄漏少。

（3）结构简单，制造方便，通用性好。

2. 液压控制阀的分类（Classification of Hydraulic Control Valves）

液压控制阀的分类见表 4-3。

表 4-3　液压阀的分类表

分类方法	种　类	详细种类
按功能	压力控制阀	溢流阀、减压阀、顺序阀、压力继电器等
	流量控制阀	节流阀、调速阀、分流阀、集流阀、分流集流阀等
	方向控制阀	单向阀、液控单向阀、换向阀、行程减速阀、充液阀、梭阀等
按结构	滑阀	圆柱滑阀、转阀、平板滑阀
	座阀	锥阀、球阀、喷嘴挡板阀
按操纵方法	手动阀	手把及手轮、踏板、杠杆控制
	机动阀	挡块及碰块、弹簧控制
	电磁阀	电磁铁控制
	液动	压力油控制
	电液	主阀为液动阀，先导阀为电磁阀
按连接方式（见图 4-38）	管式连接	螺纹式连接、法兰式连接
	板式连接	单层连接板式、双层连接板式、整体连接版式。这类阀的各油口均布置在同一安装平面上，并留有连接螺钉孔，用螺钉固定在与阀有对应油口的连接体上
	叠加式连接	由叠加阀（方向阀、压力阀、流量阀）及地板块组成。每个阀同时起单个阀和通道孔的作用
	插装式连接	螺纹式插装（二、三、四通插装阀）、法兰式插装（二通插装阀）。将阀按标准参数做成圆筒形专用元件，然后将这些元件插入不同的阀体（或集成块）上，得到不同组合的一种集成形式
按控制方式分类	开关或定值控制	借助于手动操作、电磁铁、液压控制等控制液压油通路的开启和关闭或定值控制液流的方向、压力和流量。这类阀最为常见，称为开关阀
	比例阀	分为比例压力阀、比例流量阀、比例换向阀等。这类阀利用与输入、输出参数成比例的电信号，使其按一定的规律成比例地控制系统中液压油的流动方向、压力和流量。此类阀多用于开环程序控制系统
	伺服阀	分为单、两极（喷嘴挡板式、动圈式）电液流量伺服阀，三极电液流量伺服阀，电液压力伺服阀，气液伺服阀，机液伺服阀。这类阀的输入信号对输出信号（流量、压力）进行连续、成比例地控制。与比例阀不同的是，其动态性能和静态性能好，主要用于快速、高精度的控制系统中
	数字控制阀	分为数字控制压力阀、数字控制流量阀与方向阀

液压控制阀的连接方式见图 4-38。

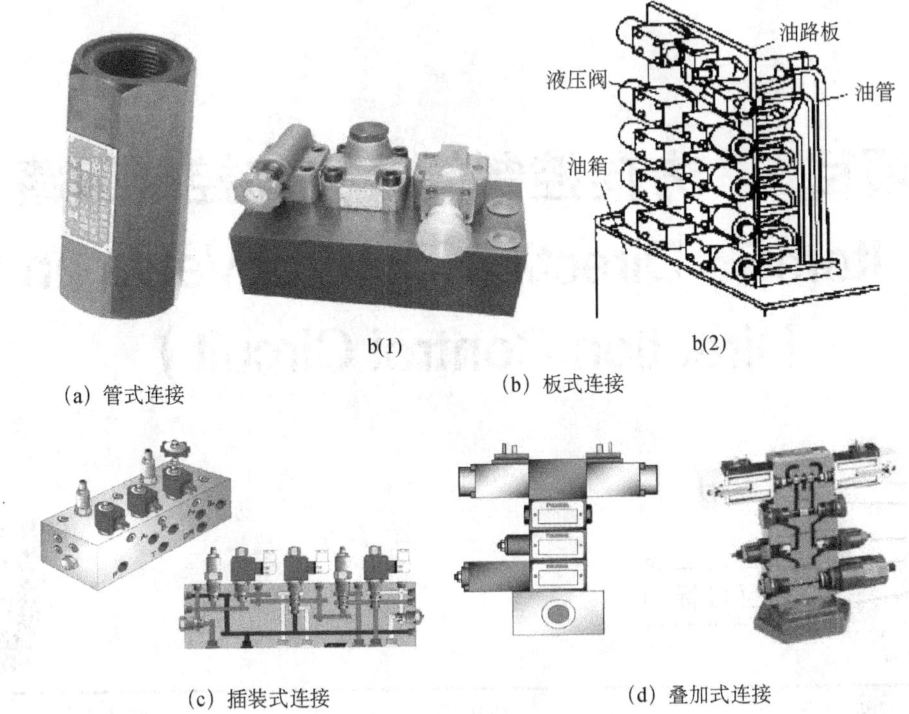

(a) 管式连接　(b) 板式连接

(c) 插装式连接　(d) 叠加式连接

图 4-38　液压控制阀的连接方式

3.液压控制阀的共同特点（Common Features of Hydraulic Control Valves）

各类液压控制阀虽然形式不同、控制功能各有所异，但都具有共性。首先，在结构上，所有的阀都由**阀体**（**Valve Body**）、**阀芯**（**Valve Element**）和驱动阀芯动作的**操纵机构**（**Control Mechanism**）等组成；其次，在工作原理上，所有阀的阀口大小、阀口压力差、阀口流量之间的关系都符合孔口流量公式 $q = CA_T\Delta p^m$，只是各类阀控制的参数不同而已。例如，压力阀控制的是压力，流量阀控制的是流量，方向阀控制的是方向等。

二、行业标准

1. GB-T 2347—1980 液压泵及马达公称排量系列

2. GB-T 17490—1998 液压控制阀油口、底板、控制装置和电磁铁的标识

3. GB-T 8107—1987 液压阀　压差—流量特性试验方法

项目5　方向控制阀及方向控制回路（Item5　Direction Control Valve and Direction Control Circuit）

知识目标	能力目标	素质目标
1. 了解方向控制阀的分类。 2. 熟悉方向控制阀的工作原理。 3. 掌握各类方向控制阀的图形符号的画法。 4. 了解方向控制阀的基本功能和用途。 5. 掌握方向控制回路的工作原理。	1. 能识读方向控制阀的铭牌。 2. 能根据要求选择各类方向控制阀。 3. 会分析方向控制回路的工作原理。	1. 培养学生在安装调试方向控制回路过程中安全规范操作的职业素质。 2. 培养学生在完成任务过程中小组成员团队协作的意识。 3. 培养学生文献检索、资料查找与阅读相关资料的能力。 4. 培养自主学习的能力。

方向控制阀（Directional Control Valve）是液压系统中的交通警察，控制液体的流动方向。方向控制阀是液压系统中占数量比重较大的一种液压阀，它是利用阀芯与阀体间相对位置的改变来实现油路的接通或断开，以满足系统对液流方向的要求。用于控制液压系统中油路的接通、切断或改变液流方向的液压阀（简称方向阀），主要用以实现对执行元件的启动、停止或运动方向的控制。常用的方向控制阀有**单向阀（Check Valve）**和**换向阀（Reversing Valve）**。

任务 5.1　换向阀原理分析及换向回路、卸荷回路安装与调试（Task5.1　Principle Analysis of Reversing Valve, Installation and Debugging of Reversing Circuit and Unloading Circuit）

任务目标

1. 能识别各种换向阀。
2. 会分析各类换向阀的工作特点。
3. 会根据要求选择换向阀。
4. 会分析换向回路、卸荷回路的工作原理。
5. 会利用 Fluidsim 软件对换向回路和卸荷回路进行仿真并完成对回路的安装调试。

任务引入

图 5-1 所示的平面磨床工作台，其进给运动由液压缸驱动。平面磨床在磨削加工的过程中，进给运动为直线往复运动，那么与工作台相连接的液压缸的运动是如何实现的呢？改变液压缸的运动方向、使液压缸活塞在任意位置停止、防止其窜动等这些控制功能如何来实现呢？

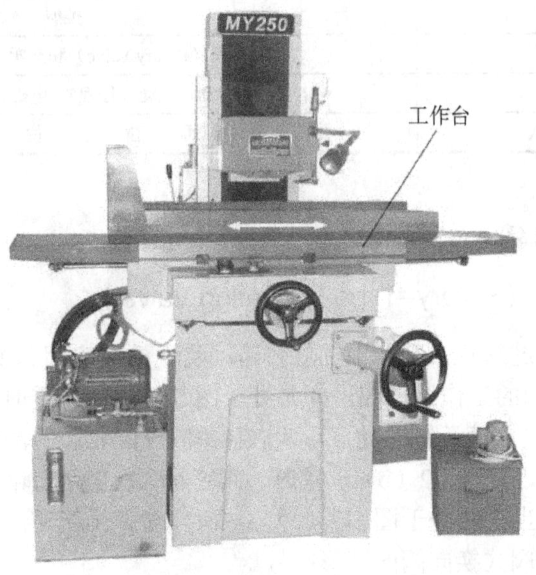

图 5-1　平面磨床工作台

设计一平面磨床工作台的换向回路，来实现平面磨床工作台的往复运动，所用液压缸为双作用单活塞杆液压缸，要求：

（1）液压缸的往复运动通过手动控制。

（2）液压缸停止运动时能实现系统卸荷，并使缸处于锁紧状态。

注：要求用图形符号画出该换向回路的工作原理图，并用 Fluidsim 软件仿真验证其正确性。

问题 1：如何实现液压缸的换向？

问题 2：如何通过手动控制？

问题 3：什么是系统卸荷？如何实现系统卸荷？

问题 4：如何实现系统卸荷时液压缸锁紧？

5.1.1 换向阀原理分析（Principle Analysis of Reversing Valve）

换向阀是典型的方向控制阀，可用于控制执行元件的操作。换向阀控制油液流动方向，接通或关闭油路，从而启动、运行和停止执行元件。按结构换向阀有**滑阀式**换向阀和**转阀式**换向阀两种。按操纵方式换向阀有手动换向阀、机动换向阀（行程阀）、电磁换向阀、液动换向阀和电液换向阀五种。按阀的位置和通路数常用的有二位二通、二位三通、三位四通、三位五通等多种类型。换向阀的分类见表 5-1。

表 5-1　换向阀的分类

分类方式	类型
按结构	转阀（Rotary Valve）和滑阀（Slide Valve）
按操纵方式	手动、机动（行程）、电磁、液动、电液
按阀的位置和通路数	二位二通、二位三通、三位四通、三位五通等

你能举出转阀式换向阀的例子吗？

一、转阀式换向阀（Rotary-Type Reversing Valve）

转阀式换向阀是通过阀芯在阀体中的旋转运动实现油路启闭和换向的方向控制阀。如图 5-2 所示为三位四通转阀的工作原理图。阀芯处于图 5-2（a）位置时，P、A 两口相通，泵输出的油液经 P、A 两口进入液压缸左腔，活塞右移，液压缸右腔的油液经 B 口、阀芯中心孔、T 口流回油箱；当阀芯处于图 5-2（b）位置时，阀芯将 A、B 两口堵住，P、T、A、B 四口各不相通，液压缸静止；当阀芯处于图 5-2（c）位置时，P、B 相通，A、T 相通，液压缸活塞返回。图 5-2（d）为转阀式换向阀的图形符号。

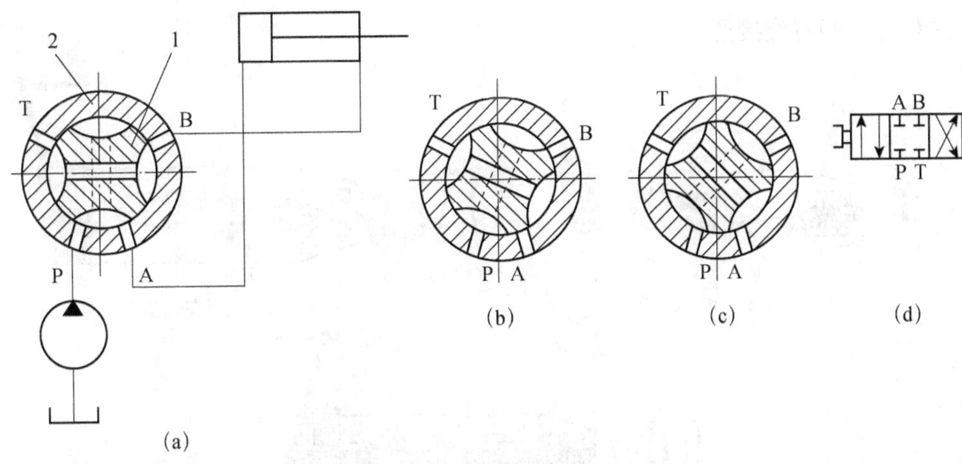

图 5-2　三位四通转阀工作原理图

转阀式换向阀有手动和机动两种操纵方法，转阀式换向阀的密封性差，径向力不平衡，一般用于压力较低和流量较小的场合。常用的换向阀是滑阀式换向阀。

二、滑阀式换向阀（Spool-Type Valve）

滑阀式换向阀通过阀芯在阀体里面的滑动改变油液的流动方向，如图 5-3 所示，阀芯从中间位置向右或向左移动时，它打开一些油的通道，关闭另一些通道，它通过这种方式控制油从执行元件流进和流出。滑阀式换向阀为间隙密封，阀芯与阀口存在一定的密封长度，因此滑阀运动存在一个死区。

阀芯通常质地特硬并经磨光，它具有光滑、精确、耐用的表面。它们一般经过镀铬以便能耐磨损、耐腐蚀。

1. 工作原理

图 5-3 中的滑阀阀芯具有中位、左位和右位三个位置，称为三位阀；有四条油液流动的通道 P、T、A、B，称为四通阀。通道 A、B 分别与液压缸的两端相连，T 口和油箱相连，P 口和液压泵相连。当阀芯处于中间位置时［见图 5-3（a)］，四个油口各不相通；当阀芯向左移动时，如图 5-3（b）所示，此时换向阀右位接通，油液从泵（P 口）流向 B 口，与液压缸右腔接通，液压缸左腔的油液流向油箱，此时，活塞左移；当阀芯右移时，动作刚好相反，如图 5-3（c）所示，此时换向阀左位接通，油液从泵（P 口）流向 A 口，与液压缸左腔接通，液压缸右腔的油液流向油箱，活塞右移。

滑阀式换向阀的工作位置数称为**“位”（Position）**，与液压系统中油路相连通的油口数称为**“通”（Way）**。常用的换向阀种类有：二位二通、二位三通、二位四通、二位五通、三位三通、三位四通、三位五通等。

2. 换向阀图形符号

（1）“位”的表示

滑阀式换向阀的完整图形符号由多个方框组合而成，每个方框表示不同的位。几个方框表示几位阀，每个方框的位置表示阀芯在阀体里面占据的位置。图 5-4（a）所示表示换向阀中位接通；当该阀阀芯右移时，接口位置不变，此时阀左位接通，如图 5-4（b）所示；当该阀阀芯左移时，阀右位接通。

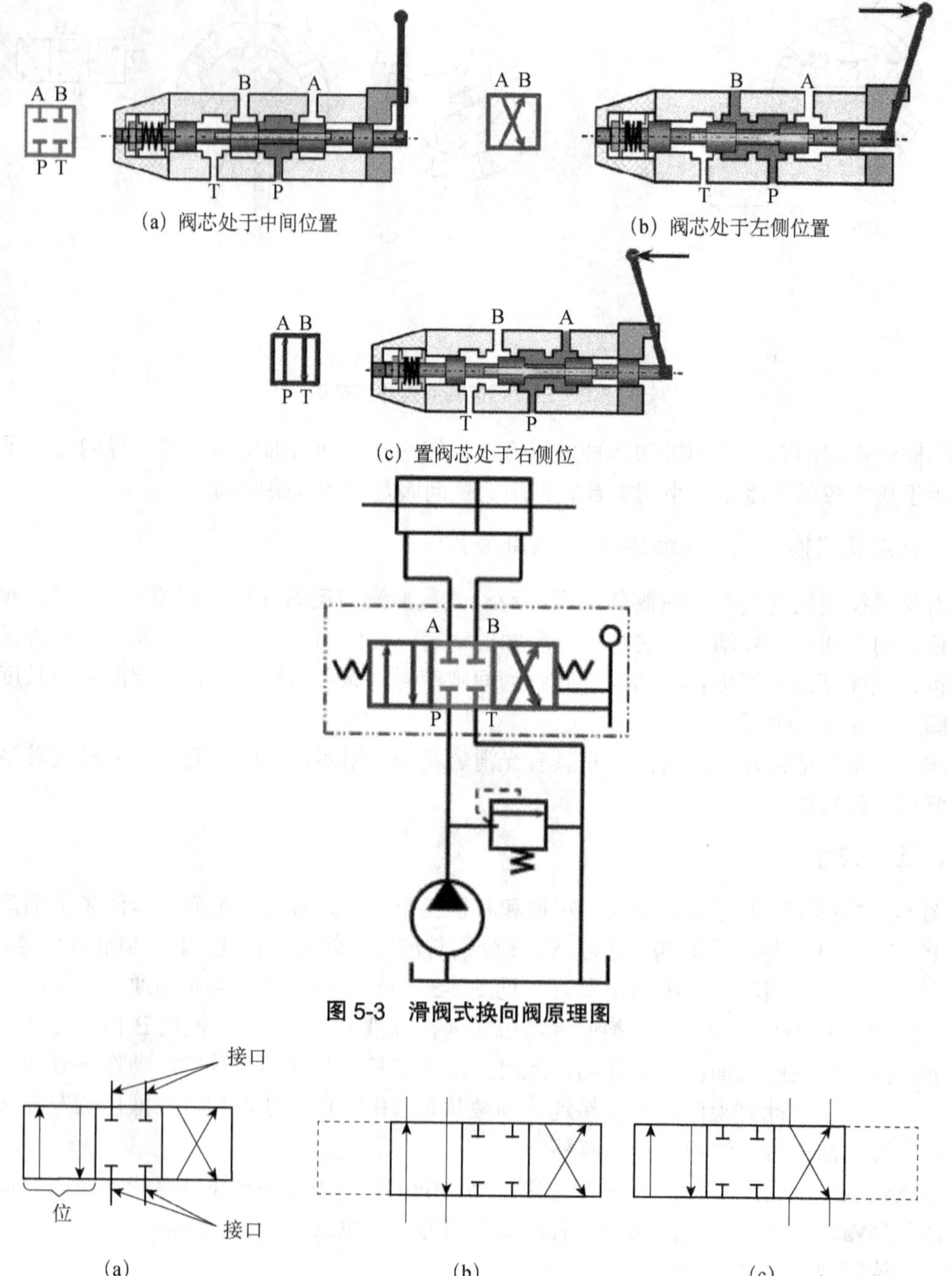

图 5-3　滑阀式换向阀原理图

图 5-4　三位四通阀图形符号

（2）“通”的表示

在一个方框内，箭头“↑”或堵塞符号“┬”或“⊥”与方框相交的点数就是通路数，有几个交点就是几通阀。箭头“↑”表示阀芯处在这一位置时两油口相通，但不一定表示油液的实际流向，“┬”或“⊥”表示此油口被阀芯封闭（堵塞）不通流。如图 5-3（a）所示，表示三位四通阀，其他类型的换向阀图形符号见表 5-2 。

表 5-2　换向阀图形符号

	二位二通		二位三通		二位四通	二位五通
二位阀	A P	A P	A P T	A P T	A B P T	A B R T P
	常闭式（P，A）	常通式（P-A）	常闭式（P，A-T）	常通式（P-A，T）	常通式（P-B，A-T）	常通式（P-A，B-T，R）
三位阀	三位三通		三位四通		三位五通	
	A P T		A B P T		A B R T P	A B R T P
	常闭式（P，A，T）		常闭式（P，A，T，B）		常闭式（P，A，T，B，R）	常通式（P-A-B，R，T）

（3）各油口的方位和含义

换向阀的图形符号中，各油口都有固定的方位和含义，P 口表示压力油的进口，画在左下角，与液压泵相连；T 口表示与油箱相通的回油口，画在右下角；A 和 B 表示连接液压缸左右两腔的油口，分别画在左上角和右上角。

（4）控制方式的表示

控制方式和复位弹簧的符号画在方框的两侧，控制方式的画法见表 5-3。

表 5-3　常用控制方式图形符号示例

控制方式	分类	图形符号
人力控制	一般符号	
	按钮式	
	手柄式	
	踏板式，弹簧复位	
机械控制	推杆式，弹簧复位	
	滚轮式，弹簧复位	
电磁控制	二位，弹簧复位	
压力控制	二位，弹簧复位	
电液控制	三位，弹簧复位	

（5）常态位置（Normal Position）

三位阀中间的方框、两位阀画有复位弹簧的那个方框为常态位置（即未施加控制号以前的原始位置）。在液压系统原理图中，换向阀的图形符号与油路的连接，一般应画在常态位置上。工作位置应按“左位”画在常态位置的左面，“右位”画在常态位置右面的规定。同时在常态位置上应标出油口的代号，如图 5-3 所示。

判断图 5-5 中的滑阀式换向阀是几位几通阀？在右边的方框里用图形符号画出其位置和通路连通情况。

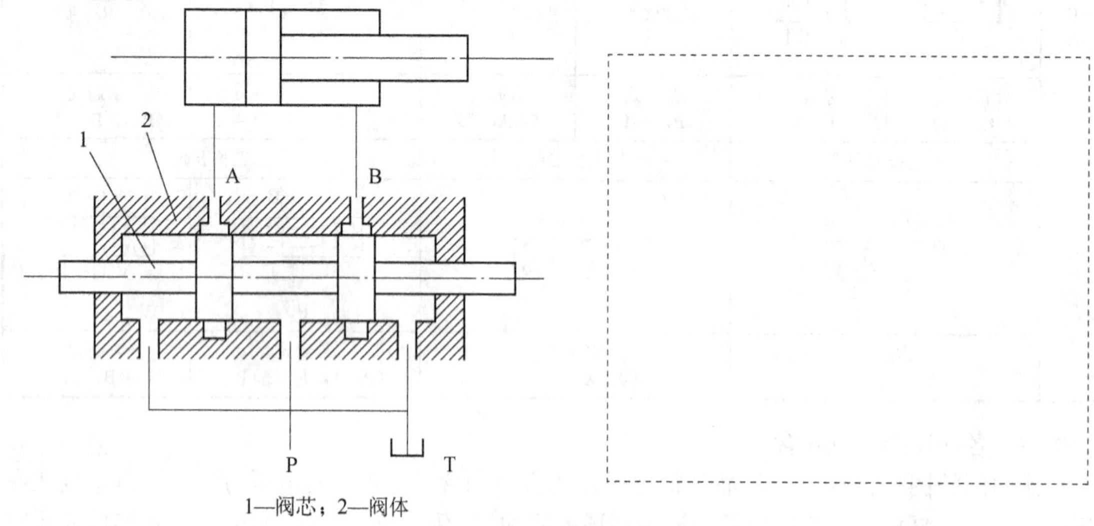

1—阀芯；2—阀体

图 5-5 滑阀式换向阀

3. 控制方式

控制滑阀阀芯移动的方法常用的有人力、机械、电气、直接压力和先导控制等，按控制滑阀阀芯移动方式的不同，滑阀式换向阀可分为手动换向阀、机动换向阀、电磁换向阀、液动换向阀和电液换向阀五种类型，常用控制方式的图形符号见表 5-3 。

（1）手动换向阀（Manual Reversing Valve）

手动换向阀是用手动杠杆操纵阀芯，改变阀芯工作位置的换向阀，有钢球定位和弹簧复位（见图 5-6）两种形式。操纵方法有按钮式、手柄式、踏板式三种，图形符号画法见表 5-3。对图 5-6 中弹簧复位的三位四通手动换向阀来说，当手柄不动时，阀芯在弹簧力的作用下处于中位，如图示位置，此时 P、T、A、B 四油口互不相通；当向左扳动手柄时，阀芯右移，换向阀左位接通，此时 P-B 相通，A-T 相通；反之，当向右扳动手柄时，P-A 相通，B-T 相通。手动换向阀图形符号见图 5-6。

手动换向精度和平稳性不高，适用于间歇换向且无需自动化的场合，如一般机床夹具、工程机械等。

当把扳动后的手动换向阀的操纵手柄松开之后，弹簧复位式和钢球定位式手动换向阀会有什么不同？

（2）机动换向阀（Mechanical Control Reversing Valve）

机动换向阀又称行程换向阀，是用机械控制方法改变阀芯工作位置的换向阀，有推杆式和滚轮式两种。常用的有二位二通（常闭和常通）、二位三通、二位四通和二位五通等多种。图 5-7 所示为滚轮式二位二通常闭式行程换向阀。机动换向阀都是二位阀。

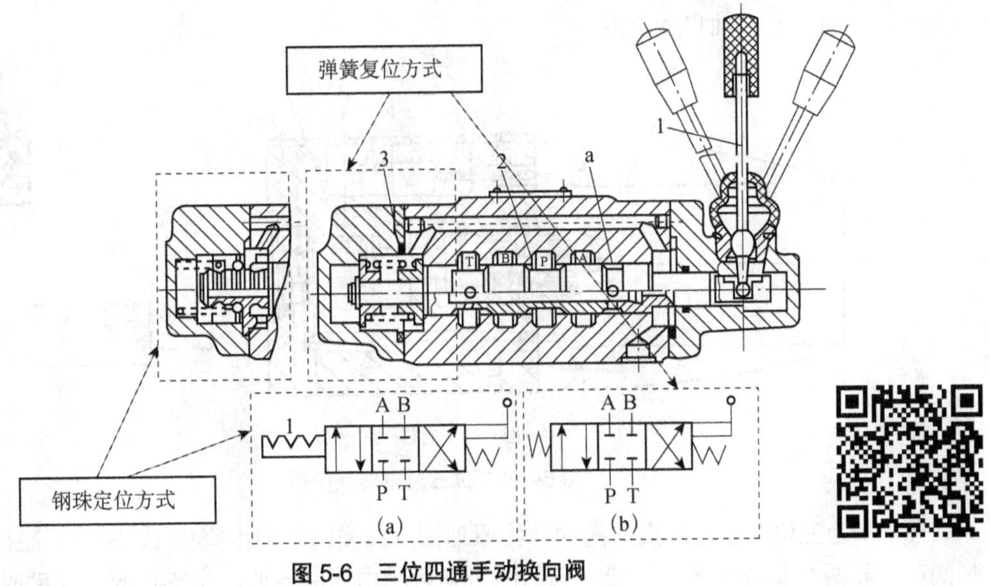

图 5-6　三位四通手动换向阀

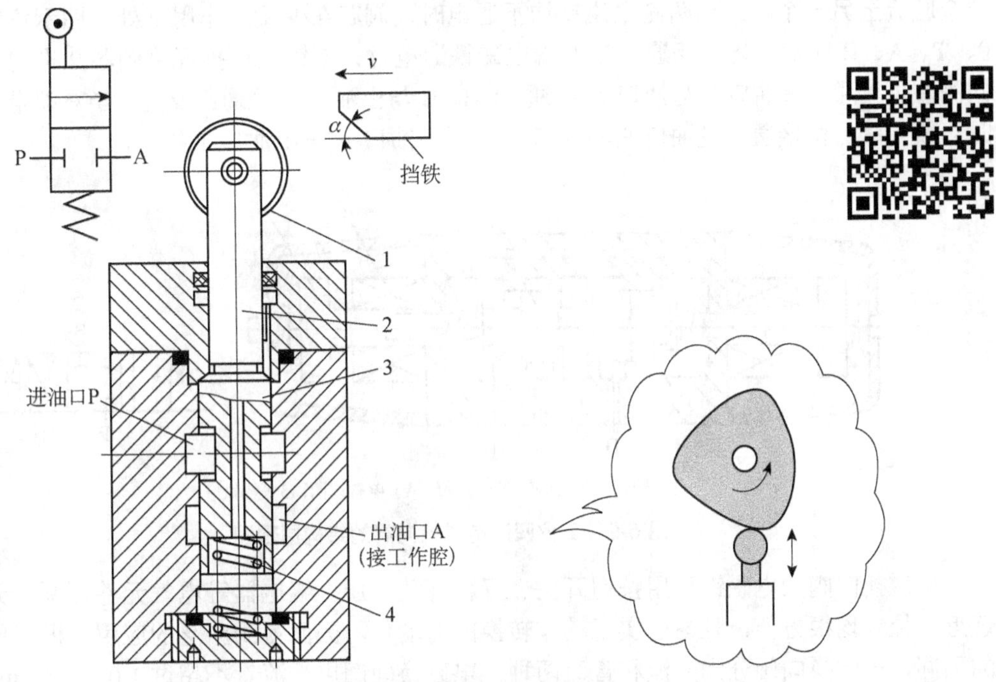

1—滑轮；2—阀杆；3—阀芯；4—弹簧

图 5-7　滚轮式二位二通常闭行程换向阀

机动换向位置精度较高，作用于换向阀芯上的力大，常用于速度和惯性力较大的场合，但要设置合适的挡块迎角 α 或轮廓曲线，以减小换向冲击。

（3）电磁换向阀（Electromagnetic Directional Valve）

电磁换向阀简称电磁阀，是用电气控制方法改变阀芯工作位置的换向阀。

图 5-8 为二位三通电磁换向阀。当电磁铁通电时，衔铁通过推杆 1 将阀芯 2 推向右端，进油口 P 与油口 B 接通，油口 A 被关闭。当电磁铁断电时，弹簧 3 将阀芯推向左端，油口 B

被关闭，进油口 P 与油口 A 接通。

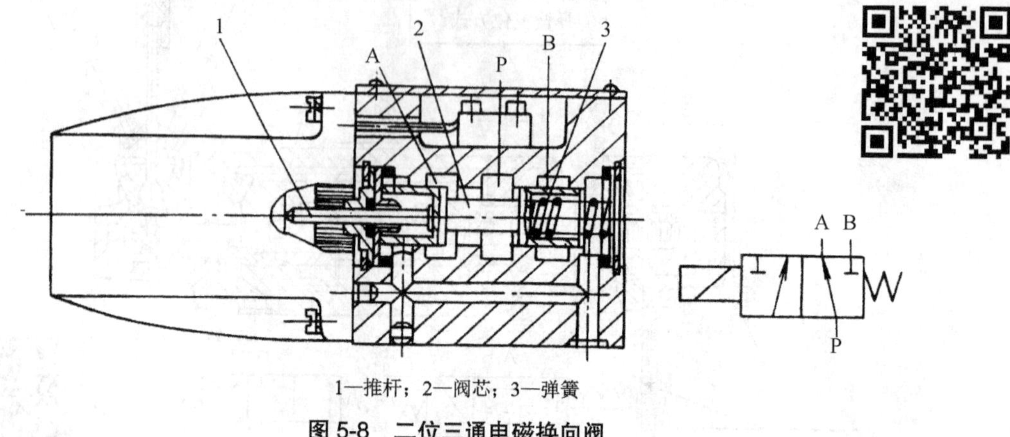

1—推杆；2—阀芯；3—弹簧

图 5-8　二位三通电磁换向阀

图 5-9 为三位四通电磁换向阀的结构原理图。该类阀主要由阀体 1、两个电磁衔铁 5、控制阀芯 2 和两个复位弹簧 3 组成。阀的两个弹簧腔由通路连通，当操作阀芯移动时，油液由一个腔流至另一个腔。当两侧电磁铁均不通电时，阀芯在弹簧力作用下处于图示位置，此时 P、T、A、B 四油口均不相通；当左端电磁铁通电时，衔铁通过推杆将阀芯 2 推向右端，换向阀左位接通，进油口 P 与油口 A 接通，油口 B 与出油口 T 接通；反之，当右端电磁铁通电时，换向阀右位接通，进油口 P 与油口 B 接通，油口 A 与出油口 T 接通。

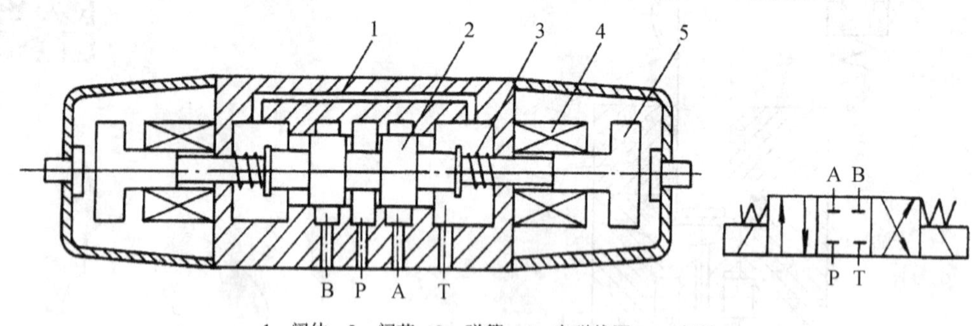

1—阀体；2—阀芯；3—弹簧；4—电磁线圈；5—衔铁

图 5-9　三位四通电磁换向阀的结构原理图

电磁换向阀的电磁铁可用按钮开关、行程开关、压力继电器等电气元件控制，无论位置远近，控制均很方便，且易于实现动作转换的自动化，因而得到广泛的应用。根据使用电源的不同，电磁换向阀分为交流和直流两种。电磁换向阀用于流量不超过 $1.05\times10^{-4}\mathrm{m}^3/\mathrm{s}$ 的液压系统中。

电磁换向易于实现自动化，但换向时间短，换向冲击大，换向力小，只适用于小流量、平稳性要求不高的场合。

（4）液动换向阀（Hydraulic Reversing Valve）

液动换向阀是用直接压力控制方法改变阀芯工作位置的换向阀。图 5-10 为三位四通液动换向阀的工作原理图。

由于油液可以产生很大的推力，所以液动换向阀可用于高压大流量的液压系统中。

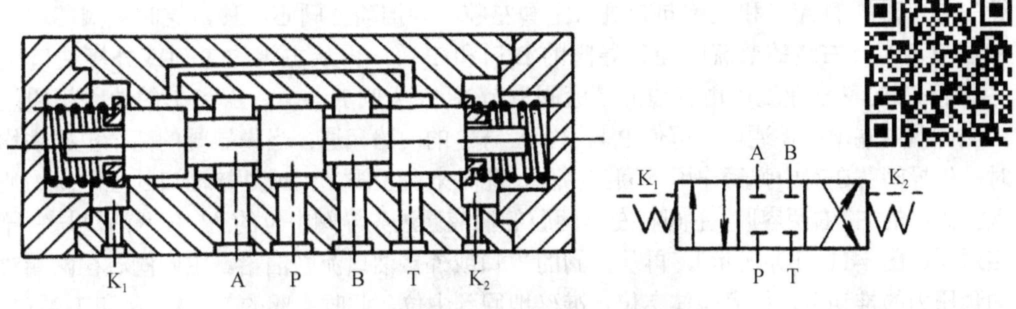

图 5-10 三位四通液动换向阀工作原理图

（5）电液换向阀（Electro-hydraulic Reversing Valve）

电液换向阀是用间接压力控制（又称先导控制）方法改变阀芯工作位置的换向阀。电液换向阀由电磁换向阀和液动换向阀组合而成。电磁换向阀起先导作用，称先导阀，用来控制液流的流动方向，从而改变液动换向阀（称为主阀）的阀芯位置，实现用较小的电磁铁来控制较大的液流。

图 5-11 为弹簧对中型三位四通电液换向阀的结构图和图形符号。

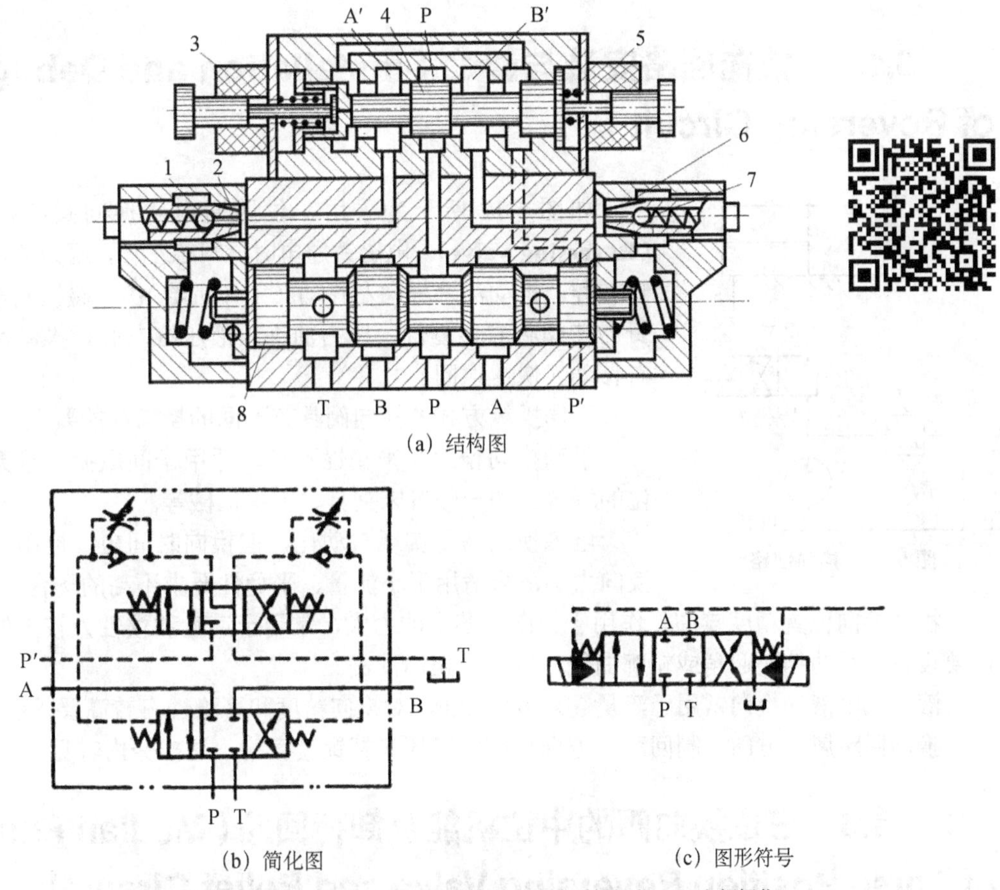

(a) 结构图

(b) 简化图

(c) 图形符号

1，6—节流阀；2，7 单向阀；3，5—电磁铁；4—电磁阀阀芯；8—主阀阀芯

图 5-11 三位四通对中型电液换向阀的结构图和图形符号

当先导阀左端电磁铁通电后，先导阀芯右移，来自主阀 P 口或外接油口的控制压力油可

经先导电磁阀的A′口和左单向阀进入主阀左腔，并推动主阀芯右移，这时主阀芯右腔中的控制油液可通过右边的节流阀经先导阀的B′口和T口，再从主阀的T口或外接油口流回油箱（主阀阀芯的移动速度可由右边的节流阀调节），使主阀P与A、B和T的油路相通；反之，由先导阀右端电磁铁通电，可使P与B、A与T的油路相通；当先导阀的两个电磁铁均不通电时，先导阀芯在对中弹簧作用下回到中位，此时来自主阀P口或外接油口的控制压力油不再进入主阀芯的左、右两容腔，主阀芯左右两腔的油液通过先导阀中位的A′、B′两油口与先导阀T口相通［如图5-11（b）所示］，再从主阀的T口或外接油口流回油箱。主阀阀芯在两端对中弹簧的预压力的推动下，依靠阀体定位，准确地回到中位，此时主阀的P、A、B和T油口均不通。

液动或电液动换向常用于流量超过63L/min、对换向精度和平稳性有较高要求的场合。

在前面的任务中，要求手动控制液压缸活塞的往返运动，经过学习前面的知识可知，选用的换向阀的操纵方式应该是手动。

5.1.2 换向回路安装与调试（Installation and Debugging of Reversing Circuit）

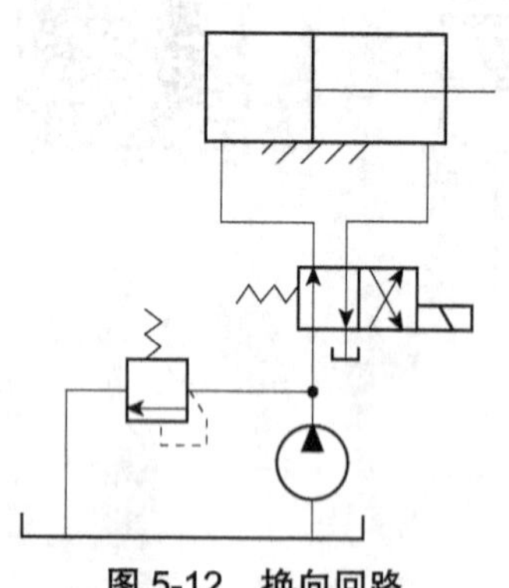
图5-12 换向回路

如图5-12所示为采用二位四通电磁换向阀的**换向回路（Reversing Valve）**。电磁铁通电时，阀芯左移，压力油进入液压缸右腔，推动活塞杆向左移动（工作进给）；电磁铁断电时，弹簧力使阀芯右移复位，压力油进入液压缸左腔，推动活塞杆向右移动（快速退回）。

不同操纵方式的换向阀具有不同的换向性能要求。

手动换向精度和平稳性不高，适用于间歇换向且无需自动化的场合。如一般机床夹具、工程机械等。

电磁换向易于实现自动化，但换向时间短，换向冲击大，换向力小，只适用于小流量、平稳性要求不高的场合。

机动换向位置精度较高，作用于换向阀芯上的力大，常用于速度和惯性力较大的场合，但要设置合适的挡块迎角或轮廓曲线，以减小换向冲击。

液动或电液动换向常用于流量超过63L/min、对换向精度和平稳性有较高要求的场合。

换向回路属于方向控制回路，方向控制回路还包括锁紧回路，这部分内容见5.2.4小节。

5.1.3 三位换向阀的中位机能及卸荷回路（Median Function of Three Position Reversing Valve and Relief Circuit）

三位换向阀在中间位置时油口的连接关系称为滑阀的中位机能（**Median Function**）。三位四通换向阀中位机能见表 5-4。

表 5-4　三位换向阀中位机能

中位机能	中位时油口连通情况	图形符号	特点及应用
O	P，A，B，T	A B P T	液压缸锁紧，液压泵不卸荷；液压缸充满油液，从静止到启动平稳，制动时冲击大；换向位置精度高
M	P-T，A，B	A B P T	泵卸荷，液压缸两腔封闭；从静止到启动平稳，制动时冲击大；换向位置精度高
H	P-A-B-T	A B P T	泵卸荷；缸成浮动状态；液压缸两腔接油箱，从静止到启动有冲击，制动时较 O 型平稳；换向精度低
Y	P，A-T-B	A B P T	泵不卸荷，液压缸两腔通回油，缸处于浮动状态；缸两腔接油箱，从静止到启动有冲击，制动性能介于 O 型和 H 型之间
P	P-A-B，T	A B P T	可组成液压缸的差动回路，回油口封闭；从静止到启动平稳，制动平稳；换向精度比 H 型高，应用广泛
K	A-P-T，B	A B P T	泵卸荷，液压缸 B 腔封闭；液压缸右移时从静止到启动平稳，制动冲击大，换向精度高；液压缸左移时从静止到启动有冲击，但制动平稳，换向精度低

一、系统保压（Keeping Pressure of Hydraulic Systems）

对于三位四通换向阀来说，当 P 口堵住时，液压泵即可保持一定压力，称为系统保压。O 型和 Y 型中位机能可实现系统保压功能。

二、系统卸荷和卸荷回路（System Unloading and Depressurized Circuit）

1. 系统卸荷

所谓系统卸荷是指液压泵出口处压力为零，通常也称为液压泵卸荷。卸荷回路的功用是当液压系统中的执行元件停止运动或需要长时间保持压力时，可以在液压泵驱动电机不频繁启闭的情况下，使液压泵在功率损耗接近于零的情况下运转，即输出的油液以最小的压力直接流回油箱，以减小功率损耗，降低系统发热，延长液压泵和电机的使用寿命。

对于三位四通换向阀来说，当 P 口回油箱时，泵出口 $p=0$，即 P 口与 T 口相通时可以实现卸荷。

表 5-4 中哪些中位机能可实现系统卸荷？

2. 采用三位换向阀中位机能的卸荷回路

图 5-13（a）为采用三位四通换向阀的中位机能实现卸荷的回路。图示换向阀的滑阀机能为 H 型，油口 A、B、P、O 全部连通。液压泵输出的油液经换向阀中间通道直接流回油箱，实现液压泵卸荷。此外，滑阀中位机能为 K 型或 M 型时也可实现液压泵卸荷，如图 5-13（b）、图 5-13（c）所示。

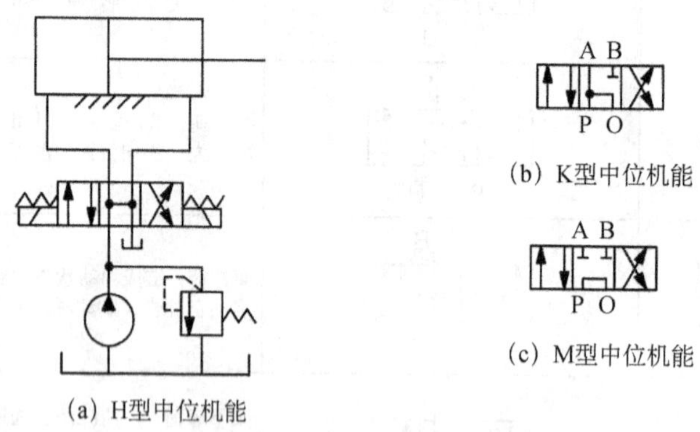

(a) H型中位机能　(b) K型中位机能　(c) M型中位机能

图 5-13　采用三位四通换向阀的卸荷回路

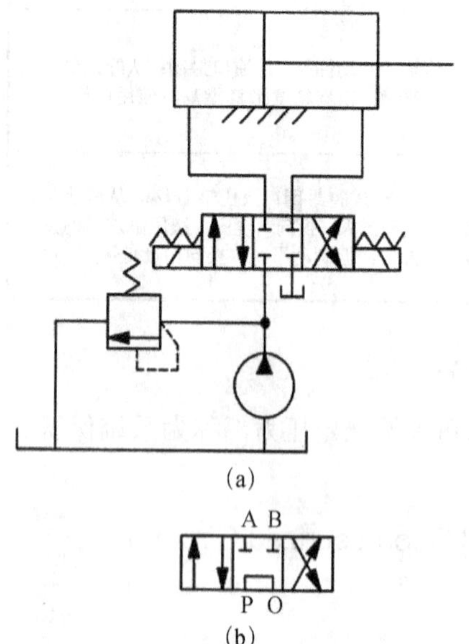

(a)　(b)

图 5-14　采用有锁紧功能的换向阀组成的换向回路

三、缸在任意位置停止（缸的锁紧）与缸在任意位置浮动

当 A、B 口堵死（锁闭）时，如 O 型、M 型（P 型较特殊，为差动连接），液压缸可实现任意位置停止，实现液压缸的锁紧。但是对于滑阀来讲，阀芯和阀体之间存在缝隙，密封性差，泄漏较大，所以当换向阀处于中位时，利用 O 型或 M 型中位机能来实现液压缸的锁紧（见图 5-14）效果并不好，当执行元件长时间停止时，会出现松动，从而影响锁紧精度。通常液压缸的锁紧是采用“液压锁”来实现，这一部分内容将在任务 5.2 中学习到。

采用 O 型中位机能和采用 M 型中位机能的三位四通换向阀实现锁紧，效果是不同的。两者的不同之处是前者当缸锁紧时，液压泵不卸荷，与其并联的其他执行元件运动不受影响，后者液压泵卸荷，与其并联的其他执行元件无法运动。

A、B 两口互通时，卧式液压缸呈“浮动”状态，可利用其他机构移动工作台，调整其位置；H 型、Y 型中位机能可实现液压缸的“浮动”。

四、换向平稳性和换向精度（Reversing Stationarity and Precision）

A、B 两口各自堵塞，如 O 型、M 型，换向时，一侧有油压，一侧负压，换向过程中容易产生液压冲击，换向不平稳，但位置精度好。

A、B 两口的某口与 T 口相通，如 Y 型，换向过程中无液压冲击，但位置精度差。

五、启动的平稳性（Start-up Stationarity）

换向阀处于中位时，液压缸两腔有一腔与油箱相通，启动时无油液的缓冲作用，启动不平稳；反之换向阀处于中位时，工作腔与油箱不接通，液压缸启动时有油液的缓冲作用，则启动平稳。

在前面的任务中，要求液压缸活塞停止运动时能实现系统卸荷，经过学习三位换向阀的中位机能，我们知道要想实现系统卸荷可以通过三位换向阀的中位机能来实现，能实现系统卸荷的中位机能有 H 型、M 型、K 型三种。

任务中还要求系统卸荷时液压缸要处于锁紧状态，根据三位阀的中位机能可知，能实现液压缸锁紧的中位机能有 O 型、M 型两种。

综上所述，能实现系统卸荷时液压缸锁紧的中位机能为 M 型。

经过学习前面的内容和任务分析，将你设计的换向回路画入下面的框内，并标注出元件的名称。

- 将上面的换向回路利用 Fluidsim 仿真软件进行仿真，验证设计的正确性。
- 在液压实训台上搭接回路并运行。

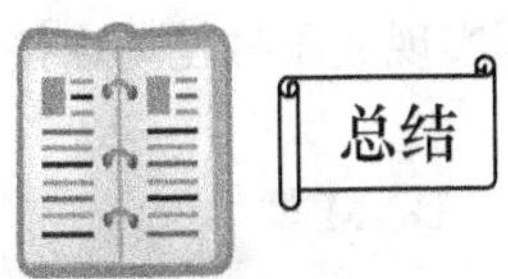

1. 液压控制阀按功能可分为方向控制阀、压力控制阀和流量控制阀三种类型。
2. 方向控制阀可分为换向阀和单向阀两种类型。

3. 换向阀的控制方式有手动、机动、电磁、液动、电液五种类型。不同操纵方式的换向阀具有不同的换向性能要求。手动换向精度和平稳性不高，适用于间歇换向且无需自动化的场合；电磁换向易于实现自动化；机动换向阀换向位置精度较高，作用于换向阀芯上的力大，常用于速度和惯性力较大的场合；液动或电液动换向常用于流量大、对换向精度和平稳性有较高要求的场合。

4. 液压换向回路可由换向阀实现。

5. 液压缸的锁紧可以采用 O 型或 M 型中位机能来实现，但锁紧效果不好。

6. 滑阀式换向阀中位机能为 H 型、K 型或 M 型时可实现液压泵卸荷。

任务检查与考核

一、填空题

1. 液压控制阀按功能可以分为________、________、________三种类型，分别调节、控制液压系统中液流的________、________和________。

2. 方向控制阀用于控制液压系统中液流的________和________。

3. 三位换向阀的常态位置为________，二位换向阀________为常态位置。

4. 通过阀芯在阀体里面作滑动来改变换向阀各油口之间的连通关系的换向阀称为________。

5. 方向控制阀包括________和________。

二、判断题

1. 三位换向阀的阀芯未受操纵时，其所处位置上各油口的连通方式就是它的滑阀机能。(　　)

2. O 型中位机能的换向阀可实现中位卸荷。(　　)

3. 电磁换向阀可用于高压大流量的场合。(　　)

4. 手动换向阀是用手动杆操纵阀芯换位的换向阀，分为弹簧复位和钢球定位两种。(　　)

5. 三位四通换向阀有三个工作位置，四个油口。(　　)

三、选择题

1. 有卸荷功能的中位机能是（　　）。

A. H、K、M 型　　B. O、P、Y 型　　C. M、O、D 型　　D. P、A、X 型

2. 对三位换向阀的中位机能，缸闭锁，泵不卸荷的是（　　）；缸闭锁，泵卸荷的是（　　）；缸浮动，泵卸荷的是（　　）；缸浮动，泵不卸荷的是（　　）；可实现液压缸差动连接的是（　　）。

A. O 型　　B. H 型　　C. Y 型　　D. M 型

E. P 型

3. 卸荷回路（　　）。

A. 可节省动力消耗，减少系统发热，延长液压泵寿命。

B. 可使液压系统获得较低的工作压力。

C. 不能用换向阀实现卸荷。

D. 只能用滑阀技能为中间开启型的换向阀。

四、简答题

1. 什么是换向阀的“中位机能”？
2. 液压换向阀在液压系统中起什么作用？通常有哪些类型？
3. 液压控制阀在液压系统中的作用是什么？按功能分为几大类？
4. 说出题图 5-1 所示换向阀的名称，说明它们应用在什么场合下。

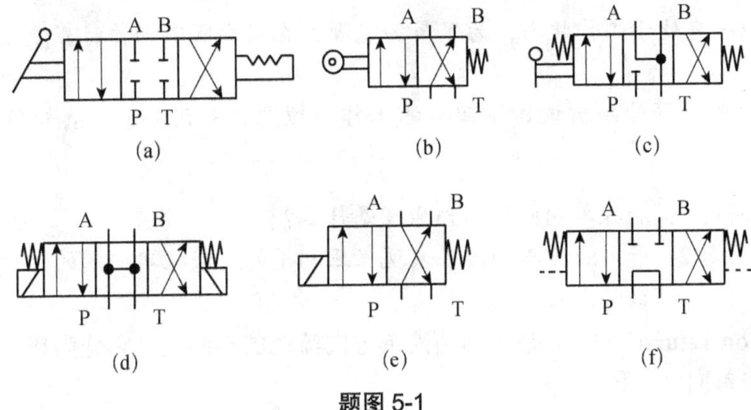

题图 5-1

5. 题图 5-1（a）、（c）、（d）、（f）的中位机能为哪一种？哪些可实现系统卸荷？哪些可实现系统保压？

任务 5.2 单向阀原理分析及锁紧回路、保压回路安装与调试（Task5.2 The Principle Analysis of Non-return Valve, Installation and Debugging of Locking Circuit and Pressure Circuit）

1. 会分析单向阀和液控单向阀的工作原理。
2. 熟悉普通单向阀和液控单向阀的应用。
3. 会根据要求选择普通单向阀和液控单向阀。
4. 会分析锁紧回路、保压回路的工作原理。
5. 会利用 Fluidsim 软件对锁紧回路和保压回路进行仿真并完成对回路的安装调试。

6. 熟悉蓄能器的应用。

设计一保压回路，以保证当单活塞杆液压缸换向阀处于中间位置时，液压缸工作腔的压力保持为一定的数值。

要求：

（1）利用液控单向阀来实现保压。

（2）液压源一直处于工作状态，为了节约能源，在换向阀不动作时，液压系统必须处于低压卸荷状态。

注：要求用图形符号画出该保压回路的工作原理图，并用 Fluidsim 软件仿真验证其正确性。

问题 1：液控单向阀的工作原理是什么？

问题 2：采用液控单向阀来实现保压利用的是液控单向阀的什么特点？

单向阀（Non-return Valve）是控制油液单方向流动的控制阀，它分为普通单向阀和液控单向阀两种。

5.2.1 普通单向阀原理分析（Principle Analysis of Non-return Valve）

一、单向阀结构及工作原理

普通单向阀常简称单向阀，是保证通过阀的液流只向一个方向流动而不能反向流动的方向控制阀，其立体分解图如图 5-15 所示。普通单向阀一般由阀体 1、阀芯 2 和弹簧 3 等零件构成。如图 5-16（a）、图 5-16（b）所示，当压力油从进油口 A 流入时，油液压力克服弹簧 3 阻力和阀体 1 与阀芯 2 之间的摩擦力，顶开阀芯 2，从出油口 B 流出。当液流反向从 B 流入时，油液压力使阀芯 2 紧密地压在阀座 4 上，不能倒流。图 5-16（d）为普通单向阀的图形符号。

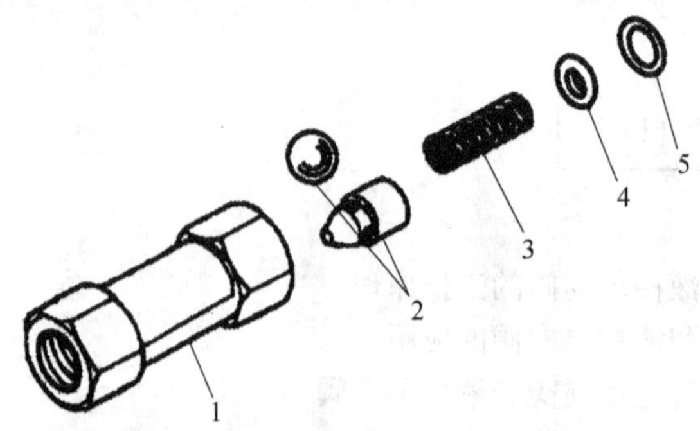

1—阀体；2—阀芯；3—弹簧；4—挡板；5—密封圈

图 5-15 普通单向阀立体分解图

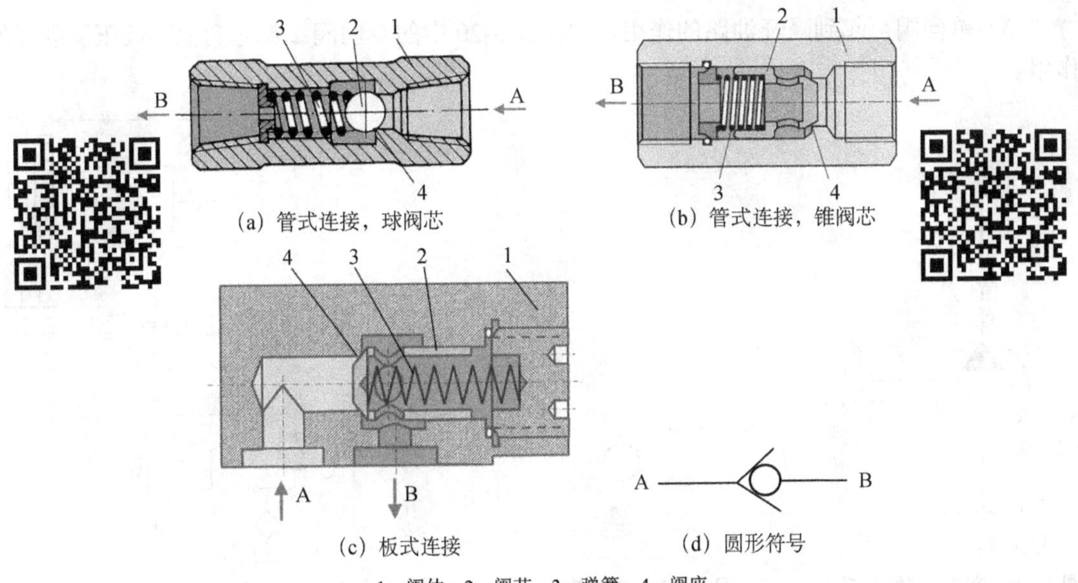

（a）管式连接，球阀芯　（b）管式连接，锥阀芯

（c）板式连接　（d）圆形符号

1—阀体；2—阀芯；3—弹簧；4—阀座

图 5-16　普通单向阀

图 5-16（a）、图 5-16（b）为管式连接的单向阀，此类阀的油口可通过管接头和油管相连。图 5-16（c）为板式连接的单向阀，此类阀阀体用螺钉固定在机体上，阀体的平面和机体的平面紧密贴合，阀体上各油孔分别和机体上相对应的孔对接，用 O 型密封圈进行密封。大多数液压系统都采用板式连接。

单向阀的阀芯分为钢球式［见图 5-15、图 5-16（a）］和锥式［见图 5-16（b）、图 5-16（c）］两种。钢球式阀芯结构简单、价格低，但密封性较差，一般仅用在低压、小流量的液压系统中。锥式阀芯阻力小、密封性好、使用寿命长，所以应用较广，多用于高压、大流量的液压系统中。

普通单向阀的弹簧仅用于使阀芯在阀座上就位，刚度较小，故开启压力（0.035～0.05MPa）很小。普通单向阀作背压阀使用时弹簧较硬，其背压力可达到 0.2～0.6MPa。如图 5-17 所示，将单向阀放置在液压缸的回油路上，使其产生一定的回油阻力，可以防止液压缸前冲或爬行，使系统工作平稳。

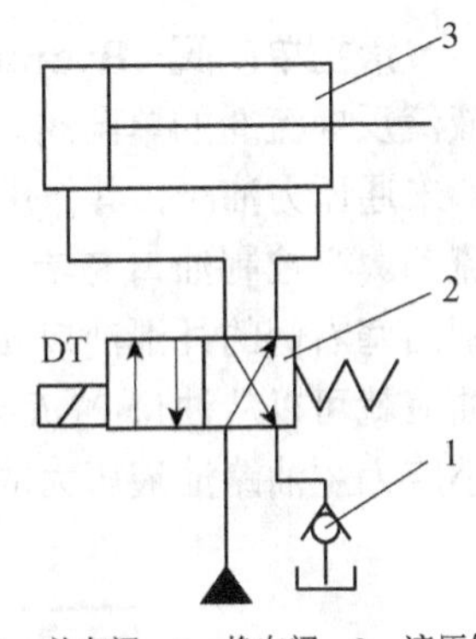

1—单向阀；2—换向阀；3—液压缸

图 5-17　单向阀作背压阀

二、单向阀的应用

（1）单向阀常安装在液压泵的出油口，如图 5-18 所示，可防止泵停止时因受压力冲击而损坏，又可防止系统中的油液流失，避免空气进入系统。

（2）单向阀与其他阀制成组合阀。如单向阀和节流阀组成单向节流阀，如图 5-19 所示。在单向节流阀中，单向阀和节流阀共用一阀体。当液流沿箭头所示方向流动时，因单向阀关闭，液流只能经过节流阀从阀体流出。若液流沿箭头所示相反的方向流动时，因单向阀的阻力远比节流阀为小，所以液流经过单向阀流出阀体。此法常用来快速回油，从而可以改变缸的运动速度。用单向阀组成的组合阀还有单向减压阀、单向顺序阀（图 5-20 中的单向阀 1）等。

（3）单向阀可起到隔开油路的作用，如在图 5-20 中的单向阀 2 就起到把高低压泵隔开的作用。

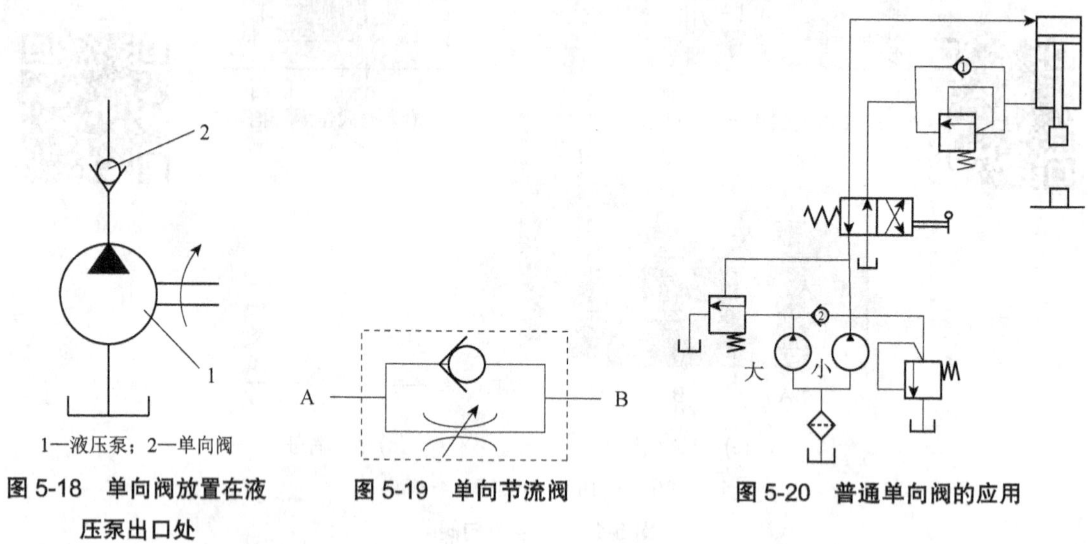

图 5-18　单向阀放置在液压泵出口处　　**图 5-19　单向节流阀**　　**图 5-20　普通单向阀的应用**

5.2.2　液控单向阀原理分析(Principle Analysis of Hydraulic Control Non-return Valve)

液控单向阀（Hydraulic Control Non-return Valve）是一种通入控制压力油打开阀芯实现液流反向流通的单向阀。它由普通单向阀和液控装置两部分组成，如图 5-21 所示。当控制口 K 未通压力油时，其作用与普通单向阀一样，压力油只能从进油口 P_1 流向出口 P_2，不能反向流动。当控制油口 K 有控制压力油作用时，控制活塞 1 在液压力的作用下活塞向右移动（控制活塞右侧的外泄油口 a 与油箱相通），推杆 2 顶开阀芯 3，使阀口打开，油口 P_1 和 P_2 接通，油液就可以从油口 P_2 流向 P_1 实现反向导通。在液控单向阀中，K 处通入的控制油液的压力最小应为主油路油液压力的 30%～50%。

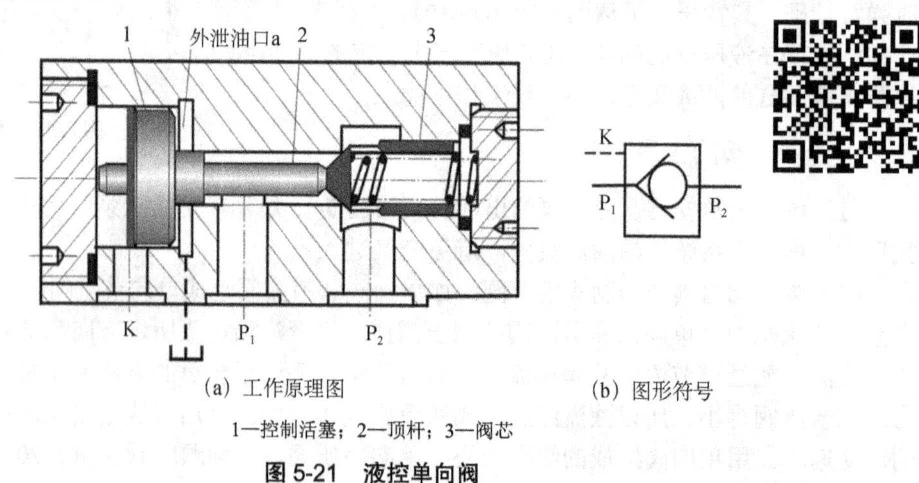

(a) 工作原理图　　(b) 图形符号

1—控制活塞；2—顶杆；3—阀芯

图 5-21　液控单向阀

5.2.3 保压回路安装与调试（Installation and Debugging of Pressure Maintaining Circuit）

液控单向阀的阀芯为球阀芯或锥阀芯，属于线密封，它具有良好的密封性。液控单向阀在液压系统中应用广泛，主要就是利用了它密封性好的特点。液控单向阀控制口 K 不通控制油时具有良好的反向密封性，常用于保压、锁紧和平衡回路（防止因自重下落）。

一、利用液控单向阀的保压回路（Pressure Maintaining Circuit Using Hydraulic Control Non-return Valve）

在液压系统中，常要求液压执行机构在一定的行程位置上停止运动或在有微小的位移下稳定地维持住一定的压力，这就要采用保压回路。在 5.1.3 小节中已经学习过可使用三位四通换向阀的 O 型和 Y 型中位机能实现系统保压功能。

如图 5-22 所示为采用液控单向阀和电接触式压力表的自动补油式保压回路，其工作原理为：当 1YA 得电时，换向阀 2 右位接入回路，液压泵 1 输出的油液顶开液控单向阀 3 进入液压缸上腔，液压缸上腔压力上升至电接触式压力表 4 的上限值时，上触点接通，使电磁铁 1YA 失电，换向阀 2 处于中位，液压泵 1 卸荷，液压缸由液控单向阀 3 保压。当液压缸上腔压力下降到预定下限值时，电接触式压力表 4 又发出信号，使 1YA 得电，液压泵 1 再次向系统供油，使压力上升。当压力达到上限值时，上触点又发出信号，使 1YA 失电。因此，这一回路能自动地使液压缸补充压力油，使其压力能长期保持在一定范围内。

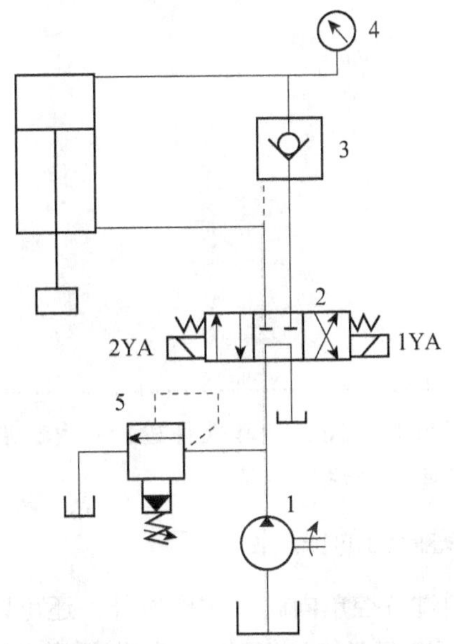

1—液压泵；2—电磁换向阀；3—液控单向阀；4—电接点压力表；5—溢流阀

图 5-22 自动补油式保压回路

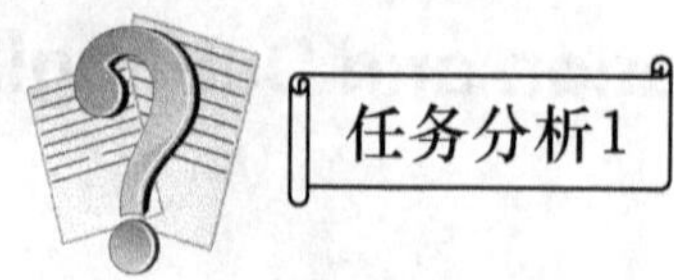

在前面的任务中，要求保证当单活塞杆液压缸换向阀处于中间位置时，液压缸工作腔的压力保持为一定的数值。经过学习液控单向阀的知识可知，可选用的液控单向阀反向密封性好的特点，对液压缸进行保压。

任务要求液压源一直处于工作状态，并且在换向阀不动作时，液压系统必须处于低压卸荷状态。这里可采用 M 型中位机能的三位四通换向阀，当换向阀处于中间位置时，液压泵卸荷。

任务实施1

经过学习前面的内容和任务分析，将你设计的保压回路画入下面的框内，并标注出元件的名称。

（1）将上面的保压回路利用 Fluidsim 仿真软件进行仿真，验证设计的正确性。

（2）在液压实训台上搭接回路并运行调试。

二、知识延伸——利用蓄能器的保压回路

液压缸的保压除了可以通过液控单向阀来实现以外，还可以采用蓄能器来实现保压。如图 5-23 所示的回路，当主换向阀在左位工作时，液压缸活塞右移且压紧工件，进油路压力升高至调定值，压力继电器动作使二位二通换向阀电磁铁通电，泵即卸荷，单向阀自动关闭，液压缸则由蓄能器保压。液压缸因泄漏造成缸压不足时，压力继电器复位，使液压泵重新工作。保压时间的长短取决于蓄能器容量，调节压力继电器的工作区间即可调节缸中压力的最大值和最小值。

蓄能器相关知识见任务 2.5。

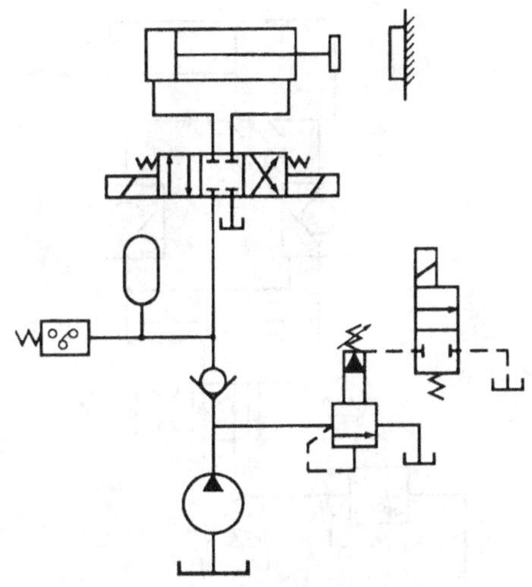

图 5-23　采用蓄能器的保压回路

设计一锁紧回路，以保证液压缸换向阀处于中间位置时，液压缸活塞保持在停留位置，不会因外力作用而移动位置。

要求：

（1）利用液压锁实现锁紧。

（2）要求当液压缸锁紧（换向阀处于中间位置）时，液压泵实现保压。

（3）为了达到良好的锁紧效果，三位四通换向阀中位机能应选用合适的类型。

注：要求用图形符号画出该锁紧回路的工作原理图，并用 Fluidsim 软件仿真验证其正确性。

问题 1：液压锁的工作原理是什么？

问题 2：采用液压锁实现液压缸锁紧，三位四通换向阀中位机能采用什么类型锁紧效果最好？

5.2.4　锁紧回路安装与调试（Installation and Debugging of Locking Circuit）

图 5-24 所示为采用液控单向阀（A 和 B）的锁紧回路。当换向阀处于中位时，阀的中位机能为 H 型，两个液控单向阀的控制油口直接接油箱，即控制压力为零，液控单向阀不能反向导通，液压缸因两腔油液封闭而被锁紧，因液控单向阀有良好的反向密封性，故锁紧可靠。

1. 图 5-24 中三位四通换向阀的中位机能除了采用 H 型之外，还可以采用哪一种？
2. 和图 5-12 中的锁紧回路相比，哪一种锁紧回路锁紧效果更好？为什么？

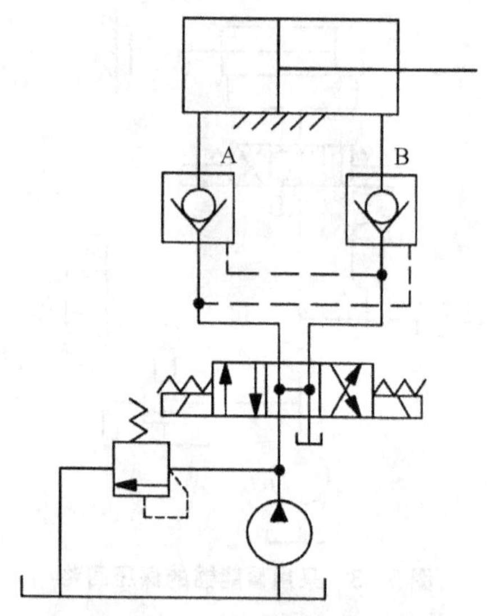

图 5-24　采用液控单向阀的锁紧回路

与图 5-14 中的采用 O 型或 M 型中位机能三位四通换向阀的锁紧回路相比，图 5-24 中的锁紧回路锁紧效果更好。因为滑阀式换向阀、阀体和阀芯之间存在缝隙，密封性差，泄漏较大，当执行元件长时间停止时，会出现松动，锁紧效果不好。而液压锁为线密封，密封效果好，所以采用液压锁的锁紧回路锁紧精度高。图 5-24 中换向阀的中位机能还可以采用 Y 型。只要保证两个液控单向阀的控制油口直接与油箱相通，即控制压力为零，液控单向阀不能反向导通，即可达到良好的锁紧效果。

任务分析2

在前面的任务 2 中，要求采用液压锁实现液压缸的锁紧，经过学习液控单向阀的知识，我们知道可以采用液压锁实现液压缸的锁紧。

任务中还要求换向阀处于中间位置时，液压泵要实现保压，具有这个特点的中位机能有：O 型和 Y 型。

为了达到良好的锁紧效果，三位四通换向阀中位机能应选用合适的类型。根据液控单向阀的工作原理，若想达到良好的锁紧效果，液控单向阀控制口 K 处的压力需为零。具有这个特点的中位机能有 H 型、K 型和 Y 型。

综上所述，能实现系统保压时液压缸锁紧的中位机能为 Y 型。

任务实施2

经过学习前面的内容和任务分析，将你设计的锁紧回路画入下面的框内，并标注出元件的名称。

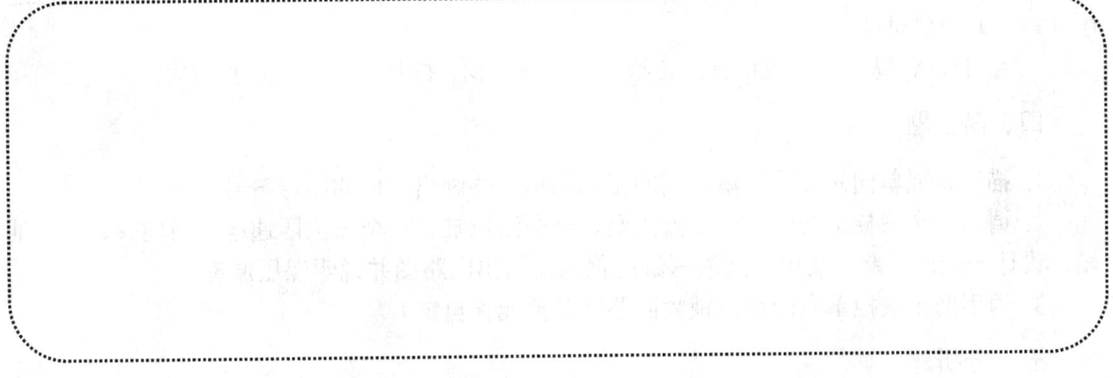

（1）将上面的锁紧回路利用 Fluidsim 仿真软件进行仿真，验证设计的正确性。

（2）在液压实训台上搭接回路并运行调试。

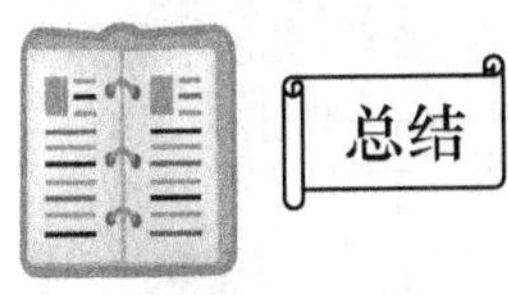

总结

1. 单向阀可分为普通单向阀和液控单向阀两种类型。

2. 普通单向阀简称单向阀，它的工作原理是正向流通，反向截止。它只允许油液沿一个方向流动，不允许反向流动，因此又叫逆止阀。

3. 液控单向阀的工作原理是正向流通，反向受控流通。它的作用是允许油液正向流动，当控制口 K 接通压力油时，允许反向流动，否则当控制口 K 处的压力达不到其反向开启压力时，则不允许反向流动。

4. 液控单向阀可实现液压缸的保压和锁紧。采用液控单向阀的实现液压缸的锁紧时，其锁紧效果比采用 O 型或 M 型中位机能的锁紧效果要好。

任务检查与考核

一、填空题

为了便于检修，蓄能器与管路之间应安装________，为了防止液压泵停车或卸载时蓄能器内的压力油倒流，蓄能器与液压泵之间应安装________。

二、判断题

1. 因液控单向阀关闭时密封性能好，故常用在保压回路和锁紧回路中。（　　）
2. 普通单向阀用作背压阀时，应将硬弹簧换成软弹簧。（　　）
3. 液控单向阀控制油口不通压力油时，其作用与单向阀相同。（　　）

三、选择题

为保证锁紧迅速、准确，采用了双向液压锁的汽车起重机支腿油路的换向阀应选用（　　）

中位机能；要求采用液控单向阀的压力机保压回路，在保压工况液压泵卸载，其换向阀应选用（　　）中位机能。

A. H、Y 型　　B. H、M 型　　C. M、O 型　　D. P、O 型

四、简答题

1. 描述普通单向阀和液控单向阀的工作原理，并画出它们的图形符号。

2. 请用一个液控单向阀、一个液压泵、一个液压缸、一个三位四通电磁换向阀、一个油箱，设计一液压回路，实现立式液压缸的保压，绘出回路图并说明保压原理。

3. 请用两个液控单向阀绘出锁紧回路（其他元件自定）。

五、分析题

1. 分析题图 5-2 中液控单向阀的作用。

2. 说出题图 5-3 中元件 1，3，5，6 的名称，分析它们在回路中的作用。

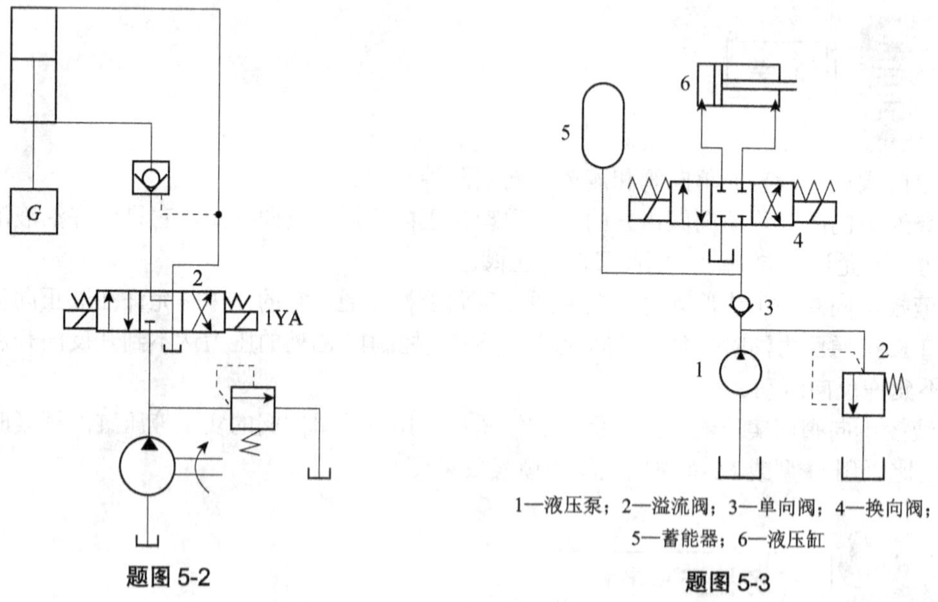

题图 5-2

题图 5-3

3. 题图 5-4（a）和题图 5-4（b）有什么不同？题图 5-4（b）中的单向阀的作用是什么？

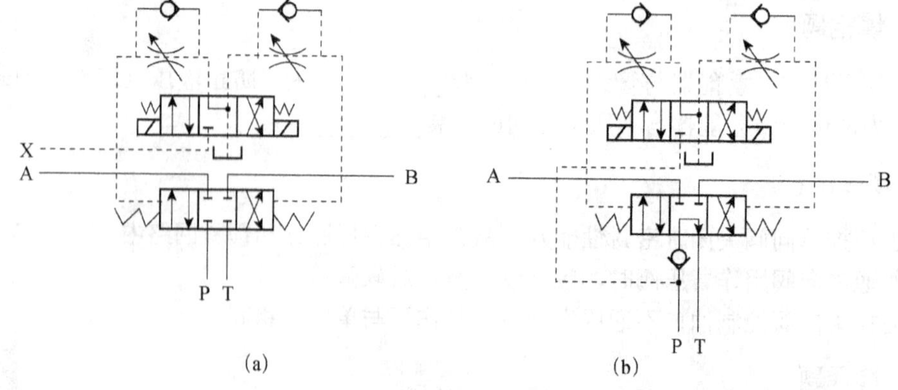

题图 5-4

GB-T 8106—1987 方向控制阀试验方法

项目 6　压力控制阀及压力控制回路（Item6　Pressure Control Valve and Pressure Control Circuit）

知识目标	能力目标	素质目标
1. 了解压力控制阀的分类。 2. 掌握溢流阀、减压阀、顺序阀和压力继电器的工作原理。 3. 熟悉溢流阀、减压阀、顺序阀和压力继电器的图形符号的画法。 4. 了解溢流阀、减压阀、顺序阀和压力继电器的基本功能和用途	1. 能识读溢流阀、减压阀、顺序阀的铭牌。 2. 能根据要求选择各类压力控制阀。 3. 会分析溢流阀、减压阀、顺序阀和压力继电器的工作原理	1. 培养学生在拆装压力控制阀的过程中安全规范操作的职业素质。 2. 培养学生在完成任务过程中小组成员团队协作的意识。 3. 培养学生文献检索、资料查找与阅读相关资料的能力。 4. 培养学生自主学习的能力

压力控制阀是用于控制液压系统压力或利用压力作为信号来控制其他元件动作的液压阀，它是利用作用在阀芯上的液压力与弹簧力相平衡的原理工作的。按功用不同，常用的压力控制阀可分为溢流阀、减压阀和顺序阀、压力继电器等。

任务 6.1　溢流阀原理分析及调压回路安装与调试（Task6.1 The Principle Analysis of Overflow Valve and Pressure Regulating Circuit Installation and Debugging）

1. 能识别溢流阀。

2. 会分析溢流阀的工作原理。
3. 会分析调压回路的工作原理。
4. 会利用 FluidSim 软件对调压回路进行仿真并安装调试回路。

任务引入

液压系统的压力决定于什么？是由谁来调定的？在图 6-1 中，若负载很大，会出现什么现象？

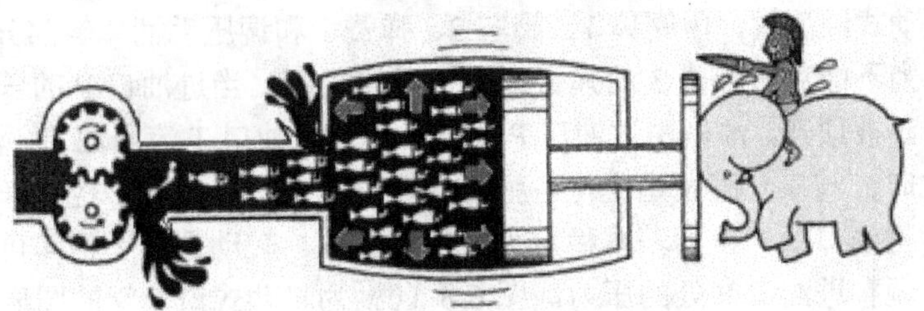

图 6-1　负载很大，会出现什么现象？

过载了，如何保护液压系统？

如图 6-2 所示，当液压系统过载时，可通过在管路上并联一**溢流阀**（**Relief Valve, Overflow Valve**）来保护液压系统。溢流阀除了有安全保护作用外，还有其他的用途。

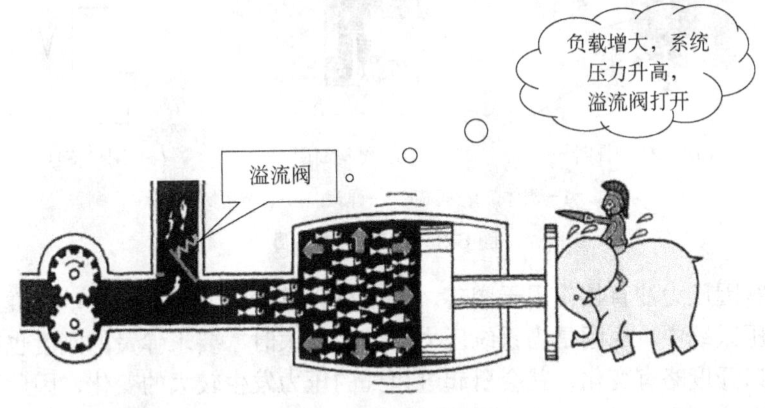

图 6-2　溢流阀的作用

任务描述

设计一调压回路，实现当负载无穷大时，使系统压力能够实现两种调定压力：5MPa 和 3MPa。

要求：

1. 用图形符号画出该调压回路的工作原理图，并用 FluidSim 软件仿真验证其正确性。

2. 在液压实训台上连接回路并调定系统压力为 3MPa。

问题 1：采用什么元件来调定系统压力？
问题 2：如何实现两种调定压力？

6.1.1 直动式溢流阀原理分析（Principle Analysis of Direct Overflow Valve）

根据结构和工作原理的不同，溢流阀可分为**直动式溢流阀**（**Direct Overflow Valve**）和**先导式溢流阀**（**Pilot Operated Overflow Valve**）两类。

图 6-3 为直动式溢流阀，由阀体 1、阀芯 2、弹簧 3 和调压手柄 4 等部分组成。当进油口 P 通入油液的压力不能克服弹簧 3 的弹簧力时，阀口关闭；当进油口 P 的压力升高到能克服弹簧阻力时，阀芯被顶开，油液由进油口 P 流入，再从回油口 T 流回油箱（溢流）；当通过溢流阀的流量变化时，阀口开度发生变化，弹簧的压缩量也随之改变，经过一定时间后，阀口开度基本恒定，进油口处的压力基本稳定为一定的数值。转动调压手柄 4 可以调节弹簧的松紧度，从而可以调整进油口 P 处的压力。图 6-3（c）为直动式溢流阀的图形符号。

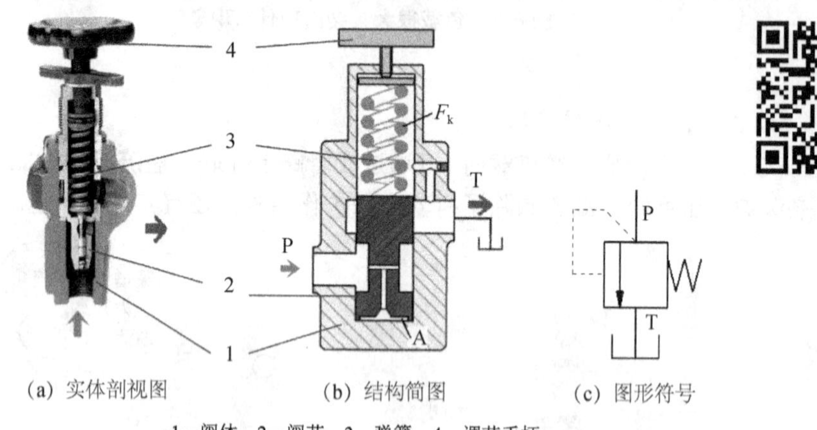

（a）实体剖视图　　（b）结构简图　　（c）图形符号

1—阀体；2—阀芯；3—弹簧；4—调节手柄

图 6-3　直动式溢流阀

这种溢流阀因压力油直接作用于阀芯，所以称为直动式溢流阀。直动式溢流阀只用于低压小流量的液压系统中，原因是当系统压力高、流量大时，要求弹簧的刚度也较大，不但手调困难，且阀口开度略有变化，就会引起进口处的压力发生较大的变化，因此不适于控制高压。当系统压力较高时常采用先导式溢流阀。

图 6-4 所示的直动式溢流阀的图形符号正确吗？不正确的地方有什么问题？

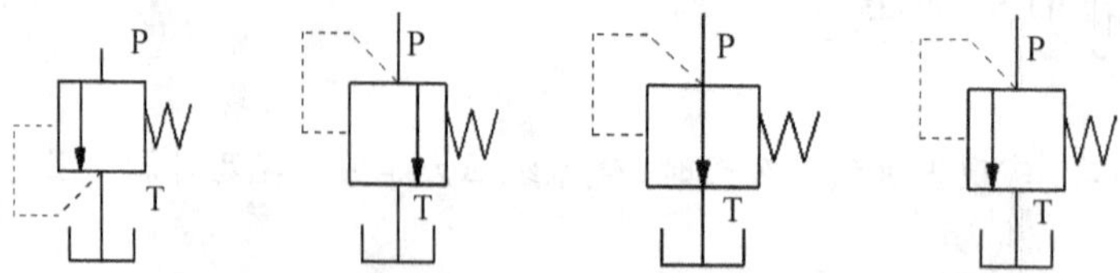

图 6-4　直动式溢流阀的图形符号正误判断

画溢流阀图形符号时需注意的几个问题：

（1）常态下阀口关闭，P、T 口不通。

（2）溢流阀进口处压力控制阀芯的运动。

（3）溢流阀进口处压力大于弹簧力，阀芯移动，阀口开启。

6.1.2 先导式溢流阀原理分析（Principle Analysis of Pilot Operated overflow Valve）

图 6-5（a）所示为先导式溢流阀，由先导阀和主阀两部分组成。先导阀实际上是一个小流量的直动式溢流阀，阀芯是锥阀，用来控制和调节溢流压力；主阀阀芯是滑阀，用来控制溢流流量。

压力油从 P 口进入，通过阻尼孔 R 后到达主阀弹簧腔，并作用在先导阀阀芯右侧。当进油口压力较低时，先导阀芯右侧的液压作用力不足以克服先导阀弹簧力时，先导阀阀口关闭，阀内油液不流动，所以主阀芯上下两端压力相等，在主阀弹簧作用下主阀芯处于最下端位置，主动阀阀芯关闭，溢流阀阀口 P 和 T 隔断，没有溢流；当进油口压力升高到作用在先导阀上的液压力大于先导阀弹簧作用力时，先导阀打开，压力油就可通过阻尼孔 R、经先导阀流回油箱。由于油液流经阻尼孔 R 时会产生压力损失，使主阀芯上下两端产生压差，上腔压力小于下腔压力，当这个压差作用在主阀芯上的力等于或超过主阀弹簧力时，主阀芯开启，油液从 P 口流入，经主阀阀口由 T 流回油箱，实现溢流，进口压力稳定为一定数值。一旦主阀阀口开启，流过主阀芯的流量大概占总流量的 99%，流过先导阀的流量大概占总流量的 1%。图 6-5（b）为先导式溢流阀的图形符号。

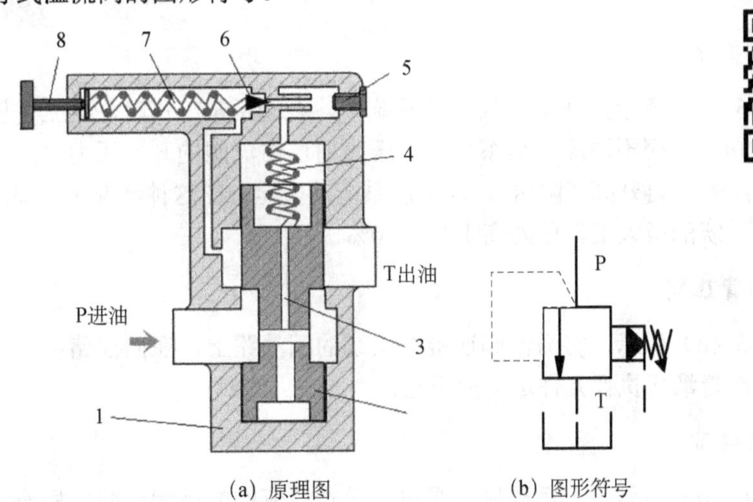

(a) 原理图 (b) 图形符号

1—阀体；2—主阀芯；3—阻尼孔 R；4—主阀弹簧；5—远程控制口；6—先导阀芯；7—先导阀弹簧；8—调节螺钉

图 6-5 先导式溢流阀

主阀弹簧只起复位作用，一般很软，相对于主阀弹簧来说，先导阀弹簧较硬，用来调定溢流阀进口处的压力。根据液流连续性原理可知，流出先导阀的流量即为流经阻尼孔的流量，通常称为泄油流量。一般泄油量只占全部溢流量的极小一部分，绝大部分油液均经主阀口流回油箱。

先导式溢流阀设有远程控制口K，可以实现远程调压（与远程调压接通）或卸荷（与油箱接通），不用时封闭。

先导式溢流阀压力稳定、波动小，主要用于中压液压系统中。

6.1.3 溢流阀的特点(Characteristics of Overflow Valve)

（1）常态下阀口关闭，P、T口不通。

（2）溢流阀进口（Inlet）处的压力控制阀芯的运动。

（3）当溢流阀进口处的压力达到调定值时，阀口开启，进口处压力稳定为一定数值。

6.1.4 溢流阀的应用 (Application of Overflow Valve)

溢流阀在液压系统中的功用主要有两个：

（1）在定量泵系统中起溢流稳压作用，保持液压系统的压力恒定。

（2）在变量泵系统中起限压保护作用，防止液压系统过载。溢流阀通常接在液压泵出口处的油路上。

1. 溢流稳压

如图6-6（a）所示，在定量泵进油或回油节流调速系统中，溢流阀和节流阀配合使用，液压缸所需流量由节流阀调节，泵输出的多余流量由溢流阀溢流回油箱。在系统正常工作时，溢流阀阀口始终处于开启状态溢流，维持泵的输出压力恒定不变。调定压力应与负载相适应。

2. 安全保护

如图6-6（b）所示，在变量泵液压系统中，系统正常工作时，其工作压力低于溢流阀的开启压力，阀口关闭不溢流。当系统工作压力超过溢流阀的开启压力时，溢流阀开启溢流，使系统工作压力不再升高（限压），以保证系统的安全。在这种情况下，溢流阀的开启压力通常应比液压系统的最大工作压力高10%～20%。

3. 用作背压阀

如图6-6（c）所示，将溢流阀连接在系统的回油路上，在回油路中形成一定的回油阻力（背压），以改善液压执行元件运动的平稳性。

4. 远程调压

如图6-6（d）所示，一远程调压阀与先导式溢流阀的远程控制口相连，这相当于给先导式溢流阀又接了一个先导阀。当该远程调压阀的调定压力小于先导式溢流阀自身先导阀的调定压力时，即可实现远程调压。为了获得较好的远程调压效果，接远程调压阀的油管不宜过长（最好不超过3m），要尽量减小管内的压力损失，并防止管道振动。

5. **系统卸荷**

如图 6-6（e）所示，在先导式溢流阀远程控制口处连接了一个二位二通电磁换向阀，由这两种阀组合而成的阀称为电磁溢流阀。电磁溢流阀可以在执行机构不工作时使液压泵卸荷。当二位二通电磁换向阀的电磁铁通电时，先导式溢流阀的远程控制口与油箱接通，此时，液压泵卸荷。

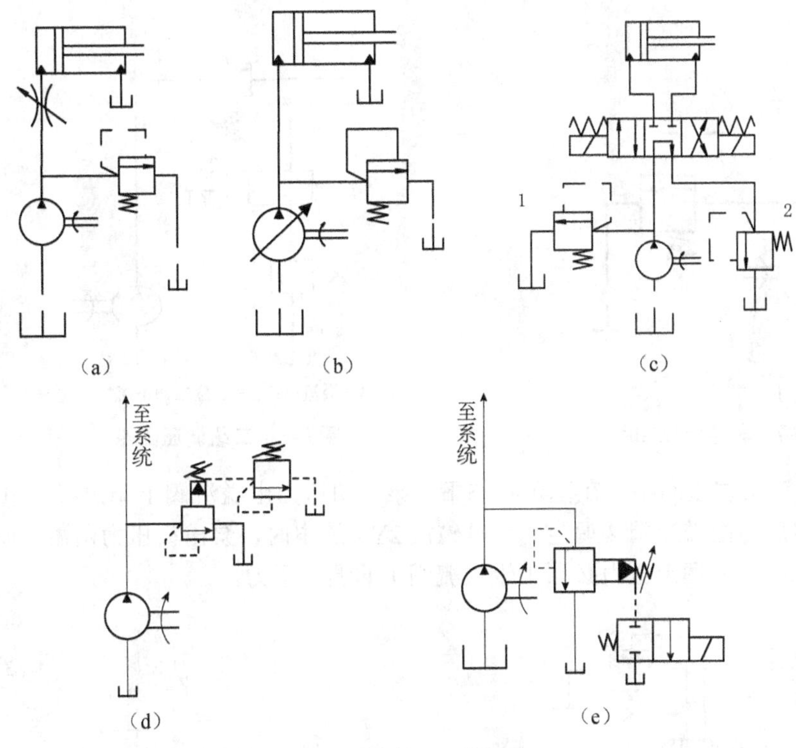

1，2—溢流阀；3—节流阀

图 6-6 溢流阀的应用

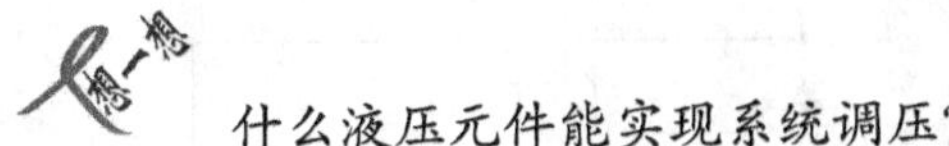

什么液压元件能实现系统调压？

6.1.5 调压回路安装与调试（Installation and Debugging of Pressure Regulating Circuit）

调压回路的作用是，在定量泵系统中根据负载大小将系统工作压力调定为恒定值，在变量泵系统中限定系统的最高压力以保护液压元件。调压回路主要元件是溢流阀。

1. **单级调压回路**（Single Stage Pressure Regulating Circuit）

图 6-7 所示为由溢流阀组成的单级调压回路，用于定量泵液压泵系统中。在液压泵出口处并联设置的溢流阀，可以控制液压系统的最高压力值。必须指出，为了使系统压力近于恒定，液压泵输出油液的流量除满足系统工作用油量和补偿系统泄漏外，还必须保证有油液经溢流阀流回油箱。所以，这种回路效率较低，一般用于流量不大的场合。

2. **多级调压回路**（Multistage Pressure Regulating Circuit）

有些液压设备的液压系统需要在不同的工作阶段获得不同的压力。图 6-8 为二级调压回路，可实现两种不同的系统压力控制。在图示状态下，泵出口处的压力由溢流阀 1 调定，当电磁换向阀 2 的电磁铁通电时，换向阀 2 右位接通，先导式溢流阀 1 远程控制口与溢流阀 3 接通，泵出口处的压力由溢流阀 3 调定，但溢流阀 3 的调定压力必须低于溢流阀 1 的调定压力。

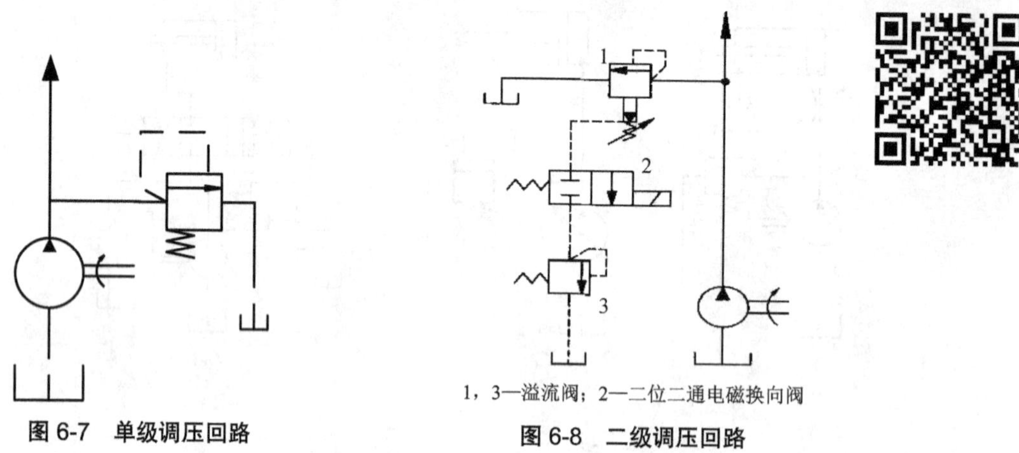

1，3—溢流阀；2—二位二通电磁换向阀

图 6-7　单级调压回路　　**图 6-8　二级调压回路**

图 6-9 为三级调压回路。在图示状态下，泵出口压力由溢流阀 1 调定；当电磁铁 1YA 通电时，泵出口压力由溢流阀 2 调定；当电磁铁 2YA 通电时，泵出口压力由溢流阀 3 调定。溢流阀 2 和溢流阀 3 的调定压力必须小于溢流阀 1 的调定压力。

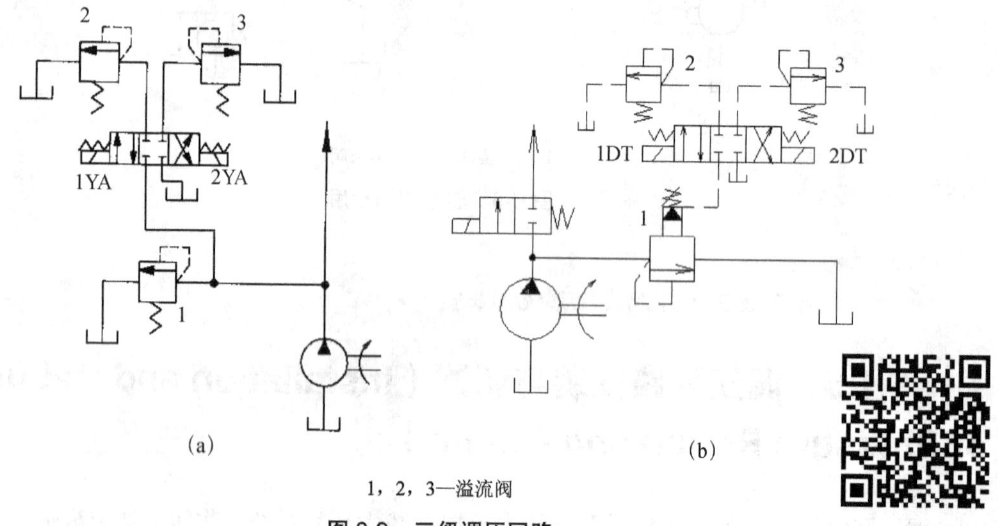

1，2，3—溢流阀

图 6-9　三级调压回路

3. **双向调压回路**（Two-way Pressure Regulating Circuit）

当执行元件正反行程所需供油压力不同时，可采用双向调压回路，如图 6-10 所示，当换向阀右位工作时，活塞为工作行程，泵出口压力由溢流阀 1 调定为较高的压力，缸右腔油液通过换向阀回油箱，溢流阀 2 此时不起作用。当换向阀左位工作时，缸做空行程返回，泵出口压力由溢流阀 2 调定为较低的压力，溢流阀 1 不起作用。液压缸退回到终点后，液压泵在低压下回油，功率损耗小。

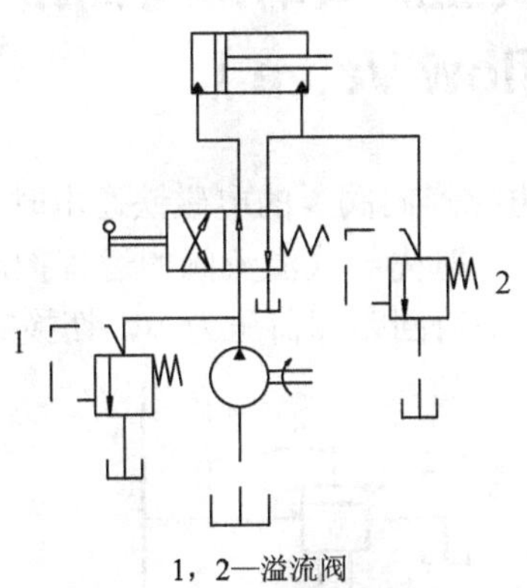

1，2—溢流阀

图 6-10　双向调压回路

任务分析

在前面的任务中，要求当系统负载无穷大时，液压回路能实现调压，所以要用到溢流阀。

任务中要求系统能够实现两种调定压力：5MPa 和 3MPa。这可采用先导式溢流阀远程控制口接一直动式溢流阀来实现另一种调定压力，先导式溢流阀的调定压力要大于远程控制口处的调定压力。也可采用两调定压力分别为 5MPa 和 3MPa 的溢流阀并联来实现，两溢流阀之间连接一换向阀。

任务实施

经过学习前面的内容和任务分析，将你设计的换向回路画入下面的框内，并标注出元件的名称。

- 将上面的换向回路利用 FluidSim 仿真软件进行仿真，验证设计的正确性。
- 在液压实训台上搭接回路，使其调定压力为 3MPa，并运行该液压回路。

6.1.6 采用先导式溢流阀的卸荷回路（Relief Circuit Using Pilot Operated Overflow Valve）

在图 6-11 中，当二位二通电磁换向阀 3 的电磁铁通电时，先导式溢流阀 2 的远程控制口直接与二位二通电磁阀 3 相连，此时先导式溢流阀的远程控制口直接与油箱相通，实现系统卸荷。这种采用先导式溢流阀的卸荷回路卸荷压力小，切换时冲击也小。

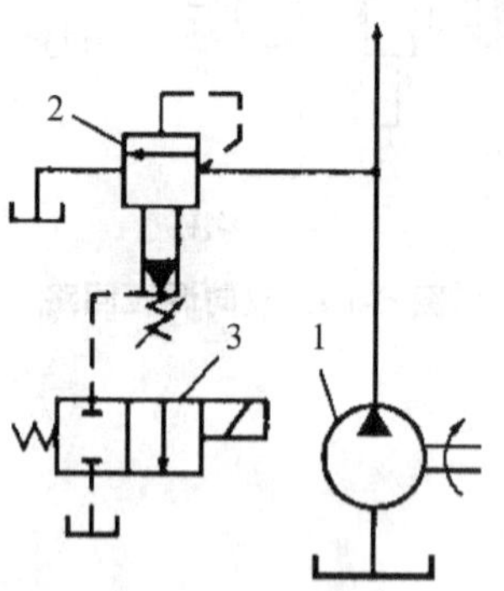

1—液压泵；2—先导式溢流阀；3—二位二通电磁换向阀

图 6-11 采用先导式溢流阀远程控制口卸荷

6.1.7 溢流阀的静态特性（Static Characteristics of Overflow Valve）

溢流阀的静态特性是指元件或系统在稳定工作状态下的工作性能。静态特性指标很多，主要是指：压力-流量特性、压力调节范围和启闭特性。

1. 压力-流量特性（Pressure-flow Characteristic）

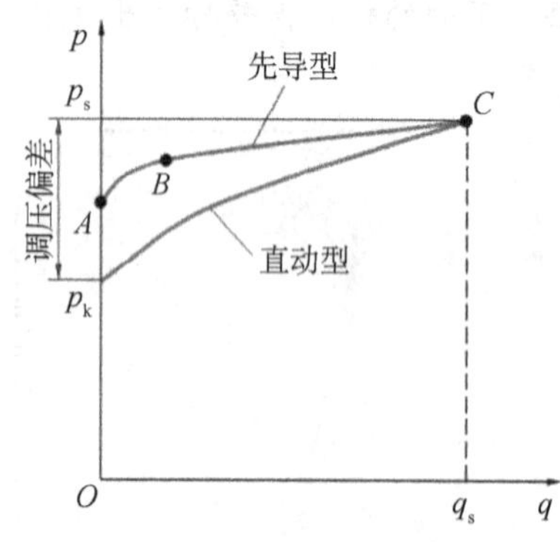

图 6-12 溢流阀压力-流量特性曲线

溢流特性表征溢流量变化时溢流阀进口压力的变化情况，即稳压性能。任设一适当的弹簧预压缩量，可得一对应开启压力 p_0，可画出该压力下的压力-流量特性曲线，如图 6-12 所示。理想的压力-流量特性曲线为一直线，实际上当溢流量（或阀口开度）变化时，溢流阀所控制的压力将随之变化，而不能恒定。

① 开启压力 p_0：阀口将开未开时的压力为开启压力。

② 调定压力 p_n：阀的进口压力随流量的增减而增减。溢流量为额定值 q_n 时所对应的压力为调定压力。

③ 调压偏差：调定压力与开启压力之差为调压偏差，它表示溢流量变化时控制压力的变化范围。调压偏差越小，稳压性能越好。

先导式溢流阀的压力-流量特性曲线由两段组成：*AB* 段由先导阀的压力-流量特性决定，*BC* 段由主阀的压力-流量特性决定，即 *A* 点对应先导阀的开启压力，*B* 点对应主阀的开启压力。先导阀的特性曲线较平缓，所以先导式溢流阀的稳压性能比直动式溢流阀要好。

2. **压力调节范围**（Pressure Adjustment Range）

调压弹簧在规定范围内调节时，系统压力平稳上升或下降的最大和最小调定压力差值为溢流阀的压力调节范围。当调定压力 p_n 不同时，压力-流量特性曲线上下平移，即可得一组溢流特性曲线，如图 6-13 所示。

3. **启闭特性**（Open-Close Characteristic）

溢流阀的启闭特性是指溢流阀开启和闭合全过程的压力-流量特性，图 6-14 为溢流阀的启闭特性曲线。

溢流阀阀口闭合时的压力为闭合压力 p_k。当溢流阀阀口开启和关闭时，阀芯和阀体之间存在摩擦力，开启和闭合时，摩擦力的方向相反，从而导致开启过程的压力-流量特性曲线与闭合过程的不重合。在相同溢流量下，$p_0 > p_k$。开启压力 p_0 与调定压力 p_n 之比为开启比，闭合压力 p_k 与调定压力 p_n 之比称为闭合比。一般规定：开启比应不小于 90%，闭合比应不小于 85%，此时静态特性较好。

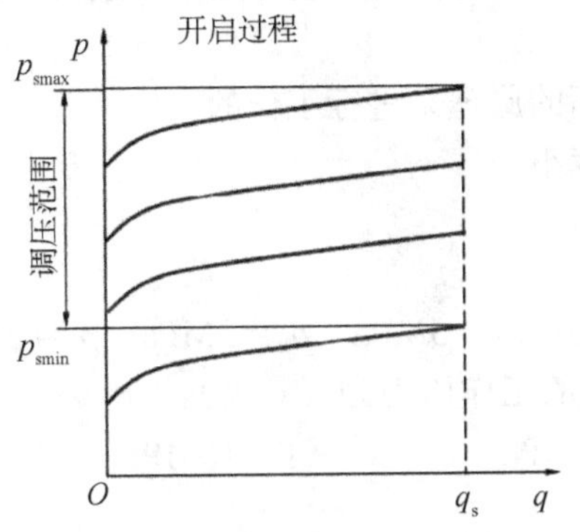

图 6-13　溢流阀压力调节范围

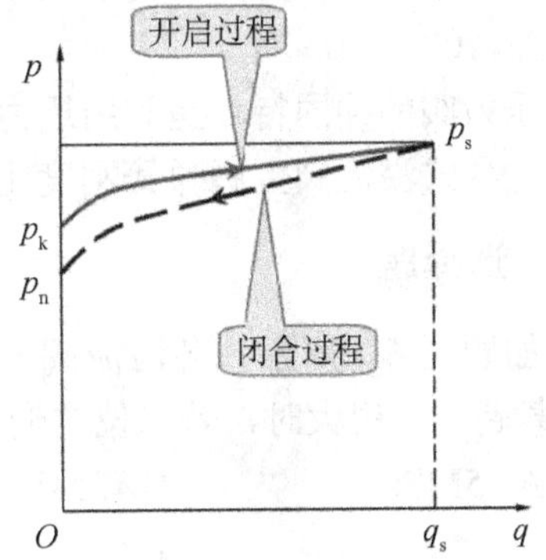

图 6-14　溢流阀启闭特性曲线

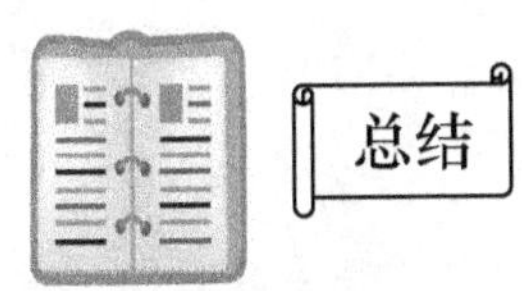

1. 压力控制阀是用于控制液压系统压力或利用压力作为信号来控制其他元件动作的液压阀，它是利用作用在阀芯上的液压力与弹簧力相平衡的原理工作的。按功用不同，常用的压力控制阀可分为溢流阀、减压阀和顺序阀、压力继电器等。

2. 溢流阀有直动式和先导式两种类型。在定量泵系统中，溢流阀常用于稳压溢流，而在变量泵系统中，溢流阀常用于限压保护作用。先导式溢流阀的稳压性能优于直动式溢流阀，所以先导式溢流阀常用作稳压阀，而直动式溢流阀常用作安全阀。

3. 当远程控制口接另一直动式溢流阀时，先导式溢流阀可实现远程调压，该回路为多级调压回路；当远程控制口接油箱时，先导式溢流阀可实现系统卸荷，该回路称为采用先导式溢流阀的卸荷回路。

一、填空题

1. 常用的压力控制阀可分为________、________、________和压力继电器。

2. 溢流阀常态下阀口是________，阀芯的开启是利用溢流阀________处的压力来控制的，并且阀芯一旦开启溢流阀________的压力稳定。

二、判断题

1. 溢流阀在执行工作的时候，阀口是常开的，液压泵的工作压力决定于溢流阀的调整压力且基本保持恒定。（　　）

2. 在远程调压阀的远程调压回路中，只有在溢流阀的调定压力高于远程调压阀的调定压力时，远程调压阀才能起作用。（　　）

3. 有两个调整压力分别为5MPa和10MPa的溢流阀串联在液压泵的出口，泵的出口压力为15MPa。（　　）

4. 压力阀的共同特点是利用压力和弹簧力相平衡的原理来进行工作的。（　　）

5. 先导式溢流阀主阀弹簧刚度比先导阀弹簧刚度小。（　　）

三、选择题

1. 如题图6-1所示，各溢流阀的调定压力分别为：$p_1 = 5$MPa，$p_2 = 3$MPa，$p_3 = 2$MPa。当外负载趋于无穷大时，若二位二通电磁阀通电，泵的工作压力为（　　）。

A. 5MPa　　B. 3MPa　　C. 2MPa　　D. 10MPa

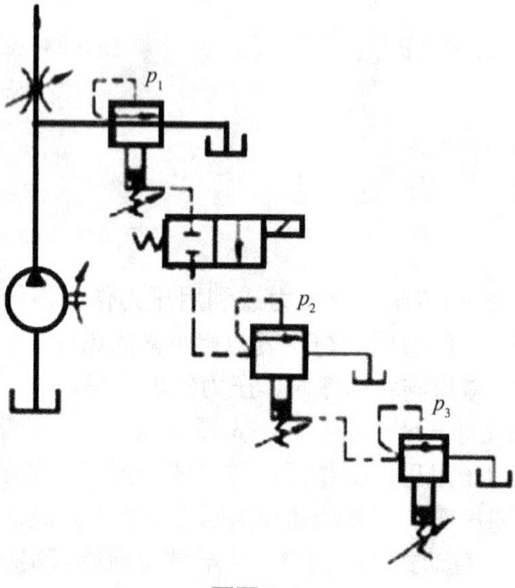

题图 6-1

2. 把先导式溢流阀的远程控制口接回油箱，将会发生（　　）问题。

A. 没有溢流量　　B. 进口压力为无穷大

C. 进口压力随负载增加而增加　　D. 进口压力调不上去

3. 以下描述不符合溢流阀特点的是（　　）。

A. 常态下阀口是常开的　　B. 可用于变量泵系统的过载保护

C. 调定进口压力　　D. 出口直接接油箱

4. 在题图 6-2 所示的系统中，在对先导式溢流阀 1 和直动式溢流阀 3 调试压力时，调压原则为（　　）。

A. $p_1 > p_3$　　B. $p_1 < p_3$　　C. $p_1 = p_3$

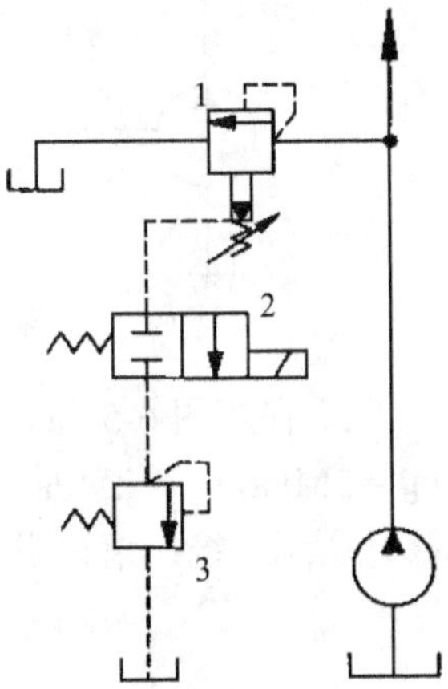

5. 如题图 6-2 所示，在对先导式溢流阀 1 和直动式溢流阀 3 调试压力时，调试顺序为（　　）。

A. 先调试先导式溢流阀

B. 先调试直动式溢流阀

C. 先调试哪一个都可以

6. 在定量泵的节流调速回路中，溢流阀起的作用是（　　）。

A. 溢流稳压　　B. 过载保护

7. 在液压系统参数调整后，应将液压阀调节螺栓上锁紧螺母（　　），以防调整好的参数变动。

A. 锁紧　　B. 放松　　C. 没有限制

题图 6-2

8. 液压系统最大工作压力为 10MPa，安全阀的调定压力应为（　　）。

A. 等于 10MPa　　B. 小于 10MPa　　C. 大于 10MPa　　D. 不确定

9. 拟定液压系统时，应对系统的安全性和可靠性予以足够的重视。为防止过载，（　　）是必不可少的。

A. 减压阀　　B. 安全阀　　C. 平衡阀　　D. 换向阀

10. 卸载回路属于（　　）回路。

A.方向控制回路　　B. 压力控制回路

C. 速度控制回路　　D. 多缸工作回路

四、分析题

1. 如题图 6-3 所示，先导式溢流阀的调定压力为 2.4MPa，远程控制口和二位二通电磁阀之间的管路上接一个压力表，试确定在下列不同工况时，压力表所指示的压力。

（1）二位二通电磁阀断电，溢流阀无溢流。

（2）二位二通电磁阀断电，溢流阀有溢流。

（3）二位二通电磁阀通电。

2. 试确定如题图 6-4 所示回路（各阀的调定压力在阀的一侧）在下列情况下，液压泵的最高出口压力。

（1）全部电磁铁断电。

（2）电磁铁 2DT 通电。

（3）电磁铁 2DT 断电，1DT 通电。

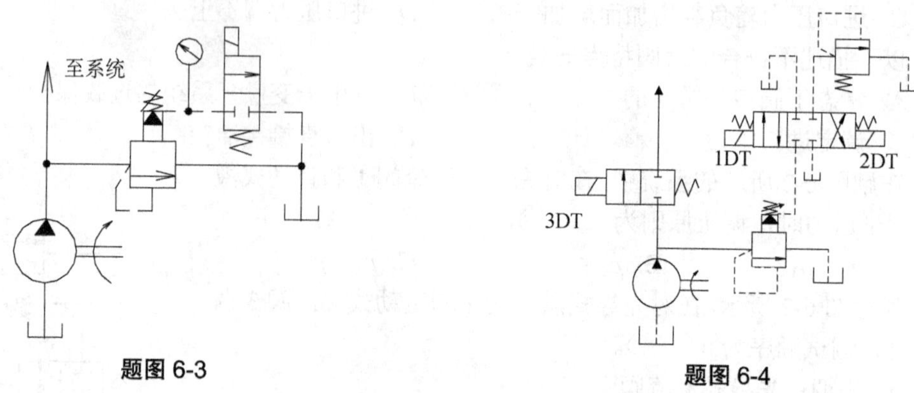

题图 6-3　　题图 6-4

3. 在题图 6-5（a）、题图 6-5（b）所示的系统中，各溢流阀的调定压力分别是 $p_A = 4\text{MPa}$，$p_B = 3\text{MPa}$，$p_C = 2\text{MPa}$，如果系统的外负载趋于无穷大，泵的工作压力各为多少？对于题图 6-5（a）所示系统，请说明溢流量是如何分配的？

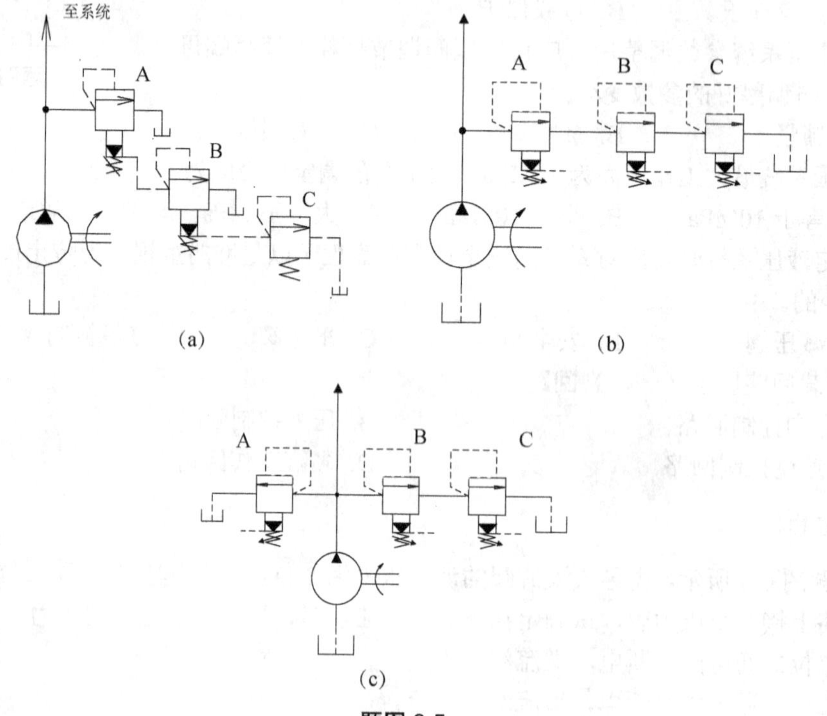

题图 6-5

五、简答题

1. 液压控制阀在液压系统中的作用是什么？通常分为几大类？

2. 直动式溢流阀的弹簧腔如果不和回油腔接通，将出现什么现象？如果先导式溢流阀的远程控制口当成泄油口接回油箱，液压系统会产生什么现象？如果先导式溢流阀的阻尼孔被堵，将会出现什么现象？如何消除这一故障？

3. 先导式溢流阀中主阀弹簧起何作用？若装配时漏装了主阀弹簧，使用时会出现什么故障？

六、设计题

采用一个液压泵、一个油箱、三个溢流阀（三个溢流阀调定压力不相同）、一个三位四通电磁换向阀（O 型中位机能），设计一个三级调压回路。

任务 6.2　顺序阀原理分析及顺序动作回路、平衡回路安装与调试（Task6.2　Sequence Valve Principle Analysis and Sequence Action Circuit, Balance Circuit Installation and Debugging）

1. 能识别顺序阀。
2. 会分析顺序阀的工作原理。
3. 会分析平衡回路和顺序动作回路的工作原理。
4. 会利用 FluidSim 软件对平衡回路和顺序动作回路进行仿真。
5. 会安装与调试平衡回路和顺序动作回路。

在图 6-15 中，A、B、C 三种动物谁先被举起？若想改变被举起的顺序，该如何解决呢？

图 6-15　动物举出顺序

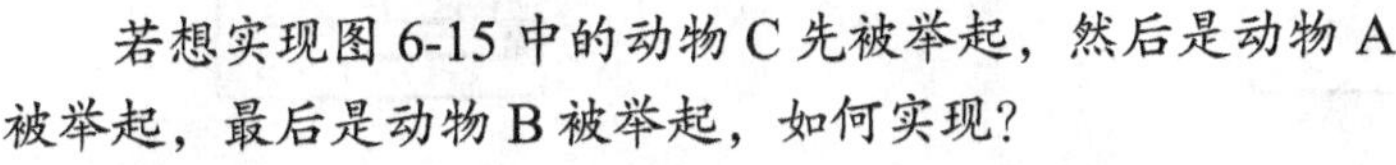
若想实现图 6-15 中的动物 C 先被举起，然后是动物 A 被举起，最后是动物 B 被举起，如何实现？

要求：

1. 用图形符号画出该液压回路的工作原理图，并用 FluidSim 软件仿真。
2. 在液压实训台上连接该液压回路并调试。

问题 1：图中的三种动物 A、B、C，哪一种动物先被举起？

问题 2：采用什么元件可以实现重量最重的动物 C 先被举起，而重量轻的重物 A、B 后被举起？

6.2.1 顺序阀原理分析（Sequential Valve Principle Analysis）

顺序阀是以压力作为控制信号，自动接通或切断某一油路的压力阀。由于它经常被用来控制执行元件动作的先后顺序，故称**顺序阀（Sequential Valve）**。

顺序阀是控制液压系统各执行元件先后顺序动作的压力控制阀。根据结构和工作原理不同，可以分为直动式顺序阀和先导式顺序阀两类，目前直动式应用较多。

如图 6-16 所示为直动式顺序阀，用以实现多个执行元件的顺序动作。直动式顺序阀的结构如图 6-16（a）所示。其工作原理如图 6-16（b）所示，压力油由进口 P_1 经阀体上的小孔流到控制活塞下方，使阀芯收到一个向上的推力作用。当进油口压力较低时不能克服弹簧力时，阀芯不动，此时进、出油口不通，泵驱动缸 I 动作，当缸 I 运动到端位时，进口压力 p_1 升高，直到能克服弹簧力，使阀芯上移，进出油口相通，从而实现液压缸 I、II 的顺序动作。

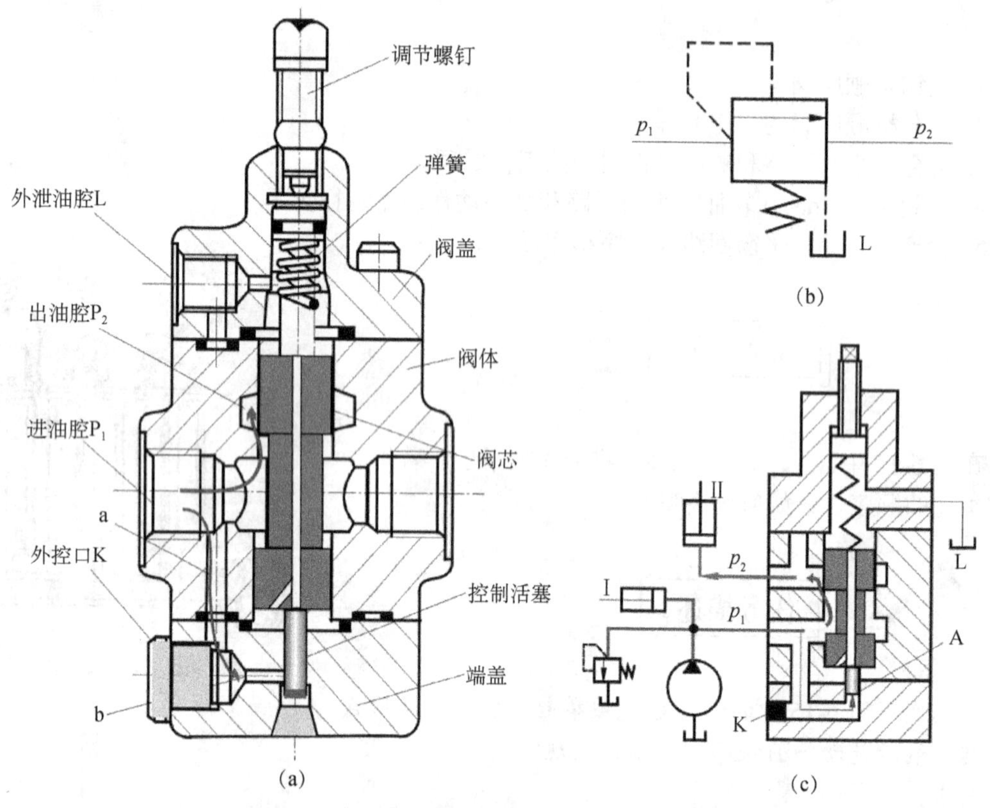

图 6-16　直动式顺序阀

顺序阀可分为内控外泄式、内控内泄式、外控外泄式和外控内泄式四种。图 6-16 为内控外泄式，将下面阀体转动 180°，将 K 口打开，顺序阀即变为外控式；将上阀体转动 180°，将 L 口堵塞，出油口 P_2 接油箱，顺序阀即变为内泄式。

6.2.2　顺序阀图形符号（Graphical Symbols of Sequential Valves）

各类顺序阀的图形符号见表 6-1。

表 6-1　顺序阀图形符号

控制与泄油方式	内控外泄	外控外泄	内控内泄	外控内泄
图形符号				
应用	顺序动作	顺序阀	背压阀、平衡阀	卸荷阀

6.2.3　顺序阀特点（Characteristics of Sequential Valves）

1. 常态下阀口关闭。
2. 外泄式顺序阀出口接执行元件，控制油压力达到调定值时，阀口开启。
3. 进出油口压力不能保证稳定，会随负载的变化发生变化。

6.2.4　顺序阀的应用（Application of Sequence Valve）

1. 实现多执行元件的顺序动作

见 6.2.5 小节“顺序动作回路安装与调试”。

2. 用作卸荷阀

图 6-17 所示为顺序阀用作卸荷阀的双泵供油液压回路。回路中 1 为大流量泵，2 为小流量泵，在快速运动时，液压泵 1 输出的油液经单向阀 4 与液压泵 2 输出的油液共同向系统供油；在工作行程时，系统压力升高，打开液控顺序阀 3 使液压泵 1 卸荷，由液压泵 2 单独向系统供油。系统的工作压力由溢流阀 5 调定。单向阀 4 在系统工进时关闭。

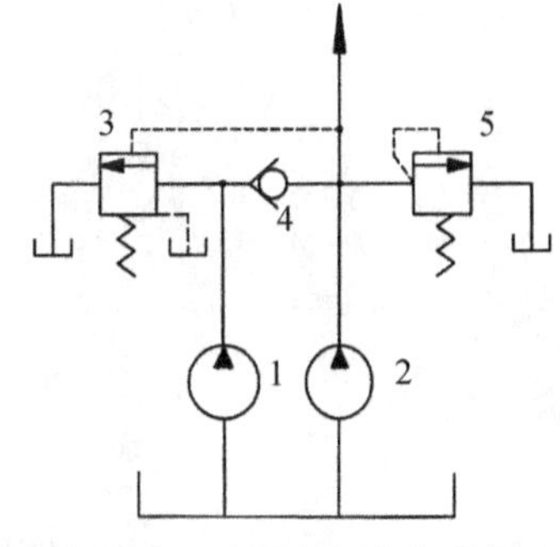

图 6-17　顺序阀用作卸荷阀

双泵供油回路功率利用合理、效率高，并且速度换接较平稳，在快、慢速度相差较大的机床中应用很广泛。

6.2.5　顺序动作回路安装与调试（Installation and Debugging of Sequence Action Circuit）

当液压系统中有多个执行元件时，各工种过程常有不同的动作要求。如顺序动作、同步动作、互不干扰动作等。

控制液压系统中执行元件动作的先后次序的回路称为顺序动作回路。在液压传动的机械中，按照控制原理和方法不同，顺序动作的方式分成**压力控制（Pressure Control）**、**行程控制（Stroke Control）**和**时间控制（Time Control）**三种。

一、采用顺序阀的顺序动作回路（Sequence Action Circuit using Sequence Valve）

采用顺序阀的顺序动作回路属于压力控制。压力控制是利用油路本身压力的变化来控制阀口的启闭，实现执行元件顺序动作的一种控制方式。它主要通过顺序阀和压力继电器线路来实现。

图 6-18 为采用顺序阀控制的顺序动作回路。其中，单向顺序阀 4 控制两液压缸前进时的先后顺序，单向顺序阀 3 控制两液压缸后退时的先后顺序。当电磁换向阀电磁铁 1YA 通电时，压力油进入液压缸 A 的左腔，右腔经单向顺序阀 3 的单向阀回油，此时由于压力较低，单向顺序阀 4 的顺序阀关闭，液压缸 A 的活塞先右移，实现动作①；当液压缸 A 的活塞运动至终点时，油压升高，当达到单向顺序阀 4 的顺序阀调定压力时，顺序阀开启，压力油进入液压缸 B 的左腔，右腔回油，液压缸 B 的活塞右移，实现动作②；当液压缸 B 的活塞右移达到终点后，电磁换向阀 2YA 通电，压力油进入液压缸 B 的右腔，左腔经阀 4 中的单向阀回油，使液压缸 B 的活塞向左返回，实现动作③；到达终点时，压力油升高打开单向顺序阀 3 的顺序阀，使液压缸 A 的活塞返回，实现动作④。

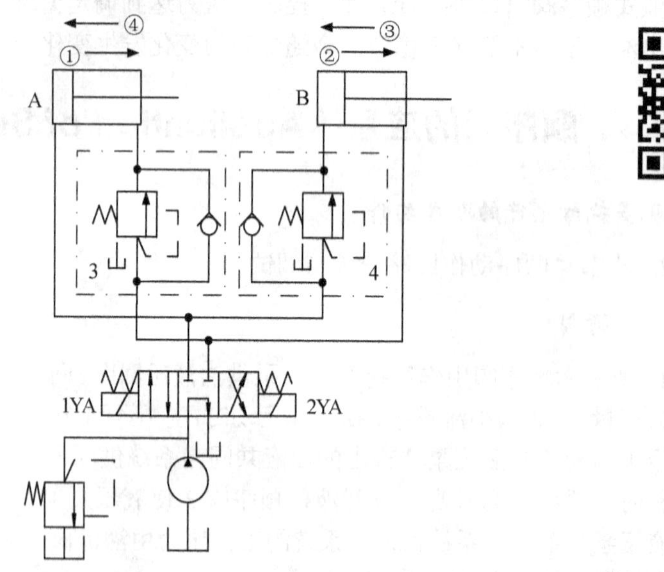

1—三位四通电磁换向阀；2—二位四通电磁换向阀；3，4—单向顺序阀

图 6-18 采用顺序阀控制的顺序动作回路

这种顺序动作回路的可靠性，在很大程度上取决于顺序阀的性能及其压力调整值。顺序阀的调整压力应比先动作的液压缸的最高工作压力高 0.8～1MPa，以免在系统压力波动时使顺序阀先行开启，发生误动作。

这种顺序动作回路适用于液压缸数量不多、负载阻力变化不大的液压系统。

压力控制的顺序动作回路还可通过压力继电器控制，这部分内容见任务 6.4。

二、行程控制的顺序动作回路（Sequential Action Loop for Stroke Control）

（1）采用行程阀控制的顺序动作回路

图 6-19 是采用行程阀控制的顺序动作回路。当二位四通电磁换向阀的电磁铁通电时，换向阀左位工作，液压缸 B 左腔进油，右腔回油，活塞左移，实现动作①；当液压缸 B 的活塞压下行程阀的阀芯后，行程阀的上位工作，液压缸 A 右腔进油，左腔回油，活塞左移，实现动作②；动作②完成后，让二位四通电磁换向阀的电磁铁断电，电磁阀右位工作，液压缸 B 左腔进油，右腔回油，活塞右移，完成动作③；液压缸 B 活塞右移后，液压缸 B 活塞杆上的挡铁松开行程阀的阀芯，行程阀阀芯在弹簧力作用下上移，阀下位工作，液压缸 A 左腔进油，右腔回油，活塞右移，完成动作④。如此循环往复。

这种回路工作可靠，其缺点是行程阀只能安装在执行机构（如工作台）的附近。此外，改变动作顺序也较为困难。

（2）用行程开关控制的顺序动作回路

图 6-20 是采用行程开关控制的顺序动作回路。其动作顺序是：按启动按钮，二位四通电磁换向阀 1 的电磁铁通电，液压缸 A 活塞右移完成动作①；当液压缸 A 活塞杆上的挡铁触动行程开关 SQ1 时，SQ1 发信号给电磁换向阀 2，使其电磁铁通电，阀 2 左位接通，液压缸 B 活塞右移，完成动作②；液压缸 2 活塞右行至行程终点，触动行程开关 SQ2，使换向阀 1 电磁铁断电，阀 1 右位接通，液压缸 A 活塞左移，完成动作③；而后触动 SQ3，使换向阀 2 的电磁铁断电，阀 2 右位接通，液压缸 B 活塞左移，完成动作④。至此完成了液压缸 A、液压缸 B 的全部顺序动作的自动循环。采用电气行程开关控制的顺序动作回路，各液压缸动作的顺序由电气线路保证，改变控制电气线路就能方便地改变动作顺序，调整行程也较方便，但电气线路比较复杂，回路的可靠性取决于电气元件的质量。

液压缸的顺序动作还可以通过压力继电器来实现，见 6.4.3 小节“压力继电器的应用”。

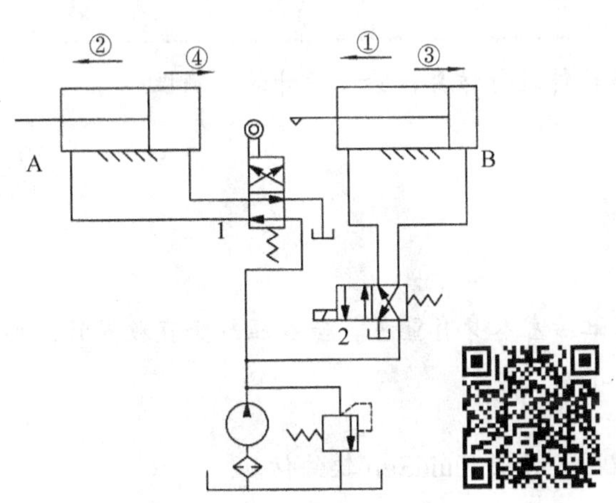

A，B—液压缸；1，2—二位四通电磁换向阀

图 6-19　采用行程阀控制的顺序动作回路

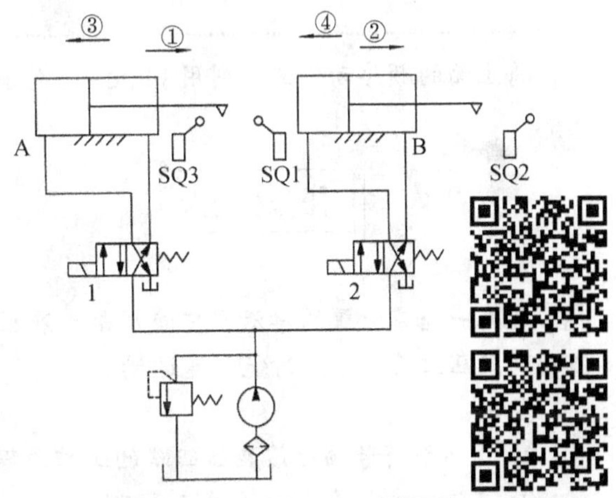

A，B—液压缸；SQ1，SQ2，SQ3—行程开关；
1，2—二位四通电磁换向阀

图 6-20　采用行程开关控制的顺序动作回路

任务分析1

在任务 1 中，要求重量大的动物 C 先被顶出，动物小的动物 A、B 后被顶出，经过学习顺序阀的知识可知，可采用调定压力不同的 3 个顺序阀来控制三种动物依次被顶出。

除了采用顺序阀实现顺序动作外，也可以通过行程控制或压力继电器控制来实现。

任务实施1

经过学习前面的内容和任务分析 1，将你设计的顺序动作回路画入下面的框内，并标注出元件的名称。

将上面的顺序动作回路利用 FluidSim 仿真软件进行仿真，验证设计的正确性。

任务描述2

现有一竖直放置的单活塞杆液压缸，液压缸活塞本身有重量。当液压缸竖直放置时，如何实现液压缸活塞下降时能匀速运动。

要求：

1. 用图形符号画出该液压回路的工作原理图，并用 FluidSim 软件仿真。
2. 在液压实训台上连接该液压回路并调试。

问题 3：如果将液压泵和竖直放置的单活塞液压缸直接通过一个三位四通换向阀进行连接，当液压缸下降时会出现什么现象？

问题 4：采用什么元件可以实现竖直放置的单活塞杆液压缸匀速下降？

6.2.6　平衡回路安装与调试（Installation and Debugging of Balance Circuit）

平衡回路的功用在于防止垂直或倾斜放置的液压缸和与之相连的工作部件因自重而自行下落，为防止出现这种现象，需采用**平衡阀**（**Counterbalance Valve**）来实现，平衡阀即单向顺序阀。图 6-21 所示为采用平衡阀的平衡回路，当 1YA 通电后活塞下行时，回油路上就存在着一定的背压；只要将这个背压调得能支撑住活塞和与之相连的工作部件的自重，活塞就可以平稳地下落。当换向阀处于中位时，活塞就停止运动，不再继续下移。当活塞向下快速运动时，这种回路功率损失大，而活塞锁住时，活塞和与之相连的工作部件会因单向顺序阀和换向阀的泄漏而缓慢下落，因此它只适用于工作部件重量不大、活塞锁住时定位要求不高的场合。

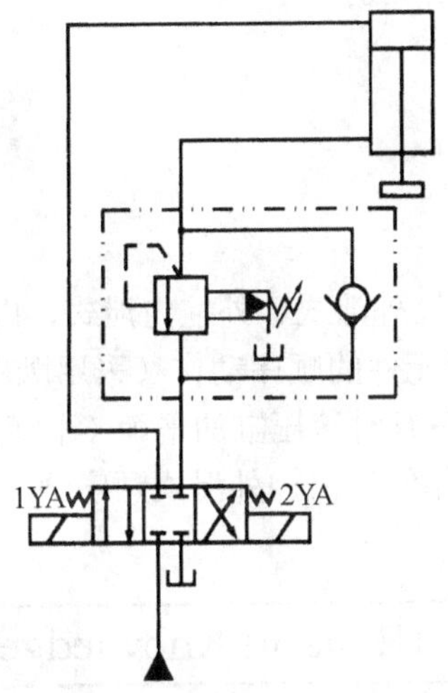

图 6-21　采用平衡阀的平衡回路

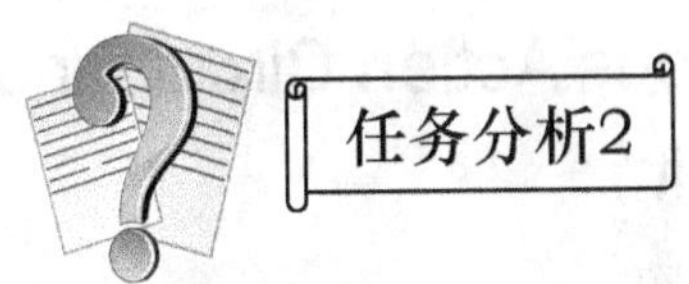

在前面的任务描述 2 中，要求竖直放置的单活塞杆液压缸活塞下降时能匀速运动。经过学习顺序阀的知识可知，当液压缸下降时，将顺序阀放在液压缸的非工作腔，使液压缸非工作腔具有一定的背压，使背压压力与液压缸活塞杆自重引起的压力和工作腔压力的和相平衡，从而保证液压缸匀速下降。

经过学习前面的内容和任务分析，将你设计的液压回路画入下面的框内，并标注出元件的名称。

- 将上面的液压回路利用 FluidSim 仿真软件进行仿真，验证设计的正确性。
- 在液压实训台上搭接回路并运行。

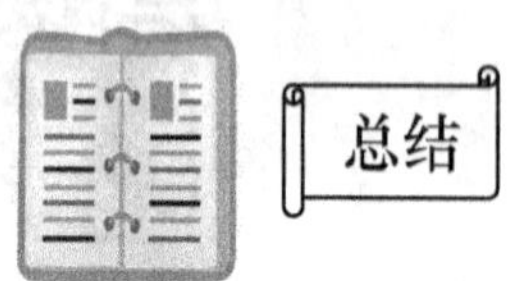

1. 顺序阀有内控外泄式、外控外泄式、外控内泄式、内控内泄式四种类型。

2. 顺序阀可用于实现多执行元件的顺序动作（采用顺序阀的顺序动作回路）；可实现系统卸荷；可用于实现竖直液压缸下行时液压缸的平衡（平衡回路）。实现系统卸荷常用外控内泄式顺序阀。实现液压缸顺序动作常用内控外泄式顺序阀。

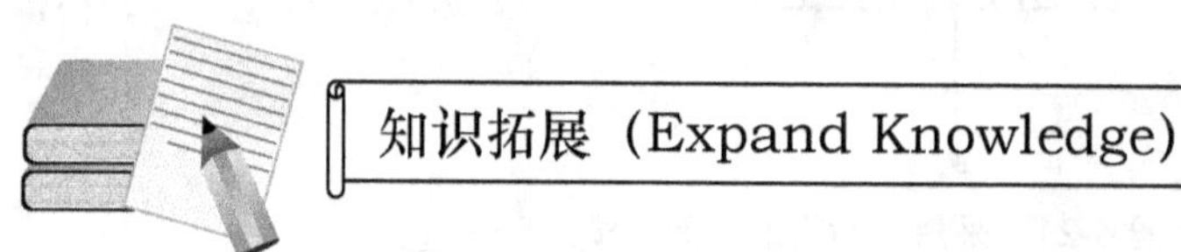

同步动作回路和互不干扰回路（Synchronous Action Circuit and Interference Free Circuit）

当液压系统中有多个执行元件时，各工种过程常有不同的动作要求。如顺序动作、同步动作、互不干扰动作等。

一、同步动作回路（Synchronous Action Circuit）

使两个或两个以上的液压缸，在运动中保持相同位移或相同速度的回路称为同步回路。在一泵多缸的系统中，尽管液压缸的有效工作面积相等，但是由于运动中所受负载不均衡，摩擦阻力也不相等，加上泄漏量的不同以及制造上的误差等，不能使液压缸同步动作。同步回路的作用就是为了克服这些影响，补偿它们在流量上所造成的变化。

图 6-22 所示是串联液压缸的同步动作回路。图中液压缸，回油腔排出的油液，被送入液压缸 2 的进油腔。如果串联油腔活塞的有效面积相等，便可实现同步运动。这种回路两缸能承受不同的负载，但泵的供油压力要大于两缸工作压力之和。

由于泄漏和制造误差，影响了串联液压缸的同步精度，当活塞往复多次后，会产生严重的失调现象，为此要采取补偿措施。图 6-23 所示是两个单作用液压缸串联并带有补偿装置的同步动作回路。为了达到同步运动，液压缸 1 有杆腔 A 的有效面积应与液压缸 2 无杆腔 B 的有效面积相等。在活塞下行的过程中，如液压缸 1 的活塞先运动到底，触动行程开关 1XK 发信号，使电磁铁 1DT 通电，此时压力油便经过二位三通电磁阀 3、液控单向阀 5，向液压缸 2 的 B 腔补油，使液压缸 2 的活塞继续运动到底。如果液压缸 2 的活塞先运动到底，触动行程开关 2XK，使电磁铁 2DT 通电，此时压力油便经二位三通电磁阀 4 进入液控单向阀的控制油口，液控单向阀 5 反向导通，使液压缸 1 能通过液控单向阀 5 和二位三通电磁阀 3 回油，使液压缸 1 的活塞继续运动到底，对失调现象进行补偿。

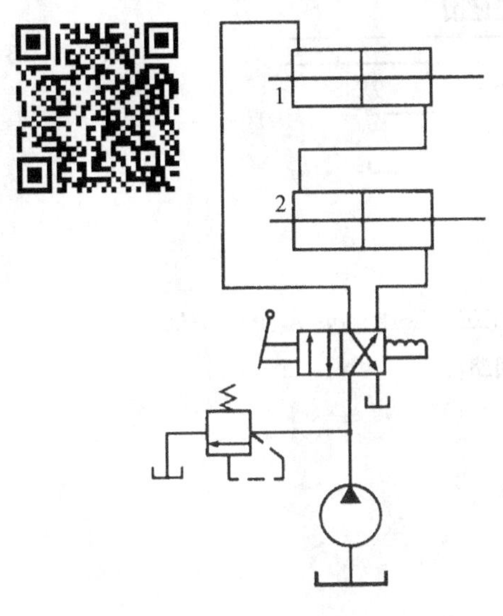

1，2—液压缸

图 6-22　串联液压缸的同步动作回路

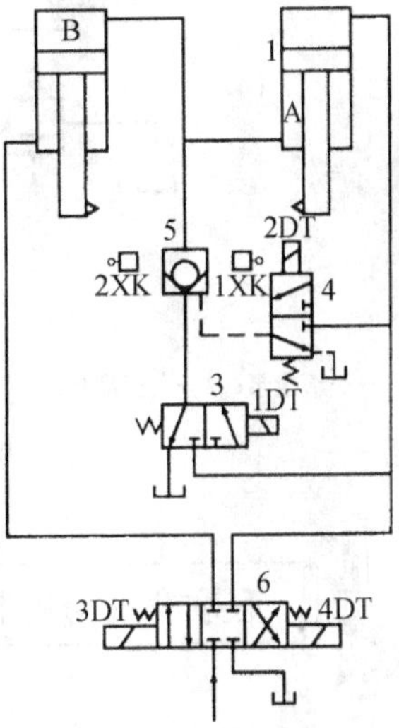

1，2—液压缸；3，4—二位三通电磁换向阀；5—液控单向阀；6—三位四通电磁换向阀

图 6-23　带补偿装置的串联液压缸同步动作回路

二、互不干扰动作回路（Interference Free Action Circuit）

在一泵多缸的液压系统中，往往由于其中一个液压缸快速运动时，会造成系统的压力下降，影响其他液压缸工作进给的稳定性。因此，在工作进给要求比较稳定的多缸液压系统中，必须采用快慢速互不干涉回路。

图 6-24 所示的是双泵供油实现的两缸快慢速互不干扰动作回路。液压缸 A、B 各自完成“快进-工进-快退”的工作循环。图示状态下各液压缸原位停止，当 3YA、4YA 都通电时，换向阀 5、6 左位工作，各液压缸均由大流量泵 2 供油做差动快进。小流量泵 1 不供油。设液压缸 A 先完成快进，由挡块作用于行程开关使阀 6 断电、阀 7 通电，切断大泵 2 对液压缸 A 的供油，小泵开始对液压缸 A 供油，且由调速阀 8 调速工进，此时液压缸 B 仍做快进，两液压缸互不影响。当两液压缸转为工进后，全由小泵供油。之后，如果液压缸 A 先完成工进时，挡块和行程开关又使阀 6、阀 7 都通电，液压缸 A 由泵 2 供油，实现快退。当电磁铁都断电时，各液压缸停止运动，并被锁于所在位置。

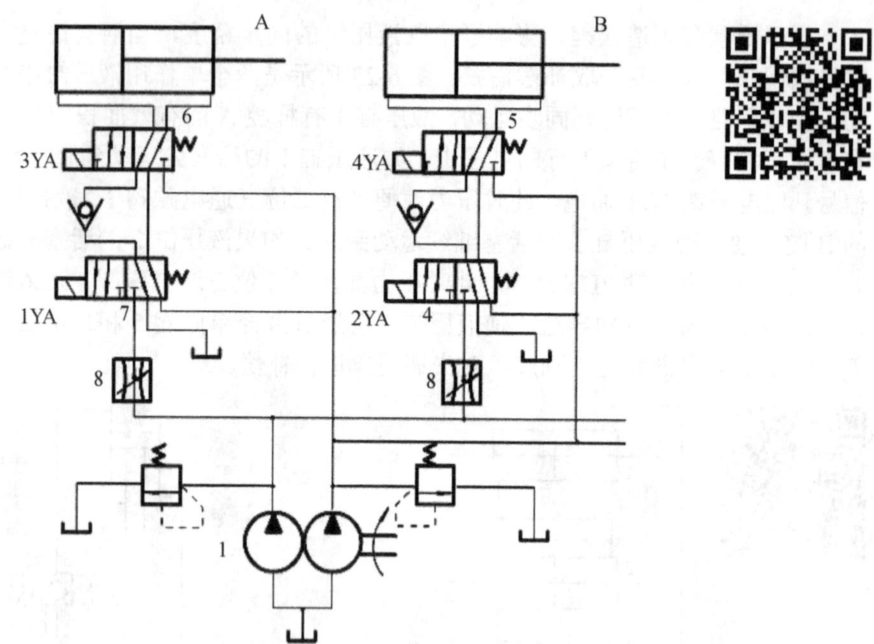

1—小流量泵；2—大流量泵；3，8—调速阀；4，5，6，7—二位五通电磁换向阀；A，B—液压缸

图 6-24　互不干扰动作回路

一、填空题

顺序阀在常态下阀口是________，对于内控外泄式顺序阀来说，其阀芯的开启是利用顺序阀________处的压力来控制的。

二、判断题

1. 在用顺序阀实现顺序动作回路中，顺序阀的调整压力应比先动作的液压缸的最高压力低。（　　）

2. 顺序阀阀芯一旦开启，其进出口处的压力稳定。（　　）

3. 顺序阀在常态下阀口常闭。（　　）

三、选择题

1. 顺序阀在系统中用作背压阀时，应选用（　　）。

A. 内控内泄式　　B. 内控外泄式　　C. 外控内泄式　　D. 外控外泄式

2. 顺序阀在液压系统中起（　　）作用。

A. 稳压　　B. 减压　　C. 压力开关　　D. 调压

3. 为避免垂直运动部件在系统失压情况下自由下落，在回油路中增加平衡阀是常用的措施，以下可用作平衡阀的是（　　）。

A. 减压阀　　B. 溢流阀　　C. 顺序阀　　D. 换向阀

4. 在动作顺序要经常改变的液压系统中宜用（　　）。

　A. 用行程开关和电磁阀控制的顺序动作回路

　B. 用行程阀控制的顺序动作回路

　C. 用压力继电控制的顺序动作回路

5. 顺序阀是（　　）控制阀。

　A. 流量　　　　B. 压力　　　　C. 方向

四、分析题

在题图6-6所示的液压回路中，液压缸无杆腔面积$A = 50\text{cm}^2$，负载$F = 10000\text{N}$，各阀的调整压力如图所示，请分别确定回路在活塞运动时和活塞运动到终端停止时A、B两点处的压力。

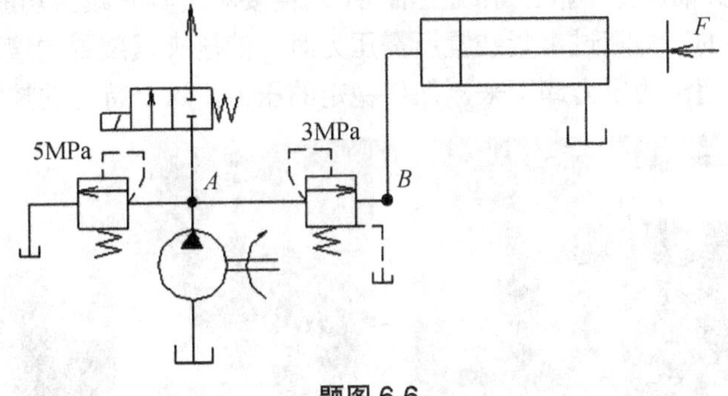

题图6-6

五、简答题

1. 何谓顺序阀？按其控制及泄油方式不同分为哪几种？各用在什么场合？

2. 简述溢流阀和顺序阀的区别和相似处。

六、设计题

采用一个液压泵、一个油箱、一个单活塞杆液压缸、一个顺序阀、一个单向阀、一个三位四通电磁换向阀（O型中位机能），设计一个平衡回路，实现竖直放置的液压缸均能往返匀速运动。

任务6.3　减压阀原理分析及减压回路安装与调试（Task6.3 Principle Analysis of Decompress Valve and Installation and Debugging of Decompress Circuit）

1. 能识别减压阀。

2. 会分析减压阀的工作原理和应用。
3. 会分析减压回路的工作原理。
4. 会利用 FluidSim 软件对减压回路进行仿真并安装调试回路。

任务引入

图 6-25 所示为数控机床上的用于工件夹紧的液压夹紧装置。液压夹紧装置要求保持持续、稳定的夹紧力，直到工件加工完毕，主轴和刀具退回初始位置。液压夹紧装置的油路属于液压系统的分支，其油压低于液压系统主油路，这需要利用具有减压功能的控制元件来实现。而且，一旦分支油路的压力超过夹紧装置所需压力时，液压夹紧装置的液压回路应该可以通过某个特定控制元件将超出的压力卸下来，保持稳定的压力，这个特定的控制元件就是减压阀。

图 6-25　液压夹紧装置

本任务主要掌握能实现减压和稳压两种功能的控制元件——减压阀的结构和工作原理，了解液压夹紧装置的液压回路如何工作。

任务描述

图 6-26 所示为工业钻床，钻头的进给与工件的夹紧分别由两个双作用液压缸控制。工件在切削加工前采用液压虎钳夹紧，虎钳运动由液压缸 1A 驱动，要求虎钳夹紧速度可以调节。钻头用于切削工件，液压缸 2A 带动钻头上下运动完成切削工作。

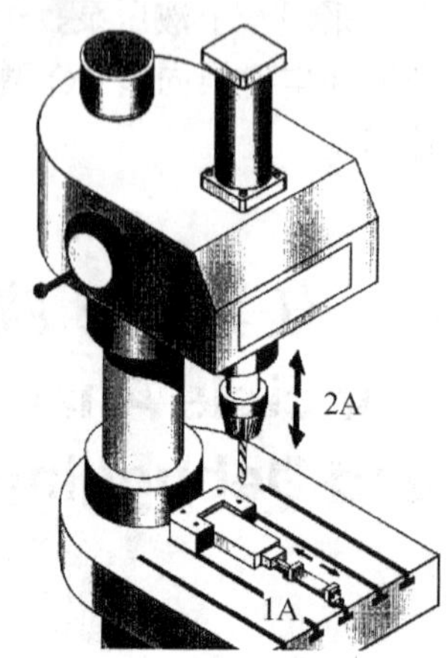

图 6-26　钻床

要求：

1. 设计一液压回路，采用两个双作用液压缸模拟以上设备，要求液压缸 1A、2A 采用不同的回路压力。用图形符号画出该液压回路的工作原理图，并用 FluidSim 软件仿真验证其正确性。

2. 用二位四通电磁换向阀控制夹紧缸 1A 的伸出与缩回，为了避免工作时突然失电而松开，采用失电夹紧方式。

3. 当进油路压力瞬时下降时，能短时间内保持夹紧力。

4. 液压缸 2A 带动钻头未靠上工件前要求快速运动，接触上工件开始切削加工时速度减小为进给速度。注：切削力大于工件的夹紧力。

问题 1：如何实现两种不同的工作压力？

问题 2：如何保证当进油路压力瞬时下降时能短时间保持夹紧力？

在液压系统中，常由一个液压泵向几个执行元件供油。当某一执行元件需要比液压泵的供油压力低的稳定压力时，可在该执行元件所在的油路上串联一个减压阀来实现。使其出口压力降低且恒定的阀称为**减压阀（Decompress Valve）**。根据减压阀所控制的压力不同，它可分为定值减压阀、定差减压阀和定比减压阀。我们这里只学习定值减压阀。

6.3.1　减压阀原理分析(Principle Analysis of Decompress Valve)

减压阀用来降低液压系统中某一分支油路的压力，使之低于液压泵的供油压力，以满足执行机构（如夹紧、定位油路，制动、离合油路，系统控制油路等）的需要，并保持基本恒定。

减压阀根据结构和工作原理不同，分为直动式减压阀和先导式减压阀两类。一般用先导式减压阀。

一、直动式减压阀 (Direct Decompress Valve)

直动式减压阀的结构如图 6-27（a）所示。P_1 口是进油口，P_2 口是出油口，出油口与减压阀阀芯底部相通。阀不工作时，阀芯在弹簧作用下处于最下端位置，阀的进、出油口是相通的，即阀是常开的。若出口压力 p_2 增大，使作用在阀芯下端的压力大于弹簧力时，阀芯上移，阀口关小，这时阀处于工作状态。若忽略其他阻力，仅考虑作用在阀芯上的液压力和弹簧力相平衡的条件，出口压力基本上维持在某一定值上。因为如出口压力减小，阀芯就下移，开大阀口，阀口处阻力减小，**压降（Pressure Drop）**减小，使出口压力回升到调定值；反之，若出口压力增大，则阀芯上移，关小阀口，阀口处阻力加大，压降增大，使出口压力下降到调定值。直动式减压阀图形符号见图 6-27（b）。

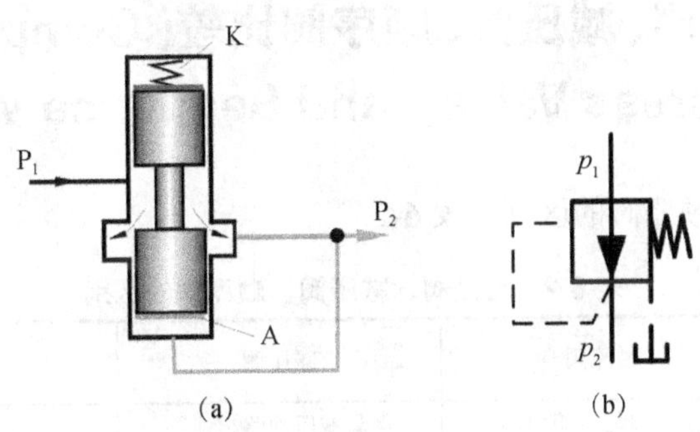

图 6-27　直动式减压阀

二、先导式减压阀 (Pilot Operated Decompress Valve)

先导式减压阀的结构如图 6-28（b）所示，其结构与先导式溢流阀的结构相似，也是由先导阀和主阀两部分组成，先导式减压阀和先导式溢流阀的主要零件可互通用。其主要区别是：减压阀的进、出油口位置与溢流阀相反；减压阀的先导阀控制出口液压力，而溢流阀的先导阀控制进口油液压力。由于减压阀的进、出口油液均有压力，所以先导阀的泄油不能像溢流阀一样流入回油口，而必须设有单独的泄油口。减压阀主阀芯结构上中间多一个凸肩，在正常情况下，减压阀阀口开得很大（常开），而溢流阀阀口则关闭（常闭）。先导式减压阀图形符号见图 6-28（a）。

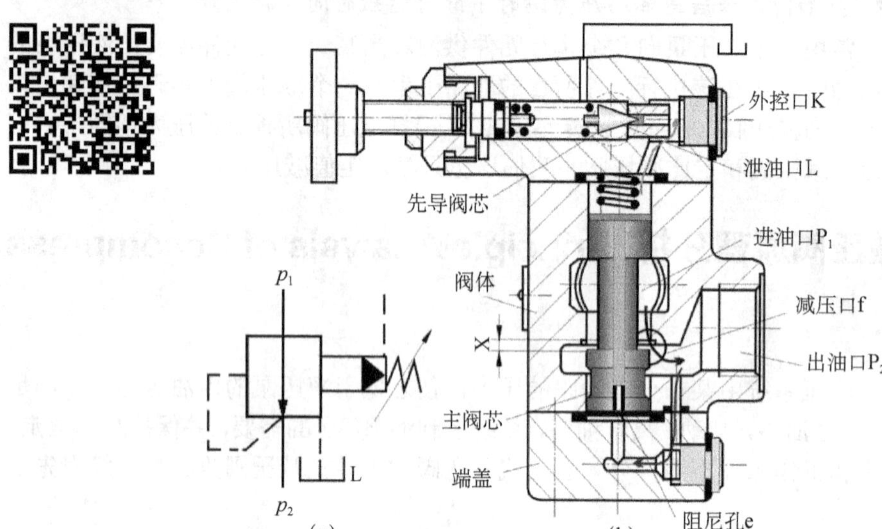

图 6-28　先导式减压阀

6.3.2　减压阀特点（Characteristics of Decompress Valve）

（1）常态下阀口开启。

（2）从出口引压力油来控制阀口开度（Opening）。

（3）当进口压力小于调定值时，不起减压作用，此时进出口处压力相等。

（4）当进口压力（Inlet Pressure）高于调定值时，保持出口压力（Outlet Pressure）稳定。

6.3.3　溢流阀、减压阀、顺序阀比较（Comparison of Relief Valve，Decompress Valve，and Sequence Valve）

溢流阀、减压阀、顺序阀的区别见表 6-2。

表 6-2　溢流阀、减压阀、顺序阀的区别

项目 \ 名称	溢流阀	减压阀	顺序阀（外泄式）
出油口情况	出油口与油箱相连	与减压回路相连	与执行元件相连
泄油形式	内泄式	外泄式	外泄式
状态	常闭	常开	常闭
在系统中的连接方式	并联	串联	实现顺序动作时串联，用作泄荷阀时并联
功用	限压、保压、稳压	减压、稳压	不控制回路的压力，只控制回路的通断
工作原理	利用控制压力与弹簧力相平衡的原理，通过改变滑阀开口量大小，来控制系统的压力		
结构	结构基本相同，只是泄油路不同		

6.3.4　减压回路安装与调试（Installation and Debugging of Decompress Circuit）

减压阀的功用是减压、稳压。图 6-29 所示为减压阀用于夹紧油路的原理图。液压泵输出的压力油由溢流阀 1 调定以满足主油路系统的要求。液压泵经减压阀 2、单向阀 3 供给夹紧液压缸 4 压力油。夹紧工件所需夹紧力的大小，由减压阀 2 来调节。单向阀 3 的作用是在液压泵向主油路系统供油时，当主油路中因液压缸快进导致压力降低时，单向阀能短时间内保持液压缸工作腔压力为原来的数值，使夹紧缸的夹紧力不受液压系统中压力波动的影响，避免夹紧缸松开工件。

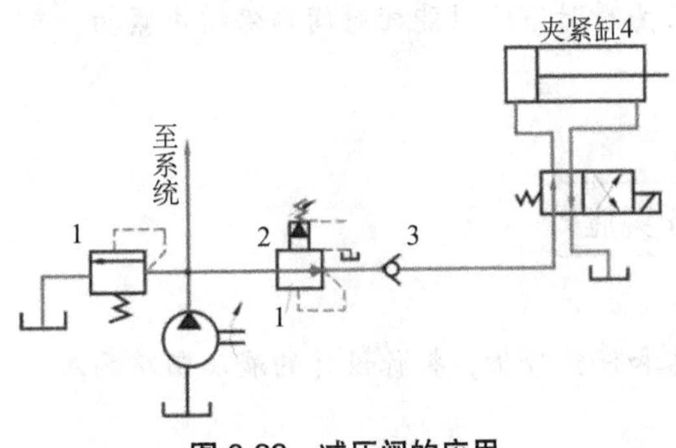

图 6-29　减压阀的应用

为使减压阀的回路工作可靠，减压阀的最低调定压力不应小于 0.5MPa，最高压力至少比系统压力低 0.5MPa。当回路执行元件需要调速时，调速元件应安装在减压阀的后面，以免减压阀的泄漏对执行元件的速度产生影响。

如图 6-30 所示，在先导式减压阀 3 远程控制口接一电磁换向阀 5 和溢流阀 6 可以实现二级减压。

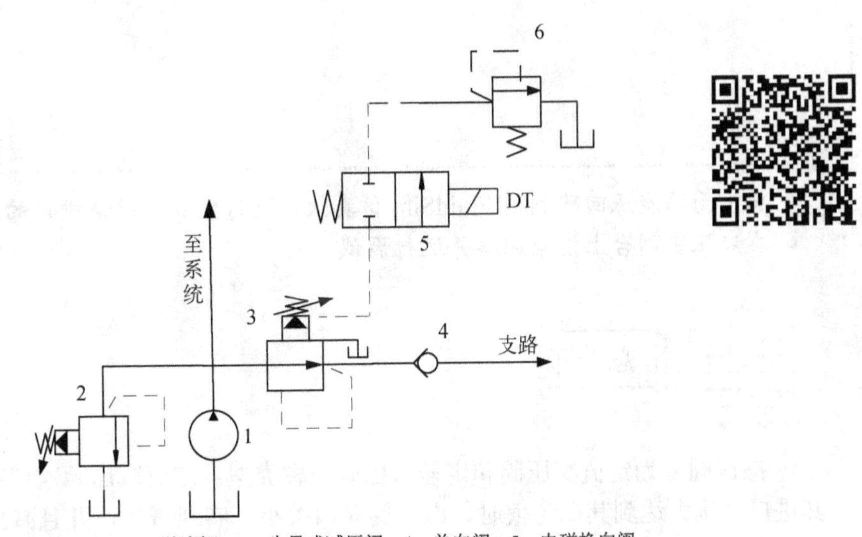

1—液压泵；2，6—溢流阀；3—先导式减压阀；4—单向阀；5—电磁换向阀

图 6-30　两级减压回路

任务分析

在前面的任务中，要求采用两个双作用液压缸A、B模拟钻床中钻头下降和工件夹紧这两个动作，并且两液压缸工作压力不同。当一个液压泵供油，实现两种供油压力时，若需要的压力高于系统压力，可采用增压缸来实现；若需要的压力低于系统压力，可采用减压阀来实现，这里夹紧缸压力要求低于系统压力，因此采用减压阀实现夹紧缸的压力。

任务要求夹紧缸用二位四通电磁阀控制且要求失电夹紧，因此当二位四通电磁换向阀电磁铁得电时，液压缸应该处于缩回状态，这与常用的失电缩回不同，需要注意。

任务要求当进油路压力瞬时下降时能短时间内保持夹紧力，可在减压阀后串联一单向阀来实现短时间内保压。

任务实施

经过学习前面的内容和任务分析，将你设计的液压回路画入下面的框内，并标注出元件的名称。

- 将上面的液压回路利用FluidSim仿真软件进行仿真，验证设计的正确性。
- 在液压实训台上搭接回路并运行调试。

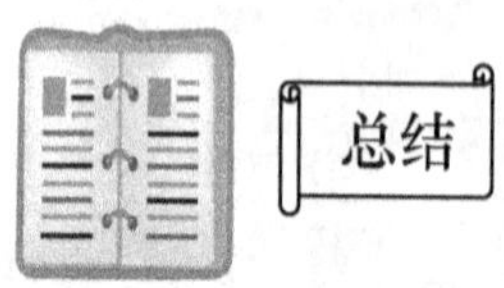

总结

1. 减压阀分为定值减压阀和定差减压阀两种类型。定值减压阀阀口在常态下是开启的，当其进口处压力达到其调定值时，减压阀阀口关小，实现减压，并且减压阀出口处压力保持稳定。定值减压阀分为直动式和先导式两种。

2. 减压阀常用于由一个液压泵向几个执行元件供油，某一执行元件需要比液压泵的供油压力低的稳定压力的液压回路中，用来降低液压系统中分支油路的压力，使之低于液压泵的供油压力，以满足执行机构（如夹紧、定位油路，制动、离合油路，系统控制油路等）的需要，并保持基本稳定。

任务检查与考核

一、填空题

1. 减压阀常态下阀口是________，阀芯的移动是利用减压阀________处的压力来控制的，减压阀一旦减压________的压力稳定。

2. 当一个液压泵向几个执行元件供油，某一执行元件需要比液压泵的供油压力低的稳定压力时，常用________来降低液压系统中分支油路的压力，使之低于液压泵的供油压力。

二、判断题

1. 减压阀的主要作用是使阀的出口压力低于进口压力且保证进口压力稳定。（　　）
2. 减压阀阀口在常态下是关闭的。（　　）
3. 当减压阀进口处的压力低于调定压力时，减压阀阀口是全开的，此时减压阀不减压。（　　）

三、选择题

1. 关于减压阀下列哪些说法是正确的。（　　）
   A. 减压阀前后必须装设压力表
   B. 减压阀高压部分应装安全阀
   C. 减压阀低压部分应装安全阀
   D. 选用减压阀时压力降不应超过减压阀允许的减压范围
2. 以下描述不符合减压阀特点的是（　　）。
   A. 常态下阀口是关闭的　　B. 进口处的压力控制阀芯的移动
   C. 调定出口压力　　D. 出口直接接油箱
3. 减压阀的进口压力为 40×10^5Pa，调定压力为 60×10^5Pa，减压阀的出口压力为（　　）。
   A. 40×10^5Pa　　B. 60×10^5Pa　　C. 100×10^5Pa　　D. 140×10^5Pa
4. 在液压系统中，（　　）可用作背压阀。
   A. 溢流阀　　B. 减压阀　　C. 液控顺序阀　　D. 压力继电器
5. 为使减压回路可靠地工作，其最高调整压力应（　　）系统压力。
   A. 大于　　B. 小于　　C. 等于　　D. 无关
6. 调压和减压回路所采用的主要液压元件是（　　）。
   A. 换向阀和液控单向阀　　B. 溢流阀和减压阀
   C. 顺序阀和压力继电器　　D. 单向阀和压力继电器

四、分析题

1. 如题图 6-7 所示液压系统，各阀溢流阀和减压阀的调整压力分别为 5MPa 和 3MPa，当系统的负载趋于无穷大时，*A*、*B* 两点处的压力各为多少？

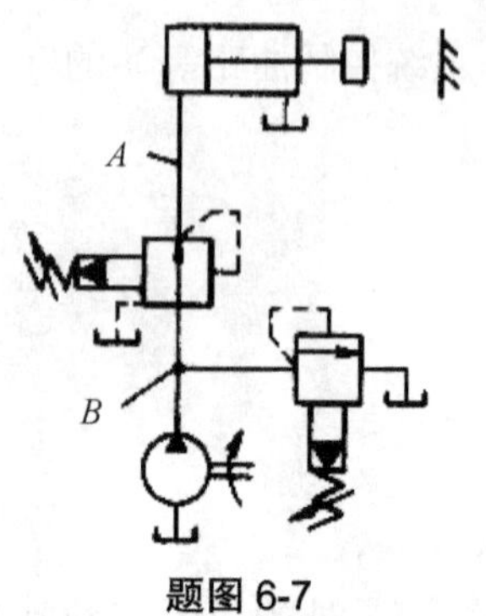

题图 6-7

2. 在题图 6-8 所示的回路中，溢流阀的调整压力 $p_Y=5\text{MPa}$，减压阀的调整压力 $p_J=2.5\text{MPa}$，试分析下列各种情况，并说明减压阀阀口处于什么状态。

（1）当泵压力 $p_B=p_Y$ 时，夹紧缸使工件夹紧后，A、C 点的压力为多少？

（2）当泵压力由于工作缸快进，压力降到 $p_B=1.5\text{MPa}$ 时（工件原先处于夹紧状态），A、C 点的压力为多少？

（3）夹紧缸在未夹紧工件前作空载运动时，A、B、C 三点的压力各为多少？

3. 在题图 6-9 所示的回路中，溢流阀的调整压力 $p_Y=5\text{MPa}$，减压阀的调整压力 $p_J=1.5\text{MPa}$，活塞运动时负载压力为 1MPa，其损失不计，试求：(1) 活塞在运动期间和碰到死挡铁后 A、B 处的压力；(2) 如果减压阀的外泄油口堵死，活塞碰到死挡铁后 A、B 处的压力。

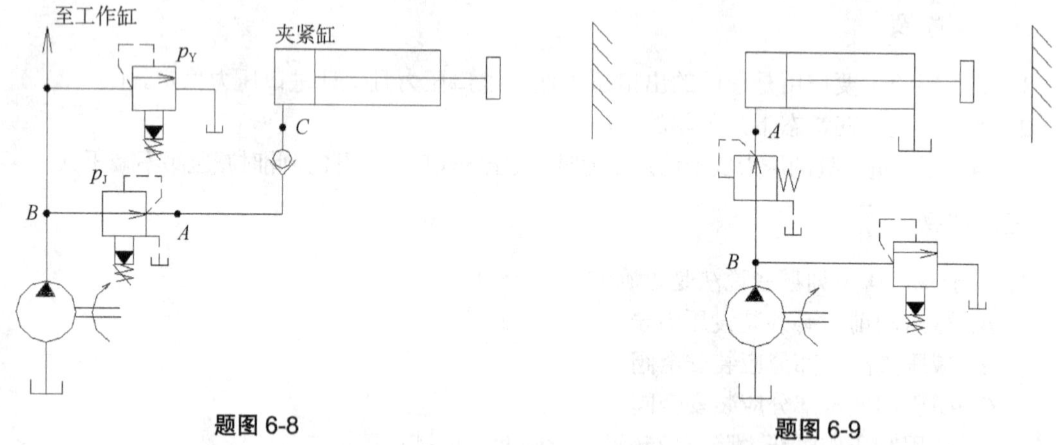

题图 6-8　　题图 6-9

4. 在题图 6-10 所示的回路中，液压缸无杆腔面积 $A=50\text{cm}^2$，负载 $F=10000\text{N}$，各阀的调整压力如图所示，试分别确定此两回路在活塞运动时和活塞运动到终端停止时 A、B 两处的压力。

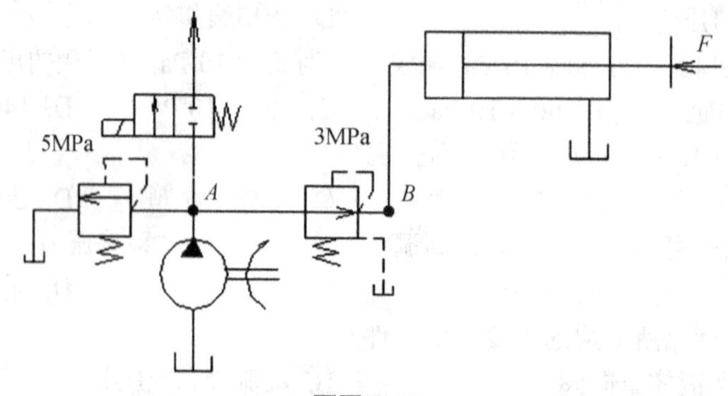

题图 6-10

5. 在题图 6-11 所示的回路中，液压缸的有效面积 $A_1=A_2=50\text{cm}^2$，液压缸 1 负载 $F=10000\text{N}$，液压缸 2 运动时负载为零，不计摩擦阻力、惯性力和管路损失。溢流阀、顺序阀和减压阀的调整压力分别为 4MPa、3MPa 和 2MPa。求在下列三种工况下 A、B 和 C 处的压力。

（1）液压泵启动后，两换向阀处于中位。

（2）1DT 有电，液压缸 1 运动时及到终点停止运动时。

（3）1DT 断电，2DT 通电，液压缸 2 运动时及碰到固定挡块停止运动时。

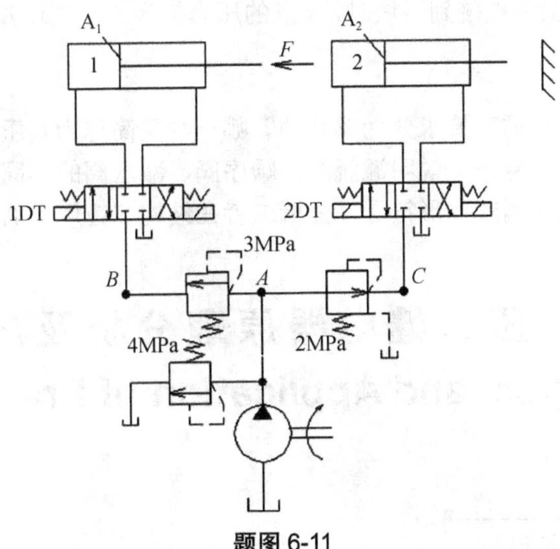

题图 6-11

6. 如题图 6-12 所示，两个不同调整压力的减压阀串联使用后的出口压力决定于哪一个？并联使用时，出口压力取决于哪一个？画出图并进行分析。

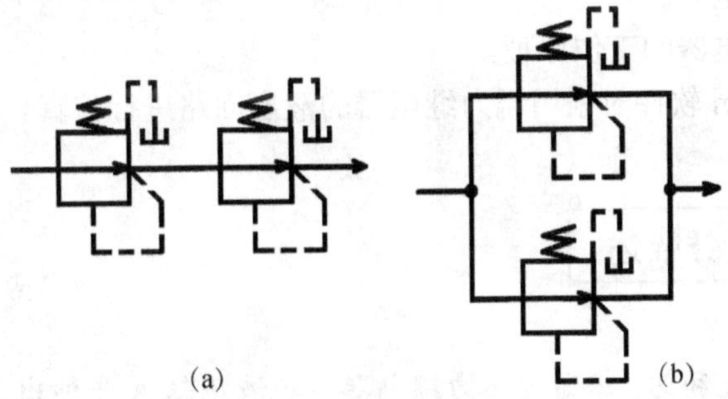

题图 6-12　减压阀串联和并联

7. 在题图 6-13 所示的回路中，若阀 PY 的调定压力为 4MPa，阀 PJ 的调定压力为 2MPa，回答下列问题：

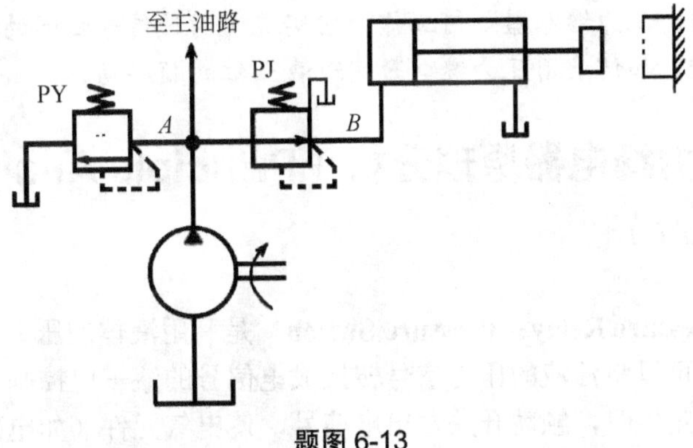

题图 6-13

（1）阀 PY 是（　　）阀，阀 PJ 是（　　）阀。
（2）当液压缸运动时（无负载），A 点的压力值为（　　）、B 点的压力值为（　　）。
（3）当液压缸运动至终点碰到档块时，A 点的压力值为（　　）、B 点的压力值为（　　）。

五、简答题

1. 何谓减压阀？按其调节要求分为哪几种？哪一种又简称为减压阀且应用最广？
2. 从结构原理图和符号图，说明溢流阀、顺序阀、减压阀的不同特点。
3. 画出顺序阀和减压阀的图形符号，分析二者在结构和应用上的异同。

任务 6.4　压力继电器原理分析及应用（Task6.4 Principle Analysis and Application of Pressure Relay）

1. 能识别压力继电器。
2. 会分析压力继电器的工作原理。
3. 会利用 FluidSim 软件对采用压力继电器的液压回路进行仿真。

现有两个液压缸 A 和 B，想通过压力继电器实现液压缸 A 先伸出，在液压缸 A 伸出到位且工作腔压力升高到 4MPa 后，液压缸 B 再伸出。

要求：用图形符号画出该顺序动作回路的工作原理图，并用 FluidSim 软件仿真验证其正确性。

问题 1：压力继电器如何工作？它实现哪两种信号之间的变换？
问题 2：如何采用压力继电器实现液压缸的顺序动作？

6.4.1　压力继电器原理分析（Principle Analysis of Pressure Relay）

压力继电器（**Pressure Relay；Pressure Switch**）是利用液体的压力来启闭电气触点的液压电气转换元件。它可以将油液的压力信号转换成电信号的液—电控制元件。当控制油压力达到压力继电器的调定值时，触动开关发出电信号，使电气元件（如电磁铁、电机、时间继电器等）动作，可实现系统的自动控制。国内目前通常将其归入压力控制阀类，而国外通常称之为压力开关而将其归入液压附件类。

压力继电器有柱塞式、膜片式、弹簧管式和波纹管式四种结构形式。图 6-31 所示为柱塞式压力继电器，其中图 6-31（a）为实物图，图 6-31（b）为结构原理图，图 6-31（c）为图形符号。当进口处油液压力 p 达到压力继电器的调定压力时，作用在柱塞 1 上的力通过顶杆 2 合上微动开关 4，发出电信号。通过调节调节螺钉 3 可以调节弹簧的松紧度，从而可以调节压力继电器的调定压力。

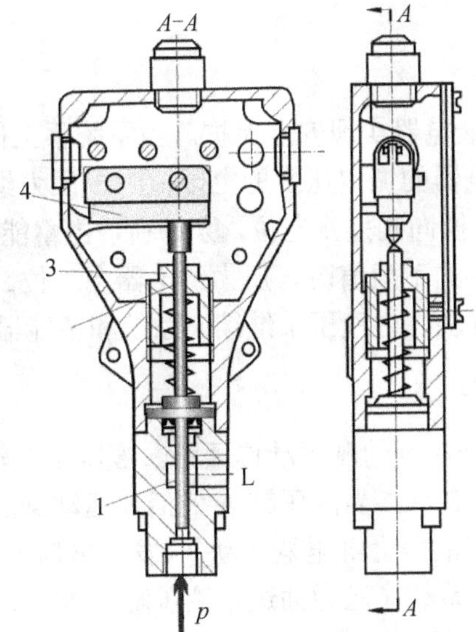

1–控制柱塞；2–推杆；3–调节螺钉；4–微动开关

（a）实物图

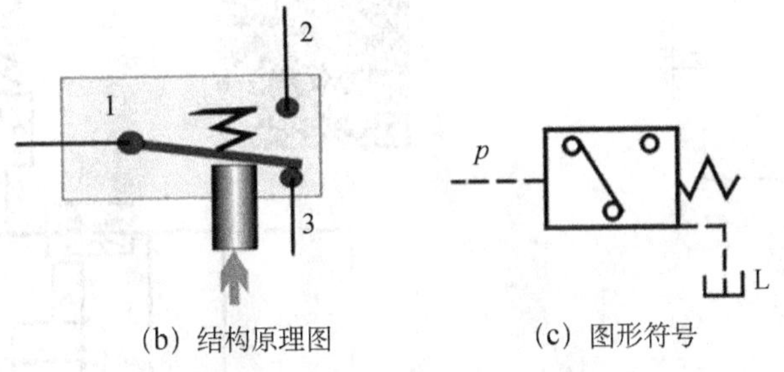

（b）结构原理图　　　（c）图形符号

图 6-31 压力继电器工作原理

6.4.2 压力继电器的工作性能（Working Performance of Pressure Relay）

1. **调压范围**（Pressure Adjustment Range）

压力继电器的调压范围是指发出电信号的最低和最高工作压力间的范围，由调压弹簧调定。

2. **通断调节区间**（Switching Adjustment Range）

压力继电器发出电信号时的压力称为开启压力，切断电信号时的压力称为闭合压力。开启时，柱塞顶杆移动所受的摩擦力与压力方向相反，闭合时则相同。故开启压力比闭合压力大，两者之差称为通断调节区间。

6.4.3 压力继电器的应用（Application of Pressure Relay）

1. **安全保护**

图 6-32 所示为采用压力继电器实现安全保护。当系统不工作时，液压泵向蓄能器蓄能，当蓄能器的压力达到压力继电器的调定压力的上限值时，压力继电器给二位二通电磁换向阀的电磁铁发信号，使其通电，换向阀换到左位，泵卸荷，由蓄能器向系统补充泄漏掉的油液，当蓄能器压力低于压力继电器的下限值时，压力继电器向二位二通电磁换向阀的电磁铁发信号，使其断电，换向阀换到右位，由液压泵继续向系统和蓄能器供油。

2. **实现液压缸的顺序动作**

图 6-33 所示为压力继电器控制的顺序动作回路。液压泵 1 输出的压力油流经调速阀 3，首先进入液压缸 A，使其活塞右移，当液压缸 A 的活塞运动到右端后，其工作腔压力升高，使安装在液压缸 A 工作腔附近的压力继电器 4 动作，发出电信号，使二位二通电磁换向阀 5 的电磁铁通电，换向阀上位接入系统，压力油进入液压缸 B 左腔，推动其活塞向右运动。这样就实现了液压缸 A 和液压缸 B 的顺序动作。

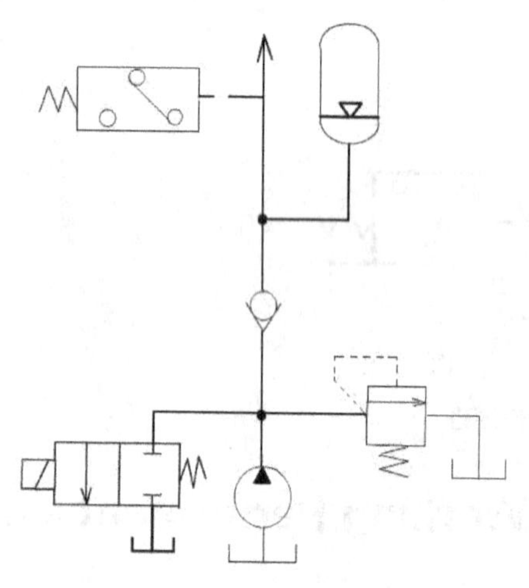

图 6-32 压力继电器实现系统安全保护

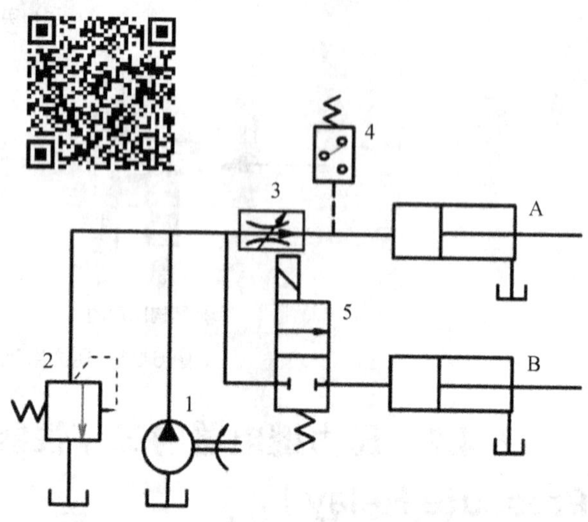

图 6-33 压力继电器控制的顺序动作回路

采用压力继电器控制的顺序动作回路，简单易行，应用较普遍。使用时应注意，压力继电器的压力调定值应比先动作的液压缸 A 的最高工作压力高，同时应比溢流阀调定压力低 0.3～0.5MPa，以防止压力继电器误发信号。

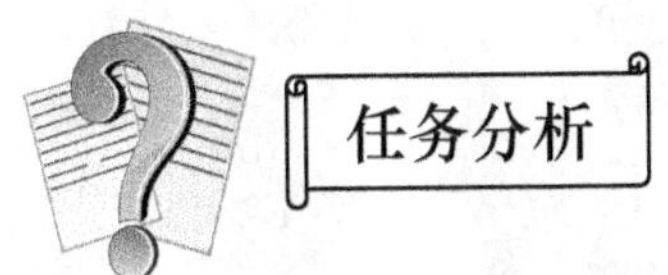

任务分析

若想实现两个液压缸的顺序动作，可以采用顺序阀实现，也可以采用行程控制，根据任务要求，这里要求采用压力继电器来控制两个液压缸的顺序动作，可以将压力继电器安装在先动作的液压缸的工作腔，并由其控制第二个液压缸的动作。

任务实施

经过学习前面的内容和任务分析，将你设计的保压回路画入下面的框内，并标注出元件的名称。

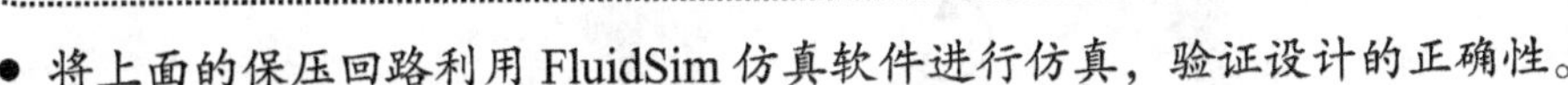

- 将上面的保压回路利用 FluidSim 仿真软件进行仿真，验证设计的正确性。

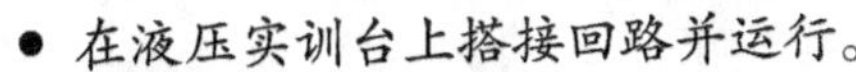

- 在液压实训台上搭接回路并运行。

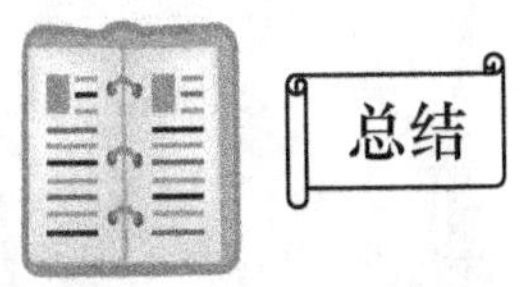

总结

1. 压力继电器是将压力信号转换为电信号的转换装置。当作用于压力继电器上的控制油压升高到（或降低到）调定压力时，压力继电器便发出电信号。

2. 压力继电器在液压回路中可用来起安全保护作用，它还可以用于执行元件的顺序动作。

3. 顺序阀和压力继电器不是用于控制压力。反过来，它们利用压力作为信号去驱动液压开关或电器开关。顺序阀是液控液压开关，压力继电器是液控电开关。信号压力达到调定压力值时执行开关动作（对顺序阀，阀口全开）。

一、填空题

1. 压力继电器是将________信号转换为________信号的转换装置。

二、选择题

1. 压力继电器是（　　）控制阀。

A. 流量　　B. 压力　　C. 方向　　D. 速度

2. 在液压系统中，（　　）可用作背压阀。

A. 溢流阀　　B. 减压阀　　C. 液控顺序阀　　D. 压力继电器

三、分析题

1. 如题图 6-14 所示，分析该回路的工作原理，并描述图中压力继电器的作用。

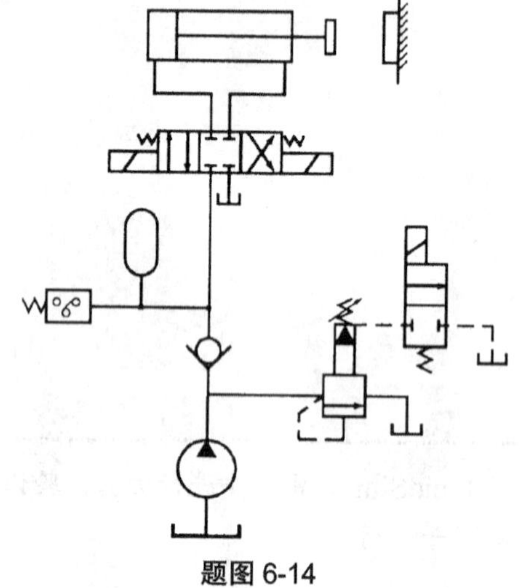

题图 6-14

四、简答题

1. 简述压力继电器的工作原理及作用。
2. 画出压力继电器的图形符号。

GB-T 8105—1987 压力控制阀试验方法

项目 7　流量控制阀及速度控制回路（Item7　Flow Control Valve and Speed Control Circuit）

知识目标	能力目标	素质目标
1. 了解流量控制阀的分类。 2. 掌握节流阀和调速阀的工作原理和应用。 3. 熟悉节流阀和调速阀的图形符号的画法。 4. 掌握速度控制回路的分类。 5. 掌握节流调速回路、快速运动回路和速度换接回路的工作原理	1. 会分析流量控制阀的工作原理。 2. 能根据要求选择流量控制阀。 3. 会画节流阀和调速阀的图形符号。 4. 能够根据工作要求，设计简单的速度控制回路。 5. 能对速度控制回路进行搭接、调试。 6. 会分析速度控制回路的工作原理	1. 培养学生在拆装液压控制阀的过程中安全规范操作的职业素质。 2. 培养学生在完成任务过程中小组成员团队协作的意识

任务 7.1　节流阀、调速阀原理分析及节流调速回路安装与调试（Task7.1　Principle Analysis of Throttle valve and Governor Valve，Installation and Debugging of Throttle Governing Circuit）

1. 能识别节流阀和调速阀。
2. 会分析节流阀和调速阀的工作原理。

3. 会分析节流调速回路的工作原理。
4. 会利用 FluidSim 软件对节流调速回路进行仿真，会安装与调试节流调速回路。
5. 了解容积调速和容积节流调速回路的工作原理。

任务引入

任务 5.1 中所设计的平面磨床工作台的换向回路，可以实现液压缸的往复运动，但是，在实际工作中，因磨削不同的工件时需要不同的进给速度，当要求工作台的往复运动速度可以调节时，就要用到调速回路。

任务描述

设计一平面磨床工作台的节流调速回路，使工作台液压缸的运动速度为可调。
要求：
1. 用图形符号画出该速度控制回路的工作原理图，并用 FluidSim 软件仿真验证其正确性。
2. 在液压实训台上连接回路并进行调试。

问题：什么元件可以实现调速？

液压缸的运动速度与什么有关？液压缸的速度如何调整？

根据液压缸的运动速度公式 $v = q/A$，可知调整液压缸的运动速度有两种方法，一是调节流进液压缸的流量 q，二是改变液压缸的有效工作面积 A。一旦液压缸确定，改变液压缸的工作面积较困难，所以常用改变流进液压缸的流量 q 的方法来调整液压缸的运动速度。

什么是流量控制阀？常用的流量控制阀有哪些？

液压系统中，控制工作液体流量的阀称为流量控制阀，简称**流量阀（Flow Valve）**。常用的流量控制阀有节流阀、调速阀、分流阀等。其中节流阀和调速阀是最基本的流量控制阀。流量控制阀通过改变节流口的开口大小调节通过阀口的流量，从而改变执行元件的运动速度，通常用于定量液压泵液压系统中。

7.1.1　节流阀原理分析（Principle Analysis of Throttle Valve）

一、流量控制工作原理（Flow Control Principle）

油液流经过小孔、狭缝或毛细管时，会产生较大的液阻，通流面积越小，油液受到的液阻越大，通过阀口的流量就越小。所以，改变节流口的通流面积，使液阻发生变化，就可以调节流量的大小，这就是流量控制的工作原理。大量实验证明，节流口的流量特性可以用下式表示：

$$q = CA_T(\Delta p)^m$$

式中，q 为通过节流口的流量；A_T 为节流口的通流面积；Δp 为节流口前后的压力差；C 为流量系数，随节流口的形式和油液的黏度而变化；m 为节流口形式参数，数值一般在 0.5～1 之间，薄壁孔取 0.5，细长孔取 1，薄壁孔和细长孔的区别见图 7-1。

三种节流口的流量特性曲线如图 7-2 所示，由图可知，节流口为薄壁孔时流量稳定性较好。

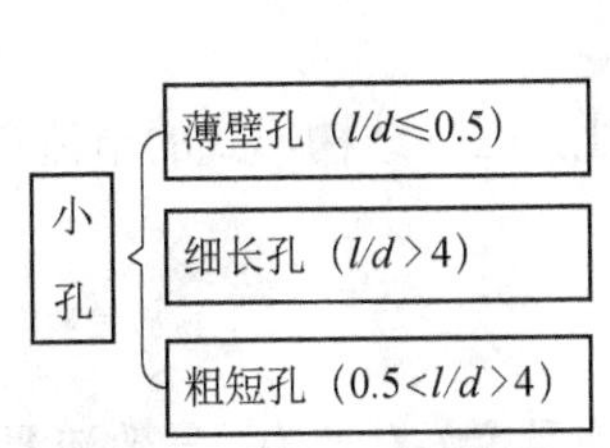

图 7-1　薄壁孔、细长孔和粗短孔的区别

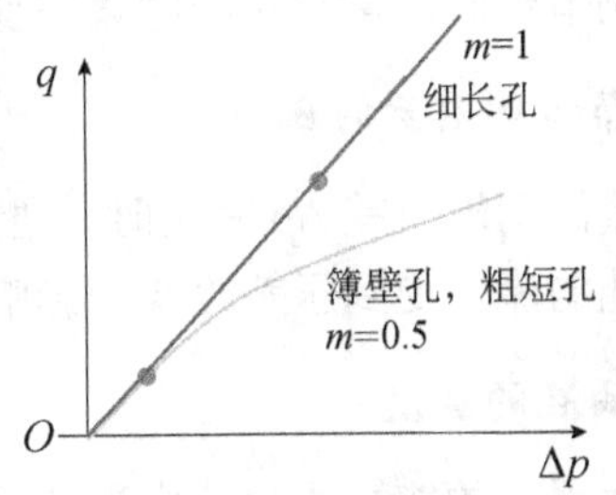

图 7-2　节流口的流量-压力特性曲线

节流口的形式很多，图 7-3 所示为常用的几种。

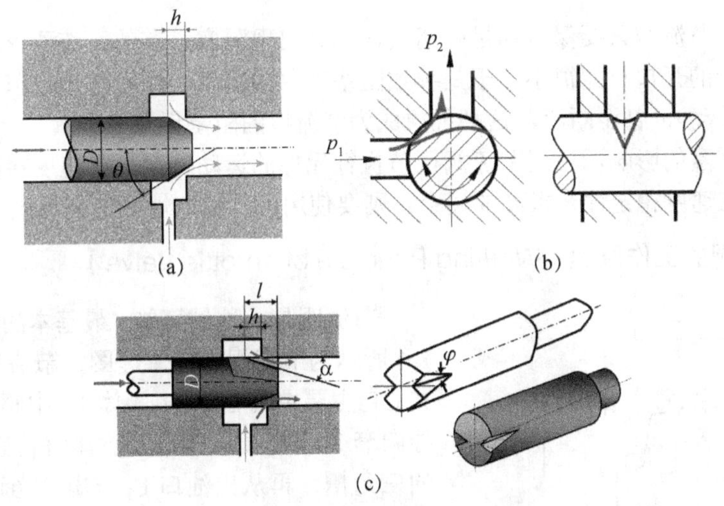

（a）针阀式节流口（b）偏心式节流口（c）轴向三角槽式节流口

图 7-3　节流口的形式

图 7-3（a）为针阀式节流口，这种节流口结构简单，调节范围较大，可当截止阀用。由于过流断面仍是同心环状间隙，水力半径较小，小流量时易堵塞，温度对流量的影响较大，一般用于要求较低的场合。

图 7-3（b）为偏心式节流口，在阀芯上开有一个偏心的三角沟槽。当转动阀芯时，就可以调节通流截面积大小而调节流量。这种形式的节流口，小流量调节容易，但制造略显得麻烦，阀芯所受的径向力不平衡，只宜用在低压场合。

图 7-3（c）为轴向三角槽式节流口，在阀芯端部开有一个或两个斜的三角沟槽，轴向移动阀芯时，就可以改变三角槽通流截面积的大小，从而调节流量。此种类型的节流口结构简单，水力半径大，调节范围较大。小流量时稳定性好，最低对流量的稳定流量为 50mL/min。因小流量稳定性好，是目前应用最广的一种节流口。

二、影响节流阀流量稳定的因素（Factors Affecting the Flow Stability of Throttling Valves）

节流阀是利用油液流动时的液阻来调节阀的流量的。液压系统在工作时，一般希望在节流口大小调节好后，流量 q 稳定不变，但实际上流量总会有变化，尤其是流量较小时变化更大。影响节流阀流量稳定的因素主要有如下几种。

1. 节流阀前后的压力差

节流阀两端压差 Δp 变化时，通过它的流量要发生变化，三种结构形式的节流口中，通过薄壁小孔的流量受到压差改变的影响最小。

2. 油液的温度

压力损失的能量通常转换为热能，油液的发热会使油液黏度发生变化，导致流量系数 C 变化，而使流量变化。

3. 节流口的阻塞

一般来说，节流阀只要保持油足够清洁，不会出现阻塞。有的系统要求液压缸的运动速度极慢，节流阀的开口只能很小，于是导致阻塞现象的出现。此时，通过节流阀的流量时大时小（周期性脉动），甚至断流，这种现象成为节流口的阻塞现象。

由于上述因素的影响，使用节流阀调节执行元件的运动速度，其速度将随负载和温度的变化而波动。在速度稳定性要求高的场合，则要使用流量稳定性好的调速阀。

三、节流阀的工作原理（Working Principle of Throttle Valve）

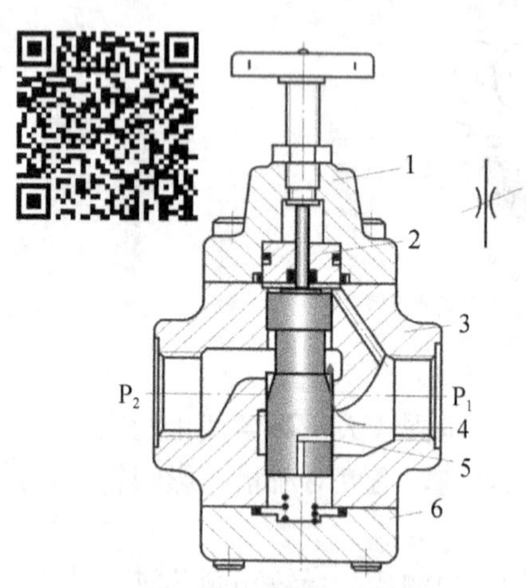

1—上阀体；2—导向套；3—中阀体；4—阀芯；5—油孔；6—下阀体

图 7-4　节流阀结构原理图

节流阀是一种最简单、最基本的流量控制阀。图 7-4 所示为节流阀结构原理图，节流口呈轴向三角槽式。它主要由阀芯 4、上阀体 1、中阀体 3、下阀体 6、导向套 2 组成。压力油从进油口 P_1 流入，经阀芯 4 上的三角槽，再从出油口 P_2 流出。当调节最上端的螺纹调节机构时，会使阀芯 4 发生轴向移动，以改变节流口的通流截面积来调节流量。节流阀的进出油口可互换。

这种节流阀结构简单、制造容易、体积小，但负载和温度的变化对流量的稳定性影响较大，因此只适用于负载和温度变化不大或执行机构速度稳定性要求较低的液压系统。

节流阀通常和单向阀并联组成单向节流阀，如图 7-5 所示。

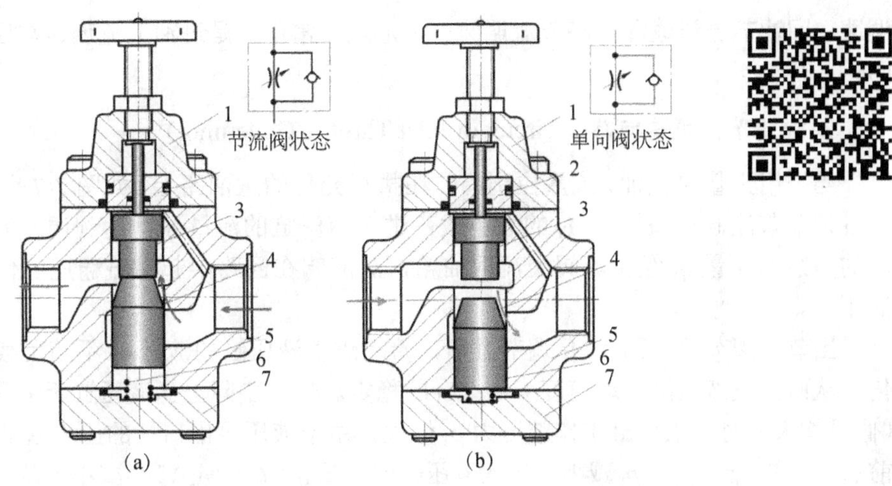

1—上阀体；2—导向套；3—上阀芯；4—下阀芯；5—中阀体；6—弹簧；7—下阀体

图 7-5　单向节流阀结构图

节流阀芯分成上阀芯 3 和下阀芯 4。流体正向流动时，与节流阀一样，如图 7-5（a）所示。节流缝隙的大小可通过手柄进行调节；当流体反向流动时，靠油液的压力把阀芯 4 压下，下阀芯起单向阀作用，单向阀打开，可实现流体反向自由流动，如图 7-5（b）所示。

7.1.2　节流调速回路（Throttle Governing Circuit）

一、调速方法（Speed regulation method）

在不考虑油液压缩性和泄漏的情况下，液压缸的速度 $v = q/A$，液压马达的转速 $n = q/V_M$。式中，q 为输入液压缸或液压马达的流量，A 为液压缸的有效面积，V_M 为马达排量。

对于确定的液压缸来说，通过改变 A 来调速是不现实的，一般只能用改变输入液压缸流量 q 的方法来调速。

对变量马达来说，既可以用改变输入流量 q 的办法来调速，也可以通过改变马达排量 V_M 的方法来调速。

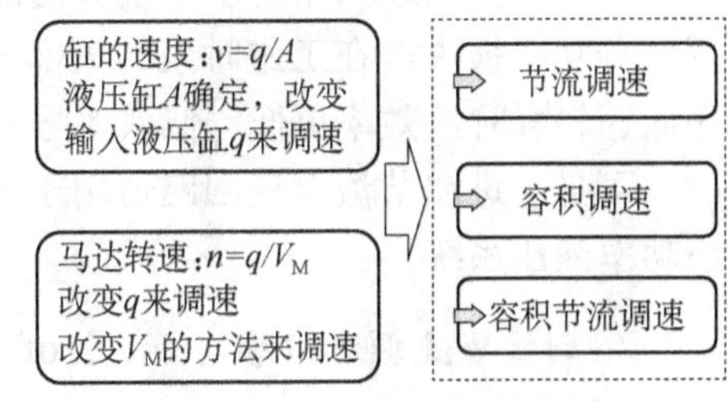

图 7-6　调速回路的类型

目前常用的调速回路主要有三种（如图 7-6 所示）。

（1）节流调速回路：由定量泵供油，用流量阀调节进入或流出执行机构的流量来实现调速。

（2）容积调速回路：用调节变量泵或变量马达的排量来调速（见 3.5.2 和 4.3.5 小节）。

（3）容积节流调速回路：用限压变量泵供油，由流量阀调节进入执行机构的流量，并使变量泵的流量与调节阀的流量相适应来实现调速。

二、节流调速回路（Throttle Governing Circuit）

节流调速是在**定量液压泵**供油的液压系统中安装**节流阀**来调节进入液压缸的油液流量，从而调节执行元件工作行程的速度。根据节流阀在油路中安装位置的不同，可分为**进油节流**

调速、回油节流调速和旁路节流调速三种形式。常用的是进油节流调速与回油节流调速两种回路。

1. **进油节流调速回路**（Circuit of Inlet Throttle Governing）

当采用定量泵供油，流量控制阀装在执行元件的进油路上，如图 7-7 所示。回路工作时，通过调节节流阀开口面积 A_T 的大小改变进入液压缸的流量 q_1，达到调速的目的，定量泵输出的多余的流量 q_y 经溢流阀溢流回油箱，溢流阀在回路中起**溢流稳压**的作用，调定泵的供油压力。

当节流阀节流口面积 A_T 调节好后，希望进入液压缸的流量 q_1 不随负载 F 的变化发生变化，从而保证液压缸运动速度 $v = q_1/A_1$ 的稳定。但是实际上当液压缸所承受的负载发生变化（假设增大）时，液压缸工作腔压力 p_1 增大，由于液压泵出口处的压力 p_p 保持不变，节流阀前后的压差 $\Delta p = p_p - p_1$ 减小，进入液压缸的流量 $q = CA_T(\Delta p)^m$ 会减小，从而液压缸的运动速度 $v = q_1/A_1$ 会减小。进油节流调速回路速度-负载特性曲线如图 7-8 所示。节流阀的流量稳定性不好，若想保证液压缸的运动速度稳定，可以采用调速阀，见 7.1.3 小节调速阀工作原理分析。

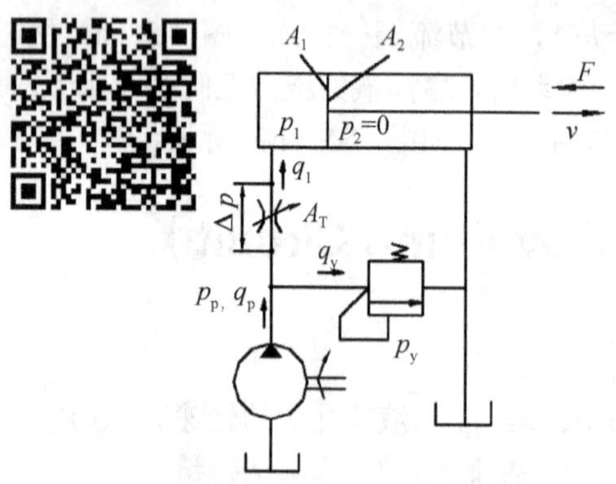

图 7-7　进油节流调速回路

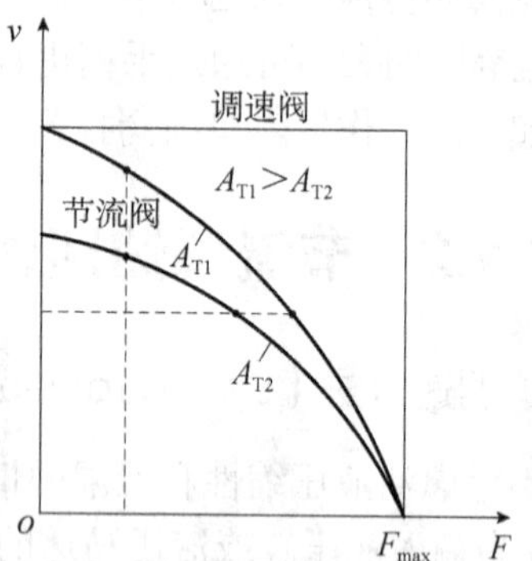

图 7-8　进油节流调速回路速度-负载特性曲线

进油节流调速回路的功率损失由两部分组成：溢流损失 $\Delta p_{溢}$ 和节流损失 $\Delta p_{节}$。由于存在两部分功率损失，在工进时泵的大部分流量溢流，因此进油节流调速回路的效率较低，尤其在低速轻载时，效率更低。低效率导致温升和泄漏增加，进一步影响了速度的稳定性。

可见，进油节流调速回路适用于轻载、低速、负载变化不大和对速度稳定性要求不高的小功率液压系统。

2. **回油节流调速回路**（Circuit of Outlet Throttle Governing）

把流量控制阀安装在执行元件的回油路上的调速回路称为回油节流调速回路，如图 7-9 所示。回路工作时，通过调节节流阀开口面积 A_T 的大小改变从液压缸流出的流量 q_T，间接地调节进入液压缸的流量 q_1 的大小，从而达到调速的目的。定量泵输出的多余的流量 q_y 经溢流阀溢流回油箱，溢流阀在回路中起**溢流稳压**的作用，调定泵的供油压力。

回油节流调速回路与进油节流调速回路工作原理相似，但两种节流调速回路有以下几个明显的不同之处：

（1）回油节流调速回路中具有背压，能承受负的负载。进油节流调速回路要想承受负的负载，需在回油腔加背压阀。

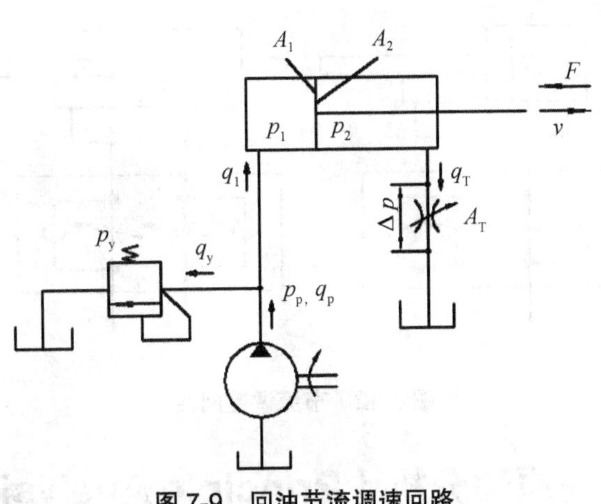

图 7-9 回油节流调速回路

（2）回油节流调速回路进油腔的压力变化小，不易实现压力控制。而进油节流调速回路容易实现压力控制，如当工作部件在行程终点碰到挡块后，液压缸进油腔压力升高，当压力达到此处的压力继电器的调定压力时，压力继电器会发出信号，控制系统的下一步动作。

（3）进油路节流调速回路易实现更低的、稳定的工作速度。

（4）回油节流调速回路中，经节流阀发热后的液压油直接流回油箱，容易散热，而进油节流调速回路中发热后的油液进入液压缸，导致泄漏增加。

3. ***旁路节流调速回路***（Circuit of Bypass Throttle Governing）

这种回路节流阀安装在与液压缸并联的旁油路上，如图 7-10 所示。其调速原理为通过调节节流阀开口大小，调节进入液压缸的流量，阀口开大，液压缸速度减小。溢流阀常态时关闭，过载时打开，起安全阀的作用，其调定压力为回路最大工作压力的 1.1～1.2 倍。泵压 p_p 随负载而变化，其速度-负载特性曲线如图 7-11 所示。由于回路中只有节流损失，而无溢流损失，故本回路效率较高，但调速范围小。

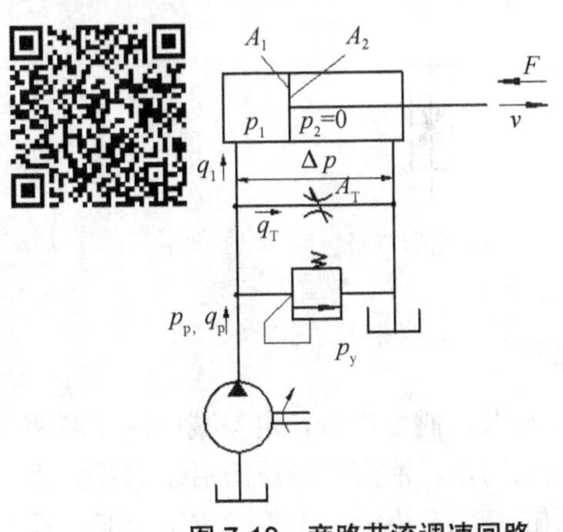

图 7-10 旁路节流调速回路

图 7-11 旁路节流调速回路速度-负载特性曲线

该回路适用于高速、重载、对速度平稳性要求很低的较大功率液压系统，如牛头刨床主运动系统。

图 7-12（a）和图 7-12（b）分别为哪种节流调速回路？

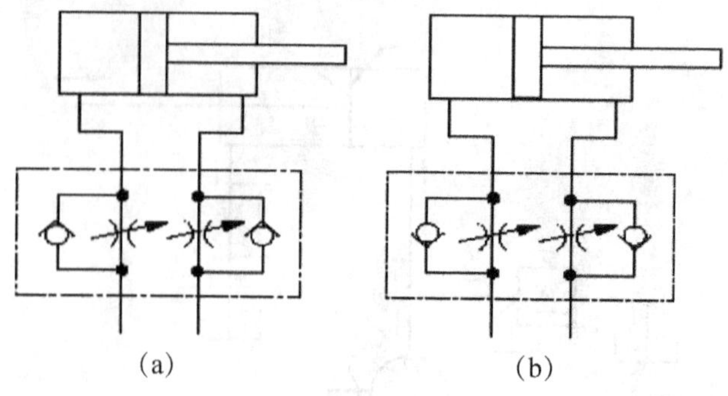

图 7-12　节流调速回路

7.1.3　调速阀原理分析（Principle Analysis of Governor Valve）

如图 7-13 所示，压力补偿调速阀是由一个定差减压阀和一个节流阀串联而成的组合阀。用定差减压阀来保证节流阀前后的压力差 Δp 不受负载变化的影响，从而使通过节流阀的流量保持稳定。

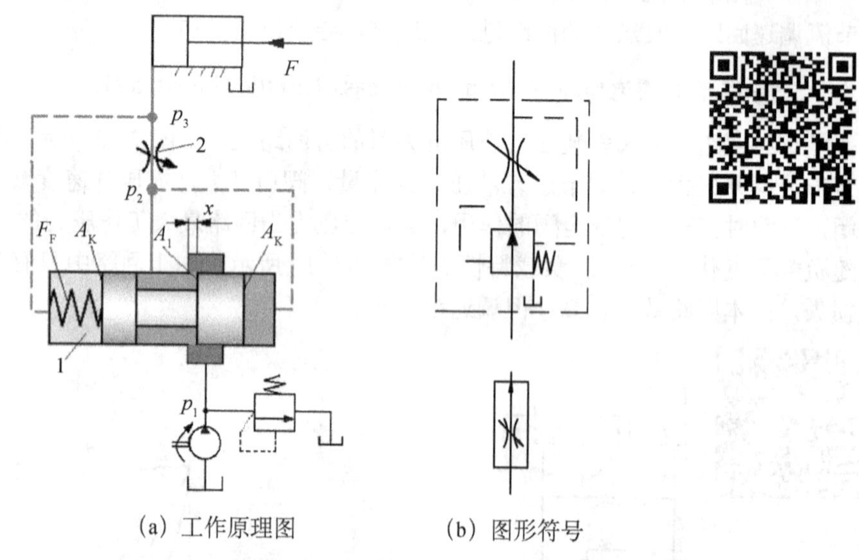

（a）工作原理图　　（b）图形符号

1—定差减压阀；2—节流阀

图 7-13　压力补偿调速阀

图 7-13（a）为调速阀的工作原理图，定差减压阀 1 与节流阀 2 串联，定差减压阀左右两腔分别与节流阀进出口相通。减压阀进口压力 p_1 由溢流阀调定，油液经减压阀后出口压力为 p_2，此为节流阀进口压力，节流阀阀出口压力 p_3 由液压缸负载 F 决定。当负载 F 变化时，调速阀两端压差 $p_1 - p_2$ 随之变化，但节流阀两端压差 $\Delta p' = p_2 - p_3$ 基本不变，为一常量。当负载 F 变化时，例如负载 F 增大，使 p_3 增大，减压阀芯弹簧腔液压力也增大，阀芯左移，阀口开度 x 增大，使 p_2 增大，结果压力差 $\Delta p' = p_2 - p_3$ 基本保持不变，从而保证通过调速阀的流量保持恒定。调速阀的图形符号如图 7-13（b）所示。

如图 7-14 所示是调速阀与节流阀的流量与压差的关系比较，由图可知，**调速阀的流量稳定性要比节流阀好，基本可达到流量不随压差变化而变化**。但是，调速阀特性曲线的起始阶段与节流阀重合，这是因为此时减压阀没有正常工作，阀芯处于最底端。要保证调速阀正常工作，必须达到 0.4～0.5MPa 的压力差，这是减压阀能正常工作的最低要求。

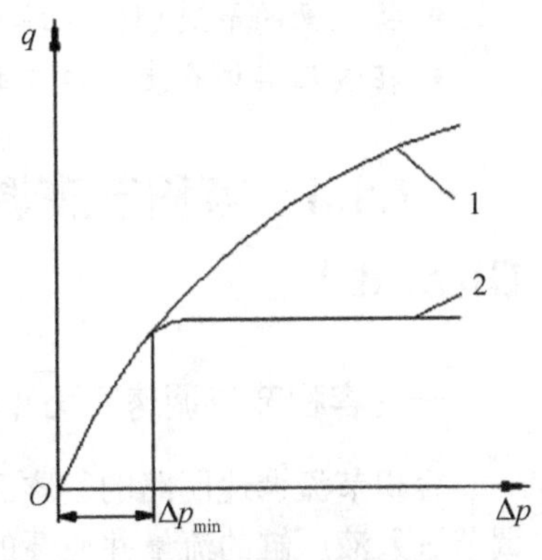

图 7-14　调速阀与节流阀的流量与压差的关系

在定量泵的节流调速回路中当负载 F 变化时，节流阀前后的压差 Δp 随之变化，液压缸运动平稳性差。若用调速阀代替节流阀，当负载 F 变化时，调速阀前后的压差 Δp 基本不变，通过调速阀的流量也基本不变，这样缸运动速度随负载的增加而下降的现象大大减轻。

任务分析

在前面的任务中，要求设计节流调速回路来实现液压缸速度的调整，通过前面知识的学习可知，可以用节流阀或调速阀实现调速。

节流调速回路常用的有进油节流调速回路和回油节流调速回路两种，所设计的节流调速回路可采用这两种中的任何一种。

任务实施

经过学习前面的内容和任务分析，将你设计的节流调速回路画入下面的框内，并标注出元件的名称。

- 将上面的节流调速回路利用 FluidSim 仿真软件进行仿真，验证设计的正确性。
- 在液压实训台上搭接回路，并运行该液压回路。

7.1.4 容积节流调速回路（Volume and Throttling Governing Circuit）

一、容积节流调速回路（Volume and Throttling Governing Circuit）

容积节流调速回路的基本工作原理是采用压力补偿式变量泵供油、调速阀（或节流阀）调节进入液压缸的流量并使泵的输出流量自动地与液压缸所需流量相适应。

常用的容积节流调速回路为限压式变量泵与调速阀组成的容积节流调速回路，如图 7-15 所示。

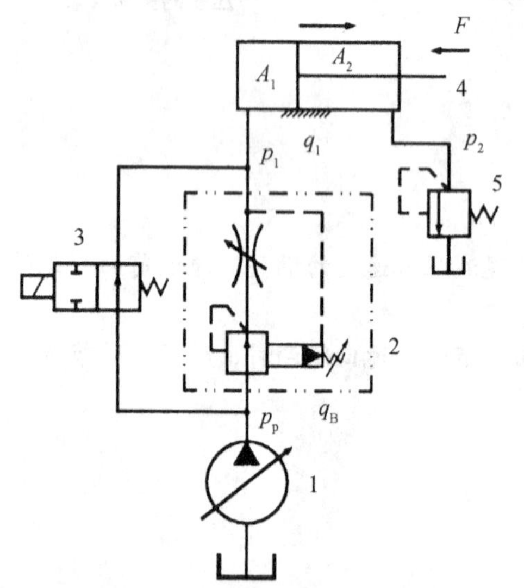

1—液压泵；2—调速阀；3—换向阀；4—液压缸；5—背压阀

图 7-15 限压式变量泵调速阀容积节流调速回路

限压式变量泵与调速阀组成的调速回路中，在图示位置，液压缸 4 的活塞快速向右运动，泵 1 按照快速运动要求调节其输出流量 q_{max}，同时调节限压式变量泵的压力调节螺钉，使泵的限定压力 p_c 大于快速运动所需压力。当换向阀 3 通电时，泵输出的压力油经调速阀 2 进入液压缸 4，其回油经背压阀 5 回油箱。调节调速阀 2 的流量 q_1 就可调节活塞的运动速度 v，由于 $q_1 < q_B$，压力油迫使泵的出口与调速阀进口之间的油压升高，即泵的供油压力升高，泵的流量便自动减小到 $q_B \approx q_1$ 为止。

在这种回路中，泵的输出流量能自动与调速阀调节的流量相适应，只有节流损失，没有溢流损失，因此效率高、发热量小。同时，采用调速阀，液压缸的运动速度基本不受负载变化的影响，即使在较低的运动速度下工作，运动也较稳定。这种调速回路不宜用于负载变化大且大部分时间在低负载下工作的场合。

限压式变量泵与调速阀等组成的容积节流调速回路，具有效率较高、调速较稳定、结构较简单等优点，目前已广泛应用于负载变化不大的中、小功率组合机床的液压系统中。

二、调速回路的比较和选用（Comparison and Selection of Speed Control Circuit）

调速回路的比较见表 7-1。

调速回路的选用主要考虑以下问题：

① 执行机构的负载性质、运动速度、速度稳定性等要求。负载小，且工作中负载变化也小的系统可采用节流阀节流调速；在工作中负载变化较大且要求低速稳定性好的系统，宜采用调速阀的节流调速或容积节流调速；负载大、运动速度高、油的温升要求小的系统，宜采用容积调速回路。一般来说，功率在 3kW 以下的液压系统宜采用节流调速；3～5kW 范围宜采用容积节流调速；功率在 5kW 以上的宜采用容积调速回路。

② 工作环境要求。处于温度较高的环境下工作，且要求整个液压装置体积小、重量轻的

情况，宜采用闭式回路的容积调速。

③ 经济性要求。节流调速回路的成本低，功率损失大，效率也低；容积调速回路因变量泵、变量马达的结构较复杂，所以价钱高，但其效率高、功率损失小；而容积节流调速则介于两者之间。所以需综合分析选用哪种回路。

表 7-1　调速回路的比较

<table>
<tr><td colspan="2" rowspan="4">主要性能</td><td colspan="7">回路类型</td></tr>
<tr><td colspan="4">节流调速回路</td><td rowspan="3">容积调速回路</td><td colspan="2">容积节流调速回路</td></tr>
<tr><td colspan="2">用节流阀</td><td colspan="2">用调速阀</td><td rowspan="2">限压式</td><td rowspan="2">稳流式</td></tr>
<tr><td>进回油</td><td>旁路</td><td>进回油</td><td>旁路</td></tr>
<tr><td rowspan="2">机械特性</td><td>速度稳定性</td><td>较差</td><td>差</td><td colspan="2">好</td><td>较好</td><td colspan="2">好</td></tr>
<tr><td>承载能力</td><td>较好</td><td>较差</td><td colspan="2">好</td><td>较好</td><td colspan="2">好</td></tr>
<tr><td colspan="2">调速范围</td><td>较大</td><td>小</td><td colspan="2">较大</td><td>大</td><td colspan="2">较大</td></tr>
<tr><td rowspan="2">功率特性</td><td>效率</td><td>低</td><td>较高</td><td>低</td><td>较高</td><td>最高</td><td>较高</td><td>高</td></tr>
<tr><td>发热</td><td>大</td><td>较小</td><td>大</td><td>较小</td><td>最小</td><td>较小</td><td>小</td></tr>
<tr><td colspan="2">适用范围</td><td colspan="4">小功率、轻载的中、低压系统</td><td>大功率、重载、高速的中、高压系统</td><td colspan="2">中、小功率的中压系统</td></tr>
</table>

1. 流量控制阀是通过改变节流口通流面积或通流通道的长短来改变局部阻力的大小，从而实现对流量的控制、调节执行元件（液压缸或液压马达）运动速度的阀。常用的流量控制阀有节流阀、调速阀、分流集流阀等。

2. 流量控制阀是节流调速系统中的基本调节元件。在定量泵供油的节流调速系统中，必须将流量控制阀与溢流阀配合使用，以便将多余的流量流回油箱。

3. 调速回路可以分为节流调速回路、容积调速回路和容积节流调速回路三种类型。

4. 节流调速回路按流量控制阀在回路中所处位置的不同，可分为进油节流调速回路、回油节流调速回路和旁路节流调速回路三种类型。

5. 调速阀的调速稳定性优于节流阀的调速稳定性。

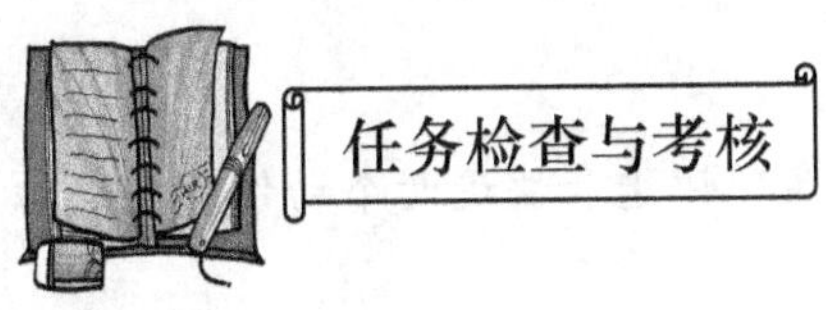

一、填空题

1. 常用的流量控制阀有________、________分流集流阀等。

2. 在定量泵供油的系统中，用流量控制阀实现对执行元件的速度调节。这种回路称为________。

3. 调速阀是由________阀和________阀串联而成的组合阀。

4. 对于节流调速回路，按节流阀的位置不同可以分为________节流调速、________节流调速和________节流调速回路三种。

二、选择题

1. 流量控制阀使用来控制液压系统工作的流量，从而控制执行元件的（　　）。

A. 运动方向　　B. 运动速度　　C. 力大小

2. 节流阀是控制油液的（　　）。

A. 流量　　B. 方向　　C. 压力　　D. 停止

任务 7.2　快速运动回路安装与调试（Task7.2 Installation and debugging of Fast movement circuit）

1. 掌握实现液压缸快速运动的方法。

2. 会分析采用差动连接的快速运动回路、双泵供油的快速运动回路和采用蓄能器的快速运动回路的工作原理。

3. 会利用 Fluidsim 软件对快速运动回路进行仿真，会安装与调试快速运动回路。

为了提高生产率，设备的空行程运动一般需做快速运动。如何才能实现液压缸的快速运动？

设计一单活塞杆双作用液压缸的快速运动回路，实现快进和快退两个动作，快进时采用差动连接。

要求：

1. 用图形符号画出快速运动回路的工作原理图，并用 Fluidsim 软件仿真验证其正确性。

2. 在液压实训台上连接回路并进行调试。

问题 1：实现液压缸的快速运动有哪些方法？

问题 2：差动快进有哪些实现途径？

快速运动回路的功用在于使执行元件获得尽可能大的工作速度，以提高劳动生产率并使功率得到合理利用。实现快速运动的方法很多，下面主要介绍差动连接的快速运动回路、双泵供油的快速运动回路和采用蓄能器的快速运动回路。

7.2.1　差动连接的快速运动回路（Fast Motion Loop with Differential Connection）

图 7-16 所示回路是利用二位三通电磁换向阀实现液压缸差动连接的快速运动回路。换向阀 2 处于原位时，液压泵 1 输出的液压油同时与液压缸 3 的左右两腔相通，两腔压力相等。由于液压缸无杆腔的有效面积 A_1 大于有杆腔的有效面积 A_2，使活塞受到的向右作用力大于向左的作用力，导致活塞向右运动。无杆腔排出的油液与泵 1 输出的油液合流进入无杆腔，即在不增加泵流量的前提下增加了供给无杆腔的油液量，使活塞快速向右运动。

液压缸的差动连接也可用 P 型中位机能的三位换向阀来实现。

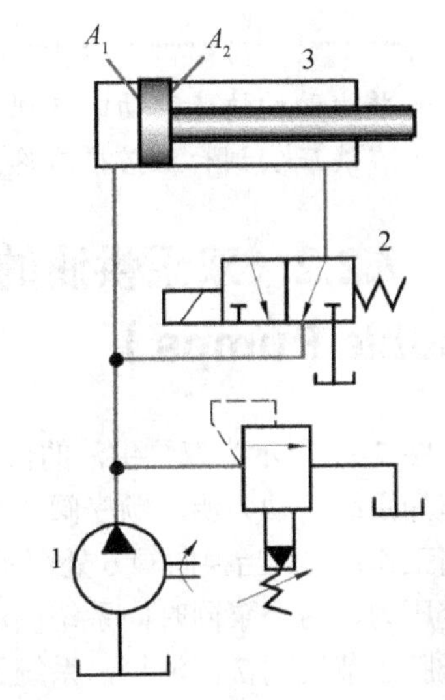

1—液压泵；2—二位三通电磁换向阀；3—液压缸

图 7-16　差动连接的快速运动回路

差动快进实现有多种方法，图 7-16 中的差动快进回路缺点是液压缸活塞杆无法返回。可以考虑改变一下图 7-16 中二位三通电磁换向阀 2 的位置。

当把二位三通电磁换向阀 2 从接液压缸有杆腔的位置换到接液压缸无杆腔的管路上时，活塞即可实现快速伸出和快速缩回。

经过学习前面的内容和任务分析，将你设计的快速运动回路画入下面的框内，并标注出元件的名称。

- 将上面的快速运动回路利用 Fluidsim 仿真软件进行仿真，验证设计的正确性。
- 在液压实训台上搭接回路，并运行该液压回路。

7.2.2 双泵供油的快速运动回路（Fast Motion Loop of Double Pumps）

图 7-17 所示为双泵供油的快速运动回路。低压大流量泵 1 和高压小流量泵 2 组成的双联泵作为系统的动力源。顺序阀 3 设定双泵供油时系统的最高工作压力，溢流阀 5 设定系统的最高工作压力。当换向阀 6 处图示位置时，并且由于外负载很小，使系统压力低于顺序阀 3 的调定压力，两个泵同时向系统供油，活塞快速向右运动；换向阀 6 的电磁铁通电后，液压缸有杆腔经节流阀 7 回油箱，系统压力升高，达到顺序阀 3 的调定压力后，大流量泵 1 通过顺序阀 3 卸荷，单向阀 4 自动关闭，只有小流量泵 2 单独向系统供油，活塞慢速向右运动。大流量泵 1 的卸荷减少了动力消耗，回路效率较高。这种回路常用在执行元件快进和工进速度相差较大的场合，特别是在机床中得到了广泛的应用。顺序阀 3 的调定压力至少应比溢流阀 5 的调定压力低 10%～20%。

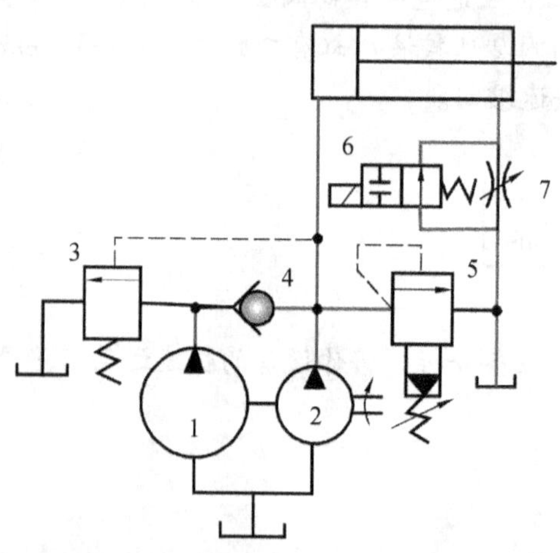

1—大流量泵；2—小流量泵；3—顺序阀；4—单向阀；5—溢流阀；6—二位二通电磁换向阀；7—节流阀

图 7-17 双泵供油的快速运动回路

7.2.3　采用蓄能器的快速运动回路（Fast Motion Loop Using Accumulator）

图 7-18 所示为采用蓄能器的快速运动回路。当换向阀 5 在左位时，液压泵 1 和蓄能器 4 共同向液压缸供油，实现液压缸的快速运动；当系统不工作时，换向阀 5 处于中位，油泵经单向阀 3 向蓄能器充液，蓄能器充满且压力达到预定值后打开顺序阀 2 使液压泵卸荷。采用蓄能器的好处是可以用流量较小的油泵。

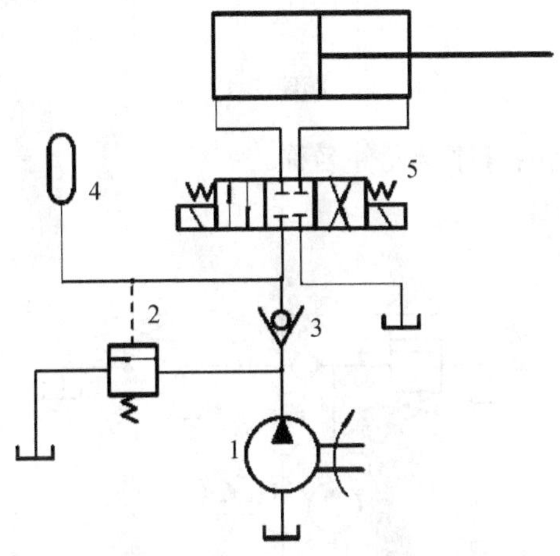

1—液压泵；2—溢流阀；3—单向阀；4—蓄能器；5—换向阀；6—液压缸

图 7-18　采用蓄能器的快速运动回路

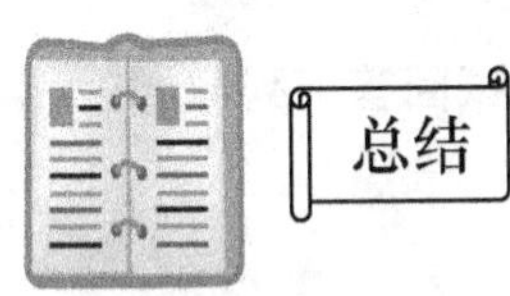

1. 快速运动回路的功用在于使执行元件获得尽可能大的工作速度，以提高劳动生产率并使功率得到合理的利用。

2. 实现快速运动的方法很多，常用的有差动连接的快速运动回路、双泵供油的快速运动回路和采用蓄能器的快速运动回路三种。

一、分析题

1. 分析题图 7-1 所示的三个回路的工作原理，它们能实现什么功能？各自有什么特点？

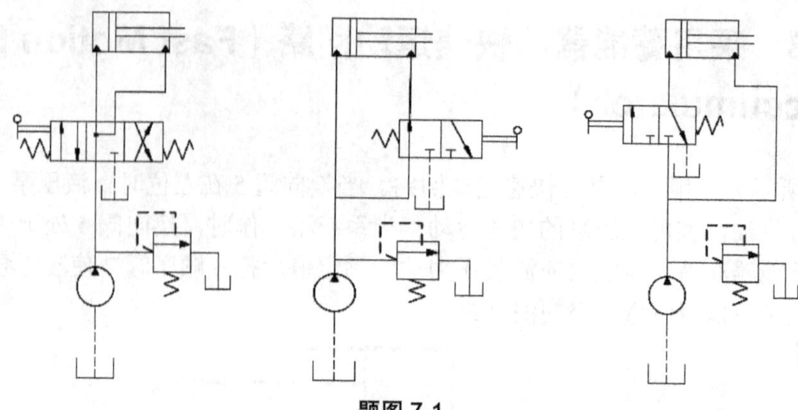

题图 7-1

2. 写出题图 7-2 所示回路有序号元件名称。

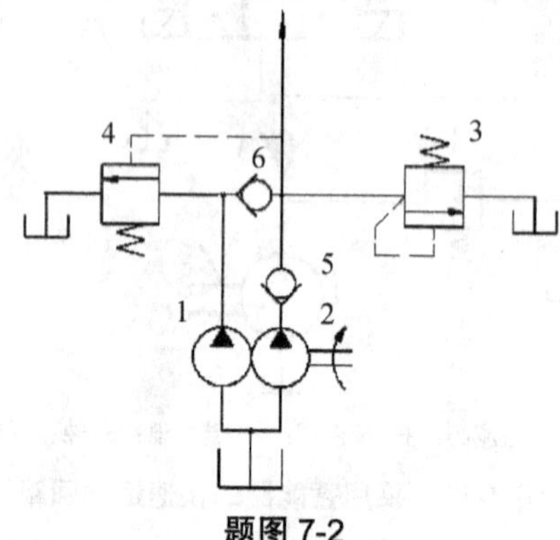

题图 7-2

3. 题图 7-3 所示液压系统是采用蓄能器实现快速运动的回路，试回答下列问题：

（1）液控顺序阀 2 何时开启，何时关闭？

（2）单向阀 3 的作用是什么？

（3）分析活塞向右运动时的进油路线和回油路线。

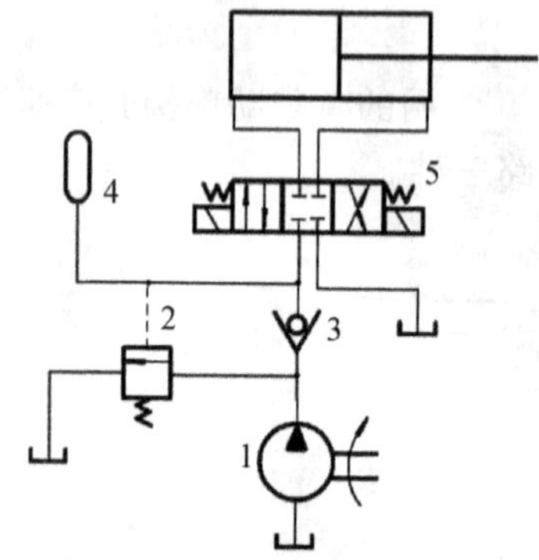

1—液压泵；2—顺序阀；3—单向阀；4—蓄能器；5—三位四通电磁换向阀

题图 7-3

任务 7.3　速度换接回路安装与调试（Task7.3 Installation and Debugging of Speed Transition Circuit）

1. 熟悉速度换接回路的种类。
2. 会分析快进-工进速度换接回路和二次进给回路的工作原理。
3. 会利用 Fluidsim 软件对速度换接回路进行仿真、安装、调试。

任务 7.1 中所设计的平面磨床工作台的节流调速回路，可以实现液压缸的速度调节。但是，在实际工作中，因磨削不同的工件时需要不同的进给速度，当要求工作台的运动能实现不同速度之间的换接时，就要用到速度换接回路。

设计一机床进给系统液压回路，使其能完成“快进-工进-快退”的工作循环，对该回路进行分析，说明其工作过程及工作原理。

要求：

1. 用图形符号画出该速度换接回路的工作原理图，并用 Fluidsim 软件仿真验证其正确性。
2. 在液压实训台上连接回路并进行调试。

问题：不同速度之间的换接有哪几种情况？

速度换接回路（Speed Transition Circuit）用来实现运动速度的变换，即在原来设计或调节好的几种运动速度中，从一种速度换成另一种速度。对这种回路的要求是速度换接要平稳，即不允许在速度变换的过程中有前冲（速度突然增加）现象。

根据切换前后速度的不同，可分为快速与慢速、慢速与慢速的换接。

7.3.1　快进-工进速度换接回路（Fast and Work Feeding Speed Transition Circuit）

图 7-19 为采用行程阀的速度换接回路，在图示位置液压缸 3 右腔的回油可经行程阀 4 和

换向阀 2 流回油箱，使活塞快速向右运动。当快速运动到达所需位置时，活塞杆上的挡块压下行程阀 4，将其通路关闭，这时液压缸 3 右腔的回油就必须经过节流阀 6 流回油箱，活塞的运动转换为工作进给运动（简称工进）。当操纵换向阀 2 使活塞换向后，压力油可经换向阀 2 和单向阀 5 进入液压缸 3 右腔，使活塞快速向左退回。

在这种速度换接回路中，因为行程阀的通油路是由液压缸活塞的行程控制阀芯移动而逐渐关闭的，所以换接时的位置精度高，冲出量小，运动速度的变换也比较平稳。这种回路在机床液压系统中应用较多，它的缺点是行程阀的安装位置受一定限制（要由挡铁压下），所以有时管路连接稍复杂。行程阀也可以用电磁换向阀来代替，这时电磁阀的安装位置不受限制（挡铁只需要压下行程开关），但其换接精度及速度变换的平稳性较差。

图 7-20 是采用差动连接的快速-慢速换接回路，可实现“快进-工进-快退”的工作循环。电磁铁 1YA 通电、DT 断电时，液压缸 6 处于差动连接状态，实现液压缸的快进；1YA 通电、DT 通电时，由于单向节流阀 4 的调节作用，实现液压缸的工作进给；当 2YA 通电、DT 通电时，液压缸实现快退。

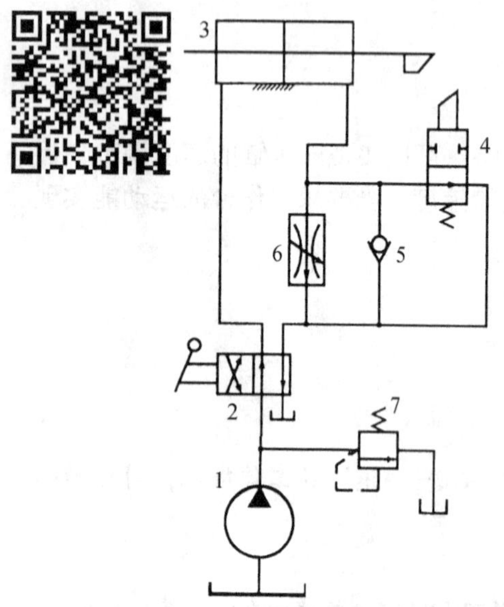

1—液压泵；2—换向阀；3—液压缸；4—行程阀；5—单向阀；6—节流阀；7—溢流阀

图 7-19 采用行程阀的速度换接回路

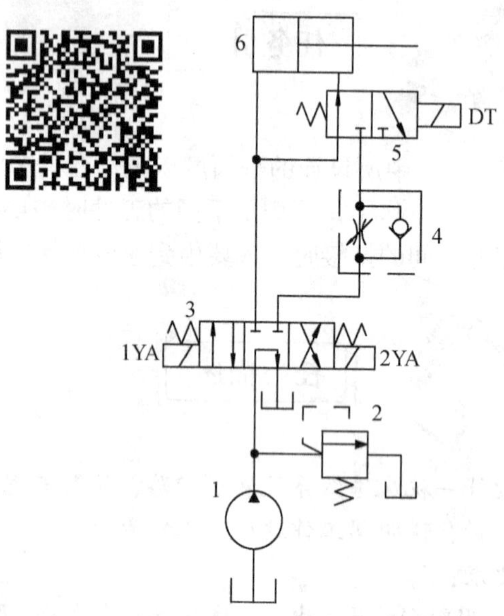

1—液压泵；2—溢流阀；3，5—换向阀；4—单向节流阀；6—液压缸

图 7-20 采用差动连接的快速—慢速速度换接回路

7.3.2 二次进给回路（Secondary Feed Circuit）

二次进给回路（两种工进速度之间的换接回路）可以实现“快进—一工进—二工进—快退”的工作循环。回路中调速元件的连接方式有两种：**调速阀串联（Governor Valve in Series）**和**调速阀并联（Governor Valve in Parallel）**。

一、调速阀串联的二次进给回路（Secondary Feed Circuit of Governor Valve in Series）

图 7-21 所示为两调速阀串联组成的二次进给回路，回路中调速阀 A 和 B 串联，当三位四

通电磁换向阀 1 的电磁铁 1YA 通电、3YA 断电、4YA 断电时，液压泵输出的油液经换向阀 1、换向阀 2 进入液压缸左腔，右腔油液流经换向阀 1 回油箱，实现液压缸快进；当 1YA 通电、3YA 通电、4YA 断电时，调速阀 A 用于第一次进给节流，实现液压缸一工进；当 1YA 通电、3YA 通电、4YA 通电时，只要保证调速阀 B 的开口小于 A 的开口，调速阀 B 用于第二次进给节流，实现液压缸二工进；当 2YA 通电、3YA 断电时，液压泵输出的油液经换向阀 1 进入液压缸右腔，左腔油液经换向阀 2、换向阀 1 回油箱，实现液压缸的快退。

采用两调速阀串联的二次进给回路，调速阀 B 只能控制更低的工作进给速度，使调节受到一定限制，所以，调速阀 B 的开口应小于调速阀 A 的开口。

二、调速阀并联的二次进给回路（Secondary Feed Circuit of Governor Valve in Parallel）

图 7-22 为两调速阀并联的二次进给回路，两种工作进给速度分别由调速阀 A 和调速阀 B 调节。速度转换由二位三通电磁阀 3 控制。调速阀 B 用来实现更低的运动速度，所以，要求调速阀 B 的开口大小要小于调速阀 A 的开口大小。

(a)

工作循环	1YA	2YA	3YA	4YA
快进	+			
1工进	+		+	
2工进	+		+	+
快退		+		
原位				

(b) 电磁铁动作顺序表

1—三位四通电磁换向阀；2，3—二位二通电磁换向阀；A，B—调速阀

图 7-21　调速阀串联的二次进给回路

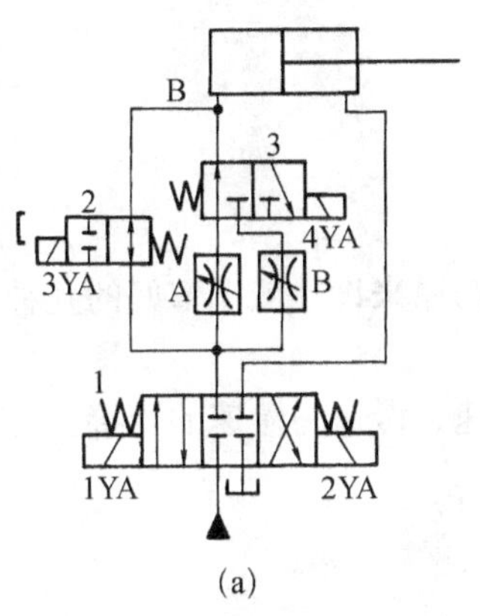

(a)

工作循环	1YA	2YA	3YA	4YA
快进	+			
1工进	+		+	
2工进	+		+	+
快退		+		
原位				

(b) 电磁铁动作顺序表

1—三位四通电磁换向阀；2—二位二通电磁换向阀；3—二位三通电磁换向阀；A，B—调速阀

图 7-22　调速阀串并联的二次进给回路

在前面的任务中，要求设计“快进-工进-快退”的动作循环。快进和工进之间的切换属于快速和慢速之间的切换。可采用图 7-19 或图 7-20 中的任意一种方案。

经过学习前面的内容和任务分析，将你设计的速度换接回路画入下面的框内，并标注出元件的名称。

- 将上面的速度换接回路利用 Fluidsim 仿真软件进行仿真，验证设计的正确性。
- 在液压实训台上搭接回路，并运行该液压回路。

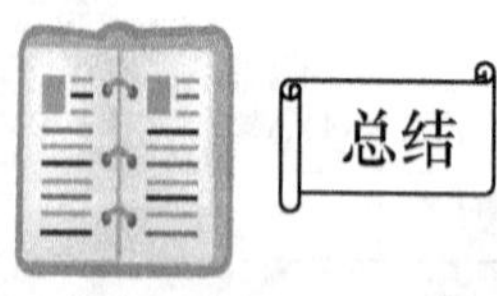

1. 速度换接回路用来实现运动速度的变换，即在原来设计或调节好的几种运动速度中，从一种速度换成另一种速度。

2. 根据切换前后速度的不同，可分为快速与慢速、慢速与慢速的换接。

一、分析题

1. 题图 7-4 所示的液压系统，可以实现“快进－工进－快退－停止”的工作循环要求。

（1）说出图中标有序号的液压元件的名称。

（2）写出电磁铁动作顺序表。

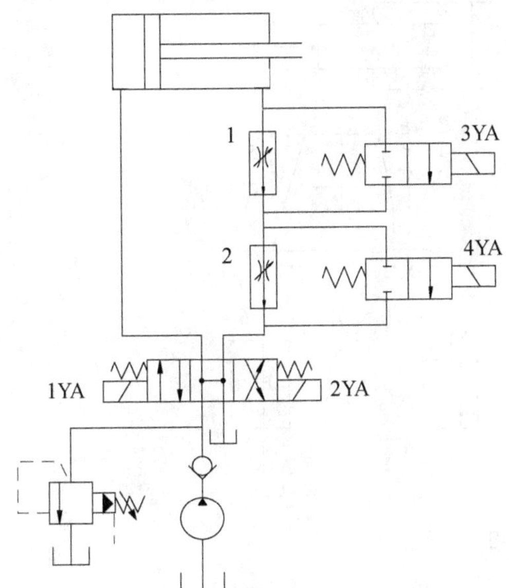

动作 \ 电磁铁	1YA	2YA	3YA
快进			
工进			
快退			
停止			

题图 7-4

2. 题图 7-5 所示的系统可实现“快进-工进-快退-停止（卸荷）”的工作循环。

（1）指出液压元件 1～4 的名称。

（2）试列出电磁铁动作表（通电“+”，失电“–”）。

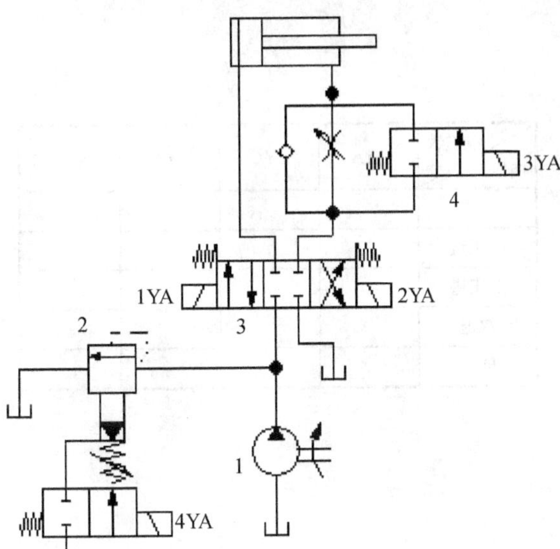

动作 \ 电磁铁	1YA	2YA	3YA	4YA
快进				
工进				
快退				
停止				

题图 7-5

3. 写出题图 7-6 所示回路中的有序号元件名称。

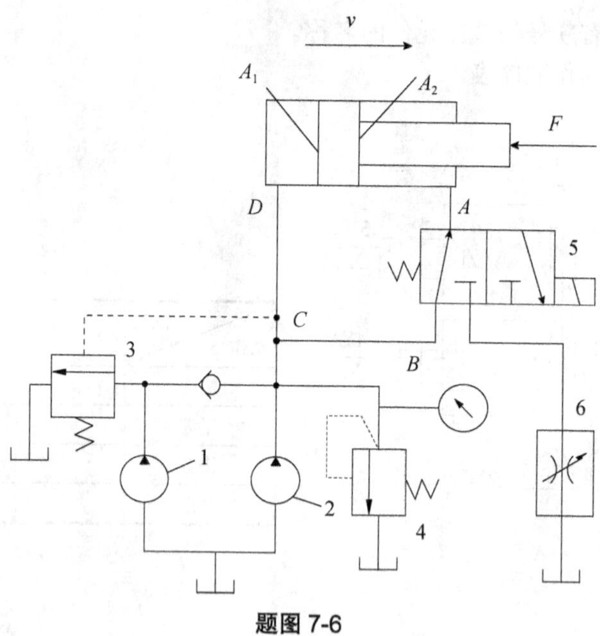

题图 7-6

4. 题图 7-7 所示的系统能实现“快进-一工进-二工进-快退-停止”的工作循环。试写出电磁铁动作顺序表。

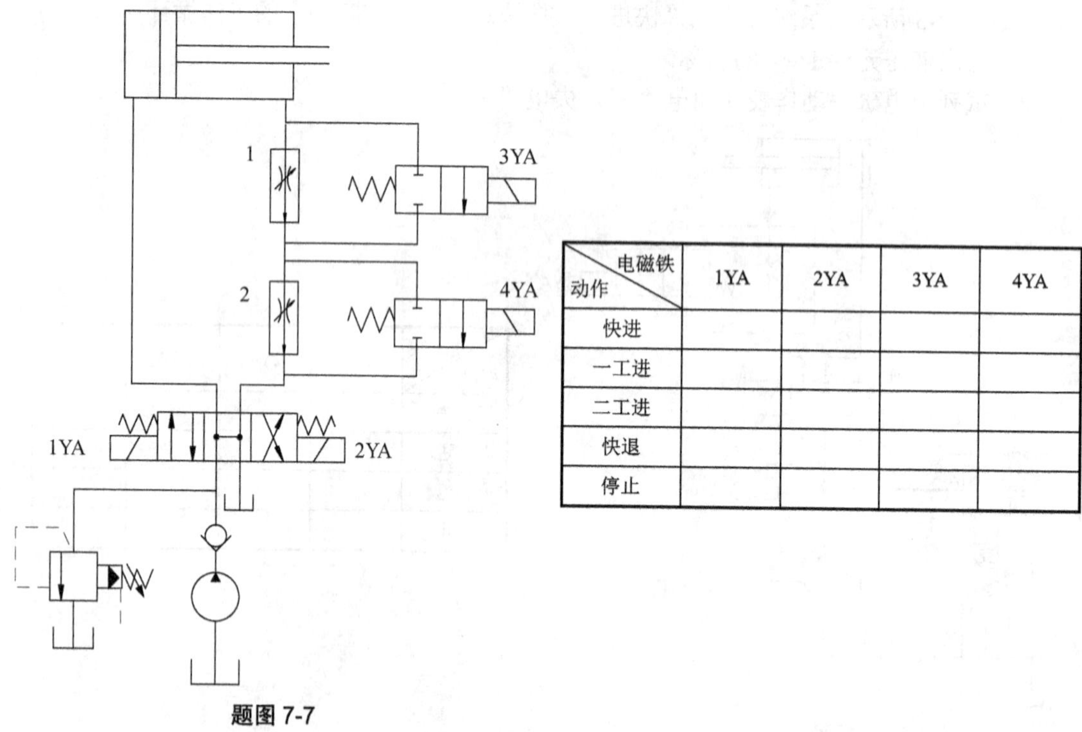

电磁铁 / 动作	1YA	2YA	3YA	4YA
快进				
一工进				
二工进				
快退				
停止				

题图 7-7

GB-T 8104—1987 流量控制阀试验方法

项目 8　液压泵站安装与调试
（Item8　Installation and Debugging of Hydraulic Power Unit）

知识目标	能力目标	素质目标
1. 了解常用液压泵站的分类。 2. 熟悉液压泵站附件的工作原理。 3. 熟悉液压泵站的组成和工作原理。 4. 熟悉油箱、液位液温计、压力表等的种类和使用	1. 具备液压泵站日常维护的能力。 2. 具备液压泵站的调试能力。 3. 会设计油箱。 4. 会使用液位液温计、压力表	1. 培养学生在液压系统调试过程中安全规范操作的职业素质。 2. 培养学生在完成任务过程中小组成员团队协作的意识。 3. 培养学生文献检索、资料查找与阅读相关资料的能力。 4. 培养学生自主学习的能力

图 8-1　液压泵站

在液压传动系统中，为系统提供能量的部分，称为液压泵站（Hydraulic Power Unit），如图 8-1 所示，它可以将机械能转化为液压能。液压泵站根据液压装置的不同，外形各异，但是其基本功能和组成基本相似。通过本项目的学习，可以了解液压泵站各组成元件的工作原理、泵站维护常识及常见故障的排除方法。

液压泵站是独立的液压装置，它按主机要求供油，并控制液流的方向、压力和流量，它适用于主机与液压装置可分离的各种液压机械。

对液压泵站一般有以下基本要求：

（1）为液压系统提供足够的液压油。

（2）密封性能好，泄漏少。

（3）结构简单，制造方便，通用性好。

任务 8.1　液压泵站的安装与调试(Task8.1　Installation and Debugging of Hydraulic Power Unit)

1. 能识别各种液压泵站辅件。
2. 会分析各类液压泵站辅件的工作特点。
3. 会根据要求选择液压泵站辅件。
4. 会维护液压泵站。

一个独立的液压泵站，上班后开机，发现液压泵吸不上油来，分析出现这种现象的原因。

要求：

（1）说明出现这些现象的所有可能性。

（2）根据实际情况最终确定出现泵吸不上油的原因。

（3）找出解决措施。

问题 1：液压泵站的作用是什么？

问题 2：液压泵站由哪些元件组成？

问题 3：液压泵站维护的内容有哪些？

问题 4：液压泵站常见故障如何排除？

8.1.1　液压泵站的组成及工作原理(The Composition and Working Principle of Hydraulic Power Unit)

液压站又称液压泵站，是独立的液压装置，它按驱动装置（主机）要求供油，并控制油流的方向、压力和流量，它适用于主机与液压装置可分离的各种液压机械。用户购买后只要将液压站与主机上的执行机构（油缸和油马达）用油管相连，液压机械即可实现各种规定的动作及工作循环。也就是说：电机带动油泵工作提供压力源，通过集成块、液压阀等对驱动装置（油缸或马达）进行方向、压力、流量的调节和控制，实现各种规定动作。

小小的液压千斤顶存在液压泵站吗？

一、液压泵站的组成及工作原理

液压泵站是由泵装置、集成块或阀组合、油箱、电气盒等组合而成。各部件功用如下：

● 泵装置（Pump Unit）——上装有电机和油泵，它是液压站的动力源，将机械能转化为液压油的压力能。

● 阀组合（Valve Assembly）——板式阀装在立板上，板后管连接，与集成块功能相同。

● 集成块（Hydraulic Manifold Block）——由液压阀及通道体组合而成。它对液压油实行方向、压力、流量的调节。

● 电气盒（Electrical Box）——分两种形式，一种设置外接引线的端子板；一种是配置了全套控制电器。

● 油箱（Reservoir）——钢板焊的半封闭容器，上还装有滤油网、空气滤清器等，它用来储油、冷却及过滤油液。

液压泵站的工作原理为：电机带动液压泵旋转，液压泵将旋转的机械能转化为液压油的压力能，液压油通过集成块（或阀组合）实现了方向、压力和流量的调节后经外接液压管路传输到主机的液压缸或液压马达中，从而控制了主机方向的变换、力量的大小及速度的快慢，推动各种液压机械做功。

下面以上料台液压泵站为例说明液压泵站的工作原理。

1. 上料台液压泵站技术参数

（1）系统额定压力：10MPa。

（2）额定流量：15L/min。

（3）电机参数：三相交流 380V 供电，频率 50Hz，转速 1450r/min，功率 3kW。

图 8-2 为上料台液压泵站的原理图，图中电动机 7 驱动齿轮泵 5 向系统供油，系统压力由叠加式溢流阀 10 调定，单向阀 6 防止油液倒流回液压泵，对液压泵造成冲击损坏；电磁溢流阀 11 在系统正常工作时其电磁铁处于通电状态，当电磁换向阀 12 处于中位时，电磁溢流阀 11 可使系统卸荷；压力表 9 随时显示系统的压力。

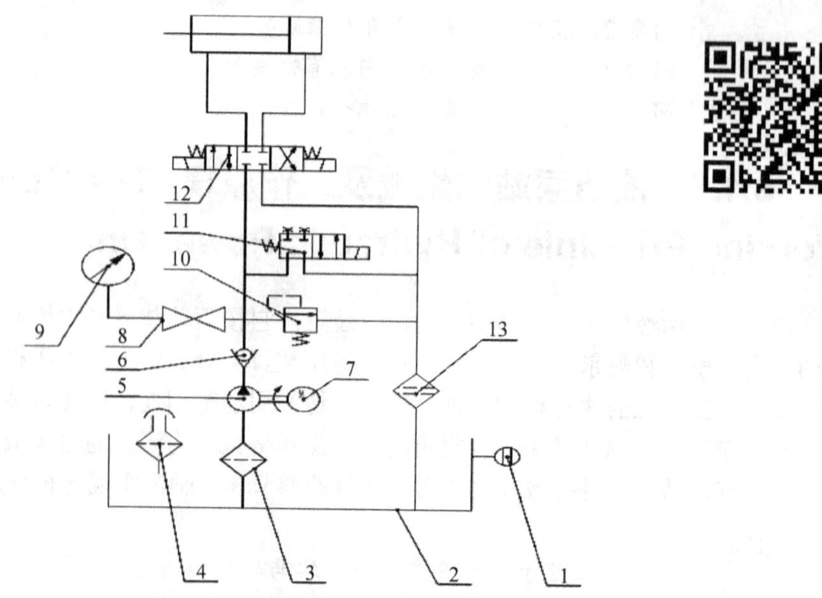

1—液位液温计；2—油箱；3—吸油滤油器；4—空气滤清器；5—齿轮泵；6—单向阀；7—电动机；8—压力表开关；9—压力表；10—叠加式溢流阀；11—电磁溢流阀；12—电磁换向阀；13—回油滤油器

图 8-2 上料台液压站原理图

二、常见液压泵站类型

液压泵站一般按照结构形式进行分类，主要以泵装置的结构形式、安装位置及冷却方式来区分。

1. 按泵装置的结构形式、安装位置

（1）上置立式

图 8-3（a）所示为泵装置上置立式安装。泵装置立式安装在油箱盖板上，主要用于定量泵系统。立式安装时，液压泵和油管接头均在油箱内部，便于收集漏油，油箱外形整齐，但维修不方便。

（2）上置卧式

图 8-3（b）所示为泵装置上置卧式安装。泵装置卧式安装在油箱盖板上，主要用于变量泵系统，以便于流量调节。卧式安装时，液压泵及油管接头露在油箱外面，安装和维修较方便。

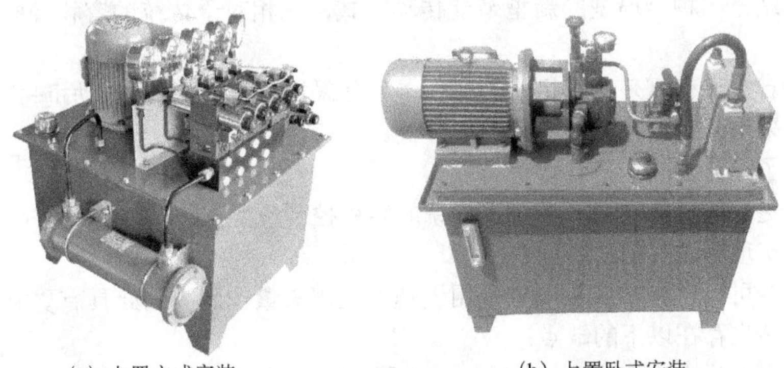

(a) 上置立式安装　　(b) 上置卧式安装

图 8-3　泵装置的结构形式和安装位置

（3）旁置式

图 8-4 所示为泵装置旁置安装。旁置式可装备备用泵，主要用于油箱容量大 250L、电机功率 7.5kW 以上的系统。由于油泵置于油箱液面以下，故能有效改善油泵吸油性能，便于维护。但占地面积较大，这种结构适用于油泵吸入允许高度受限制、传动功率较大而使用空间不受限制的各种场合。

图 8-4　旁置式安装

2. 按液压泵站的冷却方式

（1）自然冷却

靠油箱本身与空气热交换冷却，一般用于油箱容量小于 250L 的系统，如图 8-5 所示。

（2）强迫冷却

采取冷却器进行强制冷却，一般用于油箱容量大于 250L 的系统，如图 8-3（a）所示。

液压泵站以油箱的有效储油量及电机功率为主要技术参数。油箱容量共有 18 种规格：25L、40L、63L、100L、160L、250L、400L、630L、800L、1000L、1250L、1600L、2000L、2500L、3200L、4000L、5000L 和 6000L。一般情况下，液压站厂家根据用户要求及依据工况使用条件，可以做到：

① 按系统配置集成块，也可不带集成块。

② 可设置冷却器、加热器、蓄能器。

③ 可设置电气控制装，也可不带电气控制装置。

3. 按油箱形式

（1）普通钢板：箱体一般采用 5～6mm 钢板焊接，面板采用 10～12mm 钢板，若开孔过多可适当加厚或增加加强筋。

（2）不锈钢板：箱体一般选用 304 不锈钢板，厚度 2～3mm，面板采用 304 不锈钢板，厚度 3～5mm，承重部位增加加强筋。

比较：普通钢板油箱内部防锈处理较难实现，铁锈进入油循环系统会造成很多故障，采用全不锈钢设计的油箱则解决了这一业界难题。

4. 变频液压站

变频液压站是一种全局型的新型节能传动方式，它相对于传统的容积控制具有以下几方面的优点：

（1）可以省去带有复杂变量机构的变量泵，而采用变频器+交流电动机+定量泵的形式。

（2）由于采用了定量泵，使噪音大大降低。

（3）拓宽了调速范围。

（4）具有更好的节能效果，相对于传统的容积控制液压系统节能 10%～60%。

（5）可以实现制动能的能量回收。

（6）变频器可以内置 PID 控制和采用无速度反馈矢量控制，因此具有更好的控制特性。

变频液压站也存在以下的缺点：

（1）由于液压泵的转速过低，自吸能力下降，低频时产生脉动转矩，致使电机转速波动、低频力矩不足等，常常会造成低速稳定性差。

（2）对于大功率的交流电动机来说，其转动惯量大，以及变频器能力的限制，响应速度慢，控制精度低。

变频液压站由于其良好的调速性能、节能效果等，应用于液压电梯、液压抓斗、液压振动筛、机床、注塑机、飞机、液压转向系统、制砖厂等。据统计，我国电机的总装机容量已达 4 亿 kW，年耗电量达 6000 亿 kW·h，约占工业耗电量的 80%。我们相信随着我国广大企业节能意识的增强和变频液压技术的发展，变频液压站的应用会更加广泛。

判断图 8-5 中液压站的类型，在右边的方框里写出该泵站的特点。

图 8-5　液压泵站

8.1.2 液压泵站辅助元件及应用（Auxiliary Component of Hydraulic Power Unit and Its Application）

液压泵站中的辅助装置，如滤油器（见任务 2.4）、蓄能器（见任务 2.5）、油箱、压力表、热交换器（见任务 2.3）及管件、管接头等，是保证液压系统正常工作不可缺少的组成部分。它在液压系统中虽然只起辅助作用，但使用数量多、分布很广，如果选择或使用不当，不但会直接影响系统的工作性能和使用寿命，甚至会使系统发生故障，因此必须予以足够重视。

液压辅助元件中除油箱需根据系统要求自行设计外，其他都有标准产品可供选用。

一、油箱（Reservoirs）

1. 油箱的基本功能

油箱在液压系统中的功能是存储油液、散发油液中的热量、分离油液中的气体和沉淀油液中的污物等。液压油箱能够存储必要数量的油液，以满足液压系统正常工作所需要的流量、散发热量。油液经过一个工作循环后，由于摩擦生热，油温升高，油液可回到油箱中进行冷却，使油液温度控制在适当范围内。可逸出油液中空气，清洁油液。油液经过一个循环后，不但油温升高，还会产生污物，可在油箱中沉淀杂质。

2. 油箱的结构

油箱可分为开式油箱和闭式油箱两种。开式油箱，箱中液面与大气相通，在油箱盖上装有空气过滤器。开式油箱结构简单，安装维护方便，液压系统普遍采用这种形式。闭式油箱一般用于压力油箱，内充一定压力的惰性气体，充气压力可达 0.05MPa。如果按油箱的形状来分，还可分为矩形油箱和圆罐形油箱。矩形油箱制造容易，箱上易于安放液压器件，所以被广泛采用；圆罐形油箱强度高，重量轻，易于清扫，但制造较难，占地空间较大，在大型冶金设备中经常采用。我们这里只对开式油箱进行介绍。

油箱的结构如图 8-6（a）所示，图形符号如图 8-6（b）所示。

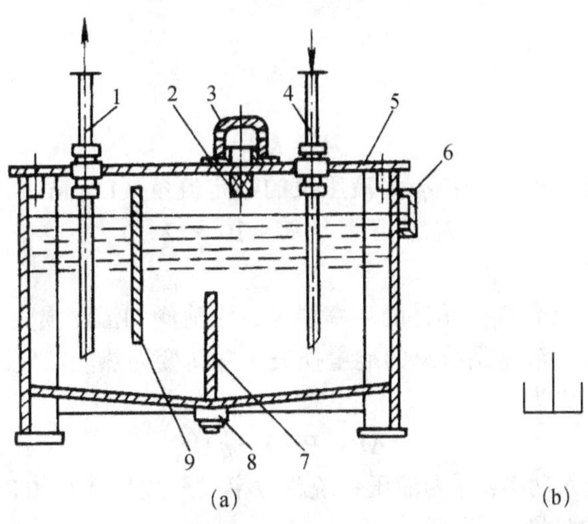

1—吸油管；2—滤油网；3—盖；4—回油箱；5—盖板；6—液位计；7，9—隔板；8—放油塞

图 8-6 油箱的结构

为了保证油箱的功用，在结构上应注意以下几个方面：

（1）应便于清洗。油箱底部应有适当斜度，并在最低处设置放油塞，换油时可使油液和污物顺利排出。

（2）在易见的油箱侧壁上设置液位计（俗称油标），以指示油位高度。

（3）油箱加油口应装滤油网，口上应有带通气孔的盖。

（4）吸油管与回油管之间的距离要尽量远些，并采用多块隔板隔开，分成吸油区和回油区，隔板高度约为油面高度的3/4。

（5）吸油管口离油箱底面距离应大于2倍油管外径，离油箱箱边距离应大于3倍油管外径。吸油管和回油管的管端应切成46°的斜口，回油管的斜口应朝向箱壁。

（6）钢板焊接的油箱，钢板的厚度可视油箱容量的大小在3～6mm内选用，容量小钢板薄，容量大钢板厚。若于油箱上盖放置液压泵和电动机等传动装置时，为防止振动，箱盖应适当加厚。

（7）回油管必须插入最低油面以下，避免回油冲击油面形成泡沫或冲击已沉淀的杂质。

（8）新油箱经喷丸、酸洗和表面清洗后，四壁可涂一层与油液相容的塑料薄膜或耐油漆。

（9）当油箱中的油液需要加热或冷却时，应加装加热器或冷却器。

（10）油箱应便于安装、吊运和维修。

3. 油箱的容量

油箱的容量必须保证：液压设备停止工作时，系统中的全部油液流回油箱时不会溢出，而且还有一定的预备空间，即油箱液面不超过油箱高度的80%。液压设备管路系统内充满油液工作时，油箱内应有足够的油量，使液面不致太低，以防止液压泵吸油管处的滤油器吸入空气。通常油箱的有效容量为液压泵额定流量的2～6倍。一般，随着系统压力的升高，油箱的容量应适当增加。

4. 油箱的容积计算

油箱有效容积（油面高度为油箱高度80%时的容积）的计算通常采用经验估算法，必要时再进行热平衡验算。

（1）经验估算法

估算公式为

$$V = Kq_n \tag{8-1}$$

式中，V为油箱的有效容积（L）；q_n为液压泵的额定流量（L/min）；K为经验系数，低压系统$K=2$～4，中压系统，$K=5$～7，高压系统$K=10$～12。

（2）热平衡验算法

液压系统工作时，泵和执行元件的功率损失、溢流阀的溢流损失、流量阀的压力损失、管道的沿程损失等构成了液压系统总的能量损失，并转变为热能，使油液温度升高。

液压系统的功率损失为

$$\Delta P = P(1-\eta) \tag{8-2}$$

式中，P为液压泵的输入功率；η为液压系统总效率（一般为0.7～0.85）。

液压系统所产生的热量

$$Q_H = kA\Delta t \tag{8-3}$$

式中，A 为散热面积（m^2）；Δt 为系统温升（℃），即系统达到热平衡后的油温（≤65℃）与环境温度之差；k 为散热系数（$kW \cdot m^{-2}/℃$）。

当通风很差时，$k=(8\sim9)\times10^{-3}$；当通风良好时，$k=(15\sim17)\times10^{-3}$；当用风扇冷却时，$k=23\times10^{-3}$；用循环水冷却时，$k=(110\sim175)\times10^{-3}$。

油箱的散热面积

$$A=\frac{Q_{\mathrm{H}}}{k\Delta t}=\frac{\Delta P}{k\Delta t}=\frac{P(1-\eta)}{k\Delta t} \tag{8-4}$$

当油箱长、宽、高之比为 1∶1∶1～1∶2∶3 时，其散热面积可近似地用下式计算：

$$A=0.065\sqrt[3]{V^2}$$

式中，A 为油箱散热面积（m^2）；V 为油箱容积（L）。

二、油管及管接头（Pipes and Connectors）

1. 油管（Pipes）

在液压传动中，常用的油管有钢管、紫铜管、尼龙管、塑料管、橡胶软管等。各种油管的特点和适用场合见表 8-1。

表 8-1　各种油管的特点及适用场合

种　类		特点和适用场合
硬管	钢管	耐油、耐高压、强度高、工作可靠，但装配和弯曲较困难；常在装拆方便处用作压力管道，低压用焊接钢管，中压以上用无缝钢管
	纯铜管	易弯曲成各种形状，但承压能力低（6.5～10MPa）、价高、抗振能力差，易使油液氧化；常用在仪表和液压系统装配不便处
软管	尼龙管	新型油管，软乳白色透明，价低，加热后可随意弯曲，扩口、冷却后定形，安装方便，承压能力因材料而异（2.5～8MPa），前景看好
	橡胶软管	用于相对运动部件间的连接。分高压和低压两种，高压软管由耐抽橡胶夹有几层钢丝编织网（层数越多耐压越高）制成，价高，用于压力管路。低压软管由耐油橡胶夹帆布制成，可用于回油管道
	塑料管	质轻耐油，价格便宜，装配方便，长期使用易老化，只适用于压力低于 0.5MPa 的回油管或泄油管等

对于管道的要求是：在输油过程中能量损失小，具有足够的强度，并保证装配和使用方便。在选择管路时，应根据系统的压力和流量、工作介质、使用环境，以及元件、管接头的要求，来选择适当的口径、壁厚、材质和管路。

（1）管道材质的选择

在液压系统中，常用的管道材料有钢管、铜管、橡胶软管、塑料软管和尼龙软管等。选择的主要依据是工作压力、工作环境和液压装置的总体布局等，视具体工作条件并参考有关液压手册加以确定。

① 钢管。分为无缝钢管和焊接钢管两类。前者一般用于高压系统，后者用于中低压系统。钢管的特点是：承压能力强、价格低廉、强度高、刚度好，但装配和弯曲较困难。目前在各种液压设备中，钢管应用最为广泛。

② 铜管。铜管分为黄铜管和紫铜管两类，多用紫铜管。铜管具有装配方便、易弯曲等优点，但也有强度低、抗振能力差、材料价格高、易使液压油氧化等缺点，一般用于液压装置内部难装配的地方或压力范围在 0.5～10MPa 的中低压系统。

③ 尼龙管。这是一种乳白色半透明的新型管材，承压能力有 2.5MPa 和 8MPa 两种。尼

龙管具有价格低廉、弯曲方便等特点，但寿命较短。多用于低压系统替代铜管使用。

④ 塑料管。塑料管价格低，安装方便，但承压能力低，易老化，目前只用于泄漏管和回油路。

⑤ 橡胶管。这种油管有高压和低压两种。高压管由夹有钢丝编织层的耐油橡胶制成，钢丝层越多，油管耐压能力越高。低压管的编织层为帆布或棉线。橡胶管用于具有相对运动的液压件的连接。

（2）使用要求的选择

① 一般应尽量用硬管，因硬管阻力小，安全，成本低。

② 中高压系统多用无缝钢管，黄铜管也可承受较高压力（$p < 25$MPa）。

③ 中低压系统可用焊接钢管（$p < 0.6$MPa）或紫铜管（$p < 6.5$～10MPa）。

④ 低压系统可用尼龙管，塑料管仅用于回油管路。

⑤ 根据编织骨架材料的不同，胶管可分别用于低压或高压系统。

（3）管道布置

① 布管设计和配管时都应先根据液压原理图，对所需连接的组件、液压元件、管接头、法兰做一个通盘的考虑。

② 管道的铺设排列和走向应整齐一致，层次分明。尽量采用水平或垂直布管，水平管道的不平行度应≤2/1000；垂直管道的不垂直度应≤2/400。用水平仪检测。

③ 平行或交叉的管系之间，应有 10mm 以上的空隙。

④ 管道的配置必须使管道、液压阀和其他元件装卸、维修方便。系统中任何一段管道或元件应尽量能自由拆装而不影响其他元件。

⑤ 配管时必须使管道有一定的刚性和抗振动能力。应适当配置管道支架和管夹。弯曲的管子应在起弯点附近设支架或管夹。管道不得与支架或管夹直接焊接。

⑥ 管道的重量不应由阀、泵及其他液压元件和辅件承受，也不应由管道支撑较重的元件重量。

⑦ 较长的管道必须考虑采用有效措施以防止温度变化使管子伸缩而引起的应力。

⑧ 使用的管道材质必须有明确的原始依据材料，对于材质不明的管子不允许使用。

（4）管道安装要求

管道应尽量短，最好横平竖直，拐弯少。为避免管道皱折，减少压力损失，管道装配的弯曲半径要足够大，管道悬伸较长时要适当设置管夹。

管道尽量避免交叉，平行管距要大于 100mm，以防接触振动，并便于安装管接头。

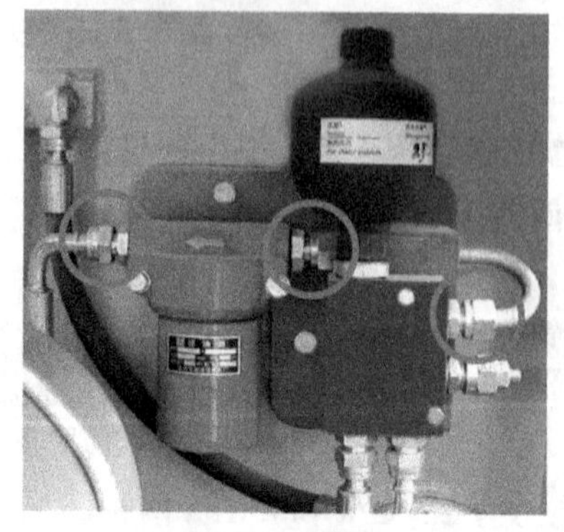

图 8-7　管接头

2. 管接头（Fittings and Connectors）

管接头是油管与油管、油管与液压件之间的可拆式连接件。它应具有装拆方便、连接牢固、密封可靠、外形尺寸小、通流能力大等特点。管接头的种类很多，图 8-7 所示为几种常用的管接头结构。

图 8-8 为扩口式薄壁管接头。这种管接头有 A 型和 B 型两种结构形式。A 型由具有 74°外锥面的管接头体 1、起压紧作用的螺母 2 和带有 60°内锥孔的管套 3 组成；B 型由具有 90°外锥的接头体 1 和带有 90°内锥孔的螺母 2 组

成。将已冲成喇叭口的管子置于接头体的外锥面和管套（或 B 型螺母）的内锥孔之间，旋紧螺母使管子的喇叭口受压，挤贴于接头体外锥面和管套（或 B 型螺母）内锥孔所产生的间隙中，从而起到密封作用。扩口式管接头结构简单、性能良好，加工和使用方便，适用于以油、气为介质的中、低压管路系统，其工作压力取决于管材的许用压力，一般为 3.5～16MPa。扩口式薄壁管接头适用于铜管或薄壁钢管的连接，也可用来连接尼龙管和塑料管，一般在压力不高的机床液压系统中应用较为普遍。

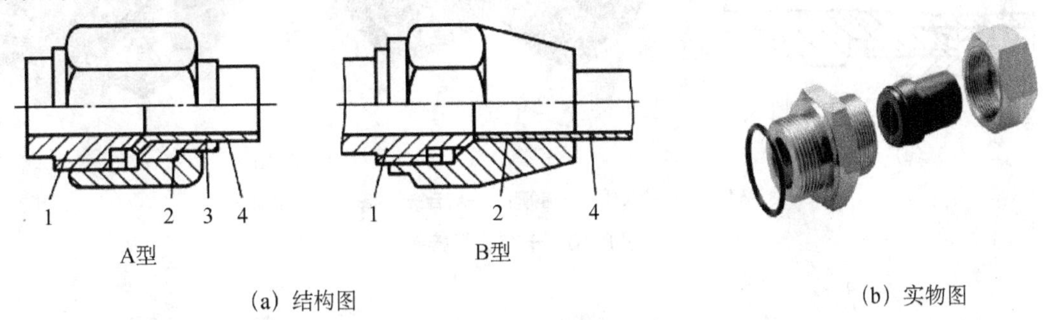

(a) 结构图　　(b) 实物图

1—接头体；2—螺母；3—管套；4—油管

图 8-8　扩口式薄壁管接头

图 8-9 为**焊接式钢管接头（Welded Fitting）**，用来连接管壁较厚的钢管，用在压力较高的液压系统中。

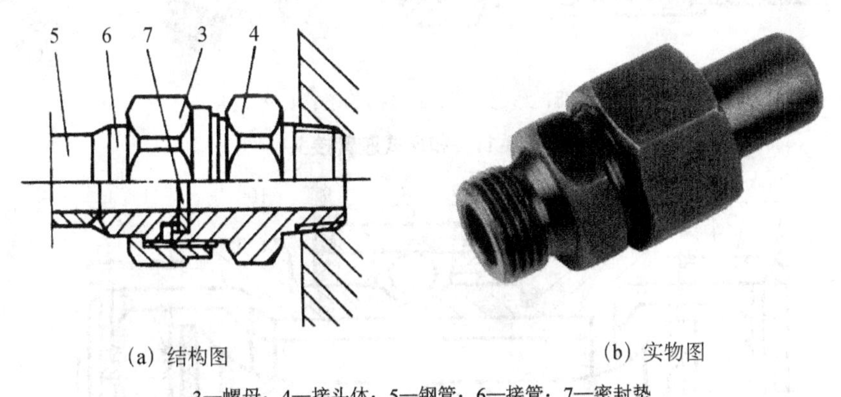

(a) 结构图　　(b) 实物图

3—螺母；4—接头体；5—钢管；6—接管；7—密封垫

图 8-9　焊接式钢管接头

图 8-10 为**卡套式管接头（Eremeto-type Fitting）**。当旋紧管接头的螺母时，利用夹套两端的锥面使夹套产生弹性变形来夹紧油管。这种管接头装拆方便，适用于高压系统的钢管连接，但制造工艺要求高，对油管要求严格。

图 8-11 为**扣压式胶管接头（Withhold Hose Fitting）**。扣压式胶管接头主要由接头外套和接头芯组成。接头外套的内壁有环形切槽，接头芯的外壁呈圆柱形，上有径向切槽。当剥去胶管的外胶层，将其套入接头芯时，拧紧接头外套并在专用设备上扣压，以紧密连接。

图 8-12 为**快换接头（Quick Fitting）**。快换接头的装拆无需工具，适用于需经常装拆处。图 8-12 所示位置为两个接头体连接时的工作位置，两单向阀的前端顶杆相互挤顶，迫使阀芯后退并压缩弹簧，使油路接通。当卡箍 6 向左移动时，钢球 8 从接头体 10 的环槽中间向外推出，接头体不再被卡住，可以迅速从接头体 2 中抽出。此时单向阀阀芯 4 和阀芯 11 在各自的

弹簧力作用下将两个管口关闭，使油管内的油液不会流失。

(a) 结构图　　(b) 实物图

3—螺母；4—接头体；5—钢管；9—组合密封垫；10—卡套

图 8-10　卡套式管接头

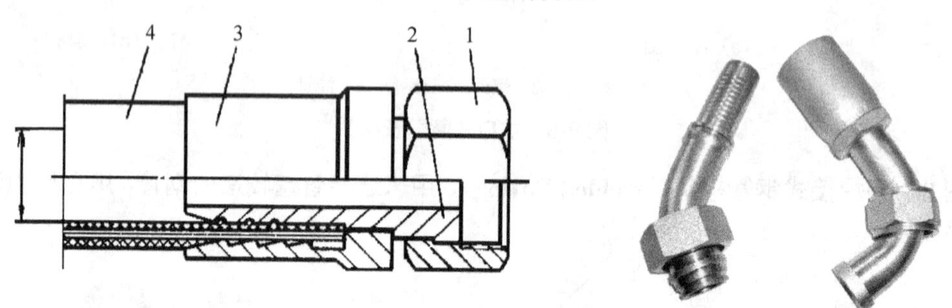

1—螺母；2—接头芯；3—接头外套；4—橡胶管

图 8-11　扣压式胶管接头

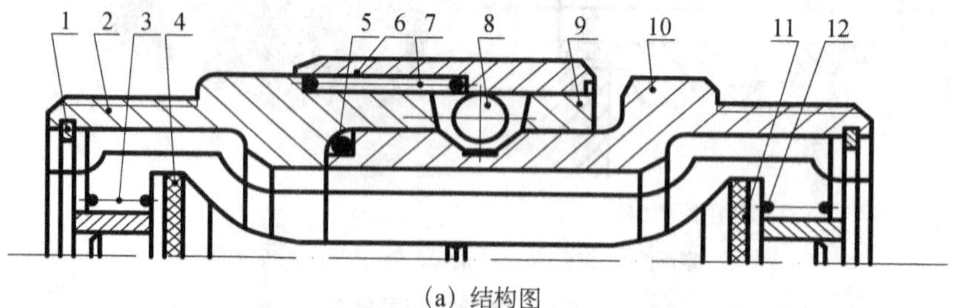

(a) 结构图

(b) 实物图

1—挡圈；2，10—接头体；3，7，12—弹簧；4，11—单向阀阀芯；5—O 型密封圈；6—卡箍；8—钢球；9—弹簧圈

图 8-12　快换接头

三、密封装置（Sealing Device）

密封装置的功用是防止液压元件和液压系统中压力油液的内泄漏、外泄漏以及外界空气、灰尘和异物的侵入，保证系统建立起必要的工作压力。泄漏使系统的容积效率下降，严重时使系统建立不起工作压力而无法工作。另外，外泄漏还会污染环境，造成工作介质的浪费。密封装置的性能直接影响液压系统的工作性能和效率。故对密封装置提出以下要求：

（1）在规定的工作压力和温度范围内，具有良好的密封性能。

（2）密封件的材料和系统所选用的工作介质要有相容性。

（3）密封件的耐磨性要好，不易老化，寿命长，磨损后在一定程度上能自动补偿。

（4）制造简单，维护、使用方便，价格低廉。

密封的类型见表 8-3。

表 8-3　密封的类型

<table>
<tr><td rowspan="15">密封分类</td><td rowspan="4">静密封</td><td>垫片密封</td><td></td><td></td></tr>
<tr><td>研合面密封</td><td></td><td></td></tr>
<tr><td>O 型圈密封</td><td></td><td></td></tr>
<tr><td>密封胶密封</td><td></td><td></td></tr>
<tr><td rowspan="11">动密封</td><td rowspan="3">非接触式密封</td><td>间隙密封</td><td></td></tr>
<tr><td>离心式密封</td><td></td></tr>
<tr><td>迷宫式密封</td><td></td></tr>
<tr><td rowspan="8">接触式动密封</td><td rowspan="4">密封圈密封</td><td>毡圈密封</td></tr>
<tr><td>O 型圈密封</td></tr>
<tr><td>唇形密封</td></tr>
<tr><td>油封</td></tr>
<tr><td>软填料密封</td><td></td></tr>
<tr><td>涨圈密封</td><td></td></tr>
<tr><td>机械密封</td><td></td></tr>
<tr><td>其他</td><td></td></tr>
</table>

1. **静密封**（Static Seal）

密封后密封件之间固定不动，如管道连接。

（1）O 型圈密封

O 型密封圈（见图 8-13）的截面为圆形，是由耐油橡胶压制而成，主要用于静密封和速度较低的滑动密封，其结构简单紧凑，安装方便，价格便宜，可在−40～120℃的温度范围内工作，如图 8-14（a）所示。在无液压力时，靠 O 型圈的弹性对接触面产生预接触压力，实现初始密封，当密封腔充入压力油后，在液压力的作用下，O 形圈挤向槽一侧，密封面上的接触压力上升，提高了密封效果。在动密封中，当压力大于 10MPa 时，O 型圈就会被挤入间隙中而损坏，为此需在 O 型圈低压侧设置聚四氟乙烯或尼龙制成的挡圈，其厚度为 1.25～2.5mm，双向受高压时，两侧都要加挡圈，如图 8-14 所示。

O 型密封圈是应用最广的压紧型密封件，并大量地使用于静密封，密封压力可达 80MPa；也可用于往复运动速度小于 0.5m/s 的动密封，密封压力可达 20MPa。其规格用内径和截面直径（$d \times d_0$）来表示。O 型密封圈及其安装沟槽、挡圈都已标准化，实际应用可查阅有关手册。

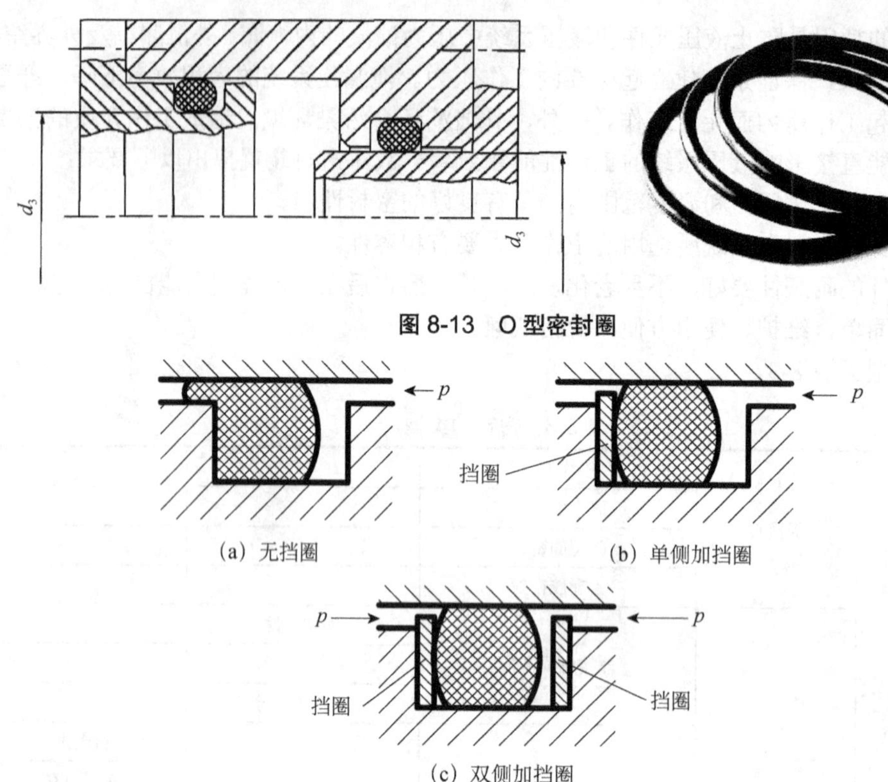

图 8-13　O 型密封圈

(a) 无挡圈　　(b) 单侧加挡圈

(c) 双侧加挡圈

图 8-14　O 型密封圈的挡圈安装

O 型密封圈结构简单、密封性好、安装方便、成本低，高低压均可用，并在磨损后具有一定的自动补偿能力。

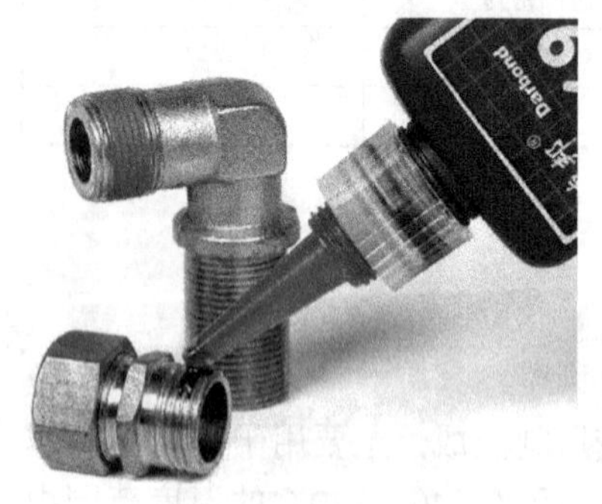

图 8-15　胶密封

（2）密封胶密封

密封胶密封简单易行、经济可靠，但是耐温性差，只能在 150℃以下使用，如图 8-15 所示。

（3）螺纹连接密封

用于管道公称直径 $D_N \leqslant 50$mm 的密封，螺纹连接密封结构简单、加工方便。由于螺纹间配合间隙较大，需在螺纹处放置密封材料，如麻、密封胶聚四氟乙烯带等，最高使用压力 1.6MPa。

2. 动密封（Dynamic Seal）

两密封面在工作时有相对运动的密封称为动密封，通常是一个运动一个静止，又要保证密封可靠。一般分为接触式密封和非接触式密封。

（1）非接触式密封（Non-contact Seal）

间隙密封属于非接触式密封。它是通过精密加工，靠运动间的微小间隙（0.02～0.05mm），来防止泄漏。为提高密封效果，可在活塞上开几条尺寸为 0.5mm × 0.5mm 的环形槽，槽间距为 3～4mm，如图 8-16 所示。间隙密封是最简单的一种密封形式。为了减少液压卡紧力，增

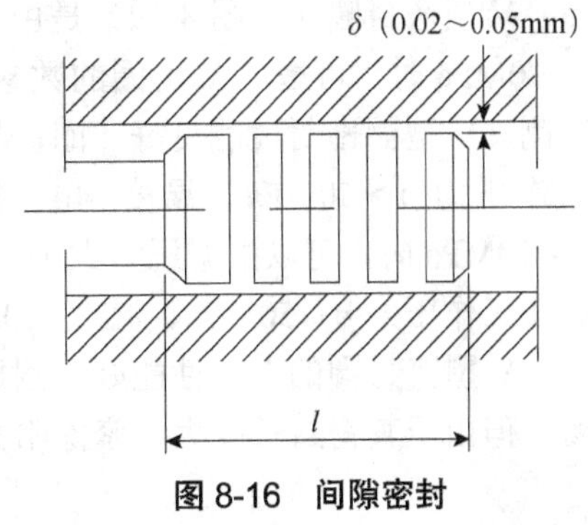

图 8-16　间隙密封

加泄漏油的阻力，减少泄漏量，通常在圆柱面上开几条等距均压槽。这种密封方式常用于柱塞、活塞或阀的圆柱副配合中。

间隙密封的特点是结构简单、摩擦阻力小、耐高温；其缺点是总有泄漏存在，且压力越高，泄漏量越大，另外，配合面磨损后不能自动补偿。液压换向阀的阀芯与阀体就是这种密封。

这种密封方法结构简单、摩擦阻力小、耐高温，但泄漏大，且使用时间越长，泄漏量越大，加工要求越高，磨损后无法自动补偿，只有在尺寸较小、压力较低、相对运动速度较高的缸筒和活塞间使用。

（2）接触式动密封（Contact Seal）

① 唇型密封圈。

唇型密封圈是依靠密封圈的唇口受液压力作用下变形，使唇边贴紧密封面而进行密封的。液压力越高，唇边贴得越紧，密封效果越好，并且磨损后有自动补偿的能力。唇型密封圈属于单向密封件，在装配唇型密封圈时，唇口一定要对着压力高的一侧。这类密封一般用于往复运动密封，如活塞和缸筒之间的密封、活塞杆和缸端盖之间的密封等。常见的有 Y 型、V 型密封圈等。

Y 型密封圈的截面形状呈“Y”型，材料是耐油橡胶，如图 8-17 所示。在实际工作当中，为了防止 Y 型密封圈的翻转，当工作压力大于 14MPa 或压力波动较大时，应加支撑环固定密封圈，保证良好密封，如图 8-18 所示。Y 型密封圈由于两个唇边结构相同，所以既可作孔用密封圈，又可作轴用密封圈。它适用于工作压力不大于 20MPa、工作温度为−30～100℃、相对运动速度小于或等于 0.5m/s 的场合。

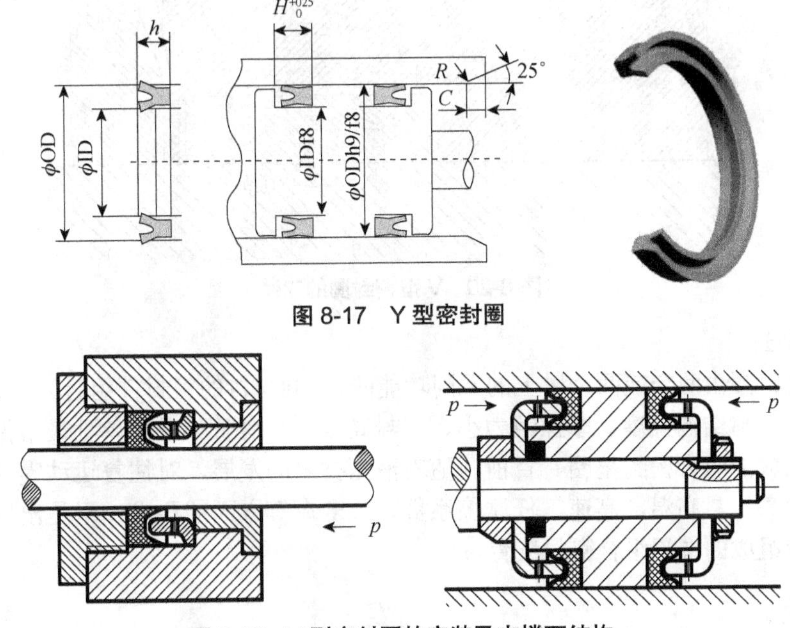

图 8-17　Y 型密封圈

图 8-18　Y 型密封圈的安装及支撑环结构

V 型密封圈（见图 8-19）是由压环、密封环和支撑环组成，截面为 V 形。当工作压力高于 10MPa 时，可增加 V 形圈的数量，提高密封效果。安装时，V 型圈的开口应面向压力高的一侧。V 型圈密封性能良好、耐高压、寿命长，主要用于活塞杆的往复运动密封，它适宜在工作压力 $p>50$MPa、温度−40～80℃的条件下工作。图 8-20 为其安装图，当工作压力 $p>10$MPa 时，可以根据压力大小，适当增加密封环的数量，以满足密封要求。V 型密封圈适宜在工作压力 $p\leqslant 50$MPa、温度−40～80℃条件下工作。

V 型密封圈的密封性能好，耐磨。在直径大、压力高、行程长等条件下多采用这种密封圈。但由于其密封长度大，摩擦阻力较大。

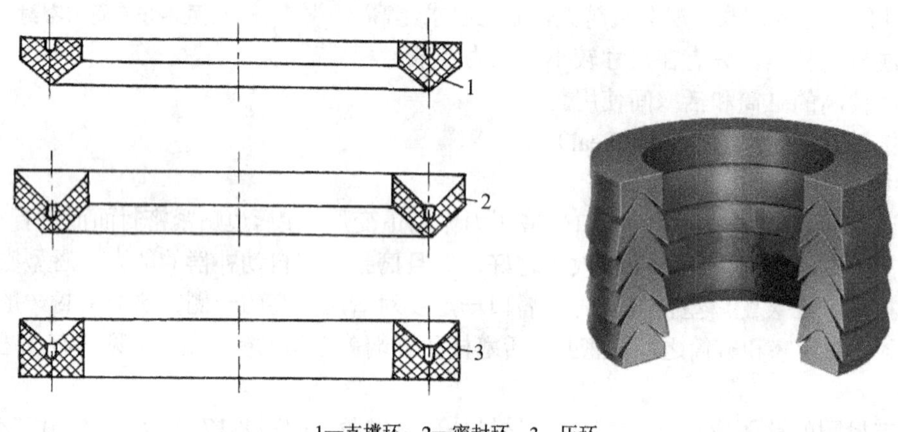

1—支撑环；2—密封环；3—压环

图 8-19　V 型密封圈

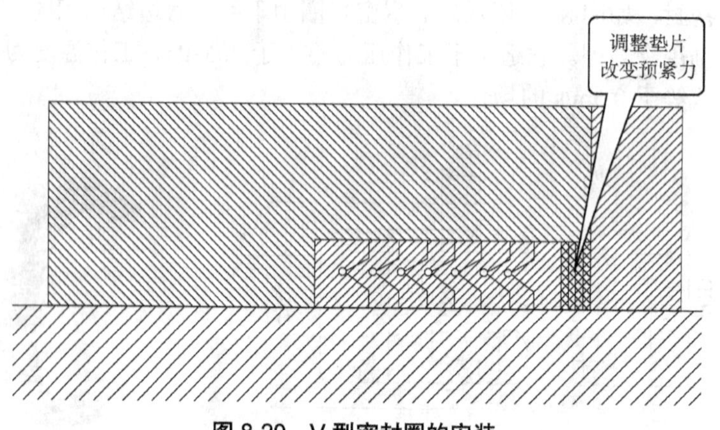

图 8-20　V 型密封圈的安装

② 组合密封。

组合式密封圈由两个或两个以上的不同功能的、不同材料的密封件组合为一体，如图 8-21 所示。组合式密封结构紧凑、摩擦阻力小、密封高效、寿命长。最简单、最常见的是由钢和耐油橡胶压制成的组合密封垫圈。目前，随着液压技术的发展，对往复运动零件之间的密封装置提出了耐高压、高温、高速、低摩擦系数、长寿命等方面的要求，于是出现了聚四氟乙烯与耐油橡胶组成的橡塑组合密封装置。

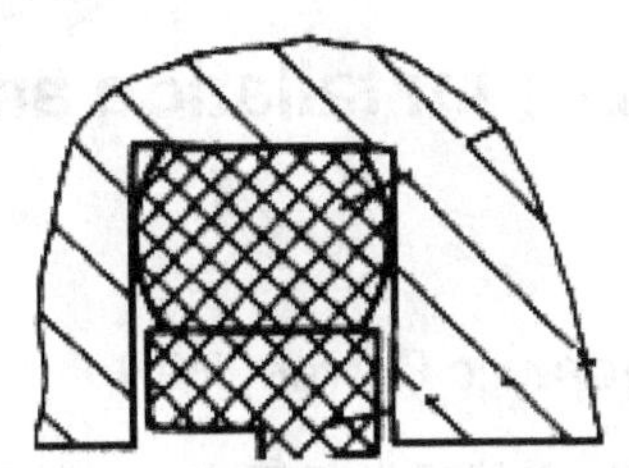

图 8-21　组合密封

四、测量仪器（Measuring Instrument）

1. 压力表（Pressure Gauge）

压力表是通过表内的敏感元件（波登管、膜盒、波纹管）的弹性形变，再由表内机芯的转换机构将压力形变传导至指针，引起指针转动来显示压力。通过使用压力计可以观察液压系统中各工作点（如液压泵出口、减压阀后等）的油液压力，以便操作人员把系统的压力调整到要求的工作压力。

图 8-22 为常用的一种压力计（俗称压力表），由测压弹簧管 1、齿扇杠杆放大机构 2、基座 3 和指针 4 等组成。压力油液从下部油口进入弹簧管后，弹簧管在液压力的作用下变形伸张，通过齿扇杠杆放大机构将变形量放大并转换成指针的偏转（角位移），油液压力越大，指针偏转角度越大，压力数值可由表盘上读出。

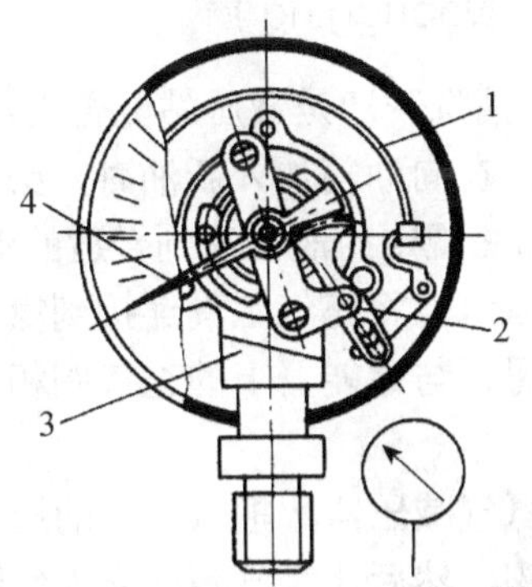

1—弹簧管；2—放大机构；3—基座；4—指针

图 8-22　压力表

2. 液位液温计（Liquid Level Thermometer）

图 8-23 为 YWZ 系列的液位液温计。液位液温检测总体上可分为直接检测和间接检测两种方法。直接测量是一种最简单、直观的测量方法，它是利用连通器的原理，将容器中的液体引入带有标尺的观察管中，通过标尺读出液位高度。间接测量是将液位信号转化为其他相关信号进行测量，如压力法、浮力法、电学法、热学法等。液位液温计应安装在便于观察到的地方。

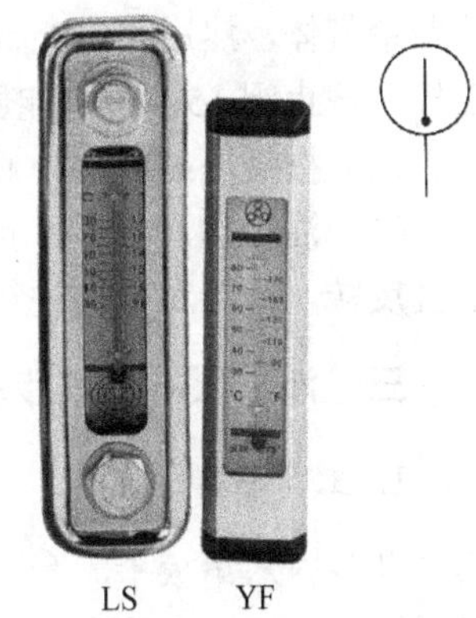

图 8-23　YWZ 系列液位液温计

油箱哪些结构有利于液压油散热、颗粒沉淀、防止空气吸入？

8.1.3 液压泵站的安装与调试（Installation and Debugging of Hydraulic Power Unit）

一、液压泵站的安装（Installation of Hydraulic Power Unit）

泵站各个部件安装完毕后，首先是系统清洗，然后做保压实验，检验泄露情况，随后做系统调试。

系统清洗时，必须对管路进行循环冲洗。用循环冲洗过滤装置对液压系统的管路反复冲洗过滤，采用变换冲洗方向和振动管路的办法加强冲洗效果，并经常检查过滤器滤芯情况。循环 24～72h 后，将装置中的滤芯更换成过滤精度 10μm 的滤芯，继续循环冲洗过滤，直到化验油品的清洁度不低于 NSA1638 标准 9 级，或不低于 ISO4406 标准 18/15 级后停止循环冲洗过滤装置。

液压站应在下列条件下的室内安装使用：海拔不超过 1000m，周围环境温度在 10～40℃的范围内，且通风良好、洁净、无有害气体，没有导电尘埃，无破坏金属及绝缘的腐蚀性气体，无爆炸性气体。

各电磁换向阀接线时，应严格按规格中规定的电压和电流值进行配接，并通过操作台上的相应开关反复操作几次，检查动作的灵活性、正确性、可靠性。

二、调试前的准备工作（Preparations Before Debugging）

（1）清洗油箱、各个液压元件、油管及管接头，清洗干净是液压站能否正常工作的关键。

（2）如果新油的清洁度不能满足液压系统要求，在向油箱加入新油时，必须用过滤精度为 10μm 的滤油车，通过空气滤清器加油，向油箱灌注规定的液压油到合适的液位。

（3）检查蓄能器充气情况。蓄能器充气介质为氮气，将充气工具连接到氮气瓶，从蓄能器上卸下保护帽和气阀帽，放松充气工具的锁紧螺母，与蓄能器上的充气阀相连，然后拧紧锁紧螺母，把手柄逆时针旋到底。

关闭充气工具，打开氮气瓶上的截止阀，调节氮气减压器，把氮气瓶的压力由减压器减到较低压力，顺时针慢慢转动手柄，顶杆顶开充气阀，然后让氮气缓缓充入气囊，通过观察压力表，使压力到达要求为止，充气压力为 1.2 倍的 p 一级值。充气完毕后应将手柄逆时针旋到头，关闭充气工具。在关闭截止阀和减压器后，应打开充气工具上的放气塞，放掉管路上的残余气体，然后卸下充气工具，检查有无漏气，最后装上气阀帽和保护帽。蓄能器充气时，应打开截止阀 15，在蓄能器内油压压力达到零后进行。

（4）按液压站的电控原理图检查配接电线是否正确。

（5）油箱加满油后，点动开关检查电机转向，从泵的轴端看，顺时针方向为正确，如果电机反转，重新对电机进行接线，防止损坏油泵。

三、液压泵站调试步骤（Debugging Steps of Hydraulic Power Unit）

1. 工具准备

准备内六角扳手一套、活口扳手一把、一字和十字螺丝刀各一把、带万用表功能的电流表（钳表）一块、绝缘表（摇表）一块。

2. **系统检查**

（1）检查油箱的液位是否达到要求（油箱容积的 85%）。

（2）检查油箱的温度并做好记录。

（3）检查循环泵和主泵的吸油口截止阀是否开启，是否有泄漏。

（4）检查电动机及其他各接线端子是否牢固。

3. **操作面板检查**

检查操作面板各个指示灯有无异常和报警，并对报警做相应的处理。

4. **点动试转**

将操作面板放在就地操作位，把电机控制柜内空气开关闭合；点动液压泵，确定电机转向与泵的标定旋转方向是否一致。如果转向接反，在控制柜内将该电机的 U、V、W 三相接线端子，任意调换其中两相。

5. **启动调试**

启动液压泵，检查电磁溢流阀得失电状态。5～10s 后让电磁阀得电，使系统工作。观察压力表压力，听有无异音，无异常后，慢慢将液压泵的溢流阀调至要求的压力，同时观看压力表，压力应慢慢上升，然后锁紧溢流阀锁紧螺母，并记录该压力值。

6. **系统停止**

将液压泵上的调压螺丝慢慢向外松，观察压力表直至变为 0MPa 为止。如果系统中有节流阀，将节流阀旋钮全部旋出。最后按下“停止”按钮，使液压泵停转，系统停止工作。

四、调试后的技术性能要求(Technical Performance Requirements after Debugging)

（1）油压稳定。工作油压在 0.8～1MPa 之间变化时不允许有大于±0.6MPa 压力振摆现象，不允许有振幅大于 0.2MPa 的高频振荡。

（2）在制动或松闸过程中，油压-电压的跟随特性要好，当油压 p 在 0.2～0.8MPa 区间，油压-电压的特性曲线基本呈线性关系。

（3）电压为零时，系统残压≤1.0MPa。工作油压达到最大系统压力时，电液比例溢流阀控制电压不得超过 10V。

（4）对应于同一控制电压时的制动和松闸油压，油压差不允许大于 0.7MPa。

（5）在 0.2～0.8MPa 区间，油压跟随电压变化滞后不允许大于 0.15s。

（6）在紧急制动时，要求能实现恒减速控制，系统油压值能根据给定值要求作变化，以保证减速度达恒定值。恒减速功能出现故障时，应马上转化为二级制动。要求 p 一级值在 1～5MPa 之间任意调节，第一级制动时间 t_1 在 10s 内可调，在延时时间内油压下降 $\Delta p > 0.7$MPa。

液压站调试达到上述要求后，才能正常运行。

五、液压泵站吸不上油的原因及解决措施 (Causes and Solutions of Oil Suction in Hydraulic Power Unit)

在调试液压泵站的过程中一旦出现吸不上油的现象，会导致整个系统无法正常工作，所以必须分析其原因并找出解决措施。出现液压泵吸不上油的原因有很多，下面简单介绍一下液压泵不吸油的原因和解决方法。

1. 液压泵不吸油的原因

（1）油箱油位过低。
（2）吸油滤油器被堵。
（3）吸油管被堵。
（4）泵吸入腔被堵。
（5）泵或吸油管密封不严。
（6）吸油管细长和弯头太多。
（7）吸油滤油器过滤精度太高，或通过面积太小。
（8）泵的转速太低。
（9）油的黏度太高。
（10）叶片泵叶片未伸出，卡死在转子槽内。
（11）变量叶片泵变量机构动作不灵，使偏心量为零。
（12）柱塞泵变量失灵，如加工精度差，装配不良，配合间隙太小，泵内部摩擦阻力过大。伺服活塞、变量活塞及弹簧心轴出现卡死，通向变量机构的个别油道有堵塞以及油液太脏、油温太高使零件热变形等。
（13）柱塞泵缸体与配油盘之间不密封（如柱塞泵中心弹簧折断）。
（14）叶片泵配油盘与泵体之间不密封。

2. 解决方法

（1）加油至油位线。
（2）清洗滤芯或更换。
（3）清洗吸油管或更换，检查油质，过滤或更换油液。
（4）拆泵检查。
（5）检查或紧固接头处，紧固泵盖螺钉，在泵盖接合处和接头连接处涂上油脂，或先向泵吸油口灌油。
（6）更换管子，减少弯头，按要求选用管子直径和长度。
（7）按要求选用滤油器过滤精度及通过面积。
（8）将转速控制在规定的最低转速以上。
（9）检查油的黏度，更换适宜的油液。冬季要检查加热器的效果。
（10）拆开清洗，合理选配间隙。检查油质，过滤或更换油液。
（11）更换或调整变量机构。
（12）拆开检查，配修或更换零件，合理选配间隙，过滤或更换油液；检查冷却器效果，检查油箱内的油位并加油至油位线。
（13）更换弹簧。
（14）拆开清洗并重新装配。

任务分析

根据 8.1.3 小节中关于液压泵站吸不上油的原因及解决措施的内容可知，造成吸不上油的原因有很多，必须逐一排查，找出具体原因。

需要注意的是，在液压元件均工作正常的前提下，电动机反转是造成液压泵吸不上油的主要原因。

任务实施

将泵站调试需要做的具体工作写入下面的框内。

总结

1. 液压泵站是由泵装置、集成块或阀组合、油箱、电气盒等组合而成。

2. 液压油油箱的作用是存储必要数量的油液，保持液压油合理的温度及油液清洁。

3. 液压密封装置可分为动密封和静密封两种。静密封主要是密封圈密封，动密封分为接触式密封和非接触式密封两种。

任务检查与考核

一、填空题

1. 液压泵站，是独立的液压装置，它按主机要求________，并控制液流的方向、压力和流量，它适用于主机与液压装置可分离的各种液压机械。

2. 液压泵站是由________、________、________、电气盒等组合而成。

二、判断题

1. 在液压系统中，油箱唯一的作用是存储油。(　　)
2. 密封装置有静密封和动密封两种类型。(　　)
3. 液压泵站调试过程中，电动机反转可能导致泵吸不上油。(　　)

三、简答题

1. 油箱的作用有哪些？
2. 液压泵站有哪几部分组成？简述各部分的作用？
3. 液压系统为什么要设密封装置？密封装置分为哪几种类型？

任务 8.2　液压阀组的安装与调试(Task8.2　Installation and Debugging of Hydraulic Valve Group)

1. 能识别液压阀组中各种叠加阀。
2. 能进行液压阀组的拆装。
3. 能进行液压阀组的日常维护及常见故障的排除。
4. 会确定液压叠加阀的叠装顺序。

设计一液压叠加阀组，能实现双作用液压缸活塞的“快进-工进-快退”运动，要求：

(1) 液压缸的往复运动通过手动控制。

(2) 液压缸停止运动时能实现系统卸荷并使液压缸处于锁紧状态。

注：要求用图形符号画出该换向回路的工作原理图，并用 Fluidsim 软件仿真验证其正确性。

问题 1：阀组元件与一般单独的液压元件有没有不同？
问题 2：阀组占用空间小，其控制功能是否受影响？
问题 3：拆装阀组注意问题是什么？

8.2.1　液压阀的叠加式连接（Hydraulic Valve Stacking Connection）

将各种液压阀的上下面都制作成像板式阀底面那样的连接面，在相同规格的各种液压阀的连接面中，油口位置、螺钉孔位置、连接尺寸都相同（按相同规格的换向阀的连接尺寸确定），这种阀称为**叠加阀**（**Stack Valve**）。按系统的要求，将相同规格的各种功能的叠加阀按一定次序叠加起来，即可组成叠加阀式液压装置，如图 8-24 所示。

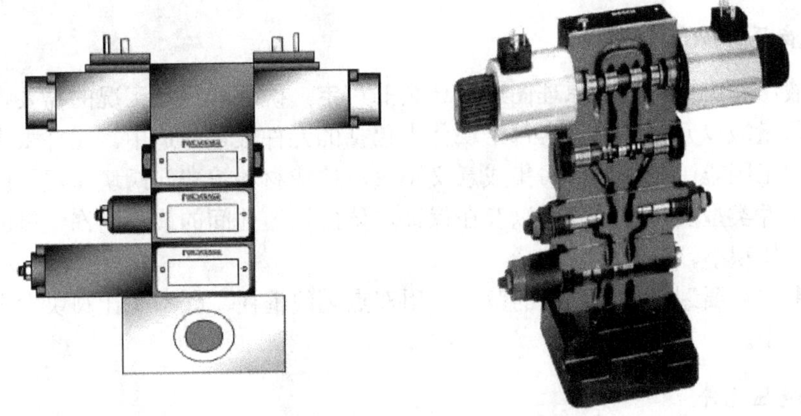

图 8-24　叠加阀式液压装置

叠加阀式液压装置的最下面一般为底块，底块上开有进油口 P、回油口 T 及通往执行元件的油口 A、B 和压力表油口。一个叠加阀组一般控制一个执行元件。若系统中有几个执行元件需要集中控制，可将几个垂直叠加阀组并排在多联底板上。

叠加式连接具有以下优点：

（1）组成回路的各单元叠加阀间不用管路连接，因而结构紧凑、体积小，由管路连接引起的故障也少，系统的泄漏损失及压力损失较小，尤其是液压系统更改较方便、灵活。

（2）由于叠加阀是标准化元件，设计中仅需要绘出液压系统原理图，即可进行组装，因而设计工作量小，设计周期短。

（3）根据需要更改设计或增加、减小液压元件较方便和灵活。

（4）系统的泄漏及压力损失较小。

8.2.2　液压阀组的设计与安装步骤（The Design and Installation Steps of The Hydraulic Valve Group）

液压阀组的设计就是将各种阀合理地放置到液压阀块各面上，并根据液压原理图，决定相关孔道的连通。这两项工作是交叉进行的，在考虑阀的放置位置时，就要考虑孔道相通情况，而在安排孔道相通情况时，又要变动阀的位置。液压阀组在设计时应合理布置孔道，尽量减少深孔、斜孔和工艺孔。阀块中孔径要和流量相匹配，特别要注意相贯通的孔必须保证有足够的通流面积。注意进出油口的方向和位置，应与系统的总体布置及管道连接形式相匹配，并考虑安装操作的工艺性。有垂直或水平安装要求的元件，必须保证安装后符合要求。

对于工作中需要调节的元件，设计时要考虑其操作和观察的方便性，如溢流阀、调速阀等可调元件应设置在调节手柄便于操作的位置。需要经常检修的元件及关键元件，如比例阀、伺服阀等应处于阀块的上方或外侧，以便于拆装。

集成块单元回路图是设计块式集成液压控制装置的基础，也是设计液压集成块的依据，液压阀块的油路符合液压系统原理图是设计的首要原则。液压阀块图纸上要有相应的原理图，原理图除反映油路的连通性外，还要标出所用元件的规格型号、油口的名称及孔径，以便于液压阀块的设计。

液压阀组的设计和安装步骤如下。

1. 审定液压原理图

在安装液压阀组前，要对原理图进行认真的审定，确保能满足工况的需要，并对原理图进行优化，尽量减少元件的数量。每个块体上包括的元件数量应适中。元件太多，阀块体积大，设计、加工困难；元件太少，集成意义不大，造成材料浪费。阀块体尺寸应考虑两个侧面所安装的元件类型及外形尺寸，以及在保证块体内油道孔间的最小允许壁厚的原则下，力求结构紧凑、体积小、重量轻。

原理图审定后要划定液压阀组的范围，用双点划线框住，既不要让阀块太大，又要使阀块的数量尽量少。

2. 选择液压元件

在选用液压阀时，一定要看清其流量和压力范围，还要注意其流量-压力曲线。若选型过小往往会造成压力损失太大，使系统发热；若选型过大，则会造成经济上的浪费。液压阀有两种密封材料可选，氟橡胶密封适用于磷酸酯介质，丁腈橡胶密封适用于矿物油介质，要根据实际使用的介质来选择，氟橡胶密封的液压阀要贵些。在选定液压元件时，有条件最好对选用的阀做性能试验，做到万无一失。在元件选择好后，要在液压原理图上把各个阀的型号、各孔道代号、刀具代号、各油口的代号及尺寸大小标注好，以便于液压阀组的设计和校对。

3. 设计液压集成块

具体内容将在8.2.4小节中详细描述。

4. 确定液压阀的叠装顺序

在设计好液压集成块后，即可逐块布置液压元件了。液压元件在通道块上的安装位置合理与否，直接影响集成块体内孔道结构的复杂程度、加工工艺性的好坏及压力损失的大小。元件安放位置不仅与单元回路的合理性有关，还受到元件结构、操纵调整的方便性等因素的影响。即使单元回路安全合理，若元件位置不当，也难于设计好集成块体。

液压叠加阀的叠装顺序从上到下依次是：电磁换向阀、压力控制阀、液压锁、流量控制阀。

5. 叠加阀的安装

阀块体外表面是阀类元件的安装基面，内部是孔道的布置空间。阀块的六个面构成一个安装面的集合。通常底面不安装元件，而是作为与油箱或其他阀块的叠加面。在工程实际中，出于安装和操作方便的考虑，液压阀的安装角度通常采用直角。

液压阀块块体的空间布局规划是根据液压系统原理图和布置图等的设计要求和设计人员

的设计经验进行的。原则如下：

（1）安装于液压阀块上的液压元件的尺寸不得相互干涉。

（2）阀块的几何尺寸主要考虑安装在阀块上的各元件的外型尺寸，使各元件之间有足够的装配空间。液压元件之间的距离应大于 5mm，换向阀上的电磁铁、压力阀上的先导阀以及压力表等可适当延伸到阀块安装平面以外，这样可减小阀块的体积。但要，注意外伸部分不要与其他零件相碰。

（3）在布局时，应考虑阀体的安装方向是否合理，应该使阀芯处于水平方向，防止阀芯的自重影响阀的灵敏度，特别是换向阀一定要水平布置。

8.2.3 液压阀的选用（Selection of Hydraulic Valve）

液压叠加阀（Superposed hydraulic valve）是在安装时以叠加的方式连接的一种液压阀，它是在板式连接的液压阀集成化的基础上发展起来的新型液压元件。

叠加阀的工作原理与一般液压阀基本相同，但在具体结构和连接尺寸上则不相同，它自成系列，每个叠加阀既有一般液压元件的控制功能，又起到通道体的作用，每一种通径系列的叠加阀其主油路通道和螺栓连接孔的位置都与所选用的相应通径的换向阀相同，因此同一通径的叠加阀都能按要求叠加起来组成各种不同控制功能的系统。用叠加式液压阀组成的液压系统具有以下特点。

通常使用的叠加阀有 φ6mm，φ10mm，φ16mm，φ20mm 和 φ32mm 五个通径系列，额定工作压力为 20MPa，额定流量为 10～200L/min。

叠加阀的分类与一般液压阀相同，它同样分为压力控制阀、流量控制阀和方向控制阀三大类，其中方向控制阀仅有单向阀类，主换向阀是普通的极式阀，不属于叠加阀，现对几个常用的叠加阀做一简单的介绍。

一、叠加式调速阀（Stacking Governor Valve）

图 8-25（a）所示为 QA-F6/10D-BU 型单向调速阀的结构原理图。QA 表示流量阀、F 表示压力等级（20MPa）；6/10 表示该阀阀芯通径为 φ6mm，而其接口尺寸属于 φ10mm 系列的叠加式液压阀；BU 表示该阀适用于出口节流（回油路）调速的液压缸 B 腔油路上，其工作原理与一般调速阀基本相同。当压力为 p 的油液经 B 口进入阀体后；经小孔 f 流至单向阀 1 左侧的弹簧腔，液压力使锥阀式单向阀关闭，压力油经另一孔道进入减压阀 5（分离式阀芯），油液经控制口后，压力降为 p_1，压力 p_1 的油液经阀芯中心小孔 a 流入阀芯左侧弹簧腔；同时作用于大阀芯左侧的环形面积上，当油液经节流阀 3 的阀口流入 e 腔并经出油口 B'引出的同时，油液又经油槽 d 进入油腔 c，再经孔道 b 进入减压阀大阀芯右侧的弹簧腔。这时通过节流阀的油液压力为 p_2，减压阀阀芯上受到 p_1、p_2 的压力和弹簧力的作用而处于平衡，从而保证了节流阀两端压力差（p_1-p_2）为常数，也就保证了通过节流阀的流量基本不变，图 8-25（b）为其图形符号，图 8-25（c）为叠加式调速阀的实物图。

二、叠加式溢流阀（Stacking Relief Valve）

先导型叠加式溢流阀由主阀和导阀两部分组成，如图 8-26 所示，主阀芯 6 为单向阀二级同心结构，先导阀即为锥阀式结构。图 8-26（a）所示为 Y1-F10D-P/T 型溢流阀的结构原理

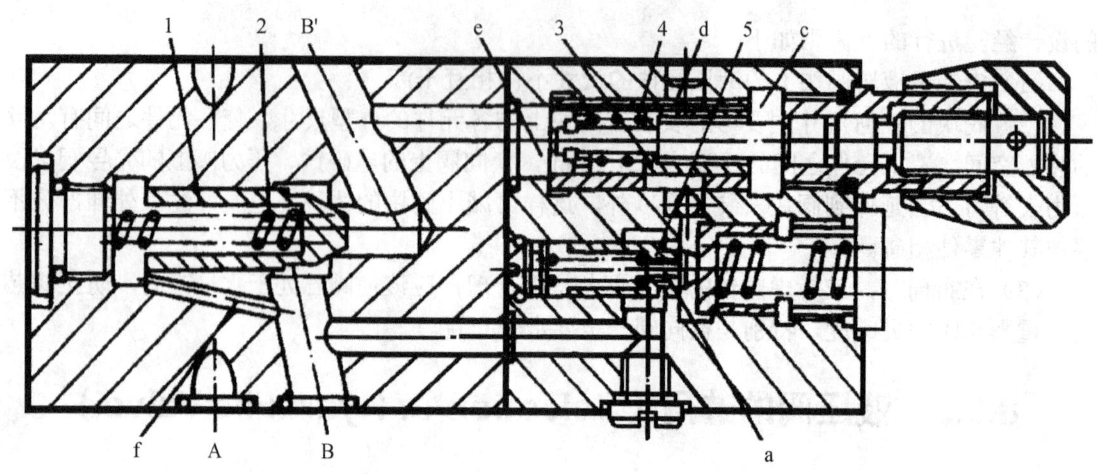

(a) QA-F6/10D-BU 型叠加式调速阀结构原理图

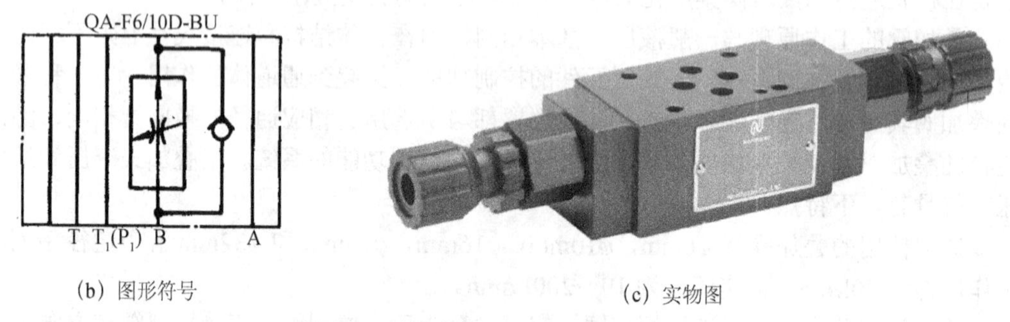

(b) 图形符号　　(c) 实物图

1—单向阀；2，4—弹簧；3—节流阀；5—减压阀

图 8-25　叠加式调速阀

图，其中 Y 表示溢流阀，F 表示压力等级（$p=20\text{MPa}$），10 表示为 Φ10mm 通径系列，D 表示叠加阀，P/T 表示该元件进油口为 P、出油口为 T。图 8-26（b）为其图形符号，据使用情况不同，还有 P1/T 型，其图形符号如图 8-26（c）所示。图 8-26（d）为其实物图。这种阀主要用于双泵供油系统的高压泵的调压和溢流。

叠加式溢流阀的工作原理同一般的先导式溢流阀，它是利用主阀芯两端的压力差来移动主阀芯，以改变阀口的开度的。油腔 e 和进油口 P 相通，c 和回油口 T 相通，压力油作用于主阀芯 6 的右端，同时经阻尼小孔 d 流入阀芯左端，并经小孔 a 作用于锥阀 3 上。当系统压力低于溢流阀的调定压力时，锥阀 3 关闭，阻尼孔 d 没有液流流过，主阀芯两端液压力相等，阀芯 6 在弹簧 5 作用下处于关闭位置；当系统压力升高并达到溢流阀的调定值时，锥阀 3 在液压力作用下压缩导阀弹簧 2 并使阀口打开。于是 6 腔的油液经锥阀阀口和孔 c 流入 T 口，当油液通过主阀芯上的阻尼孔 d 时，便使主阀芯两端产生压力差，在这个压力差的作用下，主阀芯克服弹簧力和摩擦力向左移动，使阀口打开，溢流阀便实现在一定压力下溢流。调节弹簧 2 的预压缩量便可改变该叠加式溢流阀的调整压力。

三、叠加式液控单向阀（Stacking Hydraulic Operated Check Valve）

叠加式液控单向阀是一种单向阀，其分类是根据安装方法的不同进行命名，叠加式液控单向阀属于叠加阀的一种。与传统液压阀相比，叠加阀最大的特点在于不必使用配管即可达

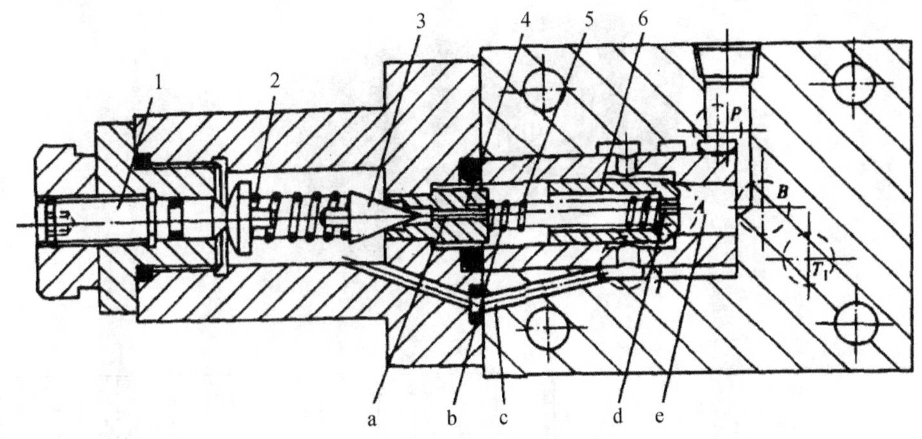

(a) Y1-F10D-P/T型叠加式溢流阀结构原理图

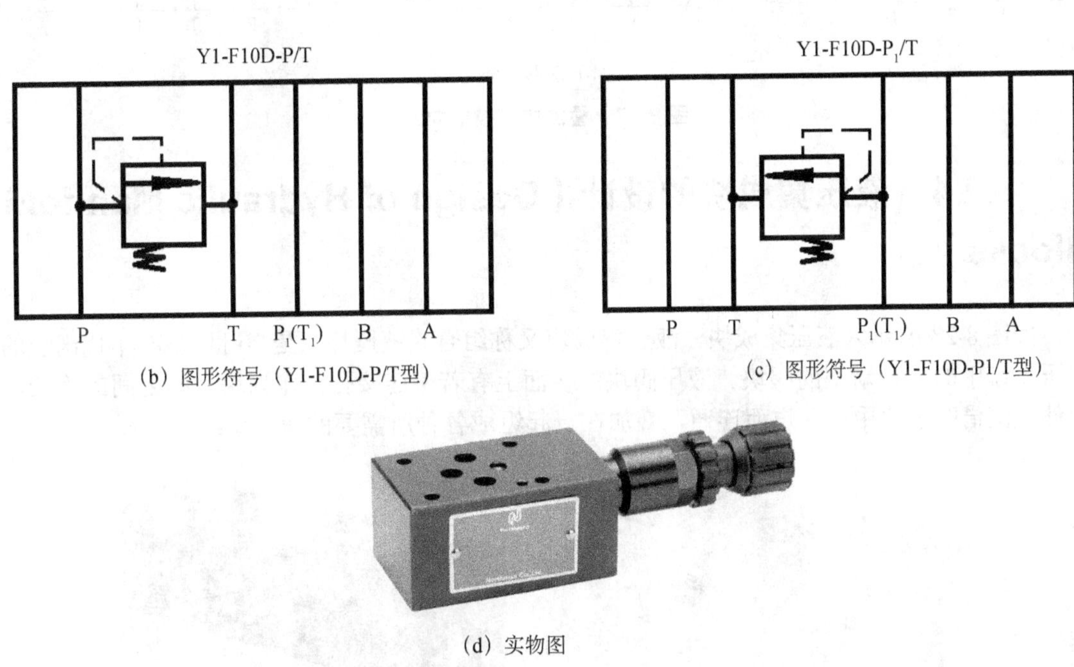

(b) 图形符号（Y1-F10D-P/T型）

(c) 图形符号（Y1-F10D-P1/T型）

(d) 实物图

1—推杆；2，5—弹簧；3—锥阀；4—阀座；6—主阀芯

图 8-26　叠加式溢流阀

到系统安装的目的，因此减小了系统的泄漏、振动、噪音。相比传统的管路连接，叠加阀无需特殊安装技能，并且非常方便更改液压系统的功能。由于无需配管，增强了系统整体的可靠性，且便于日常检查与维修。如图 8-27 为常见叠加式液控单向阀。

叠加式液控单向阀的工作原理与一般液压阀基本相同，但在具体结构和连接尺寸上则不相同，它自成系列。每个叠加式液控单向阀既有一般液压元件的控制功能，又起到通道体的作用。每一种通径系列的叠加式液控单向阀其主油路通道和螺栓连接孔的位置都与所选用的相应通径的换向阀相同，因此同一通径的叠加式液控单向阀都能按要求叠加起来组成各种不同控制功能的系统。

(a) 实物图

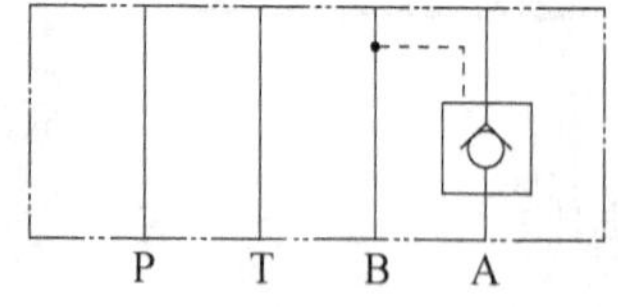

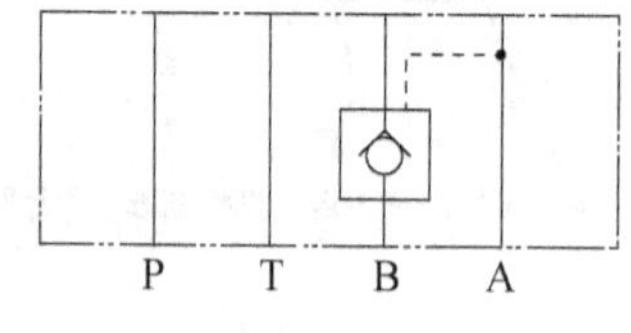

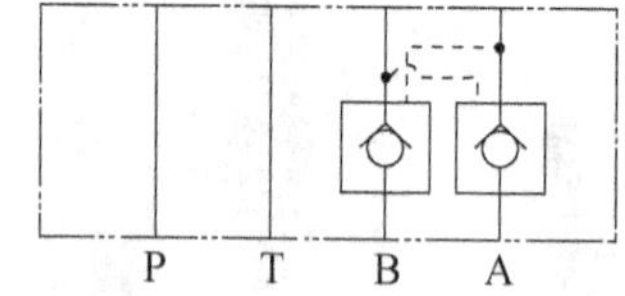

(b) 图形符号

图 8-27　叠加式液控单向阀

8.2.4　液压集成块的设计（Design of Hydraulic Manifold Blocks）

如图 8-28 所示为液压集成块。液压集成块又称组合式液压块，是 20 世纪 60 年代出现的液压系统中的一种新型的阀块。液压阀块的各面上有若干连接孔，作为块与阀之间的连接，元件之间借助于块中的孔道而连通，叠加在一起组成各种所需要的液压系统。

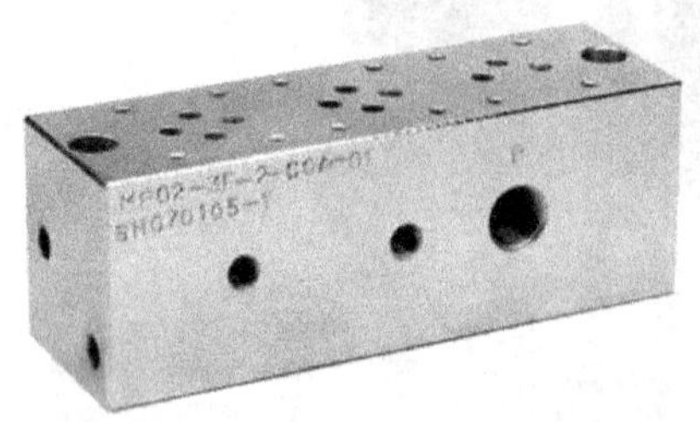

图 8-28　液压集成块

采用液压集成块具有以下优点：

（1）可以利用原有的板式元件组合成各种各样的液压回路，完成各种动作要求。

（2）由于液压块向空间发展，缩小了液压设备的占用面积。

（3）以块内孔道代替了管道，简化了管路连接，便于安装和管理。

（4）缩短了管路，基本消除了漏油现象，提高了液压系统的稳定性。

（5）如要变更回路，只要更换液压块即可，灵活性大，可实现系统标准化，便于成批生产。

液压阀块的投入使用对液压系统的集成有了质的飞跃，同时简化了系统的安装，增加了系统运行的可靠性。目前国内液压生产厂家已设计、制造出用于各种液压系统的液压阀块，并且渐趋形成定型化、标准化产品。

一、液压集成块材料的选取（Selection of Material for Hydraulic Manifold Block）

集成块的材料因液压系统压力高低和主机类型不同而异，可以参照表 8-2 选取。通常，承受低压的集成块一般选用 HT250 或球墨铸铁，因为其可加工性好，尤其对深孔加工有利。但铸铁块的厚度不宜过大，因随着厚度的增加，其内部组织疏松的倾斜较大，在压力油的作用下易发生渗漏，故不适宜用于中、高压场合。承受中、高压的集成块，一般选 20 钢和 35 钢。承受高压的集成块最好选用 35 锻钢。对于有质量限制要求的行走机械以及注塑机、机床等有特殊要求的场合，为减轻重量，有时也采用铝合金制造集成块，这时要注意强度设计。

表 8-2 集成块的常用材料

种类	工作压力（MPa）	厚度（mm）	工艺性	焊接性	相对成本
热轧钢板	约 35	< 160	一般	一般	100
碳钢锻件	约 35	> 160	一般	一般	150
灰口铸铁	约 14	—	好	不可	200
球墨铸铁	约 35	—	一般	不可	210
铝合金锻件	约 21	—	好	不可	1000

集成块的毛坯不得有砂眼、气孔、缩松和夹层等缺陷，必要时应对其进行探伤检测。铸铁块和较大的钢块在加工前应对其进行时效处理或退火处理，以消除内应力。

二、液压集成块的结构设计（Structural Design of Hydraulic Manifold Block）

阀块体是集成式液压系统的关键部件，它既是其他液压元件的承装载体，又是它们油路连通的通道体。阀块体一般都采用长方体外形，阀块体上分布有与液压阀有关的安装孔、通油孔、连接螺钉孔、定位销孔，以及公共油孔、连接孔等；为保证孔道正确连通而又不发生干涉，有时还要设置工艺孔。一般一个比较简单的阀块体上至少有 40～60 个孔，稍微复杂一点的就有上百个，这些孔道构成一个纵横交错的孔系网络。阀块体上的孔道有光孔、阶梯孔、螺纹孔等多种形式，一般均为直孔，便于在普通钻床和数控机床上加工。有时出于特殊的连通要求设置成斜孔，但很少采用。

1. 确定公用油道孔的数目

集成块体的公用油道孔，有二孔、三孔、四孔等多种设计方案，应用较广的为二孔式和三孔式，其结构及特点见表 8-3。

表 8-3 二孔式和三孔式集成块的结构及特点

公用油道孔	结构简图	特点
二孔式	螺栓孔 P O 螺栓孔	在集成块上分别设置压力油孔 P 和回油孔 O 各一个，用四个螺栓孔与块组连接螺栓间的环形孔来作为泄漏油通道。 优点：结构简单，公用通道少，便于布置元件；泄漏油道孔的通流面积大，泄漏油的压力损失小。 缺点：在基块上需将四个螺栓孔相互钻通，所以需堵塞的工艺孔较多，加工麻烦；为防止油液外漏，集成块间相互叠积面的粗糙度要求较高，一般 R_a 应小于 0.8μm

（续表）

公用油道孔	结构简图	特点
三孔式	螺栓孔 L P O 螺栓孔	在集成块上分别设置压力油孔 P、回油孔 O 和泄油孔 L 共三个公用孔道。 优点：结构简单，公用油道孔数较少。 缺点：因泄漏油孔 L 要与各元件的泄漏油口相通，故其连通孔道一般细（φ5～6mm）而长，加工较困难，且工艺孔较多

2. 制作液压元件样板

为了在集成块四周面上实现液压阀的合理布置及正确安排其通油孔（这些孔将与公用油道孔相连），可按照液压阀的轮廓尺寸及油口位置预先制作元件样板，放在集成块各有关视图上，安排合适的位置。对于简单回路则不必制作样板，直接摆放布置即可。

3. 确定孔道直径及通油孔间壁厚

集成块上的孔道可分为三类：第一类是通油孔道，其中包括贯通上下面的公用孔道、安装液压阀的三个侧面上直接与阀的油口相通的孔道、另一侧面安装管接头的孔道、不直接与阀的油口相通的中间孔道即工艺孔四种；第二类是连接孔，其中包括固定液压阀的定位销孔和螺钉孔（螺孔）、连接各集成块的螺栓孔（光孔）；第三类是质量在 30kg 以上的集成块的起吊螺钉孔。

（1）通油孔道的直径

与阀的油口相通孔道的直径，应与液压阀的油口直径相同。与管接头相连接的孔道，其直径 d 一般应按通过的流量和允许流速，用式（8-5）计算，但孔口需按管接头螺纹小径钻孔并攻螺纹。

$$d=\sqrt{\frac{4q}{\pi v}} \tag{8-5}$$

式中，q 为通过的最大流量（m^3/s）；v 为孔道中允许流速（取值见表 8-4）；d 为孔道内径（m）。

表 8-4　孔道中的允许流速

油液流经孔道	吸油孔道	高压孔道	回油孔道
允许流速（m/s）	0.5～1.5	2.5～5	1.5～2.5
说明	高压孔道：压力高时取最大值，反之取小值。 孔道长的取小值，反之取大值。 油液黏度大时取小值		

工艺孔应用螺塞或球胀堵堵死。

公用孔道中，压力油孔和回油孔的直径可以类比同压力等级的系列集成块中的孔道直径确定，也可通过式（8-5）计算得到；泄油孔的直径一般由经验确定，例如对于低、中压系统，当 $q=25$L/min，可取 φ6mm；当 $q=63$L/min，可取 φ10mm。

（2）连接孔的直径

固定液压阀的定位销孔的直径和螺钉孔（螺孔）的直径，应与所选定的液压阀的定位销直径及配合要求、螺钉孔的螺纹直径相同。

连接集成块组的螺栓规格可类比相同压力等级的系列集成块的连接螺栓确定，也可以通过强度计算得到。单个螺栓的螺纹小径 d 的计算公式为

$$d \geqslant \sqrt{\frac{4P}{\pi N[\sigma]}} \tag{8-6}$$

式中，P 为块体内部最大受压面上的推力（N）；N 为螺栓个数；［σ］为单个螺栓的材料许用应力（Pa）。

螺栓直径确定后，其螺栓孔（光孔）的直径也就随之而定，系列集成块的螺栓直径为 M8～M12，其相应的连接孔直径为 φ9～φ12mm。

（3）起吊螺钉孔的直径

单个集成块质量在 30kg 以上时，应按质量和强度确定螺钉孔的直径。

（4）油孔间的壁厚及其校核

通油孔间的最小壁厚的推荐值不小于 5mm。当系统压力高于 6.3MPa 时，或孔间壁厚较小时，应进行强度校核，以防止系统在使用中被击穿。孔间壁厚 δ 可按式（8-7）进行校核。但考虑到集成块上的孔大多细而长，钻孔加工时可能会偏斜，实际壁厚应在计算的基础上适当取大些。

$$\delta = \frac{phn}{2\sigma_b} \tag{8-7}$$

式中，δ 为压力油孔间壁厚（m）；p 为孔道内最高工作压力（MPa）；d 为压力油孔道直径（m），其计算方法见式（8-5）；n 为安全系数（钢件取值见表 8-5）；σ_b 为集成块材料抗拉强度（MPa）。

表 8-5　安全系数（钢件）

孔道内最高工作压力（MPa）	<7	7～17.5	17.5
安全系数	8	6	4

三、液压集成块的加工精度（Machining Accuracy of Hydraulic Manifold Block）

集成块各部位的粗糙度要求不同：集成块各表面的粗糙度 R_a 不大于 0.8μm，末端管接头的密封面和 O 形圈沟槽的粗糙度 R_a 不大于 3.2μm，一般通油孔道的粗糙度 R_a 不大于 12.5μm。块间结合面不得有明显划痕。

形位公差要求为：阀块的六面相互之间的垂直度允差为 0.05mm，各向对面的平行度允差为 0.03mm，各面的平面度允差为 0.02mm，其螺纹与其贴合面之间垂直度允差为 φ0.05mm，所有孔的定位允差为 0.1mm，深度允差为 0.2mm，所有孔与所在端面垂直度允差为 φ0.05mm，螺纹孔加工精度为 7H。如果是深孔，还应考虑钻头在允许范围内的偏斜，应适当加大两孔的间距。

8.2.5　液压叠加阀组的安装与调试（Installation and Debugging of Hydraulic Valve Group）

一、工作原理图分析（Analysis of Working Principle Diagram）

下面共给出两套阀组的工作原理图，如图 8-29 所示。

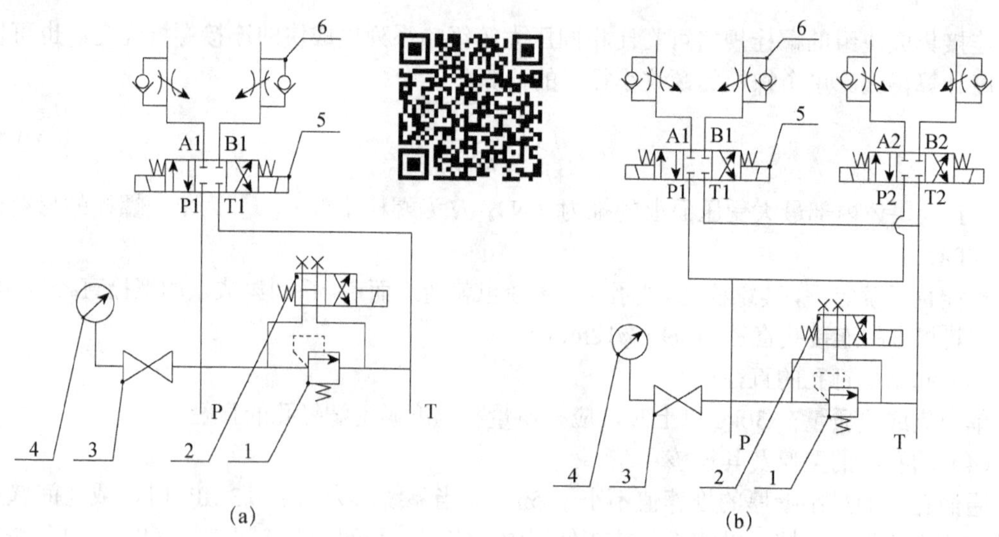

图 8-29　叠加阀组工作原理图

二、液压叠加阀组安装（Installation of Hydraulic Valve Group）

1. 液压叠加阀组的安装步骤

组根据图 8-29 给出的工作原理图，完成以下内容：

（1）研究给定液压集成块，弄清楚哪些油口为 P 口，哪些油口是 T 口，哪些油口是 A 口，哪些油口是 B 口，并研究各油口的连通情况。

（2）根据图 8-29 给出的原理图，确定各元件的名称，并从元件库中选出所需液压元件。

（3）确定各元件的叠装顺序。

（4）将选择好的液压元件按照给出的工作原理图安装在集成块上。

在安装的过程中需要注意集成块上的四个安装孔，两两之间的距离是不同的，注意元件的安装方向，各元件在集成块上应该占据的正确位置，否则会造成元件安装不上。

2. 液压叠加阀组装配时需注意的问题

阀块进行装配前必须彻底清洗，最好使用专用的清洗设备，清洗液宜采用防锈清洗液，亦可采用煤油或机油。冲洗时最好有一定的压力，所有流道特别是盲孔必须清洗干净，不留有任何铁屑、污垢和杂物。

清洗后的阀块应马上进行装配，否则应涂上防锈油，并将油口盖住，防止锈蚀和再次污染。

阀块装配前应再次校对孔道的连通情况是否与原理图相符，校对所有待装的元件及零部件，保证所装配的元件、密封件及其他部件均为合格品。

阀块上的落度应加厌氧胶助封，使用厌氧胶前必须对结合面清除油垢，加胶拧紧，24h 后才能通油。

三、液压叠加阀组的调试（Debugging of Hydraulic Valve Group）

液压阀块调试前应先进行 10～20min 回路冲洗，冲洗时应不断切换阀块上的电磁换向阀，使油流能冲洗到阀块所有通道。若阀块上有比例阀和伺服阀，应先改装冲洗板，以防损坏精密元件。阀块调试包括耐压试验和功能试验。试验时可采用系统本身油源，也可采用专用试验台。

将需要经常检修的元件及关键元件如电磁阀、比例阀及伺服阀等放在液压阀块的上方或外侧，以便于拆装。液压阀块设计中要设置足够数量的测压点，以供液压阀块调试时使用。对于质量 10kg 以上的阀块，应设置起吊螺钉孔。在满足使用要求的前提下，液压阀块的体积要尽量小。设计液压阀块时，阀的底板尺寸应自成一体（最好建成一个块），在其安装面上标出基准螺钉孔的位置，其他相关尺寸以基准螺钉孔为标准。

在该任务中，要求液压缸的往复运动通过手动控制，可以选用三位四通手动换向阀。液压缸停止运动时要求实现系统卸荷并实现液压缸锁紧，所以换向阀中位机能选用 H 型中位机能，并选用叠加式液控单向阀。

任务实施

根据上面分析将设计好的液压回路图画至下面的框内，并完成该液压阀组的安装。

8.2.6　插装阀与伺服阀（Cartridge Valve and Servo Valve）

一、插装阀（Cartridge Valve）

插装阀是 20 世纪 70 年代后发展起来的一种新型阀，它是将插装阀基本组件插入特定设计加工的阀块内，配以盖板和不同先导阀组合而成的一种多功能复合阀。因插装阀基本组件只有两个油口，因此也被称为二通插装阀。

1. 插装阀的特点

插装阀广泛应用于高压大流量及高度集成化的液压系统中，与普通液压阀相比，有如下特点：

（1）通流能力大，特别适用于高压大流量的场合，工作压力大于 21MPa。流量超过 150L/min 时，可采用插装阀，插装阀流量可达 10000L/min，最大通径可达 200～250mm。

（2）阀芯动作灵敏，抗堵塞能力强。

（3）密封性好，泄漏小，压力损失小。

（4）结构简单，易于实现标准化。

2. 插装阀基本组件

如图 8-30 所示，二通插装阀由控制盖板、插装主阀（阀芯、阀套、弹簧、密封件等）、插装块体和置于控制盖板上的先导元件组成。图 8-30（a）是二通插装阀的典型结构，插装主阀采用插装式连接，阀芯为锥形。根据不同的需要，阀芯的锥端可开阻尼孔或节流三角槽，也可以是圆轴形阀芯。图 8-30（b）为二通插装阀的图形符号。

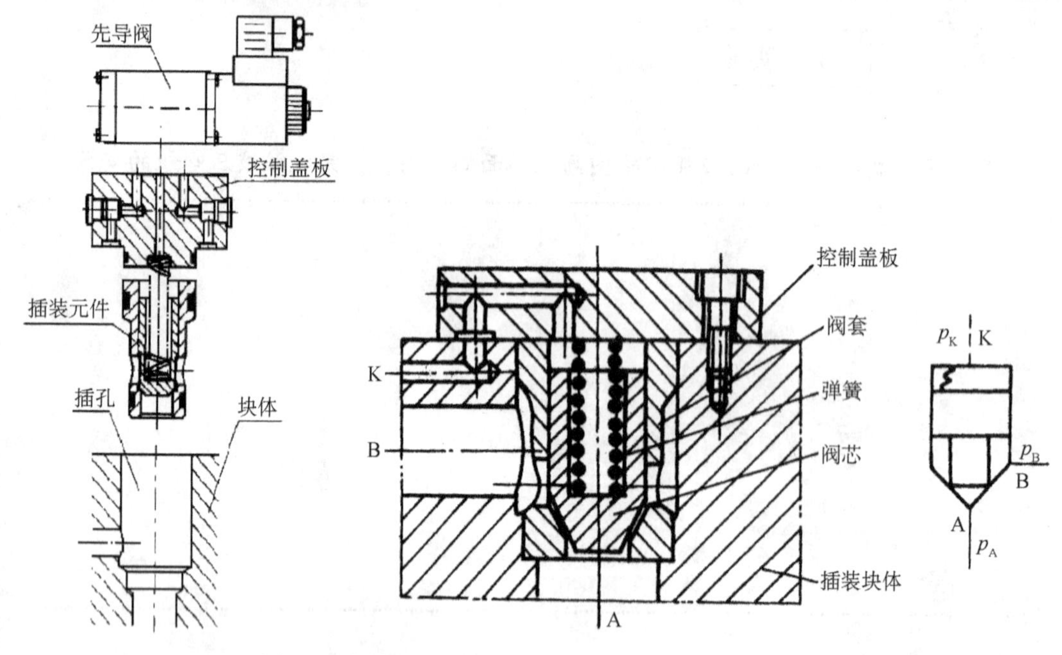

（a）二通插装阀典型结构　　（b）图形符号

图 8-30　插装阀

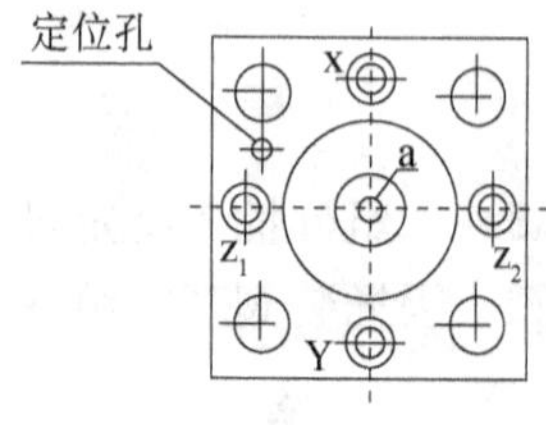

图 8-31　盖板控制油孔

控制盖板用以固定插装件，安装先导控制阀，内装棱阀、溢流阀等。控制盖板内有控制油通道，配有一个或多个阻尼螺塞，沟通先导阀和主阀，如图 8-31 所示。由于盖板是按通用性来设计的，具体运用到某个控制油路上有的孔可能被堵住不用。为防止将盖板装错，盖板上的定位孔，起标定盖板方位的作用。另外，拆卸盖板之前就必须看清、记牢盖板的安装方法。

先导控制元件称作先导阀，是小通径的电磁换向阀。块体是嵌入插装元件，安装控制盖板和其他控制阀、沟通主油路与控制油路的基础阀体。

插装元件由阀芯、阀套、弹簧以及密封件组成［见图 8-30（a）］。每只插件有两个连接主油路的通口，阀芯的正面称为 A 口；阀芯环侧面的称作 B 口。阀芯开启，A 口和 B 口沟通；阀芯闭合，A 口和 B 口之间中断。因而插装阀的功能等同于二位二通阀，故称二通插装阀，简称插装阀。

根据用途不同分为方向阀组件、压力阀组件和流量阀组件。同一通径的三种组件安装尺寸相同，但阀芯的结构形式和阀套座直径不同。三种组件均有两个主油口 A 和 B、一个控制口 K，如图 8-30（a）所示。若干个不同控制功能的二通插装阀组合在一个或多个插装块体内便组成液压回路。

就工作原理而言，相当于一个液控单向阀，A 和 B 为主油路的仅有的工作油口，K 为控制口。通过控制口的启闭和对压力大小的控制，即可控制主阀阀芯的启闭，控制油口 A 和 B 的流向和压力。

3. 插装阀的应用

（1）方向阀

● 单向阀。

若方向阀组件的控制油口通过阀块和盖板上的通道与油口 A 或 B 直接沟通，可组成单向阀。如图 8-32 所示，当 A 口来油时，阀口打开；B 口来油时，阀口关闭。图 8-33 为插装液控单向阀。

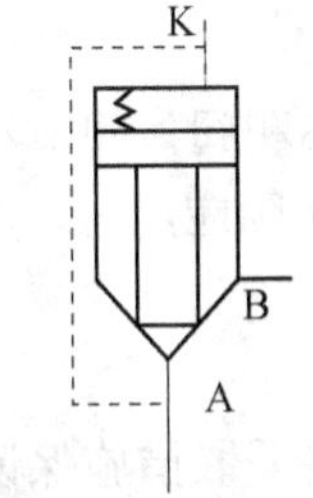

图 8-32　插装单向阀

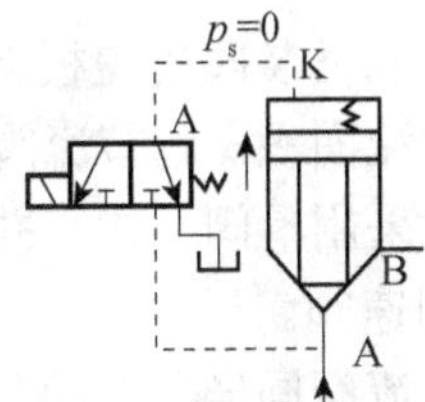

图 8-33　插装液控单向阀

● 换向阀。

如图 8-34 所示，若将两个方向阀组件并联可构成三通插装阀。如图 8-35 所示，四通插装阀由两个三通阀并联而成。

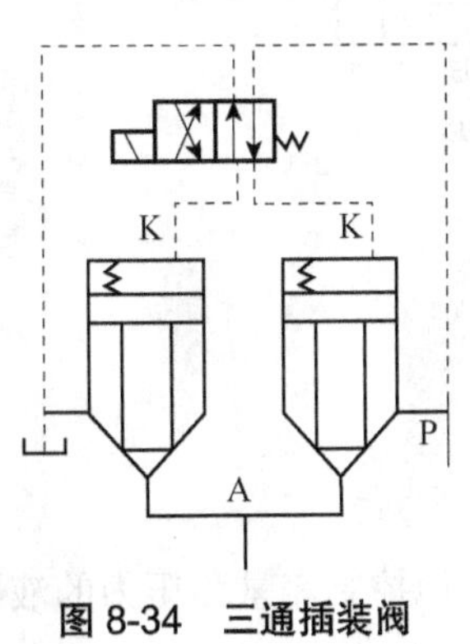

图 8-34　三通插装阀

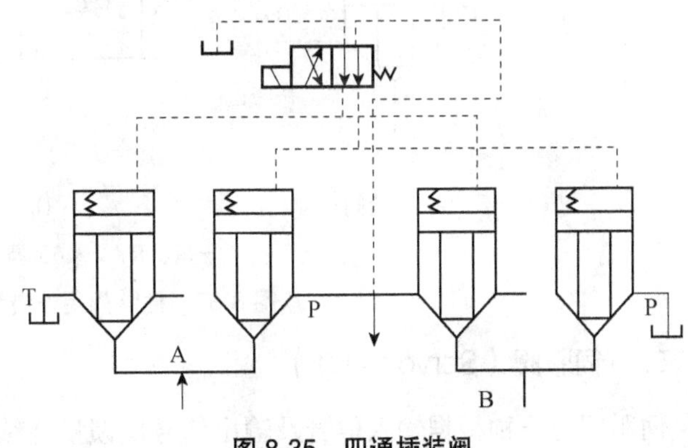

图 8-35　四通插装阀

（2）压力阀

二通插装阀组件中的压力阀组件等同于先导型压力阀中的主阀。图 8-36 是插装阀用作压力阀的示意图。如图 8-36（a）所示，若 B 腔为回油腔，此阀起溢流阀的作用；若 B 腔是系统的一条支路，则此阀就起顺序阀的作用。

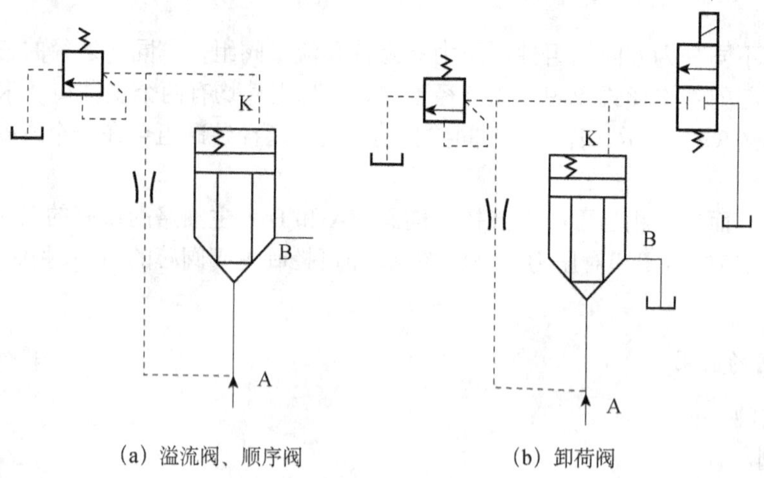

（a）溢流阀、顺序阀　　（b）卸荷阀

图 8-36　插装阀用作压力阀

（3）流量阀

图 8-37 是插装阀用作流量阀的示意图。

- 用作节流阀。

在方向控制插装阀的盖板上安装阀芯行程调节器，调节阀芯和阀体间节流口的开度便可控制阀口的通流面积，起节流阀的作用，如图 8-37（a）所示。实际应用时，起节流阀作用的插装阀芯一般采用滑阀结构，并在阀芯上开节流沟槽。

- 用作调速阀。

插装式节流阀同样具有随负载变化流量不稳定的问题。如果采取措施保证节流阀的进、出口压力差恒定，则可实现调速阀功能。图 8-37（b）所示连接的减压阀和节流阀就起到这样的作用。

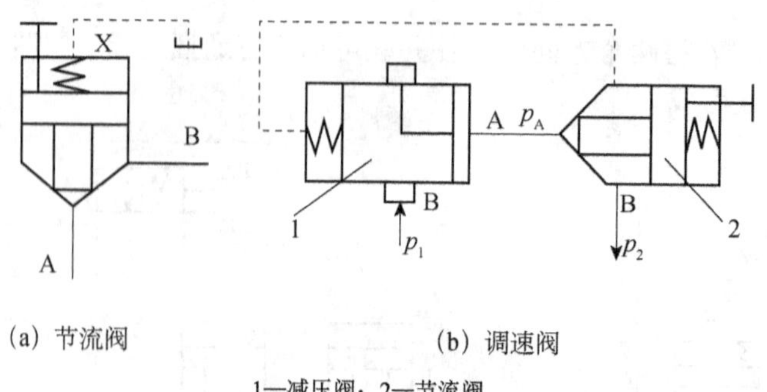

（a）节流阀　　（b）调速阀

1—减压阀；2—节流阀

图 8-37　插装阀用作流量阀

二、伺服阀（Servo Valve）

伺服阀是一种根据输入信号及输出信号反馈量连续、成比例地控制流量和压力的液压控制阀。根据输入信号的方式不同，又分电液伺服阀和机液伺服阀。

机液伺服阀的输入信号是机动或手控的位移。

电液伺服阀输入信号功率很小（通常仅有几十毫瓦），功率放大系数高，能够对输出流量和压力进行连续双向控制。其突出特点是：体积小、结构紧凑、直线性好、动态响应好、死区小、精度高，符合高精度伺服控制系统的要求。电液伺服阀是现代电液控制系统中的关键部件，它能用于诸如位置控制、速度控制、加速度控制、力控制等各方面。因此，伺服阀在各种工业自动控制系统中得到了越来越多的应用。

1. 工作原理及组成

（1）基本组成与控制机理

电液伺服阀是一种自动控制阀，它既是电液转换组件，又是功率放大组件，其功用是将小功率的模拟量电信号输入，转换为随电信号大小和极性变化且快速响应的大功率液压能（流量或压力）输出，从而实现对液压执行器位移（或转速）、速度（或角速度）、加速度（或角加速度）和力（或转矩）的控制。电液伺服阀通常是由电气-机械转换器、液压放大器（先导级阀和功率级主阀）和检测反馈机构组成。

（2）电气-机械转换器

电气-机械转换器包括电流-力转换和力-位移转换两个功能。

典型的电气-机械转换器为力马达或力矩马达。力马达是一种直线运动电气-机械转换器，而力矩马达则是旋转运动的电气-机械转换器。力马达和力矩马达的功用是将输入的控制电流信号转换为与电流成比例的输出力或力矩，再经弹性组件（弹簧管、弹簧片等）转换为驱动先导级阀运动的直线位移或转角，使先导级阀定位、回零。通常力马达的输入电流为 150～300mA，输出力为 3～5N。力矩马达的输入电流为 10～30mA，输出力矩为 0.02～0.06N·m。

伺服阀中所用的电气-机械转换器有动圈式和动铁式两种结构。

- 动圈式电气-机械转换器。

动圈式电气-机械转换器产生运动的部分是控制线圈，故称为“动圈式”。输入电流信号后，产生相应大小和方向的力信号，再通过反馈弹簧（复位弹簧）转化为相应的位移量输出，故简称为动圈式“力马达”（平动式）或“力矩马达”（转动式）。动圈式力马达和力矩马达的工作原理是位于磁场中的载流导体（即动圈）受力的作用。

动圈式力马达的结构原理如图 8-38 所示，永久磁铁 1 及内、外导磁体 2、3 构成闭合磁路，在环状工作气隙中安放着可移动的控制线圈 4，它通常绕制在线圈架上，以提高结构强度，并采用弹簧 5 悬挂。当线圈中通入控制电流时，按照载流导线在磁场中受力的原理移动并带动阀芯（图中未画出）移动，此力的大小与磁场强度、导线长度及电流大小成比例，力的方向由电流方向及固定磁通方向按电磁学中的左手定则确定。图 8-39 为动圈式力矩马达，与力马达所不同的是采用扭力弹簧或轴承加盘圈扭力弹簧悬挂来控制线圈。当线圈中通入控制电流时，按照载流导线在磁场中受力的原理使转子转动。

磁场的励磁方式有永磁式和电磁式两种，工程上多采用永磁式结构，其尺寸紧凑。

动圈式力马达和力矩马达的控制电流较大（可达几百毫安至几安），输出行程也较大[±（2～4）mm]，而且稳态特性线性度较好，滞环小，故应用较多。但其体积较大，且由于动圈受油的阻尼较大，其动态响应不如动铁式力矩马达快，多用于控制工业伺服阀，也有用于控制高频伺服阀的特殊结构动圈式力马达。

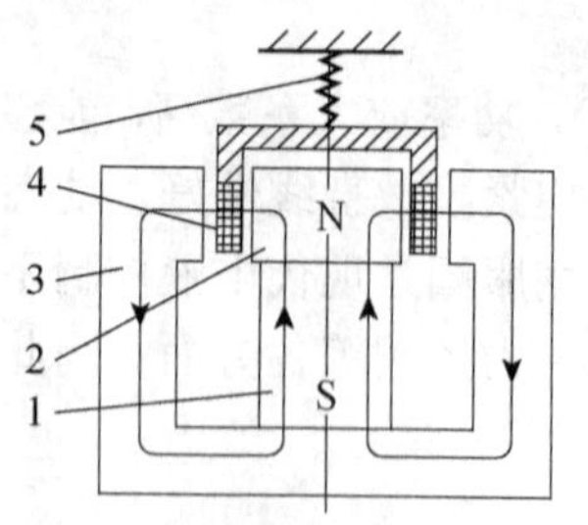

1—永久磁铁；2—内导磁体；3—外导磁体；4—线圈；5—弹簧

图 8-38 动圈式力马达结构原理

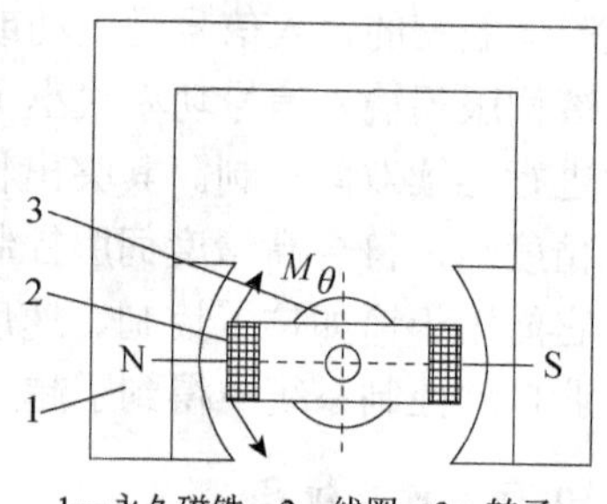

1—永久磁铁；2—线圈；3—转子

图 8-39 动圈式力矩马达结构原理

- 动铁式力矩马达。

动铁式力矩马达输入为电信号，输出为力矩。图 8-40 为动铁式力矩马达的结构原理图。它由左右两块永久磁铁、上下两块导磁体 1 及 4、带扭轴（弹簧管）6 的衔铁 5 及套在线圈上的两个控制线圈 3 组成，衔铁悬挂在弹簧管上，可以绕弹簧管在 4 个气隙中摆动。左右两块永久磁铁使上下导磁体的气隙中产生相同方向的极化磁场。没有输入信号时，衔铁与上下导磁体之间的 4 个气隙距离相等，衔铁受到的电磁力相互抵消而使衔铁处于中间平衡状态。当输入控制电流时，产生相应的控制磁场，它在上下气隙中的方向相反，因此打破了原有的平衡，使衔铁产生与控制电流大小和方向相对应的转矩，并且使衔铁转动，直至电磁力矩与负载力矩和弹簧反力矩等相平衡。但转角是很小的，可以看成是微小的直线位移。

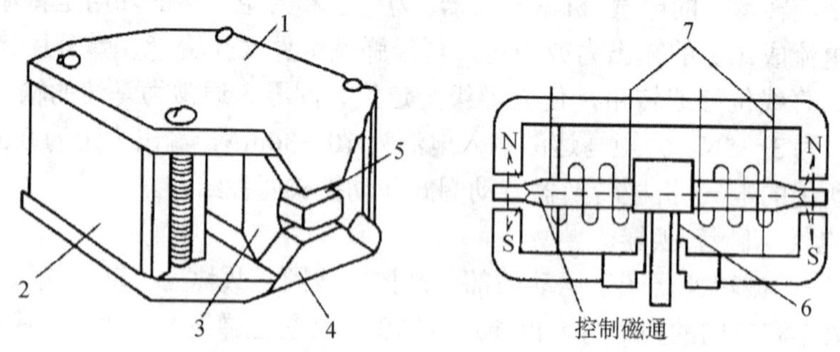

1—上导磁体；2—永久磁铁；3—线圈；4—下导磁体；5—衔铁；6—弹簧管；7—线圈引出线

图 8-40 动铁式力矩马达的结构原理图

动铁式力矩马达输出力矩较小，适合控制喷嘴挡板之类的先导级阀。其优点是自振频率较高，动态响应快，功率、重量比较大，抗加速度零漂性好。缺点是：限于气隙的形式，其转角和工作行程很小（通常小于 0.2mm），材料性能及制造精度要求高，价格昂贵；此外，它的控制电流较小（仅几十毫安），故抗干扰能力较差。

（3）液压放大器

液压放大器接受小功率的转角或位移信号，对大功率的液压油进行调节和分配，实现控制功率的转换和放大。有先导阀级和主滑阀两级。先导级阀又称前置级，用于接受小功率的电气-机械转换器输入的位移或转角信号，将机械量转换为液压力驱动功率级主阀，犹如一个对称四通阀控制的液压缸；主阀多为滑阀，它将先导级阀的液压力转换为流量或压力输出。

● 先导级阀。

电液伺服阀先导级主要有喷嘴挡板式和射流管式两种。

喷嘴挡板式先导级阀的结构及组成原理如图 8-41 所示［图 8-41（a）为单喷嘴，图 8-41（b）为双喷嘴］，它是通过改变喷嘴与挡板之间的相对位移来改变液流通路开度的大小以实现控制的，具有体积小、运动部件惯量小、无摩擦、所需驱动力小、灵敏度高等优点，特别适用于小信号工作，因此常用作二级伺服阀的前置放大级。其缺点主要是，中位泄漏量大，负载刚性差，输出流量小，节流孔及喷嘴的间隙小（0.02～0.06mm），易堵塞，抗污染能力差。

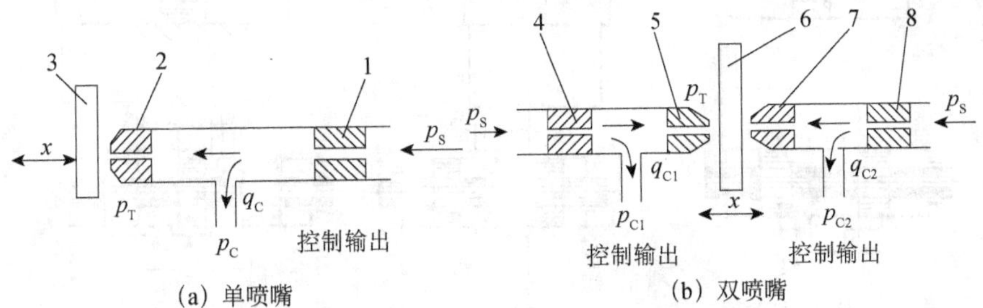

1，4，8—固定节流孔；2，5，7—喷嘴；3，6—挡板

p_s—输入压力；p_T—喷嘴处油液压力；p_C，q_C—控制输出压力、流量

图 8-41　喷嘴挡板式先导级阀

如图 8-42 所示，射流管阀由射流管 3、接收板 2 和液压缸 1 组成，射流管 3 由垂直于图面的轴 c 支撑并可绕轴左右摆动一个不大的角度。接收板上的两个小孔 a 和 b 分别和液压缸 1 的两腔相通。当射流管 3 处于两个接收孔道 a、b 的中间位置时，两个接受孔道 a、b 内的油液的压力相等，液压缸 1 不动；如有输入信号使射流管 3 向左偏转一个很小的角度时，两个接收孔道 a、b 内的压力不相等，液压缸 1 左腔的压力大于右腔的，液压缸 1 向右移动，反之亦然。

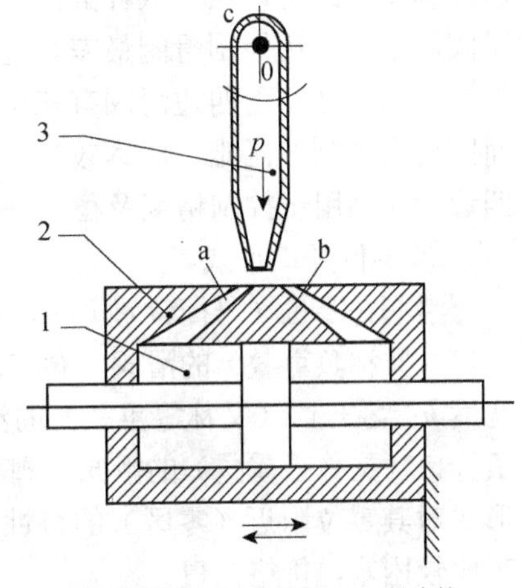

1—液压缸；2—接收板；3—射流管

图 8-42　射流管阀

射流管的优点是结构简单、加工精度低、抗污染能力强。缺点是惯性大响应速度低、功率损耗大。因此，这种阀只适用于低压及功率较小的伺服系统。

● 功率级主阀（滑阀）。

电液伺服阀中的功率级主阀是靠节流原理进行工作的，即借助阀芯与阀体（套）的相对运动改变节流口通流面积的大小，对液体流量或压力进行控制。滑阀的结构及特点如下。

① 控制边数。

根据控制边数的不同，滑阀有单边控制、双边控制和四边控制三种类型（见图 8-43）。单边控制滑阀仅有一个控制边，控制边的开口量 x 控制了执行器（此处为单杆液压缸）中的压力和流量，从而改变了缸的运动速度和方向。双边控制滑阀有两个控制边，压力油一路进入单杆液压缸有杆腔，另一路经滑阀控制边 x_1 的开口和无杆腔相通，并经控制边 x_2 的开口流回油箱；当滑阀移动时，x_1 增大，x_2 减小，或相反，从而控制液压缸无杆腔的回油阻力，故改变了液压缸的运动速度和方向。四边控制滑阀有四个控制边，x_1 和 x_2 是用于控制压力油进入双杆液压缸的左、右腔，x_3 和 x_4 用于控制左、右腔通向油箱；当滑阀移动时，x_3 和 x_4 增大，x_2 和 x_3 减小，或相反，这样控制了进入液压缸左、右腔的油液压力和流量，从而控制了液压缸的运动速度和方向。

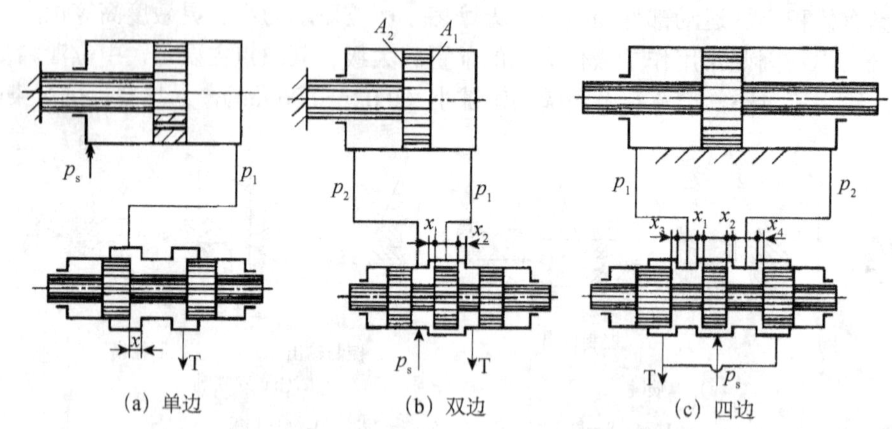

图 8-43 单边、双边和四边控制滑阀

单边、双边和四边控制滑阀的控制作用相同。单边和双边滑阀用于控制单杆液压缸；四边控制滑阀既可以控制双杆缸，也可以控制单杆缸。四边控制滑阀的控制质量好，双边控制滑阀居中，单边控制滑阀最差。但是，单边滑阀无关键性的轴向尺寸，双边滑阀有一个关键性的轴向尺寸，而四边滑阀有三个关键性的轴向尺寸，所以单边滑阀易于制造、成本较低，而四边滑阀制造困难、成本较高。通常，单边和双边滑阀用于一般控制精度的液压系统，而四边滑阀则用于控制精度及稳定性要求较高的液压系统。

② 零位开口形式。

滑阀在零位（平衡位置）时，有正开口、零开口和负开口三种开口形式（见图 8-44）。正开口（又称负重叠）的滑阀，阀芯的凸肩宽度（也称凸肩宽，下同）t 小于阀套（体）的阀口宽度 h；零开口（又称零重叠）的滑阀，阀芯的凸肩宽度 t 与阀套（体）的阀口宽度 h 相等；负开口（又称正重叠）的滑阀，阀芯的凸肩宽度 t 大于阀套（体）的阀口宽度 h。滑阀的开口形式对其零位附近（零区）的特性具有很大影响，零开口滑阀的特性较好，应用最多，但加工比较困难，价格昂贵。

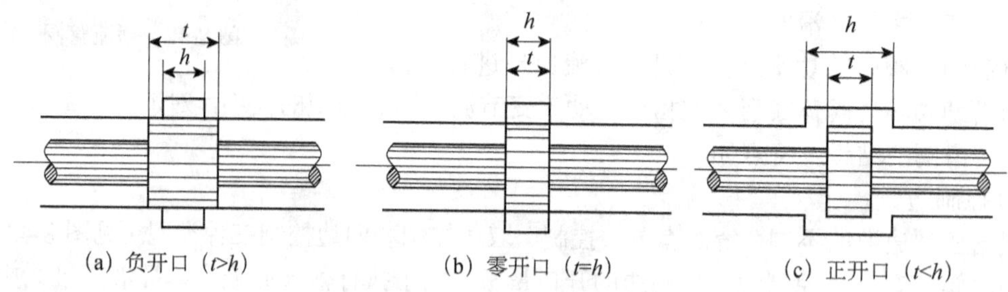

图 8-44 滑阀在零位时的开口形式

③ 通路数、凸肩数与阀口形状。

按通路数来分滑阀有二通、三通和四通等几种。二通滑阀（单边阀）[见图 8-44（a）] 只有一个可变节流口（可变液阻），使用时必须和一个固定节流口配合，才能控制腔的压力，一般用来控制差动液压缸。三通滑阀［见图 8-44（b）］只有一个控制口，故只能用来控制差动液压缸，为实现液压缸反向运动，需在有杆腔设置固定偏压（可由供油压力产生）。四通滑阀［见图 8-44（c）］有 4 个控制口，故能控制各种液压执行器。

阀芯上的凸肩数与阀的通路数、供油及回油密封、控制边的布置等因素有关。二通阀一般为 2 个凸肩，三通阀为 2 个或 3 个凸肩，四通阀为 3 个或 4 个凸肩。三凸肩滑阀为最常用的结构形式。凸肩数过多将加大阀的结构复杂程度、长度和摩擦力，影响阀的成本和性能。

滑阀的阀口形状有矩形、圆形等多种形式，矩形阀口又有全周开口和部分开口之分。矩形阀口的开口面积与阀芯位移成正比，具有线性流量增益，故应用较多。

（4）检测反馈机构

设在阀内部的检测反馈机构将先导阀或主阀控制口的压力、流量或阀芯的位移反馈到先导级阀的输入端或比例放大器的输入端，实现输入输出的比较，解决功率级主阀的定位问题，并获得所需的伺服阀压力-流量性能。常用的反馈形式有机械反馈（位移反馈、力反馈）、液压反馈（压力反馈、微分压力反馈等）和电气反馈。

2. 典型结构

如图 8-45 所示，该液压伺服阀由力矩马达、喷嘴挡板式液压前置放大级和四边滑阀功率放大级三部分组成。

力矩马达由线圈 1、导磁体 2、导磁体 3、永久磁铁 4、衔铁 5 和弹簧管 6 组成。力矩马达产生的力矩很小，不能驱动四边控制滑阀，因此必须利用喷嘴挡板结构先进行力的放大。功率放大级由阀芯 12 和阀体组成，其功能是将前置放大级输入的滑阀位移信号进一步放大，实现控制功率的转换和放大。

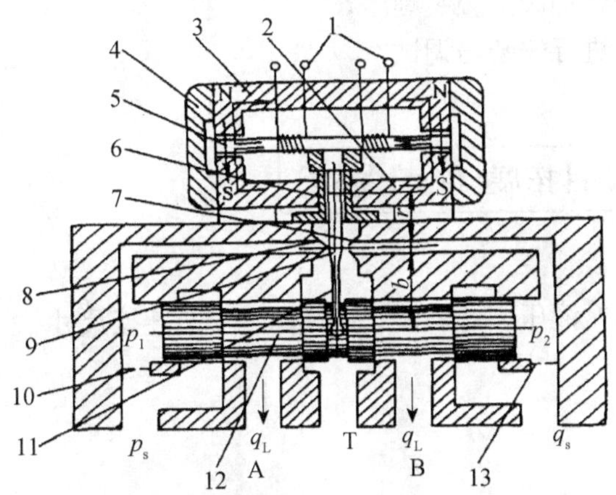

1—线圈；2，3—导磁体；4—永久磁铁；5—衔铁；6—弹簧管；7，8—喷嘴；9—挡板；10，13—固定节流孔；11—反馈弹簧杆；12—阀芯

图 8-45 喷嘴挡板式电液伺服阀

插装阀与叠加阀比较，二者的区别在哪里？

1. 叠加阀是一种标准化的液压元件，它实现各类控制功能的原理与普通液压阀相同，其最大特点是阀体本身除容纳阀芯外，还兼有通道体的作用。

2. 液压集成块又称组合式液压块，液压块的各面上有若干连接孔，作为块与阀之间的连接，元件之间借助于块中的孔道而连通，叠加在一起组成各种所需要的液压回路。

3. 液压阀组的设计就是将各种阀合理地放置到液压阀块各面上，并根据液压原理图，决定相关孔道的连通。

4. 阀块体是集成式液压系统的关键部件，它既是其他液压元件的承装载体，又是它们油路连通的通道体。阀块体一般都采用长方体外型，阀块体上分布有与液压阀有关的安装孔、通油孔、连接螺钉孔、定位销孔，以及公共油孔、连接孔等，为保证孔道正确连通而不发生干涉，有时还要设置工艺孔。

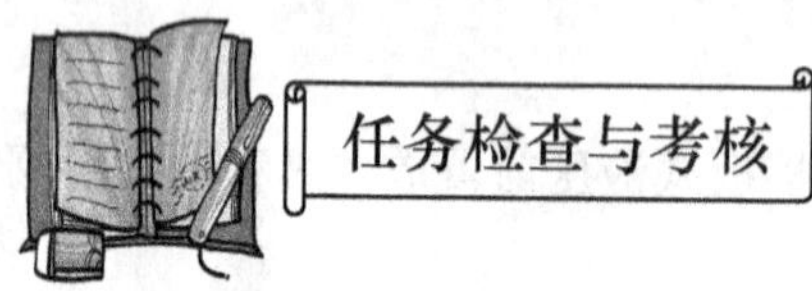

一、简答题

1. 液压控制阀的连接方式有哪些？叠加式连接有哪些优点？
2. 液压集成块常用的材料有哪些？
3. 如何确定各液压叠加阀的叠装顺序？
4. 如何对液压阀组进行安装与调试？

1. GB-T 2877—2007 液压二通盖板式插装阀　安装连接尺寸

2. GB-T 8100—2006 液压传动　减压阀、顺序阀、卸荷阀、节流阀和单向阀安装面

3. GB-T 8101—2002 液压溢流阀　安装面

4. GB-T 14043—2005 液压传动阀安装面和插装阀阀孔的标识代号

5. GB-T 2514—2008 液压传动 四油口方向控制阀安装面

6. GB-T 8098—2003 液压传动 带补偿的流量控制阀 安装面

7. GB-T 17487—1998 四油口和五油口液压伺服阀 安装面

8. GB-T 26143—2010 液压管接头 试验方法

9. GB-T2351—2005 液压气动系统用硬管外径和软管内径

10. GB-T3452.1—2005 液压气动用 O 形橡胶密封圈第 1 部分：尺寸系列及公差

11. GB-T3452.2—2007 液压气动用 O 形橡胶密封圈 第 2 部分：外观质量检验规范

12. GB-T3452.3—2005 液压气动用 O 形橡胶密封圈 沟槽尺寸

13. GB-T7937—2008 液压气动管接头及其相关元件 公称压力系列

项目 9　液压系统的调试与故障分析（Item9　Debugging and Fault Analysis of Hydraulic System）

知识目标	能力目标	素质目标
1. 了解液压设备的功用和液压系统的工作循环、动作要求。 2. 能够读懂液压系统图，会分析系统中各液压元件的功用和相互关系、系统的基本回路组成及油液路线	1. 具备液压系统进行规范安装调试的能力。 2. 具备液压系统的维护保养与故障诊断的能力。 3. 具备进行电气控制系统的操作使用的能力。 4. 具备一般液压系统的设计能力	1. 培养学生在安装调试液压系统过程中安全规范操作的职业素质。 2. 培养学生在完成任务过程中小组成员团队协作的意识。 3. 培养学生文献检索、资料查找与阅读相关资料的能力。 4. 培养学生自主学习的能力

任务 9.1　典型液压系统分析（Task9.1　Analysis of Typical Hydraulic System）

1. 能够看懂液压系统原理图。
2. 根据液压系统原理图理解各个液压元件的作用。
3. 会根据液压原理图分析一般液压系统故障。

通过学习本项目内容，总结阅读液压系统工作原理图的方法和步骤。

前面我们已经学习了液压系统的五大组成部分——工作介质**液压油**、动力元件**液压泵**、执行元件**液压缸**和**液压马达**、控制调节元件**液压阀**、**辅助元件**（蓄能器、过滤器、油箱、油管及管接头、热交换器、压力表等），由这些基本元件构成了各液压基本回路。那么本项目我们学习的液压系统是根据机电设备的工作要求，选用适当的液压基本回路有机组合而成。分析和阅读较复杂的液压系统图，可以按以下步骤进行：

（1）了解设备的功用及对液压系统动作和性能的要求。

（2）初步分析液压系统图，以执行元件为中心，将系统分解为若干个子系统。

（3）对每个子系统进行分析。分析组成子系统的基本回路及各液压元件的作用；按执行元件的工作循环分析实现每步动作的进油和回油路线。

（4）根据系统中对各执行元件之间的顺序、同步、互锁、防干扰或联动等要求，分析各子系统之间的联系，弄懂整个液压系统的工作原理。

（5）归纳出设备液压系统的特点和使设备正常工作的要领，加深对整个液压系统的理解。

9.1.1 YT4543 型动力滑台液压系统分析(Hydraulic System Analysis of YT4543 Power Sliding Table)

组合机床是一种高效专用机床，它由通用部件和部分专用部件组成，工艺范围广，自动化程度高，在成批大量生产中得到广泛的应用。液压动力滑台是组合机床中用来实现进给运动的一种通用部件，其运动是靠液压驱动的。根据加工要求，滑台台面上可设置动力箱、多轴箱或各种用途的切削头等工作部件，以完成钻、扩、铰、镗、刮端面、倒角、铣削和攻丝等工序。它对液压系统性能的主要要求是速度换接平稳、进给速度稳定、功率利用合理、效率高、发热少。

现以 YT4543 型动力滑台为例，分析其液压系统的工作原理和特点。

一、液压系统工作原理 (Working Principle of Hydraulic System)

图 9-1 所示为 YT4543 型动力滑台，滑台最大进给力为 45kN，快进速度为 6.5m/min，进给速度范围为 6.6～600mm/min。它完成的典型工作循环为：快进—第一次工作进给—第二次工作进给—止挡块停留—快退—原位停止。

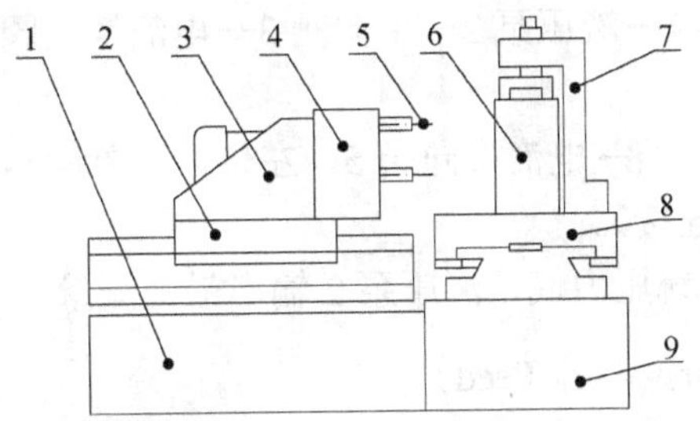

1—床身；2—动力滑台；3—动力头；4—主轴箱；5—刀具；6—工件；7—夹具；8—工作台；9—底座

图 9-1 YT4543 型动力滑台

图 9-2 所示为 YT4543 型动力滑台液压系统工作原理图。

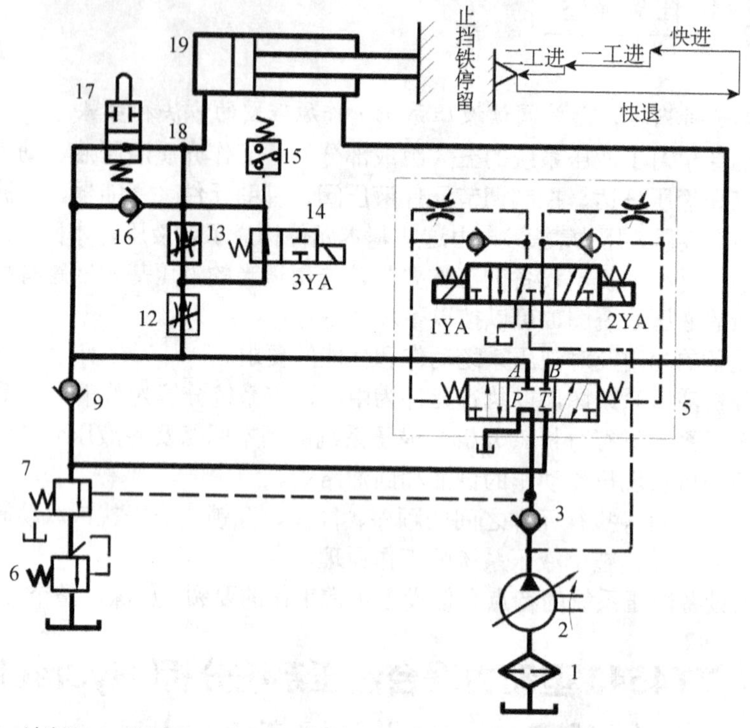

1—过滤器；2—液压泵；3，9，16—单向阀；5—电液换向阀；6—背压阀；7—顺序阀；
12，13—调速阀；14—电磁换向阀；15—压力继电器；17—行程阀；19—液压缸

图 9-2 YT4543 型动力滑台液压系统工作原理图

1. **快进**（Fast-forward）

按下启动按钮，电磁铁 1YA 通电，电液换向阀 5 的先导阀左位工作，液压泵 2 输出的压力油经先导阀进入液动换向阀的左侧，使其在控制压力油的作用下左位工作，此时的控制油路和主油路为说明如下。

（1）控制油路

进油路：油箱→过滤器 1→液压泵 2→电液换向阀先导阀（左位）→左上单向阀→液动换向阀的阀芯的左端。

回油路：液动换向阀阀芯的右端→右上的节流阀→电液换向阀先导阀（左位）→油箱。

（2）主油路

进油路：油箱→过滤器 1→液压泵 2→单向阀 3→电液换向阀 5（左位）→行程阀 17（下位）→液压缸 19 无杆腔。

回油路：液压缸 19 有杆腔→电液换向阀 5（左位）→单向阀 9→行程阀 17（下位）→液压缸 19 无杆腔（形成差动连接）。

由于快进时负载小，系统压力低，液压泵 2 输出最大流量。

2. **第一次工作进给**（First Work Feed）

第一次工作进给时，电磁铁 1YA 继续通电，液动换向阀仍处于左位工作，因此一工进时控制油路与快进时相同。

快进终了时，挡块压下行程阀 17，切断快进通路，此时液压油只能经调速阀 12 和二位二通电磁换向阀 14（左位）进入液压缸无杆腔。由于工进时压力升高，液压泵 2 输出的油液流量自动减小，且与调速阀 12 的开口相适应，此时外控顺序阀 7 打开，单向阀 9 关闭。液压缸 19 有杆腔的油液经顺序阀 7、背压阀 6 回油箱，此时主油路说明如下。

进油路：油箱→过滤器 1→液压泵 2→单向阀 3→电液换向阀 5（左位）→调速阀 12→电磁换向阀 14（左位）→液压缸 19 无杆腔。

回油路：液压缸 19 有杆腔→电液换向阀 5（左位）→顺序阀 7→背压阀 6→油箱。

3. **第二次工作进给**（Second Work Feed）

一次工作进给终了时，挡块压下电气行程开关，3YA 通电，二位二通电磁换向阀 14 断开，这时进油路须经过调速阀 12 和调速阀 13，由于调速阀 13 的通流面积小于调速阀 12，进给量大小由调速阀 13 调节，此时主油路说明如下。

进油路：油箱→过滤器 1→液压泵 2→单向阀 3→电液换向阀 5（左位）→调速阀 12→调速阀 13→液压缸 19 无杆腔。

回油路：液压缸 19 有杆腔→电液换向阀 5（左位）→顺序阀 7→背压阀 6→油箱。

4. **止挡块停留**（End Block Dwell）

当动力滑台第二次工作进给终了碰到止挡块时，不再前进，停留一段时间，等到其系统压力进一步升高，使压力继电器 15 发出信号给时间继电器，停留时间的长短由时间继电器决定。设置停留是为了提高加工位置精度。

5. **快速退回**（Fast-backward）

当滑台停留时间结束后，时间继电器发出信号，使电磁铁 1YA、3YA 断电，2YA 通电，电液换向阀的先导阀右位接入控制油路，电液换向阀的主阀右位接入主油路，这时流量大，快退。

（1）控制油路

进油路：油箱→过滤器→液压泵 2→电液换向阀先导阀（右位）→右上单向阀→换向阀阀芯右端。

回油路：换向阀主阀芯左端→左上节流阀→电液换向阀先导阀 11→油箱。

（2）主油路

进油路：油箱→过滤器→液压泵 2→单向阀 3→换向阀（右位）→液压缸右腔。

回油路：液压缸左腔→单向阀 6→换向阀（右位）→油箱。

滑台返回时负载小，系统压力下降，变量泵流量恢复到最大，且液压缸右腔的有效作用面积较小，故滑台快速返回。

6. **原位停止**（In Situ Stopped）

当液压滑台退回原始位置时，挡块压下行程开关，使 2YA 断电，电液换向阀 5 处在中间位置，液压滑台停止运动，变量泵 2 输出油液流量为零，液压泵 2 通过换向阀 5 的 M 型中位机能卸荷，输出功率接近为零。

该系统中各电磁铁及行程阀的动作顺序见表 9-1。表中“+”表示电磁铁通电或行程阀压下，“−”表示电磁铁断电或行程阀复位。

表 9-1 电磁铁、行程阀及压力继电器的动作顺序表

电磁铁、行程阀 动作	电磁铁			行程阀 8
	1YA	2YA	3YA	
快进	+	−	−	−
一工进	+	−	−	+
二工进	+	−	+	+
死挡块停留	+	−	+	+
快退	−	+	−	±
原位停止	−	−	−	−

二、液压系统特点（Hydraulic System Features）

1. 包含的基本回路（Basic Loop Included）

（1）采用限压式变量泵和调速阀的容积节流调速回路。

（2）采用单差动连接的快速运动回路。

（3）采用电液换向阀的换向回路。

（3）采用行程阀的快-慢速换接回路。

（5）串联调速阀的二次进给回路。

（6）采用换向阀 M 型中位机能的卸荷回路。

（7）采用调速阀的进油节流调速回路。

2. 系统特点（System Features）

（1）采用容积节流调速回路，无溢流功率损失，系统效率较高，且能保证稳定的低速运动、较好的速度刚性和较大的调速范围。

（2）在回油路上设置背压阀，提高了滑台运动的平稳性。

（3）把调速阀设置在进油路上，具有启动冲击小、便于压力继电器发讯控制、容易获得较低的运动速度。

（4）采用行程阀实现快-慢速换接，其动作的可靠性、转换精度和平稳性都较高。一工进和二工进之间的切换，由于通过调速阀的流量很小，采用电磁阀式换接已能保证所需的转换精度。

（5）采用电液换向阀的换向回路，换向性能好，启动平稳、冲击小。

（6）采用限压式变量泵和差动连接的快速运动回路，解决了快、慢速度相差悬殊的问题，又使能量到经济合理的利用。

（7）限压式变量泵本身就能按预先调定的压力限制其最大工作压力，故在采用限压式变量泵的系统中，一般不需要另外设置安全阀。

9.1.2 汽车起重机液压系统（Hydraulic System of Truck Crane）

汽车起重机是将起重机安装在汽车底盘上的一种起重运输设备。它主要由起升、回转、

变幅、伸缩和支腿等工作机构组成，这些工作机构动作的完成由液压系统来实现。对于汽车起重机的液压系统，一般要求输出力大，动作要平稳，耐冲击，操作要灵活、方便、可靠、安全。

一、液压系统工作原理（Working Principle of The Hydraulic System）

图 9-3 所示为 Q2-8 型汽车起重机外形简图。这种起重机采用液压传动，最大起重量为 80kN（幅度 3m 时），最大起重高度为 11.5m，起重装置连续回转。该起重机具有较高的行走速度，可与装运工具的车组成编队形式，机动性好。当装上附加吊臂后（图中未表示），可用于建筑工地吊装预制件，吊装的最大高度为 6m。液压起重机承载能力大，可在有冲击、振动、温度变化大和环境较差的条件下工作。其执行元件要求完成的动作比较简单，位置精度较低。因此液压起重机一般采用中、高压手动控制系统，系统对安全性要求较高。

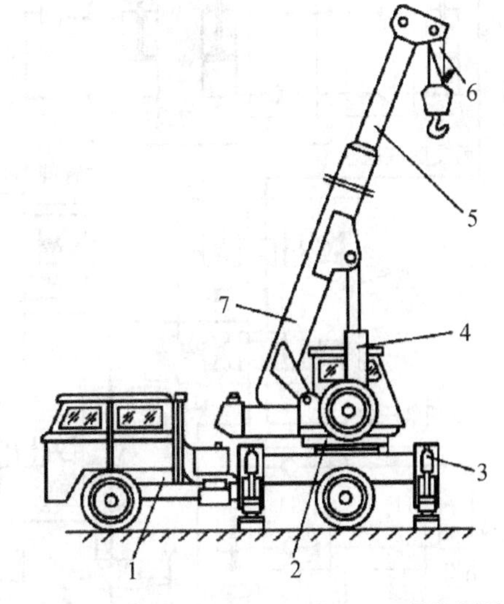

1—载重汽车；2—回转机构；3—支腿；4—吊臂变幅缸；5—伸缩吊臂；6—起升机构；7—基本臂

图 9-3 Q2-8 型汽车起重机外形简图

图 9-4 所示为 Q2-8 型汽车起重机外形简图。该系统的液压泵由汽车发动机通过装在汽车底盘变速箱上的取力箱传动。液压泵工作压力为 21MPa，排量为 40mL，转速为 1500r/min。液压泵通过中心回转接头从油箱吸油，输出的压力油经手动阀组 A 和 B 输送到各个执行元件。溢流阀 12 是安全阀，用以防止系统过载，调整压力为 19MPa，其实际工作压力可由压力表读取。这是一个单泵、开式、串联（串联式多路阀）液压系统。

系统中除液压泵、过滤器、安全阀、阀组 A 及支腿部分外，其他液压元件都装在可回转的上车部分。其中油箱也在上车部分，兼作配重。上车和下车部分的油路通过中心回转接头连通。

起重机液压系统包含支腿收放、回转机构、起升机构、吊臂变幅等五个部分。各部分都有相对的独立性。

1. 支腿收放回路（Outrigger Circuit）

由于汽车轮胎的支撑能力有限，在起重作业时必须放下支腿，使汽车轮胎架空，形成一个固定的工作基础平台。汽车行驶时则必须收起支腿。前后各有两条支腿，每一条支腿配有一个液压油缸。两条前支腿用一个三位四通手动换向阀 6 控制其收放，而两条后支腿则用另一个三位四通换向阀 5 控制。换向阀都采用 M 型中位机能，油路上是串联的。每一个油缸上都配有一个双向液压锁，以保证支腿被可靠地锁住，防止在起重作业过程中发生“软腿”现象（液压缸上腔油路泄漏引起）或行车过程中支腿自行下落（液压缸下腔油路泄漏引起）。

2. 起升回路（Hoisting Circuit）

起升机构要求所吊重物可升降或在空中停留，速度要平稳、变速要方便、冲击要小、启动转矩或制动力要大，本回路中采用 ZMD40 型柱塞液压马达带动重物升降，变速和换向是通过改变手动换向阀 18 的开口大小来实现的，用液控单向顺序阀 19 来限制重物超速下降。单作用液压缸 20 是制动缸。对于单向节流阀 21，一是保证液压油先进入马达，使马达产生一定的转矩，再解除制动，以防止重物带动马达旋转而向下滑；二是保证吊物升降停止时，制动缸中的油马上与油箱相通，使马达迅速制动。

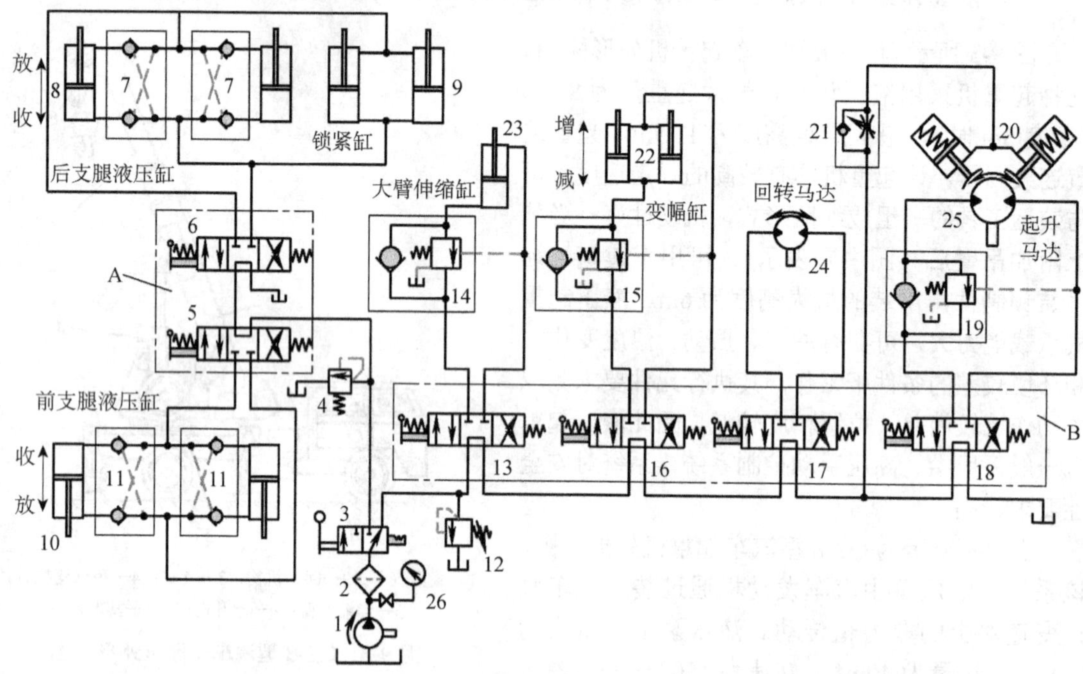

1—单向定量液压泵；2—滤油器；3—换向阀；4，12—溢流阀；5，6，13，16，17，18—三位四通手动换向阀；7，11—双向液压锁；8—后支腿液压缸；9—锁紧缸；10—前支腿液压缸；14，15，19—顺序阀；20—制动缸；21—单向节流阀；22—变幅缸；23 大臂伸缩缸；24—回转马达；25—起升马达；26—压力表

图 9-4　Q2-8 型汽车起重机液压系统原理图

起升重物时，换向阀 18 切换至左位工作，液压泵 1 打出的油经滤油器 2、换向阀 3 右位、换向阀 13 中位、换向阀 16 中位、换向阀 17 中位、换向阀 18 左位、顺序阀 19 中的单向阀进入马达左腔；同时压力油经单向节流阀到制动液压缸 20，从而解除制动，使马达旋转。

重物下降时，手动换向阀 18 切换至右位工作，液压马达反转，回油经阀 19 的液控顺序阀和换向阀 18 右位回油箱。

当停止作业时，换向阀 18 处于中位，泵卸荷。制动缸 20 上的制动瓦在弹簧作用下使液压马达制动。

3. 大臂伸缩回路（Boom Telescopic Circuit）

本机大臂伸缩采用单级长液压缸驱动。在工作中，换向阀 13 的开口大小和方向，即可调节大臂运动速度和使大臂伸缩。在行走时，应将大臂缩回。大臂缩回时，因液压力与负载力方向一致，为防止吊臂在重力作用下自行收缩，在收缩缸的下腔回油腔安置了顺序阀 14，提高了收缩运动的可靠性。

4. 变幅回路（Derricking Circuit）

大臂变幅机构是用于改变作业高度的，要求其能带载变幅，动作要平稳。本机采用两个液压缸并联，提高了变幅机构的承载能力。其要求以及油路与大臂伸缩油路相同。

5. **回转回路**（Slewing Circuit）

回转机构要求大臂能在任意方位起吊。本机采用 ZMD40 柱塞液压马达，回转速度 1r/min～3r/min。由于惯性小，一般不设缓冲装置，操作换向阀 17 可使马达正、反转或停止。

二、液压系统特点（Characteristics of The Hydraulic System）

该系统由平衡、制动、锁紧、换向、调压、调速、多缸卸荷等回路组成。

（1）在平衡回路中，因重物在下降时以及大臂收缩和变幅时，负载与液压力方向相同，执行元件会失控，为此，在其回油路上采用单向液控顺序阀作平衡阀，以避免在起升、吊臂伸缩和变幅作业进程中因重物自重而降落，且工作稳固、可靠，但在一个方向上有单向阀造成的背压，会给系统造成一定的功率损耗。

（2）在制动回路中，采取由单向节流阀和单作用制动缸形成的制动器，利用调整好的弹簧力进行制动，制动可靠，动作快；用液压缸压缩弹簧来松开制动，松开制动的动作慢，可防止负重起重时的溜车现象发生，能够确保起吊安全，并且在汽车发动机熄火或液压系统出现故障时能够迅速实现制动，预防被起吊的重物下落。

（3）在支腿回路中，采用由液控单向阀形成的双向液压锁将前、后支腿锁定在指定位置上，工作安全可靠，确保在整个起吊过程中，每条支腿都不会呈现软腿的现象，即便出现发动机故障或液压管道泄漏的情形，双向液压锁仍能长时间可靠锁紧。

（4）在调压回路中，采用溢流阀 4 来限制系统最高工作压力，防止系统过载，对起重机实现超重保护作用。

（5）在调速回路中，采用改变手动换向阀的开度大小来调节各执行机构的速度，使得控制、换向、调速集三位四通手动换向阀于一身，这对于作业工况随机性较大且动作频繁的起重机来说，实现了集中控制，便于操作。

（6）在多缸卸荷回路中，采用多路换向阀结构，其中的每一个三位四通手动换向阀的中位机能皆为 M 型中位性能，并且将换向阀在油路中串联使用，这样能够使任何一个工作机构单独动作；这种串联结构也可以在轻载下使执行机构任意组合地同时动作，但采纳的换向阀串连联结个数过多，会使液压泵的卸荷压力加大，系统效率下降。但因为起重机不是频繁作业机械，这些损失对系统的影响不大。

9.1.3　工业机械手液压系统分析（Analysis of Industrial Manipulator Hydraulic System）

工业机械手是自动化装置的重要组成部分，它可按照给定的程序、运行轨迹和预定要求模仿人的部分动作，实现自动抓取、搬运等简单动作，它是生产作业机械化、自动化的重要手段。

在一些笨重、单调及简单重复性体力工作中，利用机械手可以代替人力工作，特别是在高温、易燃、易爆以及具有放射性辐射危害等危险恶劣环境下，采用机械手可以代替人类的非安全性工作。

机械手一般由驱动系统、控制系统、执行机构以及位置检测装置等组成，而智能机械手还具有相应的感觉系统和智能系统。根据使用要求，机械手的驱动系统可以采用电气、液压、气压或机械等方式，也可以采用上述几种方式联合传动控制。机械手的种类繁多，通常可以分为专用机械手和通用机械手等。

一、液压系统工作原理（Working Principle of The Hydraulic System）

JS01 工业机械手用于工业生产中代替手工自动上料，是圆柱坐标式全液压驱动机械手。执行机构由手部伸缩、手腕回转、手臂伸缩、手臂升降、手臂回转和回转定位等机构组成。各部分均由液压缸驱动，其循环功能为：

待料→插定位销→手臂前伸→手指张开→手指夹紧抓料→手臂上升→手臂缩回→手腕回转（180°）→拔定位销→手臂回转（95°）→插定位销→手臂前伸→手臂中停→手指松开→手指闭合→手臂缩回→手臂下降→手腕反转复位→拔定位销→手臂反转→待料泵卸荷。

以上循环是按程序、轨迹要求，完成自动抓取、搬运动作等。

液压系统各执行元件的动作，均由电控系统发出信号控制相应的电磁换向阀或电液换向阀，使之按指定的程序来控制机械手进行相应的动作循环，电磁铁动作顺序表见表 9-1。

在 PLC 控制回路中，采用的 PLC 类型为 FX2N，当按下连续启动按钮后，PLC 按指定的程序通过控制电磁铁的通断来控制机械手进行相应的动作循环，当按下连续停止按钮后，机械手在完成一个动作循环后停止运动。其工作原理图如图 9-5 所示。

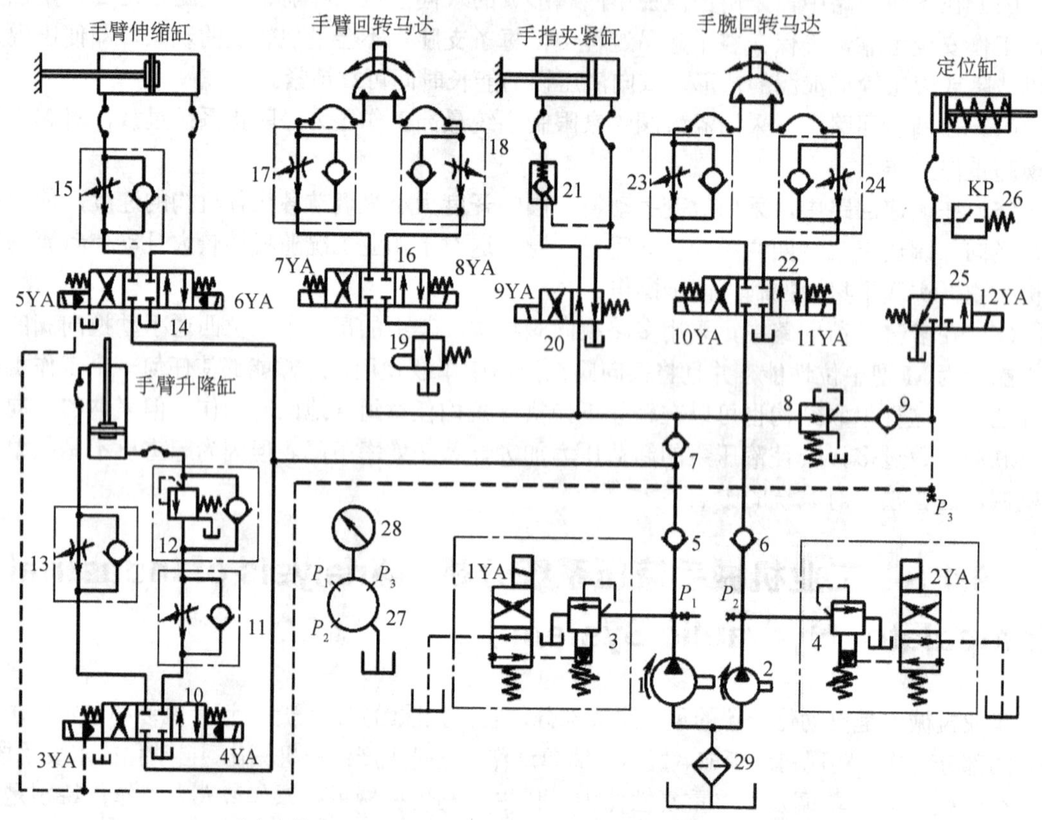

1，2—单向定量液压泵；3，4—电磁溢流阀；5，6，7，9—单向阀；8—减压阀；
10，14—三位四通电液换向阀；11，13，15，17，18，23，24—单向调速阀；
12—单向顺序阀；16，22—三位四通电磁换向阀；19—行程节流阀；20—二位四通电磁阀；
21—液控单向阀；25—二位三通电磁阀；26—压力继电器；27—转换开关；28—压力表；29—滤油器

图 9-5　JS01 工业机械手液压系统工作原理图

二、液压系统特点（Characteristics of The Hydraulic System）

（1）采用双泵供油形式，手臂升降和伸缩时由两个油泵同时供油，当手臂及手腕回转、手指松紧及插定位销时，只由小流量泵 2 供油，大流量泵 1 卸荷，系统功率利用比较合理，效率较高。

（2）手臂伸出和升降、手臂和手腕的回转分别采用单向调速阀实现回油节流调速，各执行机构速度可调，运动平稳。

（3）手臂伸出、手腕回转到达端点前由行程开关发出信号切断油路，滑行缓冲，由死挡铁定位保证精度。手臂缩回和手臂上升由行程开关适时发出信号，提前切断油路滑行缓冲并定位。由于手臂回转部分质量较大，转速较高，运动惯性矩较大，在回油路上安装了行程节流阀 19 进行减速缓冲，最后由定位缸插销定位，满足定位精度要求。

（4）为了使手指夹紧缸夹紧工件后不受系统压力波动的影响，采用了液控单向阀 21 的锁紧回路，保证牢固地夹紧工件。

（5）为支撑平衡手臂运动部件的自重，防止手臂自行下滑或超速，采用了单向顺序阀的平衡回路。

任务分析

通过本项目的学习，可知在阅读液压系统工作原理图时，遵循以下步骤：

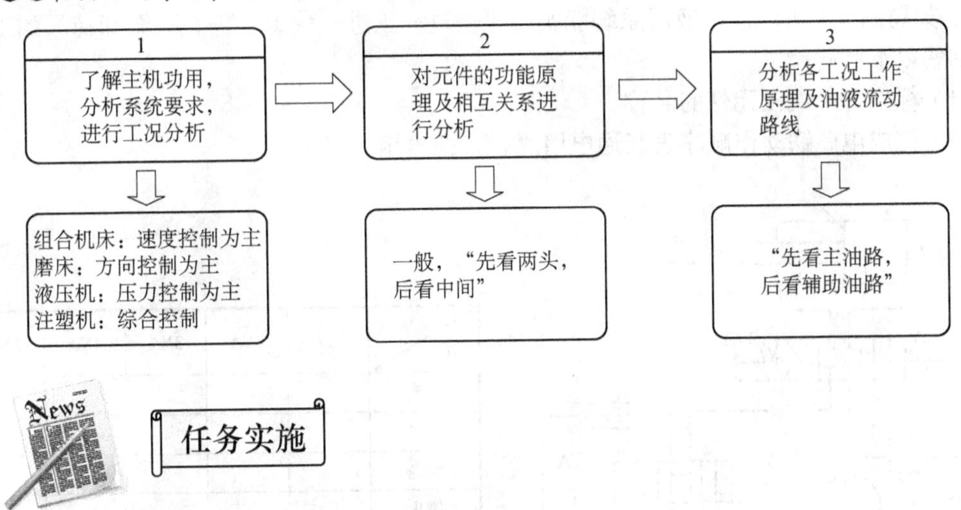

任务实施

经过学习前面的内容和任务分析，描述阅读液压系统工作原理图的阅读步骤。

总结

1. 液压系统分析的核心是认真研究液压系统原理图，将设备各个运动与液压元件一一对应，分析该液压系统由哪些基本液压回路组成。

2. 液压系统分析和阅读较复杂的液压系统图，可以按以下步骤进行：

（1）了解设备的功用及对液压系统动作和性能的要求。

（2）初步分析液压系统图，以执行元件为中心，将系统分解为若干个子系统。

（3）对每个子系统进行分析：分析组成子系统的基本回路及各液压元件的作用；按执行元件的工作循环，分析实现每步动作的进油和回油路线。

（4）根据系统中对各执行元件之间的顺序、同步、互锁、防干扰或联动等要求，分析各子系统之间的联系，弄懂整个液压系统的工作原理。

（5）归纳出设备液压系统的特点和使设备正常工作的要领，加深对整个液压系统的理解。

任务检查与考核

一、分析题

1. 如题图 9-1 所示，该液压系统能实现“快进—工进—快退—停止—泵卸荷”的工作循环，回答以下问题：

（1）标出每个液压元件的名称。

（2）完成电磁铁动作顺序表（通电用“+”，断电用“–”）。

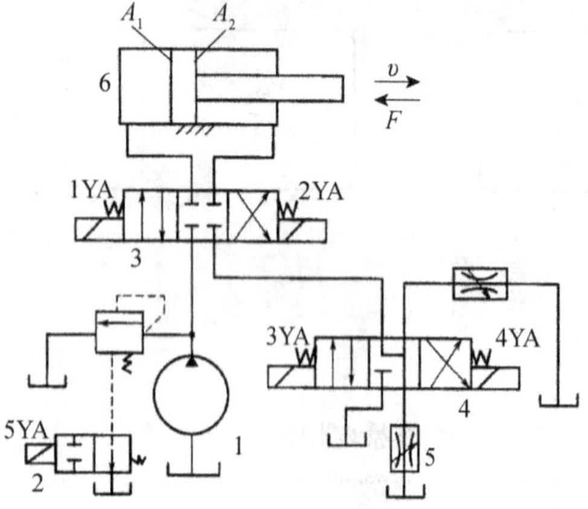

电磁铁 动作	1YA	2YA	3YA	4YA	5YA
快进					
工进					
快退					
停止					

题图 9-1

2. 如题图 9-2 所示，系统可实现“快进—工进—快退—停止（卸荷）”的工作循环。回答以下问题：

（1）指出标出数字序号的液压元件的名称。

（2）完成电磁铁动作表（通电“+”，失电“–”）。

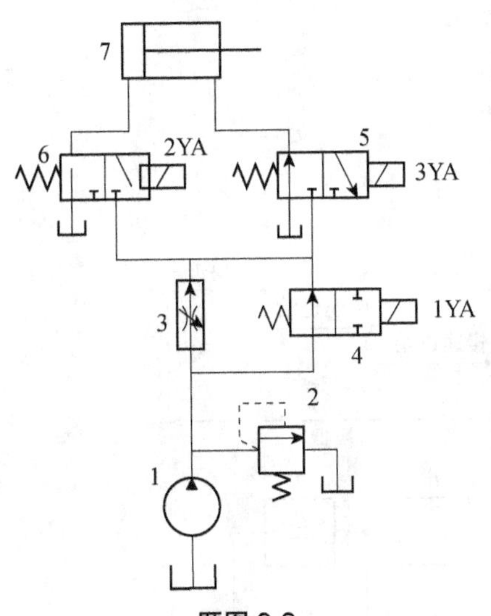

题图 9-2

电磁铁 / 动作	1YA	2YA	3YA
快进			
工进			
快退			
停止（卸荷）			

3. 如题图 9-3 所示，液压系统可实现“快进—工进—快退—原位停止”的工作循环，分析并回答以下问题：

（1）写出元件 2、3、4、7、8 的名称及在系统中的作用。

（2）列出电磁铁动作顺序表（通电“+”，断电“−”）。

（3）分析系统由哪些液压基本回路组成。

（4）写出快进时的油流路线。

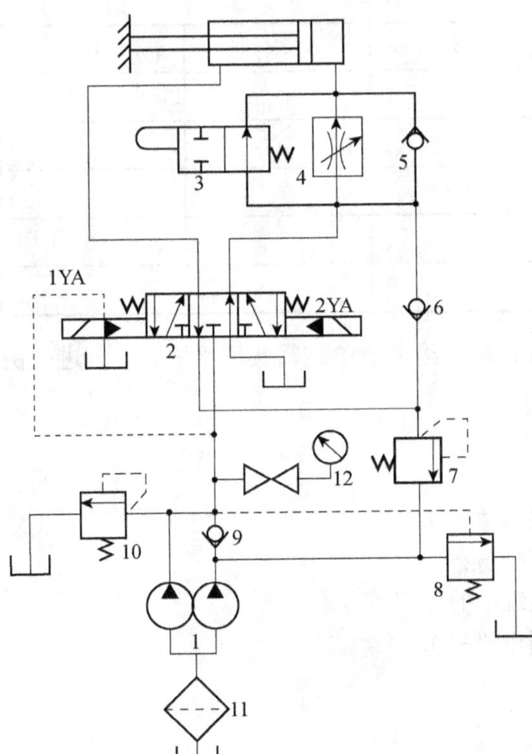

题图 9-3

电磁铁 / 动作	1YA	2YA
快进		
工进		
快退		
原位停止		

4. 阅读如题图 9-4 所示的液压系统，完成如下任务：

（1）写出元件 2、3、4、6、9 的名称及在系统中的作用。

（2）填写电磁铁动作顺序表（通电“+”，断电“−”）。

（3）分析系统由哪些液压基本回路组成。

（4）写出快进时的油流路线。

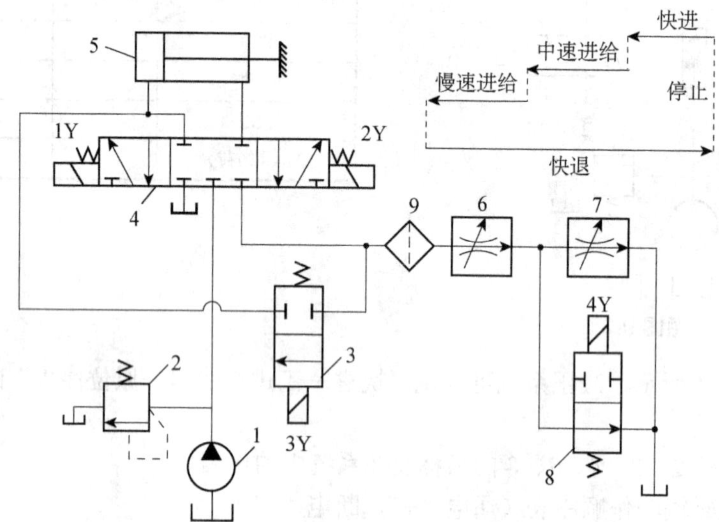

题图 9-4

工作过程	电磁铁动态			
	1Y	2Y	3Y	4Y
快速进给				
中速进给				
慢速进给				
快速退回				
停止				

5. 如题图 9-5 所示的液压回路，要求先夹紧，后进给。进给缸需实现“快进—工进—快退—停止”这四个工作循环，而后夹紧缸松开。

（1）指出标出数字序号的液压元件名称。

（2）指出液压元件 6 的中位机能。

（3）列出电磁铁动作顺序表（通电“+”，失电“−”）。

6. 阅读题图 9-6 所示的液压系统，完成如下任务：

（1）写出元件 2、3、4、6、9 的名称及在系统中的作用。

（2）填写电磁铁动作顺序表（通电“+”，断电“−”）。

（3）分析系统由哪些液压基本回路组成。

（4）写出快进时的油流路线。

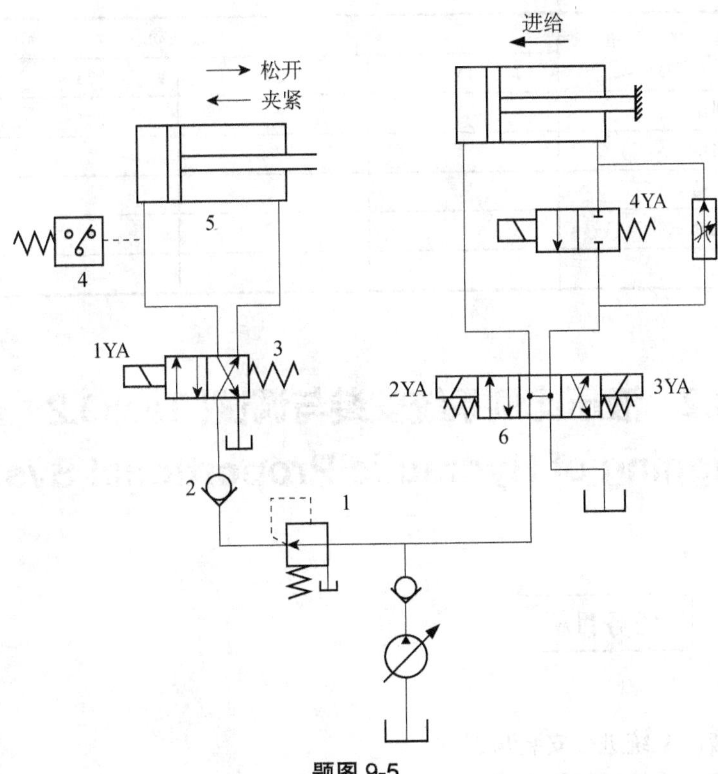

题图 9-5

动作 \ 电磁铁	1YA	2YA	3YA	4YA
快进				
工进				
快退				
停止				

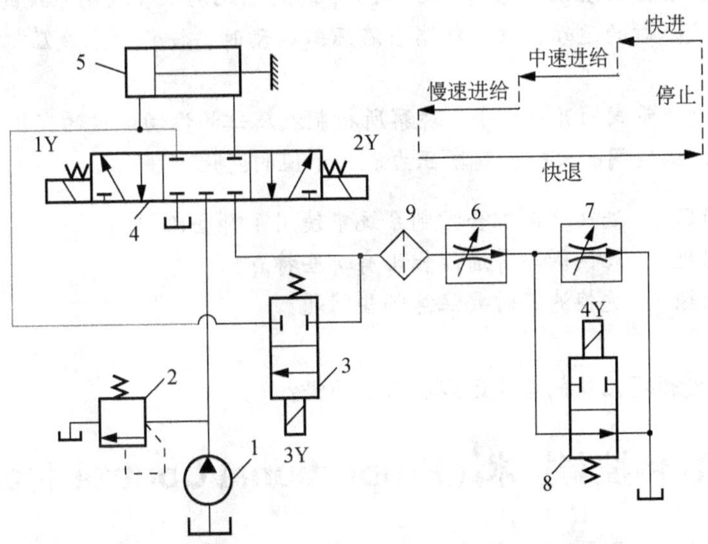

题图 9-6

工作过程 \ 电磁铁	电磁铁动态			
	1Y	2Y	3Y	4Y
快速进给				
中速进给				
慢速进给				
快速退回				
停止				

任务 9.2 液压比例系统安装与调试(Task9.2 Installation and Debugging of Hydraulic Proportional System)

1. 能够对液压系统进行安装与调试。
2. 能够对液压系统进行日常维护。
3. 能够对液压系统参数进行必要的调整。

通过操纵操作台上的按钮，完成对图 9-15 中的液压比例综合控制系统的调试。要求：

（1）观察各液压缸的运动，注意观察当液压缸运动时，操作台上液压缸活塞位置的显示情况。

（2）调节比例流量阀的开口大小，观察所控制液压缸的运动速度的变化。

（3）调节比例溢流阀的大小，观察压力表指示值的变化。

问题 1：液压比例综合控制系统中使用了哪些比例阀？

问题 2：比例阀与普通阀相比有哪些特点？

问题 3：更换滤芯时要注意哪些问题？

你能说明比例阀与普通阀有何不同吗？

9.2.1 比例控制技术（ Proportional Control Technology ）

以前我们学习的普通液压阀，其特点是手动调节和开关式控制。开关控制阀的输出参数在阀处于工作状态下是不可调节的，所以这种阀不能满足自动化连续控制和远程控制的要求。

而电液伺服系统虽然能够满足要求，而且控制精度很高，但电液伺服系统复杂，对污染敏感，成本高，因而不能普遍使用。

电液比例阀是一种性能介于普通液压阀和电液伺服阀之间的新阀种，它既可以根据输入的电信号大小连续地按比例对液压系统的参数（油液的压力、流量、方向）实现远距离控制和计算机控制，又在制造成本、抗污染等方面优于电液伺服阀，因而广泛应用于一般工业部门。

一、比例控制技术的含义（The Meaning of Proportional Control Technology）

比例控制技术的含义可以用如下的步骤加以说明。

第一步：根据一个输入电信号电压值的大小，通过电放大器，将该输入电压信号（一般在 0～±9V 之间）转换成相应的电流信号，如 1mV 转换为 1mA。

第二步：这个电流信号作为输入量被送到比例电磁铁，从而产生和输入信号成比例的输出量——力或位移。

第三步：这个力或位移又作为输入量传送给液压阀，使液压阀产生一个与力或位移成比例的流量或压力。

通过一系列的转换，一个输入电压信号的变化，不但能控制执行元件和机械设备上的工作部件的运动方向，而且可以对其作用力和运动速度进行无级调节。

此外，还能对相应的实现过程，例如在一段时间内流量的变化、加速度的变化或减速度的变化等进行无级调节。

二、比例控制技术的组成及特点（The Composition and Characteristics of Proportional Control Technology）

1. 比例控制技术的特点

（1）其转换过程是可控的，设定值可无级调节，达到一定控制要求所需的液压元件较少，降低了液压回路的材料消耗。

（2）可方便迅速、精确地实现工作循环过程，满足切换过程要求。通过控制切换过渡过程，可避免尖峰压力，延长机械和液压元件的寿命。

（3）用来控制方向、流量和压力的电信号，通过比例器件直接加给执行器，这样使液压控制系统的动态性能得到改善。

（4）使用电信号容易实现远距离和自动控制。

（5）液压比例器件中的液压放大装置，结构简单，可由液压厂家市售提供。它们与标准液压器件没有多大的区别，其中，许多零件或标准组件都可取自标准液压元件。

（6）作为比例技术用的放大器，近年来已发展成为功能可靠、结构简单的欧洲型电控插板。

2. 比例控制技术的组成

原则上比例阀只是在开关式阀的基础上增加了比例电磁铁而已，它一般由比例电磁铁、液压控制阀和电控插板等组成。对应于每一类液压比例控制装置，都设计有专门的电控插板。

电控插板一般包括以下几部分：

（1）稳压单元。

（2）斜坡信号发生器。

（3）功能发生器。

（4）设定值单元。

（5）设定值继电器。

（6）脉冲调制式功率级。

9.2.2 比例电磁铁（Proportional Electromagnet）

比例电磁铁（Proportional Electromagnet；Proportional Solenoid）是电子技术与液压技术的连接环节。它是一种直流行程式电磁铁，与开关式阀用电磁铁有所不同。后者只要求有吸合和断开两个位置，而比例电磁铁则要求吸力或位移与给定的电流成比例，并在衔铁的全部工作位置上，磁路中保持一定的气隙。

图 9-6 为比例电磁铁的工作原理图，比例电磁铁主要由极靴 1、线圈 2、壳体 5 和衔铁 10 等组成。线圈 2 通电后产生磁场，由于隔磁环 4 的存在，使磁力线主要部分通过衔铁 10、气隙和极靴 1，极靴对衔铁产生吸力而使衔铁带动推杆产生移动。

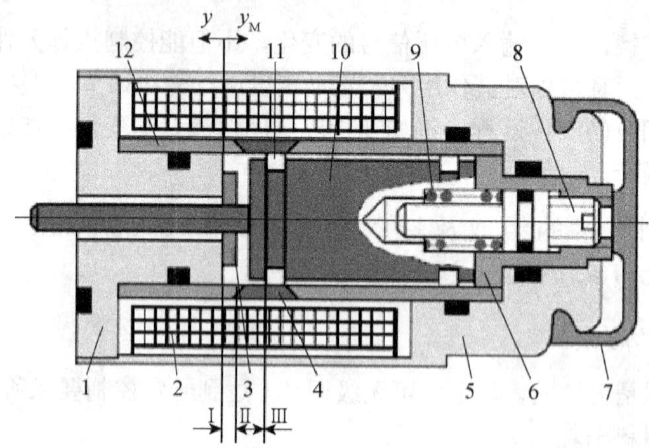

1—极靴；2—线圈；3—限位环；4—隔磁环；5—壳体；6—内盖；7—外盖；8—调节螺钉；9—弹簧；10—衔铁；11—支撑环；12—导向管

图 9-6 比例电磁铁工作原理图

线圈电流一定时，吸力大小因极靴与衔铁之间的距离不同而变化。

比例电磁铁的吸力特性可分为三段：在气隙很小的区段Ⅰ，吸力虽然较大，但随位置的改变而急剧变化。在气隙较大的区段Ⅲ，吸力明显下降。所以吸力随位置变化较小的区段Ⅱ，是比例电磁铁的工作区段。

只考虑在工作区段Ⅱ内的情况，改变线圈中的电流，即可在衔铁上得到与其成正比的吸力。如果要求比例电磁铁的输出为位移时，则可在衔铁右侧加一弹簧，便可得到与电流成正比的位移。

9.2.3 比例方向阀（Proportional Direction Valve）

将普通四通电磁换向阀中的电磁铁改为比例电磁铁并严格控制阀芯和阀体上控制边缘的轴向尺寸（阀口开度），即成为比例方向阀。

比例方向阀除了能够换向外，还可使其开口大小与输入电流成比例，以调节通过阀的流量。

一、直控式比例方向阀（Direct Control Proportional Directional Valve）

与普通方向阀的结构布置一样，在直控式比例方向阀中，比例电磁铁也是直接驱动和控制阀芯的。

如图 9-7 所示，阀的基本组成部分有：壳体 1、一个或两个具有模拟量位移-电流特性的比例电磁铁 2、电感式位移传感器 3、控制阀芯 4、复位弹簧 5。在电磁铁不工作时，控制阀芯由复位弹簧 5 保持在中位，由电磁铁直接驱动阀芯运动。

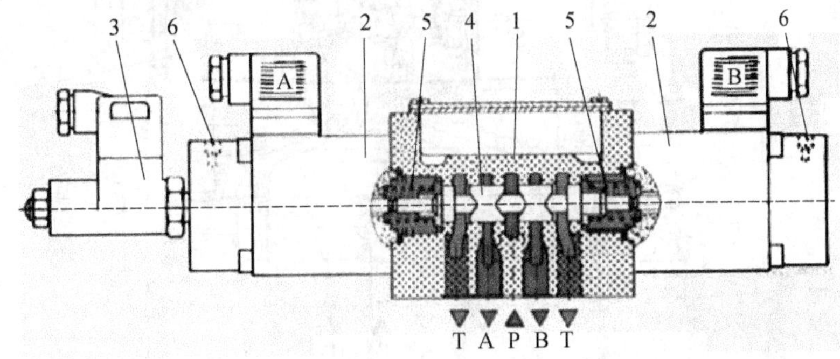

1—壳体；2—比例电磁铁；3—电感式位移传感器；4—控制阀芯；5—复位弹簧

图 9-7　带电反馈的直接控制式比例方向阀

阀芯处在图示位置时，P、A、B 和 T 之间互不相通。如果电磁铁 A（左）通电，阀芯向右移动，则 P 与 B、A 与 T 分别相通。

由控制器来的控制信号越大，控制阀芯向右的位移也越大，即阀芯的行程与电信号成正比。行程越大，则阀口通流面积和流过的体积流量也越大。电感式位移传感器可检测出阀芯的实际位置，并把与阀芯行程成比例的电信号（电压）反馈至电放大器。

由于位移传感器的量程按两倍阀芯行程设计，所以，能检测阀芯在两个方向上的位置。

另外，这种位移传感器采用密封式结构，没有泄漏油口，因此不需要附加的密封。这意味着这种结构形式不存在对阀的控制精度产生不利影响的附加摩擦力。

在放大器中，实际值（控制阀芯的实际位置）与设定值进行比较，在检测出两者的差值后，以相应的电信号输送给对应的电磁铁，对实际值进行修正，构成位置反馈闭环。

比例阀控制阀芯与普通方向阀阀芯不同，它的薄刃型节流断面呈三角形，如图 9-8 所示。

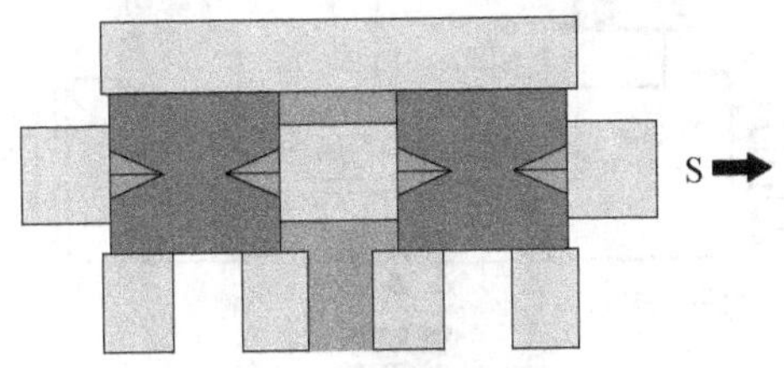

图 9-8　比例阀控制阀芯结构

二、先导式比例方向阀（Pre-guide Proportional Directional Valve）

与开关式方向阀一样，大通径的比例阀也是采用先导控制型结构。问题的关键仍然是推动主阀芯运动所需的操纵力。

一般规则是：10mm 通径以及小于 10mm 通径的阀采用直接控制式，大于 10mm 通径的采用先导控制式。

先导式比例方向阀的原理图和结构图分别如图 9-9 和图 9-10 所示。它主要由以下几部分组成：带比例电磁铁 5 和电磁铁 6 的先导阀，带主阀芯 11 的主阀，对中弹簧 12。

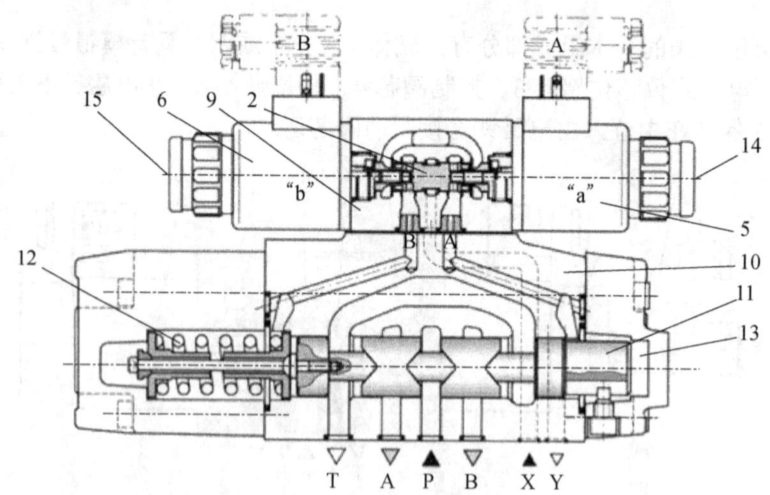

2—控制阀芯；5，6—比例电磁铁；9—先导阀体；10—主阀体；11—主阀芯；
12—对中弹簧；13—压力腔；14，15—手动应急操作按钮

图 9-9　先导式比例方向阀工作原理图

先导阀配用具有电流-力特性的力调节型比例电磁铁。先导式比例方向阀的工作过程如下：

通过为比例电磁铁（例如线圈“a”5）通电，压力测量阀芯 3 和控制阀芯 2 将向右移动。这样将通过具有渐进流量特性的节流横截面，打开从 P 到 B 及从 A 到 T 的连接。在通道 B 中形成的压力以压力测量阀芯 4 的表面作用于控制阀芯，并与线圈磁力相反。压力测量阀芯 4 受线圈“b”6 支撑。如果压力超过线圈“a”上设置的值，则沿逆线圈磁力方向回推控制阀芯 2，并建立 B 与 T 的连接，直到重新达到设置的压力。压力与线圈电流成比例。当线圈断电时，控制阀芯 2 在压缩弹簧 8 的作用下返回到中心位置。

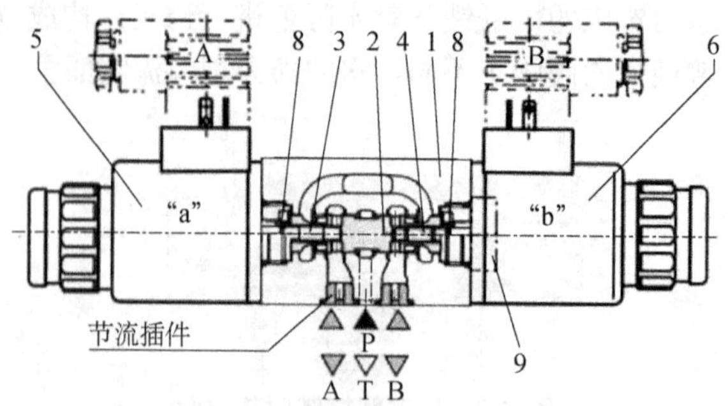

1—先导阀芯；2—控制阀心；3，4—压力测量阀芯；5—线圈“a”；6—线圈“b”；8—压缩弹簧；9—先导阀

图 9-10　先导式比例方向阀结构图

线圈“a”5 和线圈“b”6 断电后，主阀芯 11 将通过对中弹簧 12 保持在中心位置。主阀芯 11 由先导控制阀 9 控制，主阀芯成比例移动。例如，通过启动线圈“b”6，控制阀芯 2 向右移动，先导油通过先导阀 9 流入压力腔 13，并使主阀芯 11 根据电气输入信号转动。这样将通过具有渐进流量特性的节流横截面，打开从 P 到 B 及从 A 到 T 的连接。先导油可通过油口 P 从内部供给先导控制阀，也可通过油口 X 从外部供给先导控制阀。切断线圈 6 的电源，控制阀芯 2 和主控制阀芯 11 移回至中心位置。根据切换位置，液压油可从 P 流到 A，从 B 流到 T，或从 P 流到 B，从 A 流到 T。

三、比例方向阀的特点（Characteristic of Proportional Directional Valve）

（1）结构上与三位四通弹簧对中型方向阀相似。

（2）对污染的敏感性较小。

（3）一个阀可以同时控制液流的方向和流量。在过程控制中，可以在没有附加方向阀及节流阀的情况下，实现快速和低速的行程控制。速度的变化过程，不是跳跃式而是无级变化。

（4）具有像先导控制方向阀一样的比较大的阀芯行程。

（5）流入和流出执行元件的液流，都要受到两个控制阀口的控制。

（6）与电控器配合，可以方便可靠地实现加速及减速过程。加速和减速的时间可以由电控器预调，而与油液特性（如黏度）无关。

9.2.4 比例压力阀（Proportional Pressure Valve）

比例压力阀用来实现压力遥控，压力的升降随时可以通过电信号加以改变。工作系统的压力可以根据生产过程的需要，通过电信号的设定值来加以改变，这种控制方式经常称为负载适应控制。

比例压力阀可分为比例溢流阀、比例减压阀和比例顺序阀三种类型。

一、直控式比例溢流阀（Direct Control Proportional relief valve）

图 9-11（a）所示为直控式比例溢流阀工作原理图，这种比例溢流阀采用座阀式结构，它主要由以下几部分构成：阀体 10、带位移传感器 1 的比例电磁铁 4、阀座 11、锥阀芯 9、传力弹簧 7。这里采用的比例电磁铁是位置调节型电磁铁，用它来代替手调机构进行调压。比例电磁铁与普通电磁铁不同，普通电磁铁要求有吸合和断开两个位置，而比例电磁铁则要求吸力或位移与给定的电流成比例。

当输入电信号时，比例电磁铁产生电磁力，作用于阀芯上，得到一个控制力控制溢流阀的压力。随着输入电信号强度的变化，比例电磁铁的电磁力将随之变化，从而改变压力的大小，使阀芯的开启压力随输入信号的变化而变化。若输入信号连续地、按比例地或按一定程序地进行变化，则比例溢流阀所调节的系统压力也连续地、按比例地或按一定程序地进行变化。因此，比例溢流阀多用于系统的多级调压或实现连续的压力控制。直动式比例溢流阀用作先导阀与其他普通压力阀的主阀相配，便可组成先导式比例溢流阀、比例顺序阀和比例减压阀。

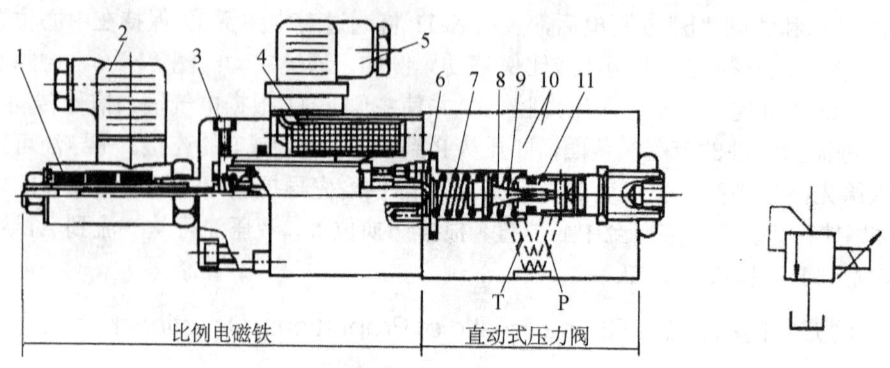

(a) 工作原理图　　　　(b) 图形符号

1—位移传感器；2—传感器插头；3—放气螺钉；4—比例电磁铁；5—线圈插头；6—弹簧座；7—传力弹簧；8—防振弹簧；9—锥阀芯；10—阀体；11—阀座

图 9-11　直控式比例溢流阀

二、先导式比例溢流阀（Pre-guide Proportional relief valve）

对于大流量规格的阀，一般采用先导式结构。如图 9-12 所示，先导式溢流阀主要由以下几个主要部分组成：带有比例电磁铁 2 的先导阀 1、最高压力限制阀 3（供选择）、带主阀芯 5 的主阀 4。

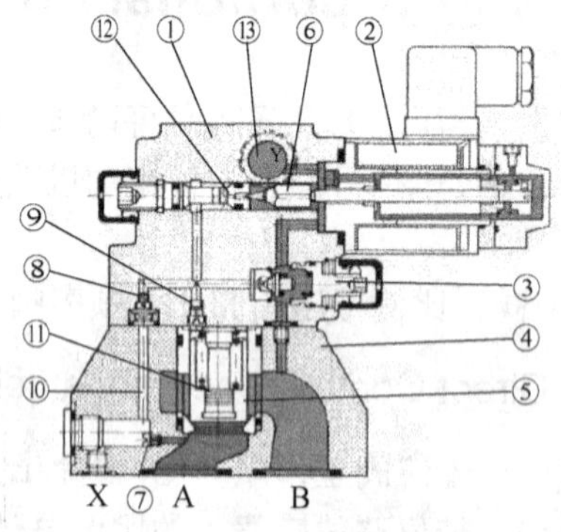

1—先导阀体；2—比例电磁铁；3—最高压力限制阀；4—主阀；5—主阀芯；6—先导锥阀芯；7，8，9，12—液阻；10—控制回路；11—主阀芯弹簧腔；13—控制油口 Y

图 9-12　DBEM 型先导式比例溢流阀（带限压阀）

阀的基本功能与一般先导式溢流阀一样，其区别就在于先导阀：用比例电磁铁代替了调压弹簧，它是一个力调节型比例电磁铁。

如果在电控器中预调一个给定的电流，对应地就有一个与之成正比例的电磁力作用在先导锥阀芯 6 上。输入电流越大，电磁力就越大，调节压力也就越大；输入电流越小，电磁力就越小，调节压力也就越小。

由系统（油口 A）来的压力作用在主阀芯 5 上。同时系统压力通过液阻 7、液阻 8 和液阻 9 及其控制回路 10，作用在主阀芯弹簧腔 11 上。通过液阻 12，系统压力作用在先导锥阀 6 上，并与比例电磁铁 2 的电磁力相比较。当系统压力超过相应电磁力的设定值时，先导阀打开，控制油由 Y 通道回油箱。注意：油口 Y 处应该始终处于卸压状态。

由于控制回路中液阻网络的作用，主阀芯 5 上下两端产生压力差，使主阀芯抬起，阀口

A 与 B 连通（泵-油箱）。为了在电气或液压系统发生意外故障时，例如过大的电流输入电磁铁、液压系统出现尖峰压力等，能保证液压系统的安全，可以选择配置一个最高压力限压阀 3，作为安全阀——它同时可以作为泵的安全阀。

在调节安全阀的压力时，必须注意它与电磁铁可调的最大压力的差值，这个安全阀应该只对压力峰值产生响应。作为参考，这个差值可取最大工作压力的 10%左右。例如：最大工作压力为 1×10^4kPa，安全阀调定压力为 11×10^3kPa。

9.2.5 比例流量阀（Proportional Flow Valve）

比例流量阀的作用就是实现对执行元件运动速度的调节。它与一般流量阀的不同之处仅在于：一般流量阀节流口的开度靠手柄来调节，而比例流量阀的节流口开度是靠输入比例电磁铁的电流大小进行调节的。如果输入信号电流是按比例连续地或按一定程序地进行改变，则比例流量阀的输出流量也按比例连续地或按一定程序地进行改变，实现对执行元件的速度调节。它也可以与单向阀组合成单向比例流量阀。

用比例电磁铁取代节流阀或调速阀的手调装置，以输入电信号控制节流口开度，便可连续地或按比例地远程控制其输出流量，实现执行部件的速度调节。如图 9-13 所示是电液比例调速阀的工作原理图和图形符号。图中的节流阀阀芯由比例电磁铁的推杆操纵，输入的电信号不同，则电磁力不同，推杆受力不同，与阀芯左端弹簧力平衡后，便有不同的节流口开度。由于定差减压阀已保证了节流口前后压差为定值，所以一定的输入电流就对应一定的输入流量，不同的输入信号变化，就对应不同的输出流量变化。

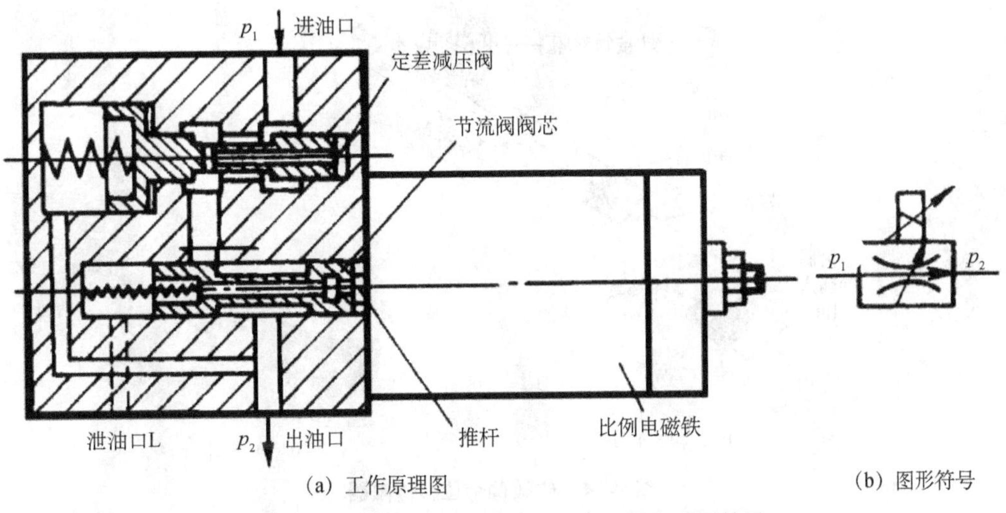

(a) 工作原理图　　(b) 图形符号

图 9-13 电液比例调速阀的工作原理图和图形符号

9.2.6 位移传感器（Displacement Sensor）

在一些液压比例综合控制系统中，液压缸采用的位移传感器是磁致伸缩位移传感器，实现了通过内部非接触式的测控技术精确地检测活动磁环的绝对位置来测量被检测产品的实际位移值。该传感器的高精度和高可靠性已被广泛应用于成千上万的实际案例中。

磁致伸缩线性位移传感器，是采用磁致伸缩原理制造的高精度、长行程绝对位置测量的位移变送器。它不但可以测量运动物体的直线位移，同时给出运动物体的位置和速度模拟信号或液位信号，根据输出信号的不同，分为模拟式和数字式两种。灵活的供电方式以及极为方便的多种接线方法和多种输出形式，可满足各种测量、控制、检测的要求；由于采用非接触测量方式，避免了部件互相接触而造成磨擦或磨损，因此很适合应用于环境恶劣、不需定期维护的系统工程或场合。这种传感器不仅仅是性能优良，更重要的是工作寿命长，具有良好的环境适应性、可靠性，并能有效和稳定地工作，与导电橡胶位移传感器、磁栅位移传感器、电阻式位移传感器等产品相比有明显的优势，而且安装、调试方便，再加上有极高的性能价格比和及时周到的售后服务，足可让用户更加放心地使用。

磁致伸缩是指铁磁物质（磁性材料）由于磁化状态的改变，其尺寸在各方向发生变化。由于物质有热胀冷缩的现象，除了加热外，磁场和电场也会导致物体尺寸的伸长或缩短。铁磁性物质在外磁场作用下，其尺寸伸长（或缩短），去掉外磁场后，其又恢复原来的长度，这种现象称为磁致伸缩现象（或效应）。磁致伸缩效应是焦耳在 1842 年发现的，其逆效应是压磁效应。

如图 9-14 所示，磁致伸缩线性位移传感器主要由测杆、电子仓和套在测杆上的非接触的磁环（浮球）组成，测杆内装有磁致伸缩线（波导丝）。工作时，由电子仓内的电子电路产生一起始脉冲，此起始脉冲在波导丝中传输时，同时产生了一个沿波导丝方向前进的旋转磁场。当这个磁场与磁环（浮球）中的永久磁场相遇时，产生磁致伸缩效应，使波导丝发生扭动，产生扭动脉冲（或称“返回”脉冲）。这一扭动脉冲被安装在电子仓内的拾能机构所感知并转换成相应的电流脉冲，通过电子电路计算出两脉冲起始和返回之间的时间差，即可精确测出被测的位置和位移。

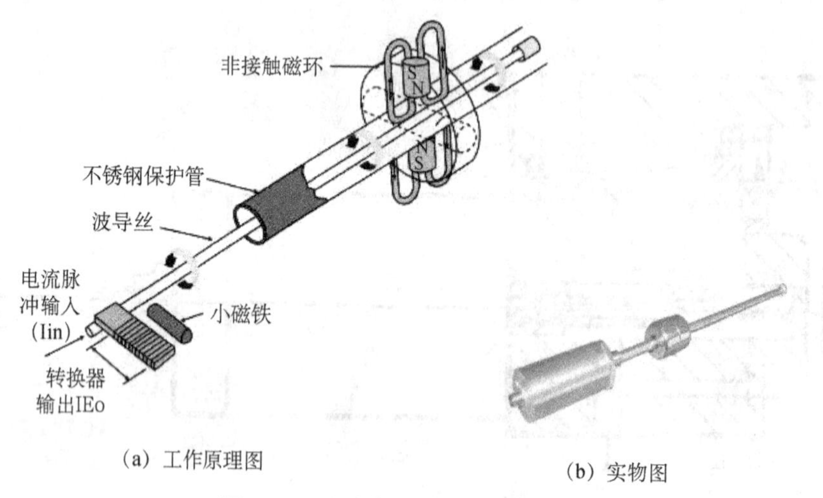

（a）工作原理图　　（b）实物图

图 9-14　磁致伸缩位移传感器

由于作为确定位置的活动磁环和敏感元件并无直接接触，因此传感器可应用在极恶劣的工业环境中，不易受油渍、溶液、尘埃或其他污染的影响。此外，传感器采用了高科技材料和先进的电子处理技术，因而它能用在高温、高压和高振荡的环境中。传感器输出信号为绝对位移值，即使电源中断、重接，数据也不会丢失，更无须重新归零。由于敏感元件是非接触的，就算不断重复检查，也不会对传感器造成任何磨损，可以大大地提高检测的可靠性和使用寿命。

磁致伸缩位移传感器是利用磁致扭转波作为传播媒质的磁致伸缩传感器。该传感器具有非接触测量、精度高、重复性好、稳定可靠、环境适应性强等特点，一般应用于液体的测量，经过特殊封装后也可应用于其他测量场合。

9.2.7　液压比例综合控制系统的调试（Debugging of Hydraulic Proportional Comprehensive Control System）

一、液压系统技术参数（Hydraulic System Technical Parameters）

1. 液压系统参数

额定压力：10MPa；额定流量：14L/min。

2. 系统油泵主参数

工作压力：14MPa，排量：15mL/r。

3. 电机参数

三相交流 380V、50Hz、960r/ min、3kW。

4. 电磁阀控制电压

DC24V。

5. 推荐使用介质

N32/N46 抗磨液压油，污染度等级不低于 NAS9 级。

6. 油箱容积

120L。

二、液压系统工作过程分析（Working Process Analysis of Hydraulic System）

液压比例综合控制系统原理图见图 9-15，电动机 8 带动柱塞泵 7 启动时，电磁溢流阀（10、11）的电磁铁不通电，系统处于卸荷状态，当执行机构需要动作时，电磁溢流阀（10、11）电磁铁通电，系统切换至工作状态，系统压力为油泵溢流阀调定压力，压力值需通过调节比例压力阀 13 来实现，调节压力的同时通过压力表读取调定压力，各分系统压力通过减压阀调定。

1. 执行元件动作过程分析

（1）液压缸 24 带外置式位移传感器，可通过调节阀单向节流阀 18-1 调整液压缸速度，通过液控单向阀 17-1 实现油缸定位，控制电磁换向阀 16 实现液压缸的换向，此液压缸还可通过比例节流阀 15 与位移传感器 19 构成的闭环回路，能够实现液压缸速度无级变化和位移的任意控制。

液压缸 24 前进油流经路线如下：

进油路：油箱 2→吸油滤油器 5→柱塞泵 7→高压过滤器 9→电磁换向阀 16 左位→液控单向阀 17-1→单向节流阀 18-1 的单向阀→液压缸 24 左腔。

回油路：液压缸 24 右腔→单向节流阀 18-1 的节流阀→液控单向阀 17-1→电磁换向阀 16 左位→比例节流阀 15→回油滤油器 28→油箱 2。

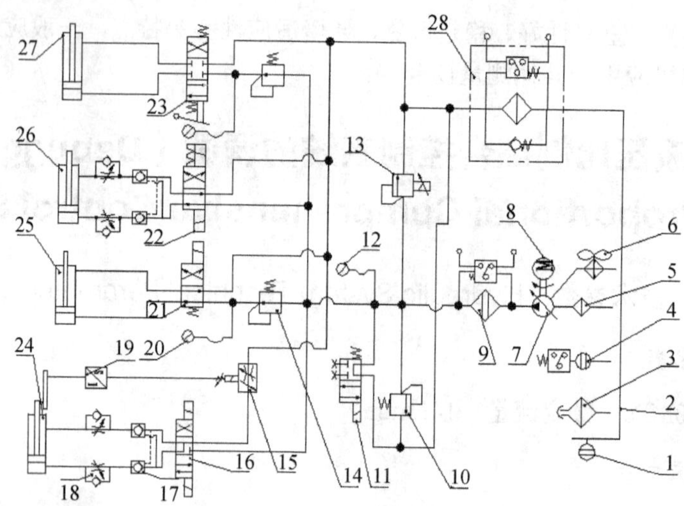

1—液位液温计；2—油箱；3—空气滤清器；4—液位控制器；5—吸油滤油器；6—风冷却器；7—柱塞泵；8—电动机；9—高压过滤器；10—叠加式溢流阀；11—电磁溢流阀；12—耐震压力表；13—比例压力阀；14—叠加式减压阀；15—比例节流阀；16—电磁换向阀；17—叠加式液控单向阀；18—叠加式单向节流阀；19—位移传感器；20—耐震压力表；21，22—电磁换向阀；23—手动换向阀；24，25，26，27—液压缸；28—回油滤油器

图 9-15　液压比例综合控制系统原理图

液压缸 24 返回油流经路线：

（2）液压缸 25 工作压力为 1.5～10MPa（通过调节减压阀 14-1 获得），控制电磁换向阀 21 实现液压缸的换向。

（3）液压缸 26 工作压力为系统压力，可通过调节阀双单向节流阀 18-2 调整液压缸速度，通过液控单向阀 17-2 实现液压缸定位，控制电磁换向阀 22 实现液压缸的换向（此阀带机械定位）。

（4）液压缸 27 工作压力为 1.5～10MPa（通过调节减压阀 14-2 获得），控制手动换向阀 23 实现液压缸的换向（此阀带球头定位）。

思考一下：描述出液压缸 25、26、27 往复运动油液流经路线。

2. 液压系统的特点

（1）采用了电磁换向阀的换向回路，易于实现自动化控制；

（2）液压缸 24 通过比例节流阀 15 与位移传感器 19 构成闭环回路控制，能够实现液压缸速度的无级变化和液压缸位移的任意控制；

（3）采用电磁溢流阀（10、11），电磁铁断电可以使系统不工作时油泵处于低压卸荷状态，节约能源；

（4）采用减压阀，液压缸 25 和 27 工作压力低于系统工作压力，故采用减压阀可以获得所需的低压稳定压力；

（5）采用单向节流阀，可以实现液压缸运动的双向速度控制；

（6）采用液压锁，可对液压缸进油腔的压力实现保压；换向阀 23 采用 O 型中位机能，可使液压缸 27 在需要停止时定位准确；

（7）采用压力继电器发信号，三个压力继电器分别起油箱液位低报警、高压管路堵塞报警、回油管路堵塞报警的作用，提示操作人员添加油液、清洗更换过滤器等。

三、液压系统的安装与调试（Installation and Debugging of Hydraulic System）

1. 安装前的技术准备工作

（1）技术资料的准备与熟悉

液压系统原理图、电气原理图、管道布置图、液压元件、辅件、管件清单和有关元件样本等，这些资料都应准备齐全，以便工程技术人员对具体内容和技术要求逐项熟悉和研究。

（2）物资准备

按照液压系统图和液压件清单，核对液压件的数量，确认所有液压元件的质量状况。严格检查压力表的质量，查明压力表交验日期，对检验时间过长的压力表要重新进行校验，确保准确。

（3）质量检查

液压元件在运输或库存过程中极易被污染和锈蚀，库存时间过长会使液压元件中的密封件老化而丧失密封性，有些液压元件由于加工及装配质量不良使性能不可控，所以必须对元件进行严格的质量检查。

① 液压元件质量检查。

- 各类液压元件型号必须与元件清单一致。
- 要查明液压元件保管时间是否过长，或保管环境不合要求，应注意液压元件内部密封件老化程度，必要时要进行拆洗、更换并进行性能测试。
- 每个液压元件上的调整螺钉、调节手轮、锁紧螺母等都要完整无损。
- 液压元件所附带的密封件表面质量应符合要求，否则应予更换。
- 板式连接元件连接面不准有缺陷。安装密封件的沟槽尺寸加工精度要符合有关标准。
- 管式连接元件的连接螺纹口不准有破损和活扣现象。
- 板式阀安装底板的连接平面不准有凹凸不平缺陷，连接螺纹不准有破损和活扣现象。
- 将通油口堵塞取下，检查元件内部是否清洁。
- 检查电磁阀中的电磁铁芯及外表质量，若有异常不准使用。
- 各液压元件上的附件必须齐全。

② 液压辅件质量检查。

- 油箱要达到规定的质量要求。油箱上附件必须齐全。箱内部不准有锈蚀，装油前油箱内部一定要清洗干净。
- 滤油器型号规格与设计要求必须一致，确认滤芯精度等级，滤芯不得有缺陷，连接螺口不准有破损，所带附件必须齐全。
- 各种密封件外观质量要符合要求，并查明所领密封件保管期限。有异常或保管期限过长的密封件不准使用。
- 蓄能器质量要符合要求，所带附件要齐全。查明保管期限，对存放过长的蓄能器要严格检查质量，不符合技术指标和使用要求的蓄能器不准使用。
- 空气滤清器用于过滤空气中的粉尘，通气阻力不能太大，保证箱内压力为大气压。空气滤清器要有足够大的通过空气的能力。

③ 管子和接头质量检查（管接头压力等级应符合设计要求）。

管子的材料、通径、壁厚和接头的型号规格及加工质量都要符合设计要求。所用管子不准有缺陷。有下列异常，不准使用：

- 管子内、外壁表面已腐蚀或有显著变色。
- 管子表面伤口裂痕深度为管子壁厚的 10%以上。
- 管子壁内有小孔。
- 管子表面凹入程度达到管子直径的 10%以上。

使用弯曲的管子时，有下列异常不准使用：

- 管子弯曲部位内、外壁表面曲线不规则或有锯齿形。
- 管子弯曲部位其椭圆度大于 10%以上。
- 扁平弯曲部位的最小外径为原管子外径的 70%以下。

所用接头不准有缺陷。若有下列异常不准使用：

- 接头体或螺母的螺纹有伤痕、毛刺或断扣等现象。
- 接头体各结合面加工精度未达到技术要求。
- 接头体与螺母配合不良，有松动或卡涩现象。
- 安装密封圈的沟槽尺寸和加工精度未达到规定的技术要求。

软管和接头有下列缺陷的不准使用：

- 软管表面有伤皮或老化现象。
- 接头体有锈蚀现象。
- 螺纹有伤痕、毛刺、断扣和配合有松动、卡涩现象。

法兰件有下列缺陷不准使用：

- 法兰密封面有气孔、裂缝、毛刺、径向沟槽。
- 法兰密封沟槽尺寸、加工精度不符合设计要求。
- 法兰上的密封金属垫片不准有各种缺陷。材料硬度应低于法兰硬度。

2. 液压件安装要求

（1）泵的安装

在安装液压泵、支架和电动机时，液压泵与电动机两轴之间的同轴度允差、平行度允差应符合规定，或者不大于液压泵与电动机之间联轴器制造商推荐的同轴度、平行度要求。直角支架安装时，泵支架的支口中心高，允许比电动机的同轴度时，可只垫高电动机与底座的接触面之间垫入图样未规定的金属垫片（垫片数量不得超过 3 个，总厚度不大于 0.8mm）。一旦调整好后，电动机调整完毕后，在泵支架与底板之间钻、铰定位销孔。再装入联轴器的弹性耦合件。然后用手转动联轴器，看是否转动灵活。

（2）集成块的安装

在阀块所有油流通道内，尤其是空与孔贯穿交叉处，都必须仔细去净毛刺，用探灯伸入到孔中仔细清除、检查。阀块外周及各周棱边必须倒角去毛刺。加工完毕的阀块与液压阀、管接头、法兰相贴合的平面上不得留有伤痕，也不得留有划线的痕迹。

阀块加工完毕后必须用防锈清洗液反复加压清洗。对各孔（尤其是对盲孔）流道应特别注意洗净。清洗槽应分粗洗和精洗。清洗后的阀块，如暂不装配，应立即将各孔口盖住，可用大幅的胶纸封在孔口上。

往阀块上安装液压阀时，要核对它们的型号、规格。各阀都必须有产品合格证，并确认其清洁度合格。

核对所有密封件的规格、型号、材质及出厂日期（应在使用期内），并在装配前再一次检查阀块上所有的孔道是否与设计图一致、正确。

检查所用的连接螺栓的材质及强度是否达到设计要求以及液压件生产厂规定的要求。阀块上各液压阀的连接螺栓都必须用测力扳手拧紧。拧紧力矩应符合液压阀制造厂的规定。

凡有定位销的液压阀，必须装上定位销。

阀块上应订上金属制的小标牌，标明各液压阀在设计图上的序号、各回路名称、各外接口的作用。

阀块装配完毕后，在装到阀架或液压系统上之前，应将阀块单独先进行耐压试验和功能试验。

3. 液压系统清洗

液压系统安装完毕后，在试车前必须对管道、流道等进行循环清洗。使系统清洁度达到设计要求，清洗液要选用低黏度的专用清洗油，或本系统同牌号的液压油。清洗工作以主管道系统为主。清洗前将溢流阀压力调到0.3～0.5MPa，对其他液压阀的排油回路要在阀的入口处临时切断，将主管路连接临时管路，并使换向阀换向到某一位置，使油路循环。在主回路的回油管处临时接一个回油过滤器。对于滤油器的过滤精度，一般液压系统在不同的清洗循环阶段分别使用30μm、20μm、10μm的滤芯，伺服系统用20μm、10μm、5μm滤芯，分阶段分次清洗。清洗后液压系统必须达到净化标准，不达净化标准的系统不准运行。清洗后，将清洗油排尽，确认清洗油排尽后，才算清洗完毕。确认液压系统净化达到标准后，将临时管路拆掉，恢复系统，按要求加油。

（1）确认液压系统净化符合标准后，向油箱加入规定的介质。加入介质时一定要过滤，滤芯的精度要符合要求，并要经过检测确认。

（2）检查液压系统各部，确认安装合理无误。向油箱灌油，当油液充满液压泵后，用手转动联轴节，直至泵的出油口出油并不见气泡时为止。有泄油口的泵，要向泵壳体中灌满油。

（3）放松并调整液压阀的调节螺钉，使调节压力值能维持空转即可。调整好执行机构的极限位置，并维持在无负载状态。如有必要，伺服阀、比例阀、蓄能器、压力传感器等重要元件应临时与循环回路脱离。节流阀、调速阀、减压阀等应调到最大开度。接通电源，启动液压泵电机，在空运转正常的前提下，进行加载试验，即压力调试。加载可以利用执行机构移到终点位置，也可用节流阀加载，使系统建立起压力。压力升高要逐级进行，每一级为1MPa，并稳压5分钟左右。最高试验调整压力应按设计要求的系统额定压力或按实际工作对象所需的压力进行调节。

（4）压力试验过程中出现的故障应及时排除。排除故障必须在泄压后进行。若焊缝需要重焊，必须将该件拆下，除净油污后方可焊接。

（5）调试过程应详细记录，整理后纳入设备档案。注意：不准在执行元件运动状态下调节系统压力；调压前应先检查压力表，无压力表的系统不准调压；压力调节后应将调节螺钉锁住，防止松动。保养：按设计规定和工作要求，合理调节液压系统的工作压力与工作速度。压力阀、调速阀调到所要求的数值时，应将调节螺钉紧固，防止松动。

（6）在液压系统生产运行过程中，要注意油质的变化状况。应定期取样化验，若发现油质不符合要求，需进行净化处理或更换新油液。

（7）液压系统油液工作温度不得过高。

（8）为保证电磁阀正常工作，应保持电压稳定，其波动值不应超过额定电压的 5%～10%。

（9）电气柜、电气盒、操作台和指令控制箱等应有盖子或门，不得敞开使用。

（10）当系统某部位产生异常时，要及时分析原因进行处理，不要勉强运转。

（11）定期检查冷却器和加热器工作性能。

（12）经常观察蓄能器工作性能，若发现气压不足或油气混合，要及时充气和修理。

（13）高压软管、密封件定期更换。

（14）主要液压元件定期进行性能测定，实行定期更换维修制。

（15）定期检查润滑管路是否完好，润滑元件是否运行良好，润滑油脂量是否达标。

（16）检查所有液压阀、液压缸、管件是否有泄漏。

（17）检查液压泵或马达运转是否有异常噪音。

（18）检查液压缸运动全行程是否正常平稳。

（19）检查系统中各测压点压力是否在允许范围内，压力是否稳定。

（20）检查系统各部位有无高频振动。

（21）检查换向阀工作是否灵敏。

（22）检查各限位装置是否变动。检验蓄能器时，壳体要按照压力容器标准验收。

4. 液压系统制作安装中的污染控制

（1）液压零件加工的污染控制

液压零件的加工一般要求采用“湿加工”法，即所有加工工序都要滴加润滑液或清洗液，以确保表面加工质量。

（2）液压元件、零件的清洗

在组装新的液压件前，旧的液压件受到污染后都必须经过清洗方可使用，清洗过程中应做到以下几点。

① 液压件拆装、清洗应在符合国家标准的净化室中进行，如有条件，操作室最好能充压，使室内压力高于室外，防止大气灰尘污染。若受条件限制，也应将操作间单独隔离，一般不允许液压件的装配间和机械加工间或钳工间处于同一室内，绝对禁止在露天、棚子、杂物间或仓库中分解和装配液压件。

② 拆装液压件时，操作人员应穿戴纤维不易脱落的工作服、工作帽，以防纤维、灰尘、头发、皮屑等散落入液压系统造成人为污染。

③ 液压件清洗应在专用清洗台上进行，若受条件限制，也要确保临时工作台的清洁度；

④ 清洗液允许使用煤油、汽油以及和液压系统工作用油牌号相同的液压油。

⑤ 清洗后的零件不准用棉、麻、丝和化纤织品擦拭，防止脱落的纤维污染系统。也不准用皮老虎向零件鼓风（皮老虎内部带有灰尘颗粒），必要时可用洁净干燥的压缩空气吹干零件。

⑥ 清洗后的零件不准直接放在土地、水泥地、地板、钳工台和装配工作台上，而应该放入带盖子的容器内，并注入液压油。

⑦ 已清洗过但暂不装配的零件应放入防锈油中保存，潮湿的地区和季节尤其要注意防锈。

（3）液压件装配中的污染控制。

① 液压件装配应采用“干装配”法，即对于清洗后的零件，为不使清洗液留在零件表面

而影响装配质量，应在零件表面干燥后再进行装配。

② 液压件装配时，如需打击，禁止使用铁锤头敲打，可以使用木锤、橡皮锤、铜锤和铜棒。

③ 装配时不准带手套，不准用纤维织品擦拭安装面，防止纤维类脏物侵入阀内；已装配完的液压元件、组件暂不进行组装时，应将所有油口用塑料塞子堵住。

（4）液压件运输中的污染控制

液压元件、组件运输中，应注意防尘、防雨，对长途运输特别是海上运输的液压件一定要用防雨纸或塑料包装纸打好包装，放入适量的干燥剂，不允许雨水、海水接触液压件。装箱前和开箱后，应仔细检查所有油口是否用塞子堵住、堵牢，对受到轻度污染的油口及时采取补救措施，对污染严重的液压件必须再次分解、清洗。

（5）液压系统总装的污染控制

软管必须在管道酸洗、冲洗后方可接到执行器上，安装前要用洁净的压缩空气吹净。中途若拆卸软管，要及时包扎好软管接头。

接头体安装前用煤油清洗干净，并用洁净压缩空气吹干。对需要生料带密封的接头体，缠生料带时要注意两点：

① 顺螺纹方向缠绕。

② 生料带不宜超过螺纹端部，否则超出部分在拧紧过程中会被螺纹切断进入系统。

（6）液压管道安装的污染控制

液压管道是液压系统的重要组成部分，也是工作量较大的现场施工项目（如马钢热轧 H 型钢液压管线长达 2 万多米），而管道安装又是较易受到污染的工作，因此，液压管道污染控制是液压系统保洁的一个重要内容。

管道安装前要清理出内部大的颗粒杂质，绝对禁止管内留有石块、破布等杂物。管道安装过程中若有较长时间的中断，必须及时封好管口防止杂物侵入。为防止焊渣、氧化铁皮侵入系统，建议管道焊接采用气体保护焊（如氩弧焊）。

管道安装完毕后，必须经过管道酸洗、系统冲洗后方可作为系统的一部分并入系统。

绝对禁止管道在处理前就将系统连成回路，以防管内污染物侵入执行器、控制件。

管道酸洗分为槽式酸洗和循环酸洗两种，系统冲洗在酸洗工作结束后进行，是液压系统投入使用前的最后一项保洁措施，必须确保所有管道和控制元件的冲洗达到要求精度。系统冲洗应分 2 步进行。首先将现场安装的管道连成回路，冲洗达到要求精度后，再将阀台、分流器等控制部件接入冲洗回路，达到要求精度后方为冲洗合格。

（7）油箱加油

油箱注油前必须检查其内部的清洁度，不合格的要进行清理；油液加入前要检验它的清洁度；注油时必须经过过滤，不允许将油直接注入油箱。

（8）系统恢复

系统酸洗、冲洗后，即可将所有元件、管道按要求连成工作回路。此过程要特别注意管接头保洁，连接完毕后，尽量避免拆卸，必要时要注意用干净的布包扎。

四、液压系统的使用注意事项（Considerations for The Use of Hydraulic Systems）

1. 使用前应检查系统中各类元件、附件的调节手轮是否在正确位置，油面是否在正确位置，各管道、紧固螺钉等有无松动。

2. 使用过程中应随时检查电机、油泵的温升，随时观察系统的工作压力，随时检查各高压连接处是否有松动，以免发生异常事故。

3. 本液压系统在运行过程中应对油液的更换情况、附件更换情况、故障处理情况做详细记录，以便于以后的维修、保养及故障分析。

五、液压系统的维护与保养（Maintenance of Hydraulic System）

液压系统的使用寿命及维修频度和操作准则取决于设备的工作条件。

1. 维护常识

（1）液压系统调试完后，初次使用一个月内应更换一次液压油，以后每满半年更换一次，以保证系统的正常运行，所使用的液压油应适应当时的环境温度，如 N32 抗磨液压油适用于 5～15℃，N46 抗磨液压油适用于 15～35℃。

（2）系统在运行过程中，应随时检查液位是否在正常位置及液压油温度，滤油器是否阻塞，以便及时清洗或更换滤芯。

（3）检查所有接头是否松动，保证空气不能进入系统，并且没有泄漏情况。

2. 系统维护

（1）定期维护

定期维护检查项目见表 9-2。

表 9-2　定期维护检查项目

定期维护检查	
第一项	检查系统中接头、管路、密封件、密封填料等的泄漏情况
第二项	观察油箱液位和液压油状况
第三项	检查工作压力和过滤器指示灯状态
第四项	检查系统的一般行为——听系统的不正常噪音、观察油温等

（2）周期性维护

周期性维护检查项目见表 9-3。

表 9-3　周期性维护检查项目

周期性维护（每周或每月，视工作情况而定）	
第一项	检查所有元件的螺栓是否拧紧
第二项	检查系统所有测试点的压力
第三项	检查泵的情况—噪音等级、工作温度等
第四项	检查所有执行元件的损坏情况、输出速度、输出力、工作温度等
第五项	检查蓄能器的充气压力
第六项	检查系统中互锁装置是否正常

（3）每年维护

① 排干油箱，检查液压油状态。

② 清洗油箱的内外表面，检查是否有锈蚀。

③ 检查滤网和滤芯。

④ 检查热交换器。

⑤ 检查所有管路及接头的磨损和泄漏情况。

⑥ 更换需要更换的零件。

⑦ 检查电动机，清理风扇空气通道。

⑧ 检查泵、马达间的软管及其接头。

⑨ 检查所有滤芯，更换服务时间超过 12 个月的滤芯。

⑩ 检查过滤器指示灯的工作状态，必要时进行维修。

⑪ 检查正常工作状态下泵、马达的泄漏情况，并与说明书上的参数比较。如果泄漏过大，应进行检修。

⑫ 检查液压缸活塞的泄漏，必要时更换密封件。

任务分析

比例溢流阀是通过电信号强度的变化，使比例电磁铁的电磁力将随之变化，从而改变溢流阀压力的大小。

比例流量阀是通过输入信号电流连续成比例地或按一定程序的进行改变，从而使比例流量阀的输出流量也连续按比例地或按一定程序地进行改变，实现对执行元件的速度调节。

磁致伸缩位移传感器是利用磁致扭转波作为传播媒质的磁致伸缩传感器。

任务实施

根据任务分析，对图 9-14 中的液压比例控制系统按照任务描述中的要求进行调试。

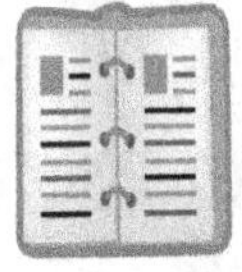

总结

1. 比例阀能够按输入的电气信号按比例转换成力或位移，从而对油液的流量和压力进行连续控制的一种液压阀。电液比例阀由液压阀本体和电−机械比例转换装置两部分组成。后者将电信号按比例连续地转换为机械力和位移输出，前者接受这种机械力和位移按比例地连续地输出流量和压力。

2. 常用的电-机械比例转换装置之一是比例电磁铁，它与普通电磁铁不同，普通电磁铁要求有吸合和断开两个位置，而比例电磁铁则要求吸力或位移与给定的电流成比例。

3. 电液比例阀按其用途分为比例压力阀、比例流量阀、比例方向阀三大类。

4. 安装前的技术准备工作包括技术资料的准备与熟悉、物资准备、质量检查等环节。

5. 磁致伸缩位移传感器是利用磁致扭转波作为传播媒质的磁致伸缩传感器。

任务检查与考核

一、填空题

1. 电液比例阀简称比例阀，能够按输入的电气信号按比例转换成力或位移，从而对油液的________和________进行连续控制的一种液压阀。

2. 电液比例阀由液压阀本体和电-机械比例转换装置两部分组成。后者将电信号按比例连续地转换为机械力和位移输出，前者接受这种机械力和位移按比例地连续地输出________和压力。

3. 电液比例阀按其用途分为比例________阀、比例________阀、比例________阀三大类。

4. 磁致伸缩位移传感器通过内部非接触式的测控技术精确地检测活动磁环的绝对位置来测量被检测产品的实际________值。

5. 液压系统安装前，必须准备________原理图、________原理图、管道布置图、液压元件、辅件、管件清单和有关元件样本等，这些资料都应准备齐全。

6. 液压系统安装完毕后，在试车前必须对管道、流道等进行________。

7. 清洗液要选用________油，或本系统同牌号的液压油。清洗工作以主管道系统为主。

8. 油箱注油前必须检查其内部的________，不合格的要进行清理；油液加入前要检验它的清洁度；注油时必须经过过滤，不允许将油直接注入油箱。

9. 液压系统调试完后，初次使用________内应更换一次液压油，以后每满半年更换一次，以保证系统的正常运行，

10. 所使用的液压油应适应当时的环境温度，如N32抗磨液压油适用于________℃，N46抗磨液压油适用于15～35℃。

二、判断题

1. 常用的电-机械比例转换装置之一是比例电磁铁，它与普通电磁铁不同，普通电磁铁要求有吸合和断开两个位置，而比例电磁铁则要求吸力或位移与给定的电流成比例。（　　）

2. 比例电磁铁可以与普通直动式溢流阀阀体组成直动式比例溢流阀。（　　）

3. 比例方向阀不仅能控制执行元件的运动方向，而且能控制其速度。（　　）

4. 作为确定位置的活动磁环和敏感元件并无直接接触，因此传感器可应用在极恶劣的工业环境中，不易受油渍、溶液、尘埃或其他污染的影响。（　　）

5. 液压系统安装前，检查压力表的质量很重要，对于交验日期没有要求。（　　）

6. 液压系统安装前，要查明液压元件保管时间是否过长或保管环境是否不合要求，应注

意液压元件内部密封件老化程度，必要时要进行拆洗、更换、并进行性能测试。（ ）

7. 液压元件、组件在运输中，应注意防尘、防雨，对污染严重的液压件必须再次分解、清洗。（ ）

8. 管道安装过程中若有较长时间的中断，必须及时封好管口防止杂物侵入。（ ）

9. 管道安装过程中注意管接头保洁，连接完毕后，尽量避免拆卸。（ ）

10. 系统在运行过程中，应随时检查液位是否在正常位置，滤油器是否阻塞，以便及时清洗或更换滤芯，对于液压油温度没有要求。（ ）

三、选择题

1. 常用的电-机械比例转换装置之一是比例电磁铁，与普通电磁铁比较，两者的不同点是（ ）。

A. 普通电磁铁要求有吸合和断开两个位置，而比例电磁铁则要求吸力或位移与给定的电流成比例。

B. 普通电磁铁使用交流电源，而比例电磁铁则要求使用直流电源。

C. 普通电磁铁吸合噪音大，而比例电磁铁吸合噪音小。

D. 普通电磁铁动作灵敏，而比例电磁铁动作不灵敏。

2. 比例电磁铁与直动式溢流阀阀体（ ）组成直动式比例溢流阀。

A. 不可以 B. 将直动式溢流阀阀体修改以后可以

C. 可以 D. 以上答案都不对

3. 比例方向节流阀与普通节流阀比较，不同点是（ ）。

A. 比例方向节流阀可节省能量消耗，减少系统发热。

B. 可使液压系统执行元件获得匀速移动。

C. 可以让节流过程噪音更小。

D. 用比例电磁铁取代电磁换向阀中的普通电磁铁。

4. 电磁传感器采用了高科技材料和先进的电子处理技术，所以它不能用在（ ）环境中。

A 高温 B. 高压 C. 高振荡 D. 强磁场

5. 油箱安装前的质量要求是（ ）。

A. 油箱上附件必须齐全

B. 油箱内部不准有锈蚀

C. 装油前油箱内部一定要清洗干净

D. 油箱上附件必须齐全。箱内部不准有锈蚀，装油前油箱内部一定要清洗干净

6. 安装液压系统所用管子不准有缺陷。有（ ）异常，不准使用。

A. 管子内、外壁表面已腐蚀或有显著变色。

B. 管子表面伤口裂痕深度为管子壁厚的 10%以上

C. 管子壁内有小孔，管子表面凹入程度达到管子直径的 10%以上

D. A＋B＋C。

7. 液压系统的工作温度不能超过（ ）℃

A. 15～20 B. 70～80 C. 100～110 D. 30～40

8. 滤芯使用时间（ ）后，必须更换。

A. 3 个月 B. 6 个月 C. 8 个月 D. 12 个月

9. 液压件装配时，如需打击，禁止使用（ ）锤头敲打。

A. 木锤 B. 橡皮锤 C. 铜锤 D. 铁锤。

10. 液压系统调试完后，液压油使用（ ）后，必须更换。

A. 三个月 B. 五个月 C. 一个月 D. 六个月

四、简答题

1. 什么是比例阀？
2. 液压系统安装前要注意哪些问题？
3. 液压系统日常维护保养有哪些内容？
4. 液压系统安装前，对于液压元件质量，要检查哪些方面？
5. 如何保持液压系统清洁？

任务 9.3 液压系统的故障诊断与排除（Task9.3 Fault Diagnosis and Clearance of Hydraulic System）

1. 了解液压系统的常见故障；
2. 了解液压系统的设计步骤；
3. 会根据液压原理图分析一般液压系统故障。

液压比例综合控制系统试验台已经正常工作了一年，现系统噪音、振动大，分析可能出现这些现象的原因。

正确分析故障是排除故障的前提，系统故障大部分并非突然发生，发生前总有预兆，当预兆发展到一定程度即产生故障。引起故障的原因是多种多样的，并无固定规律可寻。统计表明，液压系统发生的故障约 90%是由于使用管理不善所致。为了快速、准确、方便地诊断故障，必须充分认识液压故障的特征和规律，这是故障诊断的基础。

9.3.1 故障诊断中遵循的原则（Principles to Follow In Fault Diagnosis）

（1）首先判明液压系统的工作条件和外围环境是否正常。需先搞清是设备机械部分或电气控制部分故障，还是液压系统本身的故障，同时查清液压系统的各种条件是否符合正常运行的要求。

（2）区域判断。根据故障现象和特征确定与该故障有关的区域，逐步缩小发生故障的范围，检测此区域内的元件情况，分析发生原因，最终找出故障的具体所在。

（3）掌握故障种类，进行综合分析。根据故障最终的现象，逐步深入找出多种直接的或间接的可能原因，为避免盲目性，必须根据系统基本原理，进行综合分析、逻辑判断，减少怀疑对象，逐步逼近，最终找出故障部位。

（4）故障诊断是建立在运行记录及某些系统参数基础之上的。建立系统运行记录，这是预防、发现和处理故障的科学依据；建立设备运行故障分析表，它是使用经验的高度概括总结，有助于对故障现象迅速做出判断；具备一定的检测手段，可对故障做出准确的定量分析。

（5）验证可能故障原因时，一般从最可能的故障原因或最易检验的地方开始，这样可减少装拆工作量，提高诊断速度。

9.3.2　液压系统故障诊断方法(Fault Diagnosis Approach of Hydraulic System)

目前，查找液压系统故障的传统方法是逻辑分析、逐步逼近的诊断方法。此法的基本思路是综合分析、条件判断，即维修人员通过观察、听、触摸和简单的测试以及对液压系统的理解，凭经验来判断故障发生的原因。当液压系统出现故障时，故障根源有许多种可能。采用逻辑代数方法，将可能故障原因列表，然后根据先易后难原则逐一进行逻辑判断，逐项逼近，最终找出故障原因和引起故障的具体条件。

此法在故障诊断过程中要求维修人员具有液压系统基础知识和较强的分析能力，方可保证诊断的效率和准确性。但诊断过程较烦琐，需要经过大量的检查、验证工作，而且只能是定性地分析，诊断的故障原因不够准确。

在液压系统发生故障的早期，系统都有一些问题症状表现出来，及时发现处理这些小的问题，从而预防事故的发生，应是设备管理人员、操作人员、维护人员的主要工作。液压装置维护次数的确定，是根据经验来确定的，所以找出它们的规律非常重要。液压系统的日常维护与检查，是发现问题的主要手段和方法。定期检查的主要对象有：液压油、油过滤器、油箱、油泵、阀类、液压缸、蓄能器、配管、橡胶软管和塑料管、检测元件、电气等。而现场与维修工作是实现和保障液压系统正常运行的重要方法。现场与维修工作的要点是：

（1）清扫（排除杂质）、防锈、防止损伤及保持清洁度十分重要。

（2）正确地使用工具，必要时准备特殊工具。

（3）拆卸、组装、修理及调整方法与次序必须正确。

（4）对故障零件不仅仅是更换，而且要研究故障原因，力求改进。

9.3.3　常见液压系统故障 (Common Faults in Hydraulic System)

通过正确合理地进行维护保养，找出液压装置故障发生的规律，并不断地改进工作方法，以降低故障率和维修费用，掌握按计划检修的要领，力争实现故障为零的指标。液压系统的故障主要有以下几个方面。

一、系统噪音、振动大

系统噪音、振动大的原因及消除方法见表 9-4。

表 9-4　系统噪音、振动大的原因及消除方法

故障现象及原因	消除方法
泵中噪音、振动，引起管路、油箱共振	1. 在泵的进、出油口用软管连接 2. 泵不要装在油箱上，应将电动机和泵单独装在底座上，和油箱分开 3. 加大液压泵，降低电动机转数 4. 在泵的底座和油箱下面塞进防振材料 5. 选择低噪音泵，采用立式电动机将液压泵浸在油液中
阀弹簧所引起的系统共振	1. 改变弹簧的安装位置 2. 改变弹簧的刚度 3. 把溢流阀改成外部泄油形式 4. 采用遥控的溢流阀 5. 完全排出回路中的空气 6. 改变管道的长短、粗细、材质、厚度等 7. 增加管夹使管道不致振动 8. 在管道的某一部位装上节流阀
空气进入液压缸引起的振动	1. 排出空气 2. 可对液压缸活塞、密封衬垫涂上二硫化钼润滑脂
管道内油流激烈流动的噪音	1. 加粗管道，使流速控制在允许范围内 2. 少用弯头，多采用曲率小的弯管 3. 采用胶管 4. 油流紊乱处不采用直角弯头或三通 5. 采用消声器、蓄能器等
油箱有共鸣声	1. 增厚箱板 2. 在侧板、底板上增设筋板 3. 改变回油管末端的形状或位置
阀换向产生的冲击噪音	1. 降低电液阀换向的控制压力 2. 在控制管路或回油管路上增设节流阀 3. 选用带先导卸荷功能的元件 4. 采用电气控制方法，使两个以上的阀不能同时换向
溢流阀、卸荷阀、液控单向阀、平衡阀等工作不良，引起管道振动和噪音	1. 适当处装上节流阀 2. 改变外泄形式 3. 对回路进行改造 4. 增设管夹

二、系统压力不正常

系统压力不正常的原因及消除方法见表 9-5。

表 9-5　系统压力不正常的原因及消除方法

故障现象及原因		消除方法
压力不足	溢流阀旁通阀损坏	修理或更换
	减压阀设定值太低	重新设定
	集成通道块设计有误	重新设计
	减压阀损坏	修理或更换
	泵、马达或缸损坏、内泄大	修理或更换

（续表）

故障现象及原因		消除方法
压力不稳定	油中混有空气	堵漏、加油、排气
	溢流阀磨损、弹簧刚性差	修理或更换
	油液污染、堵塞阀阻尼孔	清洗、换油
	蓄能器或充气阀失效	修理或更换
	泵、马达或缸磨损	修理或更换
压力过高	减压阀、溢流阀或卸荷阀设定值不对	重新设定
	变量机构不工作	修理或更换
	减压阀、溢流阀或卸荷阀堵塞或损坏	清洗或更换

三、系统液压冲击大的消除方法

系统液压冲击大的原因及消除方法见表 9-6。

表 9-6 系统液压冲击大的原因及消除方法

现象及原因		消除方法
换向时产生冲击	换向时瞬时关闭、开启，造成动能或势能相互转换时产生的液压冲击	1. 延长换向时间 2. 设计带缓冲的阀芯 3. 加粗管径、缩短管路
液压缸在运动中突然被制动所产生的液压冲击	液压缸运动时，具有很大的动量和惯性，突然被制动，引起较大的压力增值故产生液压冲击	1. 液压缸进出油口处分别设置反应快、灵敏度高的小型安全阀 2. 在满足驱动力时尽量减少系统工作压力，或适当提高系统背压 3. 液压缸附近安装囊式蓄能器
液压缸到达终点时产生的液压冲击	液压缸运动时产生的动量和惯性与缸体发生碰撞，引起的冲击	1. 在液压缸两端设缓冲装置 2. 液压缸进出油口处分别设置反应快、灵敏度高的小型溢流阀 3. 设置行程（开关）阀

四、系统油温过高

系统油温过高的原因及消除方法见表 9-7。

表 9-7 系统油温过高的原因及消除方法

故障现象及原因	消除方法
1. 设定压力过高	适当调整压力
2. 溢流阀、卸荷阀、压力继电器等卸荷回路的元件工作不良	改正各元件工作不正常状况
3. 卸荷回路的元件调定值不适当，卸压时间短	重新调定，延长卸压时间
4. 阀的漏损大，卸荷时间短	修理漏损大的阀，考虑不采用大规格阀
5. 高压小流量、低压大流量时不要由溢流阀溢流	变更回路，采用卸荷阀、变量泵
6. 因黏度低或泵有故障，增大了泵的内泄漏量，使泵壳温度升高	换油、修理、更换液压泵
7. 油箱内油量不足	加油，加大油箱
8. 油箱结构不合理	改进结构，使油箱周围温升均匀
9. 蓄能器容量不足或有故障	换大蓄能器，修理蓄能器
10. 需要安装冷却器，冷却器容量不足，冷却器有故障，进水阀门工作不良，水量不足，油温自动调节装置有故障	安装冷却器，加大冷却器，修理冷却器的故障，修理阀门，增加水量，修理调温装置
11. 溢流阀遥控口节流过量，卸荷的剩余压力高	进行适当调整
12. 管路的阻力大	采用适当的管径
13. 附近热源影响，辐射热大	采用隔热材料反射板或变更布置场所；设置通风、冷却装置等，选用合适的工作油液

9.3.4　液压系统的设计（Hydraulic System Design）

一、液压系统的设计步骤（The Approach for Design of Hydraulic Systems）

根据液压系统的具体内容，上述设计步骤可能会有所不同，下面对各步骤进行介绍。

1. 明确设计要求，进行工况分析

在设计液压系统时，首先应明确以下问题，并将其作为设计依据。

① 主机的用途、工艺过程、总体布局以及对液压传动装置的位置和空间尺寸的要求。

② 主机对液压系统的性能要求，如自动化程度、调速范围、运动平稳性、换向定位精度以及对系统的效率、温升等的要求。

③ 液压系统的工作环境，如温度、湿度、振动冲击以及是否有腐蚀性和易燃性物质存在等情况。

在上述工作的基础上，应对主机进行工况分析，工况分析包括运动分析和动力分析，对复杂的系统还需编制负载和动作循环图，由此了解液压缸或液压马达的负载和速度随时间变化的规律，以下对工况分析的内容做具体介绍。

（1）运动分析

主机的执行元件按工艺要求的运动情况，可以用位移循环图（L-t），速度循环图（v-t），或速度与位移循环图表示，由此对运动规律进行分析。

- 位移循环图 L-t。

图 9-16 为液压机的液压缸位移循环图，纵坐标 L 表示活塞位移，横坐标 t 表示从活塞启动到返回原位的时间，曲线斜率表示活塞移动速度。该图清楚地表明液压机的工作循环分别由快速下行、减速下行、压制、保压、泄压慢回和快速回程六个阶段组成。

- 速度循环图 v-t（或 v-l）。

工程中液压缸的运动特点可归纳为三种类型。图 9-17 为三种类型液压缸的 v-t 图，第一种如图 9-17 中实线所示，液压缸开始做匀加速运动，然后做匀速运动，最后做匀减速运动到终点；第二种，液压缸在总行程的前一半做匀加速运动，在另一半做匀减速运动，且加速度的数值相等；第三种，液压缸在总行程的一大半以上以较小的加速度做匀加速运动，然后做匀减速至行程终点。v-t 图的三条速度曲线，不仅清楚地表明了三种类型液压缸的运动规律，也间接地表明了三种工况的动力特性。

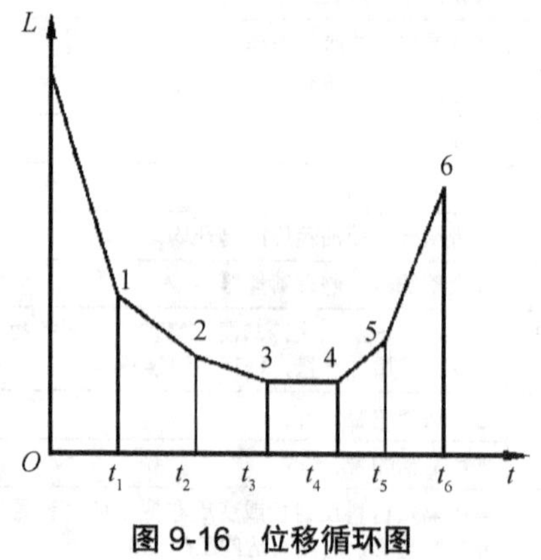

图 9-16　位移循环图

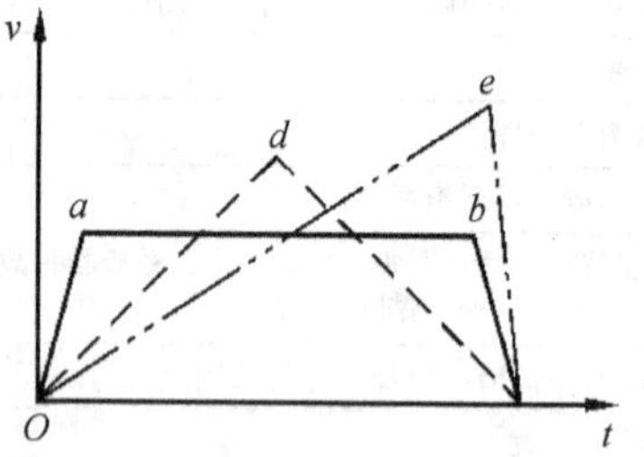

图 9-17　速度循环图

（2）动力分析

动力分析，是研究机器在工作过程中，其执行机构的受力情况，对液压系统而言，就是研究液压缸或液压马达的负载情况。

● 液压缸的负载及负载循环图。

① 液压缸的负载力计算。

工作机构做直线往复运动时，液压缸必须克服的负载由六部分组成：

$$F = F_c + F_f + F_i + F_G + F_m + F_b \tag{9-1}$$

式中，F_c 为工作阻力；F_f 为摩擦阻力；F_i 为惯性阻力；F_G 为重力；F_m 为密封阻力；F_b 为排油阻力。

② 液压缸运动循环各阶段的总负载力。

液压缸运动循环各阶段的总负载力计算，一般包括启动加速、快进、工进、快退、减速制动等几个阶段，每个阶段的总负载力是有区别的。

启动加速阶段：这时液压缸或活塞由静止到启动并加速到一定速度，其总负载力包括导轨的摩擦力、密封装置的摩擦力（按缸的机械效率 $\eta_m = 0.9$ 计算）、重力和惯性力等项，即

$$F = F_f + F_i + F_G + F_m + F_b \tag{9-2}$$

快速阶段：

$$F = F_f \pm F_G + F_m + F_b$$

工进阶段：

$$F = F_f + F_c \pm F_G + F_m + F_b$$

减速阶段：

$$F = F_f \pm F_G - F_i + F_m + F_b$$

对简单液压系统，上述计算过程可简化。例如采用单定量泵供油，只需计算工进阶段的总负载力，若简单系统采用限压式变量泵或双联泵供油，则只需计算快速阶段和工进阶段的总负载力。

③ 液压缸的负载循环图。

对较为复杂的液压系统，为了更清楚地了解该系统内各液压缸（或液压马达）的速度和负载的变化规律，应根据各阶段的总负载力和它所经历的工作时间 t 或位移 L 按相同的坐标绘制液压缸的负载时间图（F-t）或负载位移图（F-L），然后将各液压缸在同一时间 t（或位移）的负载力叠加。

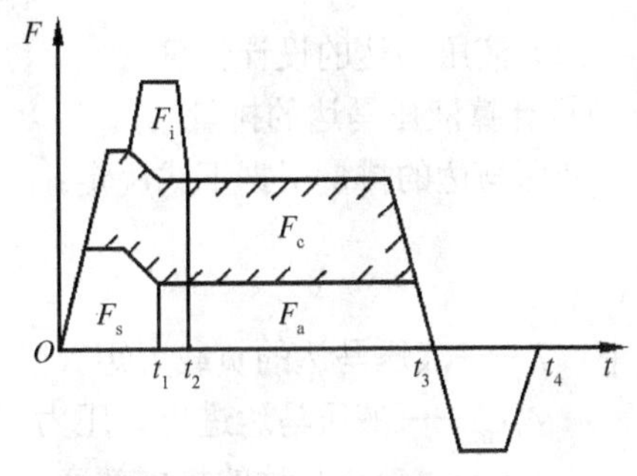

图 9-18　负载循环图

图 9-18 所示为一部机器的 F-t 图。其中：0～t_1 为启动过程；t_1～t_2 为加速过程；t_2～t_3 为恒速过程；t_3～t_4 为制动过程。它清楚地表明了液压缸在动作循环内负载的规律。图中最大负载是初选液压缸工作压力，这是确定液压缸结构尺寸的依据。

● 液压马达的负载。

工作机构做旋转运动时，液压马达必须克服的外负载为

$$M = M_e + M_f + M_i \tag{9-3}$$

2. 确定液压系统主要参数

（1）液压缸的设计计算

● 初选液压缸工作压力。

液压缸工作压力主要根据运动循环各阶段中的最大总负载力来确定，此外，还需要考虑以下因素：

① 各类设备的不同特点和使用场合。

② 考虑经济和重量因素，压力选得低，则元件尺寸大、重量重；压力选得高一些，则元件尺寸小、重量轻，但对元件的制造精度、密封性能要求高。

所以，液压缸工作压力的选择有两种方式：一是根据机械类型选；二是根据切削负载选，见表 9-8、表 9-9。

表 9-8　按负载选执行元件的工作压力

负载（N）	＜5000	500～10000	10000～20000	20000～30000	30000～50000	＞50000
工作压力（MPa）	≤0.8～1	1.5～2	2.5～3	3～4	4～5	＞5

表 9-9　按机械类型选执行元件的工作压力

机械类型	机 床				农业机械	工程机械
	磨床	组合机床	龙门刨床	拉床		
工作压力（MPa）	$a \leqslant 2$	3～5	≤8	8～10	10～16	20～32

● 液压缸主要尺寸的计算。

液压缸的有效面积和活塞杆直径，可根据液压缸受力的平衡关系进行计算。

● 液压缸的流量计算。

液压缸的最大流量：

$$q_{v\max} = A v_{\max}\ (\mathrm{m^3/s}) \tag{9-4}$$

（2）液压马达的设计计算

① 计算液压马达的排量

液压马达的排量根据下式决定：

$$V_m = \frac{6.28 T \eta_m}{\Delta p_m}\ \mathrm{m^3/r} \tag{9-5}$$

式中，T——液压马达的负载力矩（N·m）；

Δp_m——液压马达进出口压力差（$\mathrm{N/m^3}$）；

η_m——液压马达的机械效率，一般齿轮和柱塞马达取 0.9～0.95，叶片马达取 0.8～0.9。

② 计算液压马达所需流量

液压马达的最大流量：

$$q_{v\max} = V_m n_{\max}\ (\mathrm{m^3/s}) \tag{9-6}$$

式中，V_m——液压马达排量（$\mathrm{m^3/r}$）；

$n_{\max}$——液压马达的最高转速（r/s）。

二、液压元件的选择（Choice of the Hydraulic Components）

1. 液压泵的确定与所需功率的计算

（1）液压泵的确定

① 确定液压泵的最大工作压力。液压泵所需工作压力的确定，主要根据液压缸在工作循环各阶段所需最大压力 p_1，再加上油泵的出油口到缸进油口处总的压力损失 $\sum\Delta p$，即

$$p_B = p_1 + \sum\Delta p \tag{9-7}$$

$\sum\Delta p$ 包括油液流经流量阀和其他元件的局部压力损失、管路沿程损失等，在系统管路未设计之前，可根据同类系统经验估计，一般管路简单的节流阀调速系统 $\sum\Delta p$ 为（2～5）$\times 10^5$Pa，用调速阀及管路复杂的系统 $\sum\Delta p$ 为（5～15）$\times 10^5$Pa，$\sum\Delta p$ 也可只考虑流经各控制阀的压力损失，而将管路系统的沿程损失忽略不计，各阀的额定压力损失可从液压元件手册或产品样本中查找，也可参照表 9-10 选取。

表 9-10　常用中、低压各类阀的压力损失（Δp_n）

阀名	Δp_n（$\times 10^5$Pa）	阀名	Δp_n（$\times 10^5$Pa）	阀名	Δp_n（$\times 10^5$Pa）	阀名	Δp_n（$\times 10^5$Pa）
单向阀	0.3～0.5	背压阀	3～8	行程阀	1.5～2	转阀	1.5～2
换向阀	1.5～3	节流阀	2～3	顺序阀	1.5～3	调速阀	3～5

② 确定液压泵的流量 q_B。泵的流量 q_B 根据执行元件动作循环所需最大流量 q_{max} 和系统的泄漏确定。

● 多液压缸同时动作时，液压泵的流量要大于同时动作的几个液压缸（或马达）所需的最大流量，并应考虑系统的泄漏和液压泵磨损后容积效率的下降，即

$$q_B \geqslant K\left(\sum q\right)_{max} \ \mathrm{m^3/s} \tag{9-8}$$

式中，K 为系统泄漏系数，一般取 1.1～1.3，大流量取小值，小流量取大值；$\left(\sum q\right)_{max}$ 为同时动作的液压缸（或马达）的最大总流量（m^3/s）。

● 采用差动液压缸回路时，液压泵所需流量为

$$q_B \geqslant K\left(A_1 - A_2\right)_{max} \ \mathrm{m^3/s} \tag{9-9}$$

式中，A_1，A_2 为分别为液压缸无杆腔与有杆腔的有效面积（m^2）。

● 当系统使用蓄能器时，液压泵流量按系统在一个循环周期中的平均流量选取，即

$$q_B = \sum_{i=1}^{z}\frac{V_i K}{T_i} \tag{9-10}$$

式中，V_i 为液压缸在工作周期中的总耗油量（m^3）；T_i 为机器的工作周期（s）；Z 为液压缸个数。

③ 选择液压泵的规格：根据上面所计算的最大压力 p_B 和流量 q_B，查液压元件产品样本，选择与 p_B 和 q_B 相当的液压泵的规格型号。

上面所计算的最大压力 p_B 是系统静态压力，系统工作过程中存在着过渡过程的动态压力，而动态压力往往比静态压力高得多，所以泵的额定压力 p_B 应比系统最高压力大 25%～60%，使液压泵有一定的压力储备。若系统属于高压范围，压力储备取小值；若系统属于中低压范围，压力储备取大值。

④ 确定驱动液压泵的功率。

● 当液压泵的压力和流量比较衡定时，所需功率为

$$p = p_B q_B \eta_B / 10^3 (\text{kW}) \tag{9-11}$$

式中，p_B 为液压泵的最大工作压力（N/m^2）；q_B 为液压泵的流量（m^3/s）；η_B 为液压泵的总效率，各种形式液压泵的总效率可参考表 9-11 估取，液压泵规格大，取大值，反之取小值，定量泵取大值，变量泵取小值。

表 9-11　液压泵的总效率

液压泵类型	齿轮泵	螺杆泵	叶片泵	柱塞泵
总效率	0.6～0.7	0.65～0.80	0.60～0.75	0.80～0.85

● 在工作循环中，泵的压力和流量有显著变化时，可分别计算出工作循环中各个阶段所需的驱动功率，然后求其平均值，即

$$P = \sqrt{(t_1 P_1^2 + t_2 P_2^2 + \cdots + t_n P_n^2)/(t_1 + t_2 + \cdots + t_n)} \tag{9-12}$$

式中，t_1，t_2，…，t_n 为一个工作循环中各阶段所需的时间（s）；P_1，P_2，…，P_n 为一个工作循环中各阶段所需的功率（kW）。

按上述功率和泵的转速，可以从产品样本中选取标准电动机，再进行验算，使电动机发出最大功率时，其超载量在允许范围内。

2. 阀类元件的选择

（1）选择依据

选择依据为：额定压力、最大流量、动作方式、安装固定方式、压力损失数值、工作性能参数和工作寿命等。

（2）选择阀类元件应注意的问题

① 应尽量选用标准定型产品，除非不得已时才自行设计专用件。

② 阀类元件的规格主要根据流经该阀油液的最大压力和最大流量选取。选择溢流阀时，应按液压泵的最大流量选取；选择节流阀和调速阀时，应考虑其最小稳定流量满足机器低速性能的要求。

③ 一般选择控制阀的额定流量应比系统管路实际通过的流量大一些，必要时，允许通过阀的最大流量超过其额定流量的 20%。

3. 蓄能器的选择

（1）蓄能器用于补充液压泵供油不足时，其有效容积为

$$V = \sum A_i L_i K - q_B t (\text{m}^3) \tag{9-13}$$

式中，A 为液压缸有效面积（m^2）；L 为液压缸行程（m）；K 为液压缸损失系数，估算时可取 $K = 1.2$；q_B 为液压泵供油流量（m^3/s）；t 为动作时间（s）。

（2）蓄能器用作应急能源时，其有效容积为

$$V = \sum A_i L_i K (\text{m}^3) \tag{9-14}$$

当蓄能器用于吸收脉动缓和液压冲击时，应将其作为系统中的一个环节与其关联部分一起综合考虑其有效容积。

根据求出的有效容积并考虑其他要求，即可选择蓄能器的形式。

4. 管道的选择

（1）油管类型的选择

液压系统中使用的油管分硬管和软管，选择的油管应有足够的通流截面和承压能力，同时，应尽量缩短管路，避免急转弯和截面突变。

① 钢管。

中高压系统选用无缝钢管，低压系统选用焊接钢管，钢管价格低，性能好，使用广泛。

② 铜管。

紫铜管工作压力在 6.5～10MPa 以下，易变曲，便于装配；黄铜管承受压力较高，达 25MPa，不如紫铜管易弯曲。铜管价格高，抗震能力弱，易使油液氧化，应尽量少用，只用于液压装置配接不方便的部位。

③ 软管。

用于两个相对运动件之间的连接。高压橡胶软管中夹有钢丝编织物；低压橡胶软管中夹有棉线或麻线编织物；尼龙管是乳白色半透明管，承压能力为 2.5～8MPa，多用于低压管道。因软管弹性变形大，容易引起运动部件爬行，所以软管不宜装在液压缸和调速阀之间。

（2）油管尺寸的确定

① 油管内径 d 按下式计算：

$$d=\sqrt{\frac{4q}{\pi v}}=1.13\times10^{3}\sqrt{\frac{q}{v}} \tag{9-15}$$

式中，q 为通过油管的最大流量（m^3/s）；v 为管道内允许的流速（m/s）。一般吸油管取 0.5～5（m/s）；压力油管取 2.5～5（m/s）；回油管取 1.5～2（m/s）。

② 油管壁厚 δ 按下式计算：

$$\delta\geqslant\frac{pd}{2[\sigma]} \tag{9-16}$$

式中，p 为管内最大工作压力；$[\sigma]$ 为油管材料的许用压力，$[\sigma]=\sigma_b/n$；σ_b 为材料的抗拉强度；n 为安全系数，钢管 $p<7$MPa 时，取 $n=8$；$p<17.5$MPa 时，取 $n=6$；$p>17.5$MPa 时，取 $n=4$。

根据计算出的油管内径和壁厚，查手册选取标准规格油管。

5. 油箱的设计

油箱的作用是储油、散发油的热量、沉淀油中杂质、逸出油中的气体，其形式有开式和闭式两种：开式油箱油液液面与大气相通；闭式油箱油液液面与大气隔绝。开式油箱应用较多。

（1）油箱设计要点

① 油箱应有足够的容积以满足散热，同时其容积应保证系统中油液全部流回油箱时不渗出，油液液面不应超过油箱高度的 80%。

② 吸箱管和回油管的间距应尽量大。

③ 油箱底部应有适当斜度，泄油口置于最低处，以便排油。

④ 注油器上应装滤网。

⑤ 油箱的箱壁应涂耐油防锈涂料。

（2）油箱容量计算

油箱的有效容量 V 可近似用液压泵单位时间内排出油液的体积确定。

$$V = K\sum q \tag{9-17}$$

式中：K 为系数，低压系统取 2～4，中、高压系统取 5～7；$\sum q$ 为同一油箱供油的各液压泵流量总和。

6. 滤油器的选择

选择滤油器的依据有以下几点：

① 承载能力：按系统管路工作压力确定。

② 过滤精度：按被保护元件的精度要求确定，选择时可参阅表 9-12。

③ 通流能力：按通过最大流量确定。

④ 阻力压降：应满足过滤材料强度与系数要求。

表 9-12　滤油器过滤精度的选择

系统	过滤精度（μm）	元件	过滤精度（μm）
低压系统	100～150	滑阀	1/3 最小间隙
70×10^5Pa 系统	50	节流孔	1/7 孔径（孔径小于 1.8mm）
100×10^5Pa 系统	25	流量控制阀	2.5～30
140×10^5Pa 系统	10～15	安全阀溢流阀	15～25
电液伺服系统	5		
高精度伺服系统	2.5		

三、液压系统性能的验算（Checking the Performance of Hydraulic System）

为了判断液压系统的设计质量，需要对系统的压力损失、发热温升、效率和系统的动态特性等进行验算。由于液压系统的验算较复杂，只能采用一些简化公式近似地验算某些性能指标，如果设计中有经过生产实践考验的同类型系统供参考或有较可靠的实验结果可以采用时，可以不进行验算。

1. 管路系统压力损失的验算

当液压元件规格型号和管道尺寸确定之后，就可以较准确地计算系统的压力损失，压力损失包括：油液流经管道的沿程压力损失 Δp_L、局部压力损失 Δp_c 和流经阀类元件的压力损失 Δp_V，即

$$\Delta p = \Delta p_L + \Delta p_c + \Delta p_V \tag{9-18}$$

计算沿程压力损失时，如果管中为层流流动，可按下列经验公式计算：

$$\Delta p_L = 4.3V\cdot q\cdot L\times10^6 / d^4 \tag{9-19}$$

式中，q 为通过管道的流量（m^3/s）；L 为管道长度（m）；d 为管道内径（mm）；v 为油液的运动黏度（m^2）。

局部压力损失可按下式估算：

$$\Delta p_c = (0.05\sim0.15)\ \Delta p_L \tag{9-20}$$

阀类元件的 Δp_L 值可按下式近似计算：

$$\Delta p_{V} = \Delta p_{n}\left(\frac{q_{V}}{q_{Vn}}\right)^{2} \tag{9-21}$$

式中，q_{Vn}为阀的额定流量（m^3/s）；q_V为通过阀的实际流量（m^3/s）；Δp_n为阀的额定压力损失（Pa）。

计算系统压力损失的目的，是为了正确确定系统的调整压力和分析系统设计的好坏。

系统的调整压力：

$$p_0 \geqslant p_1 + \Delta p \tag{9-22}$$

式中，p_0为液压泵的工作压力或支路的调整压力；p_1为执行件的工作压力。

如果计算出来的Δp比在初选系统工作压力时粗略选定的压力损失大得多，应该重新调整有关元件、辅件的规格，重新确定管道尺寸。

2. 系统发热温升的验算

系统发热来源于系统内部的能量损失，如液压泵和执行元件的功率损失、溢流阀的溢流损失、液压阀及管道的压力损失等。这些能量损失转换为热能，使油液温度升高。油液的温升使黏度下降、泄漏增加，同时，使油分子裂化或聚合，产生树脂状物质，堵塞液压元件小孔，影响系统正常工作，因此必须使系统中的油温保持在允许范围内。一般机床液压系统正常工作油温为30～50℃；矿山机械正常工作油温50～70℃；最高允许油温为70～90℃。

（1）系统发热功率P的计算

$$P = P_{B}(1-\eta) \tag{9-23}$$

式中，P_B为液压泵的输入功率（W）；η为液压泵的总效率。

若一个工作循环中有几个工序，则可根据各个工序的发热量，求出系统单位时间的平均发热量：

$$P = \frac{1}{T}\sum_{i=1}^{n} P_i(1-\eta)t_i \tag{9-24}$$

式中，T为工作循环周期（s）；t_i为第i个工序的工作时间（s）；P_i为循环中第i个工序的输入功率（W）。

（2）系统的散热和温升系统的散热量计算

$$P' = \sum_{i=1}^{m} K_j A_j \Delta t \tag{9-25}$$

式中，K_j为散热系数（W/m^2℃）（当周围通风很差时，$K≈8$～9；周围通风良好时，$K≈15$；用风扇冷却时，$K≈23$；用循环水强制冷却时，冷却器表面$K≈110$～175）；A_j为散热面积（m^2），当油箱长、宽、高比例为1∶1∶1或1∶2∶3，油面高度为油箱高度的80%时，油箱散热面积近似看成$A=0.065\sqrt[3]{V^2}$（m^2）——V为油箱体积（L）；Δt为液压系统的温升（℃），即液压系统比周围环境温度的升高值；j为散热面积的次序号。

当液压系统工作一段时间后，达到热平衡状态，则

$$P = P'$$

所以液压系统的温升为

$$\Delta t = \frac{P}{\sum_{j=1}^{m} K_j A S_j} \tag{9-26}$$

计算所得的温升 Δt，加上环境温度，不应超过油液的最高允许温度。当系统允许的温升确定后，也能利用上述公式来计算油箱的容量。

3. **系统效率验算**

液压系统的效率是由液压泵、执行元件和液压回路效率来确定的。

液压回路效率 η_c 一般可用下式计算

$$\eta_c = \frac{p_1 q_1 + p_2 q_2 + \cdots + p_n q_n}{p_{B1} q_{B1} + p_{B2} q_{B2} + \cdots + p_{Bn} q_{Bn}} \tag{9-27}$$

式中，p_1，q_1；p_2，q_2；……为每个执行元件的工作压力和流量；

p_{B1}，q_{B1}；p_{B2}，q_{B2}；……为每个液压泵的供油压力和流量。

液压系统总效率

$$\eta = \eta_B \eta_C \eta_m \tag{9-28}$$

式中，η_B 为液压泵总效率；η_m 为执行元件总效率；η_C 为回路效率。

任务分析

可根据 9.3.3 常见液压系统故障中表 9-4 知道液压系统噪音、振动大的原因及消除方法。

任务实施

经过学习前面的内容和任务分析，熟悉液压系统噪音、振动大的原因及消除方法。

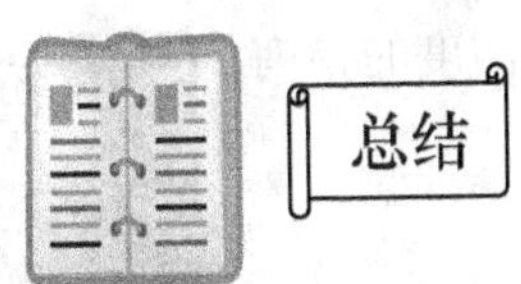

总结

1. 液压系统分析的核心是认真研究液压系统原理图，将设备各个运动与液压元件一一对应，分析该液压系统由哪些基本液压回路组成，在此基础上分析产生液压故障的原因。

2. 通过液压系统分析，制定正确合理的维护保养操作规程，找出液压装置故障发生的规律，并不断地改进工作方法，以降低故障率和维修费用，掌握按计划检修的要领，力争实现故障为零的指标。

3. 液压系统在发生故障的早期，系统都有一些问题症状表现出来，及时发现处理这些小的问题，从而预防事故的发生，应是设备管理人员、操作人员、维护人员的主要工作。液压装置维护次数的确定，是根据经验来确定的，所以找出它们的规律非常重要。液压系统的日常维护与检查，是发现问题的主要手段和方法。

4. 液压系统设计的步骤：明确设计要求，进行工况分析；初定液压系统的主要参数；拟定液压系统原理图；计算和选择液压元件；估算液压系统性能；绘制工作图和编写技术文件。

任务检查与考核

简答题

1. 液压系统常见的故障有哪些？
2. 液压系统故障的判断和排除方法有哪些？
3. 液压系统的油温过高的原因是什么？对系统正常工作有何影响？如何保证正常的工作温度？
4. 液压系统为什么产生振动与噪音？如何防止和排除？
5. 叙述液压系统液压冲击大的原因及消除方法。
6. 设计简单的液压系统的步骤是什么？

项目拓展（行业标准）

1. GB-T 25133—2010 液压系统总成　管路冲洗方法

2. GB-Z 19848—2005 液压元件从制造到安装达到和控制 清洁度的指南

3. GB-Z 20423—2006 液压系统总成 清洁度检验

项目 10 气动回路的安装与调试（Item10 Installation and Debugging of Pneumatic Circuit）

项目目标

知识目标	能力目标	素质目标
1. 了解气压传动基础知识。 2. 了解常用气源装置、气动辅助元件、气动执行元件的工作原理及应用。 3. 掌握气动减压阀、溢流阀的应用。 4. 掌握双压阀、梭阀、快速排气阀、延时阀的工作原理与应用。 5. 熟悉气动回路的设计和分析方法	1. 能识别气源装置及气动控制元件。 2. 知道气动减压阀和溢流阀与液压减压阀和溢流阀的用法的区别。 3. 会利用梭阀、双压阀设计气动回路。 4. 会分析气动回路的工作原理。 5. 会安装调试气动回路	1. 培养学生在安装调试气动回路过程中安全规范操作的职业素质。 2. 培养学生在完成任务过程中小组成员团队协作的意识。 3. 培养学生文献检索、资料查找与阅读相关资料的能力。 4. 培养学生自主学习的能力

以空气为工作介质传递动力做功很早以前就有应用，如利用自然风力推动风车、风箱等，近代用于汽车的自动开关门、火车的自动抱闸、采矿用的风钻等。随着工业自动化的发展，气动技术现已成为一门新兴的技术，并且成为了实现生产过程自动化不可缺少的重要手段，其应用领域已经从机械、冶金、采矿、交通运输等工业扩展到轻工、食品、化工、军事等各行各业。

气压传动系统（Pneumatic Transmission System）是以压缩空气为工作介质传递动力和信号的一门技术，它包括传动技术和控制技术两方面的内容。由于气压传动具有防火、防爆、节能、高效、无污染等优点，所以在国内外工业生产中得到了广泛应用。本项目主要学习气压传动技术。

气压传动系统由**气源装置（Air Supply Devices）**、**执行元件（Actuator）**、**控制元件（Control Elements）**、**辅助元件（Auxiliary Elements）**和**传动介质（Transmission Medium）**等几个部分组成。

气源装置是获得压缩空气的能源装置，其主体部分是空气压缩机，另外还有气源净化设备。空气压缩机将原动机供给的机械能转化为空气的压力能；而气源净化设备用以降低压缩空气的温度，除去压缩空气中的水分、油分以及污染杂质等。

执行元件是以压缩空气为工作介质，并将压缩空气的压力能转变为机械能的能量转换装置。包括做直线往复运动的汽缸，做连续回转运动的气马达和做不连续回转运动的摆动马达等。

控制元件又称操纵、运算、检测元件，是用来控制压缩空气流的压力、流量和流动方向等，以便使执行机构完成预定运动规律的元件，包括各种压力阀、方向阀、流量阀、逻辑元件、射流元件、行程阀、转换器和传感器等。

辅助元件是使压缩空气润滑、消声以及元件间连接所需要的一些装置，包括油雾器、消声器以及各种管路附件等。

任务 10.1　气源装置及气动辅件的使用（Task10.1 Using of Air Supply Device and Pneumatic Accessory）

1. 熟知空气压缩机的工作特点和应用。
2. 会分析后冷却器、干燥器、油水分离器的工作原理。
3. 会根据要求选择和使用气动三联件。
4. 会分析气动三联件的安装顺序。
5. 会分析分水滤气器、油雾器和减压阀的工作原理。
6. 熟悉后冷却器、干燥器、油水分离器、消声器的应用。

描述出图 10-1（a）、图 10-1（b）中气动元件的名称，并说明它们在气动系统中的作用。

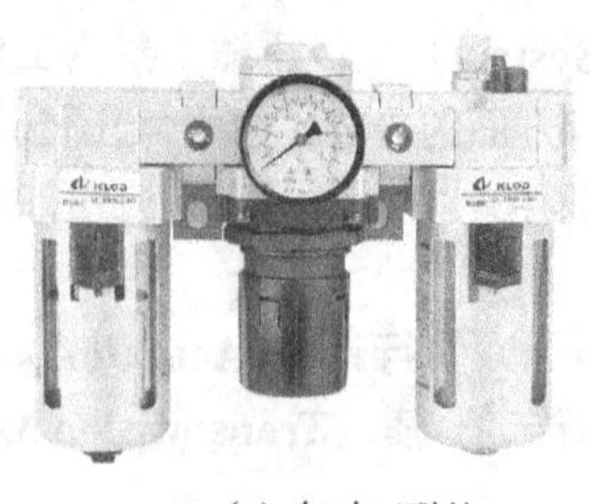

(a) 气动三联件

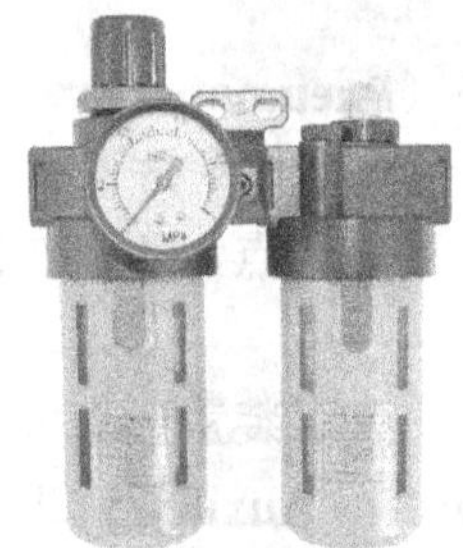

(b) 气动二联件

图 10-1　气动元件

问题 1：气动系统由哪些元件组成？

气压传动系统中的气源装置是为气动系统提供满足一定质量要求的压缩空气，它是气压传动系统的重要组成部分。由空气压缩机产生的压缩空气必须经过降温、净化等一系列处理以后才能用于传动系统。因此，除空气压缩机外，气源装置还包括冷却器、干燥器、油水分离器、分水滤气器及储气罐等。此外，气动设备除执行元件和控制元件以外还需要各种辅助元件，如油雾器、消声器等。

气源装置由以下四部分组成：

（1）气压发生装置——空气压缩机。

（2）净化、储存压缩空气的装置和设备——后冷却器、油水分离器、干燥器、储气罐等。

（3）管道系统——管道，管接头，气-电、电-气、气-液转换器等。

（4）气动三联件。

在实际应用中，根据气动系统对压缩空气品质的要求来设置气源装置。一般气源系统组成和布置示意图如图 10-2 所示。

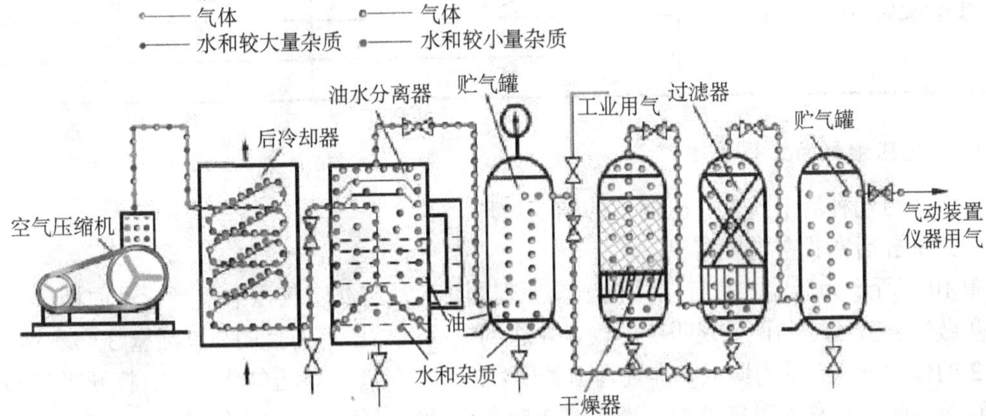

图 10-2　气源系统组成及布置示意图

10.1.1　气压发生装置（Pressure Generating Device）

你能举出生活中产生压缩空气应用的例子吗？

空气压缩机（Air Compressor） 简称空压机，是气压发生装置，它是气源装置的主体，是将原动机的机械能转换成气体压力能的装置。空气经过空压机后变成在压力和流量方面符合气动设备要求的压缩空气。图 10-3 所示为空气压缩机的外观图。

图 10-3　空气压缩机外观图

1. 空气压缩机的分类

空气压缩机种类很多，按工作原理主要分为容积式和速度式两大类。若按空压机公称排气压力范围来分，则有低压式（0.1～1MPa）、中压式（1～10MPa）、高压式（10～100MPa）和超高压式（＞100MPa）等。

容积式空压机是通过机件的运动，使密封容积发生周期性大小的变化，从而完成对空气的吸入和压缩过程。这种空压机又有几种不同形式，如活塞式、螺杆式、滑片式等。其中最常用的是活塞式低压空压机。速度式空压机的原理是通过气体分子的运动速度，使气体分子的动能转化为压力能来提高压缩空气的压力。

2. 空气压缩机的选用原则

选择空气压缩机主要根据气动系统所需要的工作压力和流量两个主要参数，见表 10-1。

表 10-1　空气压缩机的选用

选择方法	基本型式	说明
按输出压力选择（MPa）	低压空气压缩机	0.2～1.0
	中压空气压缩机	1.0～10
	高压空气压缩机	10～100
	超高压空气压缩机	＞100
按输出流量选择（m^3/min）	微型	＜1
	小型	1～10
	中型	10～100
	大型	＞100

3. 空气压缩机的工作原理

下面介绍几种活塞式空气压缩机的结构原理。

（1）单缸活塞式空气压缩机

图 10-4 所示为活塞式空气压缩机工作原理图，此活塞式空气压缩机是通过曲柄连杆机构使活塞做往复直线运动而实现吸、压气，并达到提高气体压力的目的。当活塞 3 向右运动时，气缸 2 的体积增大，压力降低，排气阀 1 关闭，外界空气在大气压的作用下，打开吸气阀 a 进入气缸内，此过程称为吸气过程。当活塞 3 向左运动时，气缸 2 的体积减小，空气收到压缩，压力逐渐升高而使吸气阀 a 关闭，排气阀 1 打开，压缩空气经排气口进入储气罐，这一过程称为压缩过程。单级单缸压缩机就是这样循环往复运动，不断产生压缩空气的。

（2）多缸活塞式空气压缩机

图 10-5 为两级活塞式空气压缩机的工作原理图。第一级将空气压缩到 300kPa 左右，然后被中间冷却器冷却再输送到第二级气缸中压缩到 700kPa。两级活塞式空气压缩机相对于单级压缩机提高了效率。

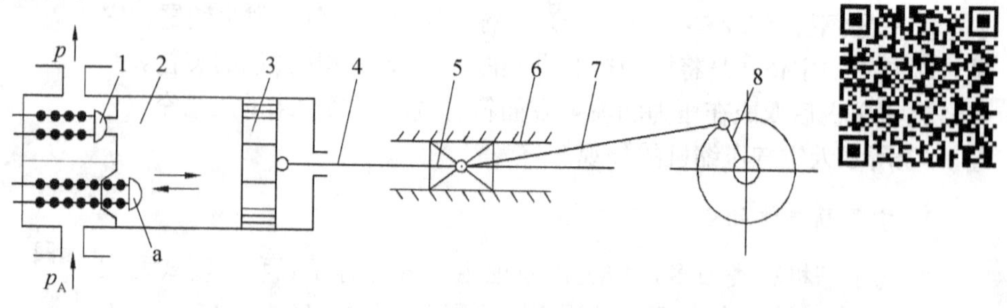

1—排气阀；2—气缸；3—活塞；4—活塞杆；5，6—十字头与滑道；7—连杆；8—曲柄 a—吸气阀

图 10-4　活塞式空气压缩机工作原理图

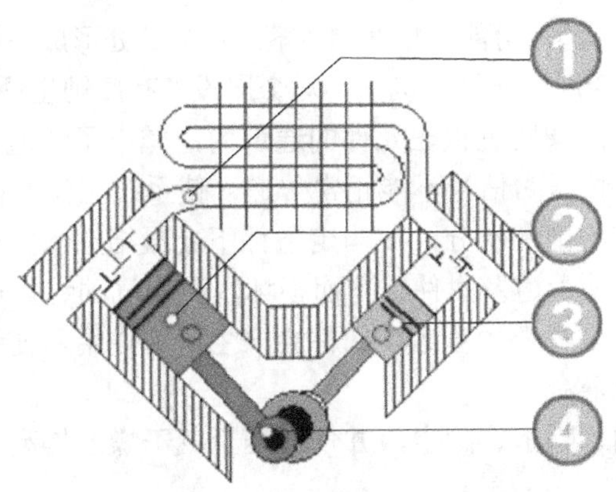

1—中间冷却器；2—一级活塞；3—二级活塞；4—曲柄

图 10-5　两级活塞式空气压缩机结构及工作原理示意图

4. 使用空气压缩机注意事项

（1）开始使用时，应先将出气口的阀门关闭，待气源充足后再打开使用。

（2）气源充足后电机自动关闭，待气压降到 0.45MPa 时，电机又自动开始补充气源。

（3）因供给的气源容量不是太大，在使用时应注意需大容量气源的回路实验，不要长时间连续进行。

（4）因压缩机运转时间过长时会产生热量，因而使用时应将其放置在透风处。

5. 空气压缩机的选用步骤

（1）首先按空压机的特性要求，选择空压机类型。

（2）依据气压传动系统所需的工作压力和流量两个主要参数确定空压机的输出压力 p 和吸入流量 q_c，最终选取空压机的型号。

10.1.2　气源净化设备（Air Cleaning Equipment）

气动系统对压缩空气质量的要求：压缩空气要具有一定压力和足够的流量，具有一定的净化程度。不同的气动元件对杂质颗粒的大小有具体的要求。

混入压缩空气中的油分、水分、灰尘等杂质会产生以下不良影响，如图 10-6 所示。

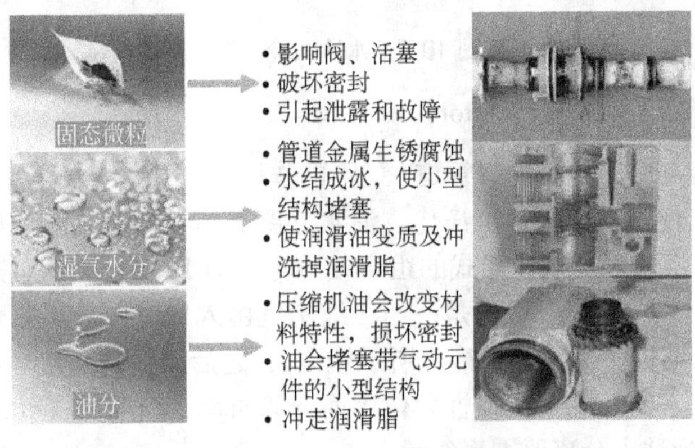

图 10-6　压缩空气中的杂质对气动系统的影响

（1）混入压缩空气的油蒸汽可能聚集在储气罐、管道等处形成易燃物，有引起爆炸的危险，另一方面润滑油被汽化后会形成一种有机酸，对金属设备有腐蚀生锈的作用，影响设备寿命。

（2）混在压缩空气中的杂质沉积在元件的通道内，减小了通道面积，增加了管道阻力。严重时会产生阻塞，使气体压力信号不能正常传递，使系统工作不稳定甚至失灵。

（3）压缩空气中含有的饱和水分，在一定条件下会凝结成水并聚集在个别管段内。在北方的冬天，凝结的水分会使管道及附件结冰而损坏，影响气动装置正常工作。

（4）压缩空气中的灰尘等杂质对运动部件会产生研磨作用，使这些元件因漏气增加而效率降低，影响它们的使用寿命。

因此必须要设置除油、除水、除尘，并使压缩空气干燥的提高压缩空气质量、进行气源净化处理的辅助设备。

压缩空气净化设备一般包括后冷却器、油水分离器、储气罐、干燥器、过滤器等。

1. **后冷却器**（Post Cooler）

后冷却器安装在空气压缩机出口处的管道上。它的作用是将空气压缩机排出的压缩空气温度由 140～170℃降至 40～50℃，这样就可以使压缩空气中的油雾和水汽迅速达到饱和，使其大部分析出并凝结成油滴和水滴，以便经油水分离器排出。后冷却器最低处应设置排水器，以排除冷凝水。

后冷却器的结构形式有：蛇形管式、列管式、散热片式、管套式。冷却方式有水冷和风冷两种方式。蛇形管和列管式后冷却器的结构如图 10-7 所示。

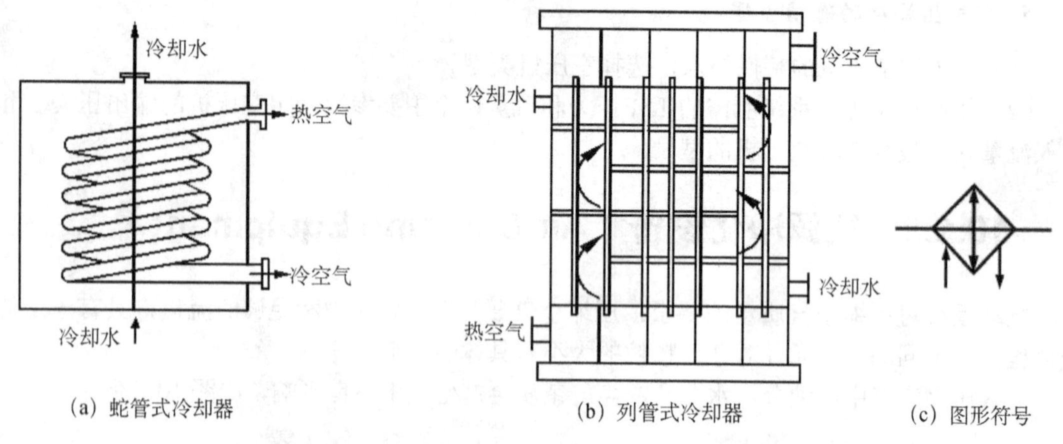

图 10-7　水冷式冷却器

2. **油水分离器**（Oil-water Separator）

油水分离器安装在后冷却器出口管道上，它的作用是分离并排出压缩空气中凝聚的水分、油分和灰尘杂质等，使压缩空气初步净化。油水分离器的结构形式有环形回转式、撞击折回式、离心旋转式、水浴式以及以上形式的组合使用等。图 10-8（a）所示是撞击折回并回转式油水分离器的结构图，它的工作原理是：当压缩空气由入口进入分离器壳体后，气体先受到隔板阻挡而被撞击折回向下（见图中箭头所示流向）；之后又上升产生环形回转，这样凝聚在压缩空气中的油滴、水滴等杂质受惯性力作用而分离析出，沉降于壳体底部，由放水阀定期排出。图 10-8（b）为油水分离器图形符号。

为提高油水分离效果，应控制气流在回转后上升的速度不超过 0.3～0.5m/s。

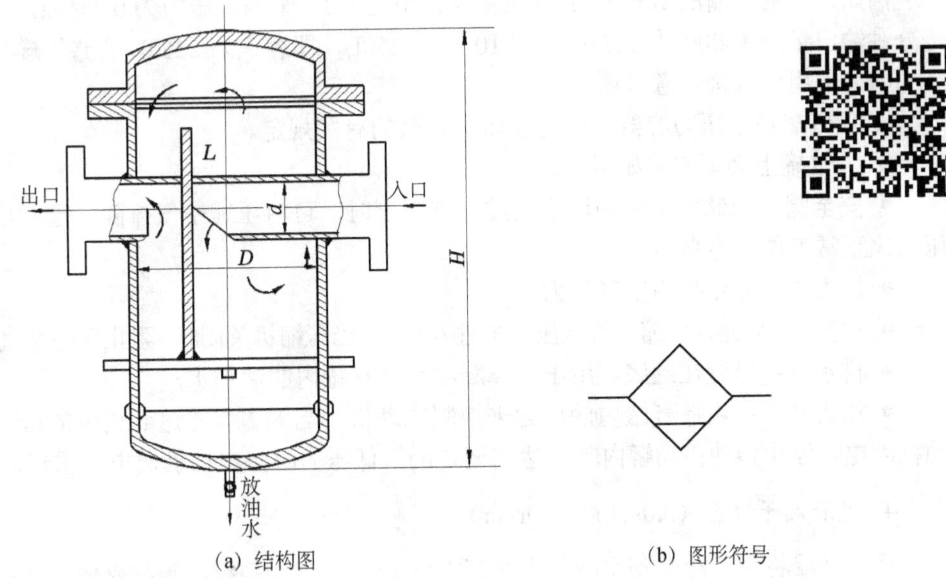

(a) 结构图　　　　(b) 图形符号

图 10-8　撞击折回式油水分离器结构图与图形符号

3. 储气罐（Gas Container）

储气罐有卧式和立式之分，它是钢板焊接制成的压力容器，水平或垂直地直接安装在后冷却器后面来储存压缩空气，因此，可以减少空气流的脉动。

（1）储气罐的作用

① 消除压力脉动。

② 依靠绝热膨胀及自然冷却降温，进一步分离掉压缩空气中的水分和油分。

③ 存储一定量的压缩空气，可解决短时间内用气量大于空压机输出量的矛盾。

④ 在空压机出现故障或停电时，维持短时间的供气，以便采取措施保证气动设备的安全。

（2）储气罐结构

储气罐一般多采用焊接结构，以立式居多，其结构形式如图 10-9 所示。储气罐的高度一般为其内径的 2～3 倍。进气口在下，出气口在上，并尽可能加大两管口之间的距离，以利于充分分离空气中的杂质。罐上设安全阀 2，其调整压力为工作压力的 110%；装设压力表 1 指示罐内压力；设置入孔或手孔 4，以便清理检查内部；底部设排放油、水的接管和阀门 3。最好将储气罐放在阴凉处。

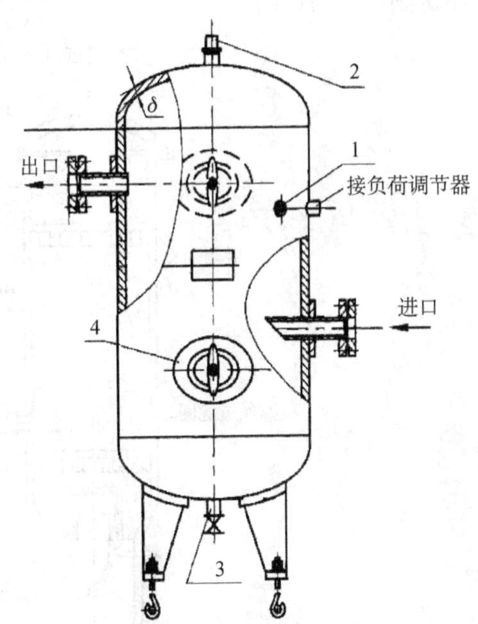

图 10-9　立式储气罐结构形式

（3）储气罐的选用原则

① 储气罐的尺寸是根据空气压缩机输出功率的大小、系统的尺寸大小及用气量相对稳定还是经常变化来确定的。

② 对一般工业而言，储气罐尺寸确定原则是：储气罐容积约等于压缩机每分钟压缩机输出量。例如，压缩机输出 18m³/min 的流量（自由空气），平均表压力为 0.7MPa，因此压缩空气每分钟输出量为 18000/［（0.7+0.1）×10］＝2250L，即容积为 2250L 的储气罐是合适的。

（4）使用储气罐注意事项

① 储气罐属于压力容器，应遵守压力容器的有关规定。

② 储气罐上必须安装如下元件：

- 安全阀：当储气罐内的压力超过允许限度时，可将压缩空气排除。通常应调整其极限压力比正常工作压力高 10%。
- 压力表：显示罐内空气压力。
- 单向阀：只允许压缩空气从压缩机进入气罐，当压缩机关闭时，阻止压缩空气反方向流动。
- 排水阀：设置在罐底，用于排掉凝结在储气罐内的油和水。
- 压力开关：用储气罐内的压力来控制电动机。当罐内气压达到调定的最高压力时，电动机断电，停止转动；当罐内气压达到调定的最低压力时，电动机通电，重新启动。

4. 吸附式干燥器（Adsorption Dryer）

后冷却器将空气冷却到比冷却媒介高 10～15℃，气动系统控制和操作元件的温度通常为室温（大约 20℃）。但是，离开后冷却器的空气温度比管道输送的环境温度要高，在输送的过程中将进一步冷却压缩空气，还有水蒸气凝结成水。

吸附法是干燥处理方法中应用最普遍的一种方法。吸附式干燥器结构图如图 10-10（a）所示。吸附式干燥器是利用具有吸附性能的吸附剂（如硅胶、铝胶或分子筛等）来吸附水分而达到干燥的目的。

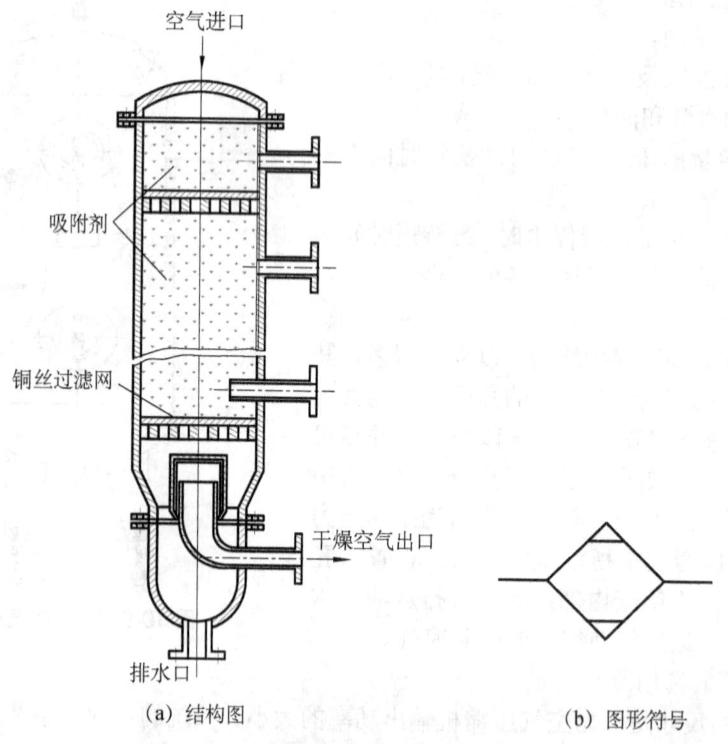

图 10-10　吸附式干燥器结构图与图形符号

10.1.3　气动辅件（Pneumatic Attachments）

一、消声器（Muffler）

在气压传动系统中，气缸、气阀等元件工作时，排气速度较高，气体体积急剧膨胀，会产生刺耳的噪音。噪音的强弱随排气的速度、排量和空气通道的形状而变化。排气的速度和功率越大，噪音也越大，一般可达 100～120dB。为了降低噪音。可以在排气口装备消声器。

消声器就是通过阻尼或增加排气面积来降低排气速度和功率，从而降低噪音的。

气动元件使用的消声器一般有三种类型：吸收型消声器、膨胀干燥型消声器和膨胀干涉吸收型消声器。常用的是吸收型消声器。图 10-11（a）是吸收型消声器的结构简图，这种消声器主要依靠吸音材料消声。

吸收型消声器结构简单，具有良好的消除中、高频噪音的性能。消声效果大于 20dB，在气压传动系统中，排气噪音主要是中、高频噪音，尤其是高频噪音，所以采用这种消声器是合适的。如果是中、低频噪音的场合，应使用膨胀干涉型消声器，如图 10-11（b）所示。膨胀型消声器消声效果最好，低频可消声 20dB，高频可消声 40dB。消声器的图形符号见图 10-11（c）。

(a) 吸收型消声器　　(b) 膨胀型消声器　　(c) 图形符号

图 10-11　消声器

二、管道和连接件（Pipes and Fittings）

管道连接件包括管子和各种管接头。有了管子和各种管接头，才能把气动控制元件、气动执行元件以及辅助元件等连接成一个完整的气动控制系统，因此，在实际应用中，管道连接件是必不可少的。

管子可分为硬管和软管两种。如总气管和支气管等一些固定不动的、不需要经常装拆的地方，使用硬管。连接运动部件和临时使用、希望装拆方便的管路应使用软管。硬管有铁管、铜管、黄铜管、纯铜管和硬塑料管等；软管有塑料管、尼龙管、橡胶管、金属编织塑料管以及挠性金属导管等。常用的是纯铜管和尼龙管。

气动系统中使用的管接头的结构及工作原理与液压管接头基本相似，分为卡套式、扩口螺纹式、卡箍式和插入快换式。

10.1.4　气动三联件的使用（Using of Pneumatic Triple Parts）

在气动系统中，依进气方向一般将分水滤气器、减压阀和油雾器组合在一起，称为气动三大件，又称气动三联件（Pneumatic Triple Parts），这是气动系统中必不可少的气动元件。如图 10-12 所示，图 10-12（a）为其安装顺序，图 10-12（b）为其图形符号。三联件应安装在用气设备的近处，压缩空气经过三联件的最后处理，将进入各气动元件及气动系统。因此，三联件是气动元件及气动系统使用压缩空气质量的最后保证。其组成及规格由气动系统具体的用气要求确定，可以少于三件，只用一件或两件，也可多于三件。空气过滤器和减压阀组合在一起可以称为气动二联件。

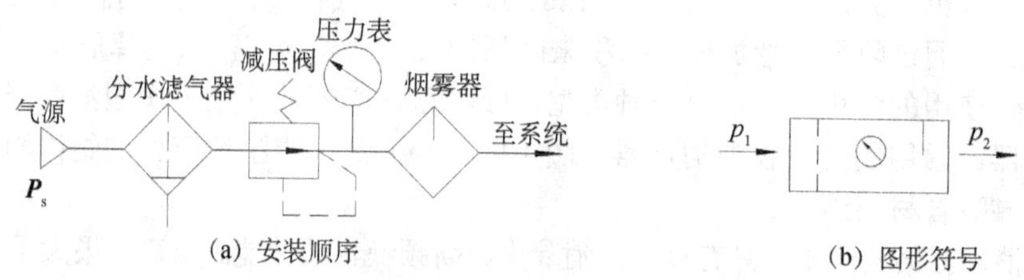

(a) 安装顺序　　(b) 图形符号

图 10-12　气动三联件

其中分水滤气器的作用则是对气源的清洁，可过滤压缩空气中的水分，避免水分随气体进入装置，而减压阀的主要作用是对气源进行稳压，使气源处于恒定状态，可减小因气源气压突变时对阀门或执行器等硬件的损伤。最后的油雾器可对机体运动部件进行润滑，可以对不方便加润滑油的部件进行润滑，延长机体的使用寿命。

一、分水滤气器（Water-separating Gas Filter）

分水滤气器是气动系统不可缺少的辅助元件，它滤灰能力较强，属于二次过滤器。它的主要作用是分离水分、过滤杂质，其滤灰效率可达 70%～90%。QSL 型分水滤气器在气动系统中应用很广，其滤灰效率可达 95%，分水效率大于 75%。分水滤气器的结构如图 10-13 所示。其工作原理如下：压缩空气从输入口进入后，被引入旋风叶子 1，旋风叶子上有很多小缺口，使空气沿切线反向产生强烈的旋转，这样夹杂在气体中的较大水滴、油滴、灰尘（主要是水滴）便获得较大的离心力，并高速与存水杯 3 内壁碰撞，而从气体中分离出来沉淀于存水杯 3 中，然后气体通过中间的滤芯 2，部分灰尘、雾状水被 2 拦截而滤去，洁净的空气便从输出口输出。挡水板 4 是为了防止气体漩涡将杯中积存的污水卷起而破坏过滤效果。为保证分水滤气器正常工作，必须及时将存水杯中的污水通过手动排水阀 5 放掉。在某些人工排水不方便的场合，可采用自动排水式分水滤气器。

存水杯由透明材料制成，便于观察工作情况、污水情况和滤芯污染情况。滤芯目前采用金属颗粒烧结而成。发现滤芯油泥过多时，可采用酒精清洗，干燥后再装上，可继续使用。但是这种过滤器只能滤除固体和液体杂质，因此，使用时应尽可能装在能使空气中的水分变成液态的部位或防止液体进入的部位，如气动设备的气源入口处。

二、减压阀（Pressure Reducing Valve）

气动系统与液压系统不同的一个特点是，液压系统的液压油是由安装在每台设备上的液压直接提供的。而在气动系统中，一个空压站输出的压缩空气通常可供多台气动装置使用。空压站输出的空气压力高于每台气动装置所需的压力，且压力波动较大。因此，每台气动装置的供气压力都需要减压阀来减压，并保持供气压力稳定。所以，在气动系统中稳压阀是减压阀。

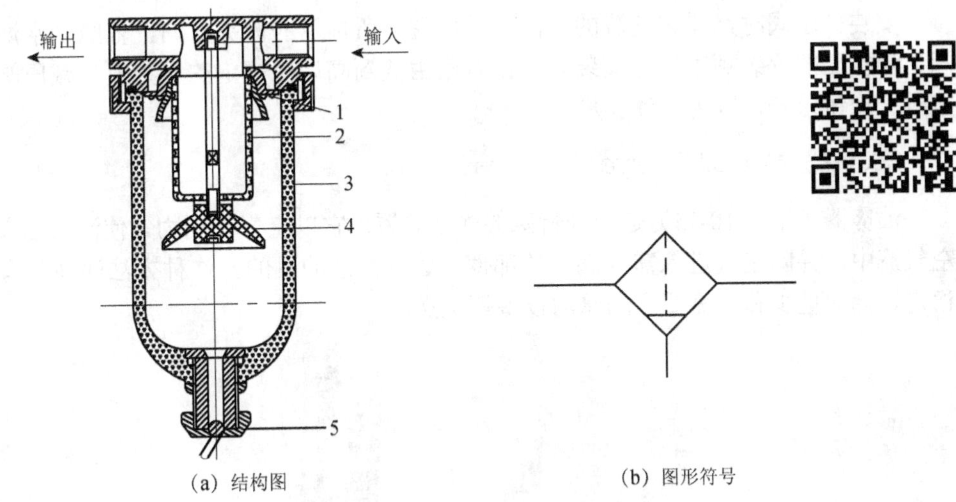

(a) 结构图　　　　(b) 图形符号

1—旋风叶子；2—滤芯；3—存水杯；4—挡水板；5—排水阀

图 10-13　一次过滤器结构示意图

对于低压控制系统（如气动测量），除用减压阀降低压力外，还需要用精密减压阀（或定值器）以获得更稳定的供气压力。这类压力控制阀当输入压力在一定范围内改变时，能保持输出压力不变。

减压阀的调压方式有直动式和先导式两种，直动式是借助改变弹簧力来直接调整压力，而先导式则用预先调整好的气压来代替直动式调压弹簧来进行调压。一般先导式减压阀的流量特性比直动式的好。

图 10-14（a）为直动式减压阀的结构原理图。它的作用是把压力 p_1 降低到合适的工作压力 p_2。当调压阀前后流量不发生变化时，压力稳定在 p_2，流量的变化使主阀芯打开到足够的开度以满足在压力 p_2 下的流量，压力 p_2 可以通过固定在调压阀上的压力表调节。

在调节压力之前，需要把调压旋钮向上拔，以便能够转动旋钮。顺时针旋转调压旋钮，使压力 p_2 增大。调压弹簧的弹簧力使得主阀芯打开，这时压力 p_2 逐渐升高，在与弹簧力达到平衡之后，维持在压力 p_2。当气流量发生变化时，主阀芯保持在一定的开度，使得出口压力 p_2 维持在设定压力的位置。出口压力 p_2 增加时，多余的气体从溢流口流出，使 p_2 降低到设定的压力。压力设定好之后，压下调压旋钮，即可实现锁定。图 10-14（b）为减压阀图形符号。

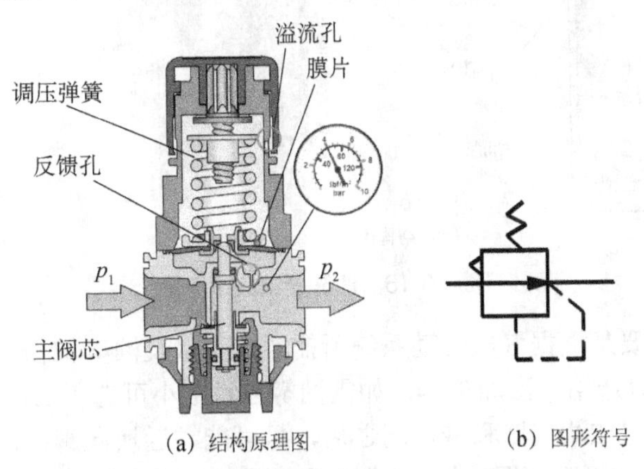

(a) 结构原理图　　　　(b) 图形符号

图 10-14　直动式减压阀的工作原理图

安装减压阀时，要按气流的方向和减压阀上所标示的箭头方向，依照分水滤气器、减压阀、油雾器的安装顺序进行安装。调压时应由低到高调至规定的压力值。减压阀不工作时应及时把旋钮松开，以免膜片变形。

三、油雾器（Oil Sprayer）

油雾器（见图 10-15）是一种特殊的注油装置。它以空气为动力，使润滑油雾化后，注入空气流中，并随空气进入需要润滑的部件，达到润滑的目的。这种方法注油具有润滑均匀、稳定、耗油量少和不需要大的储油设备等优点。

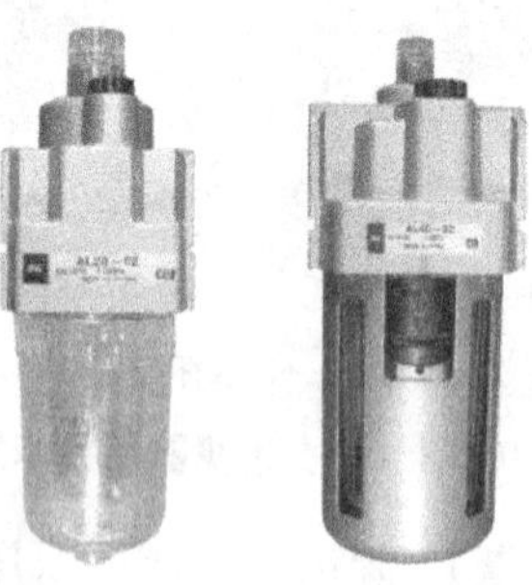

图 10-15　油雾器外观图

图 10-16 是油雾器（一次油雾器）的结构示意图，压缩空气从气流入口进入，大部分气体从主气道流出，小部分气体由小孔 1 通过特殊单向阀进入油杯的上腔，使油杯上腔压力与进气口处压力相等，均为 p_1。气体流过舌状活门处会产生压降，使出口处的压力 p_2 小于 p_1，滴油窗下腔通过喷油小孔与出口相连，所以压力也为 p_2。在 p_1 和 p_2 压差的作用下，实现吸油，带单向阀的吸油管可防止油液的回流。同时，油滴从滴油窗中滴下，调节旋钮来控制滴油量，使滴油量在 0～200 滴/分范围内变化。透明的油杯可以观察油面高度。

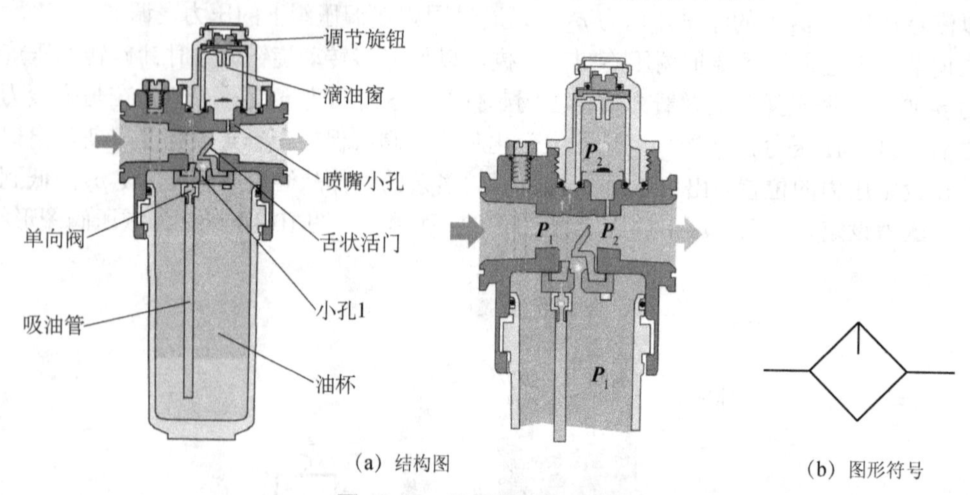

(a) 结构图　　(b) 图形符号

图 10-16　油雾器结构示意图

油雾器的选择主要是根据气压传动系统所需额定流量及油雾粒径大小来进行的。所需油雾粒径在 50μm 左右时选用一次油雾器，如需油雾粒径很小可选用二次油雾器。

油雾器一般应配置在滤气器和减压阀之后，尽可能靠近换向阀；需注意不要将油雾器的进、出口接反，储油杯也不可倒置；应避免把油雾器安装在换向阀和气缸之间，以免造成浪费。

任务分析

图 10-1（a）中元件为气动三联件，从前到后的顺序是分水滤气器、减压阀和油雾器。

图 10-1（b）中元件为气动二联件，安装顺序为分水滤气器和减压阀。

任务实施

分别描述出任务中图 10-1（a）和图 10-1（b）中的气动元件的名称，并说明其组成元件各部分的作用。

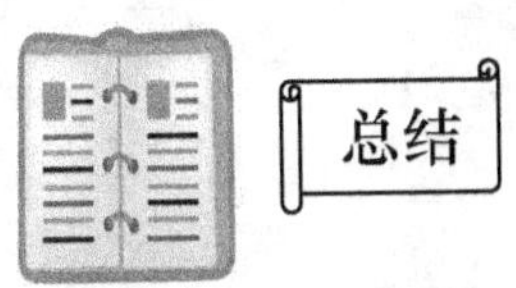

总结

1. 气压传动系统中的气源装置是为气动系统提供满足一定质量要求的压缩空气，它是气压传动系统的重要组成部分。

2. 空气压缩机简称空压机，是气源装置的主体，是将原动机的机械能转换成气体压力能的装置。

3. 气动系统对压缩空气质量的要求：压缩空气要具有一定压力和足够的流量，具有一定的净化程度。不同的气动元件对杂质颗粒的大小有具体的要求。

4. 后冷却器安装在空气压缩机出口处的管道上，油水分离器安装在后冷却器出口管道上。

5. 在气动系统中，一般将分水滤气器、减压阀和油雾器组合在一起，称为气动三联件，其安装顺序不能变，三联件应安装在用气设备的近处。

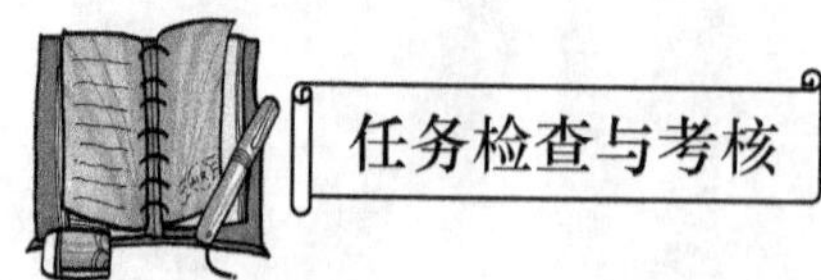

任务检查与考核

一、填空题

1. 气动系统对压缩空气的要求有：具有一定的________和________，并具有一定的________。

2. ________、________、________一起被称为气动三联件，这是多数气动设备必不可少的气源装置。大多数情况下气动三联件组合使用，应该安装在用气设备的________。

二、判断题

1. 气压传动系统中所使用的压缩空气直接由空气压缩机供给。(　　)
2. 大多数情况下气动三联件组合使用，其安装顺序为：分水滤气器、油雾器、减压阀。(　　)

三、简答题

1. 气动系统对压缩空气有哪些质量要求？气源装置一般由哪几部分组成？
2. 什么是气动三联件，它的作用是什么？
3. 一个典型的气动系统由哪几部分组成？

任务 10.2　方向控制回路设计、安装与调试（Task10.2 Design, Installation and Debugging of Direction Control Circuit　）

任务目标

1. 能识别并会使用各种气动换向阀。
2. 会分析各类气动换向阀的工作特点。
3. 会根据要求选择气动换向阀。
4. 会设计并分析换向回路的原理。
5. 熟悉气缸的种类和使用。

任务描述

设计一换向回路，来实现一双作用气缸活塞的往复运动，实现的动作为按下一个二位三通手动换向阀气缸伸出，按下另一个二位三通手动换向阀气缸缩回。

要求：

（1）用图形符号画出该换向回路的工作原理图。

（2）用 FluidSim 软件仿真验证所设计回路的正确性。

（3）在气动实训台上搭接该气动回路。

问题 1：气缸有哪些类型？

问题 2：如何实现气缸的换向？

10.2.1 气动执行元件的选择（Selection of Pneumatic Actuator）

气动系统常用的执行元件为气缸（Cylinder）和气动马达（Pneumatic Motor）。它们是将其他的压力能转化为机械能的元件，气缸一般用于实现直线往复运动，输出力或直线位移；气动马达主要用于实现连续回转运动，输出力矩和角位移。

你能举出现实生活中气缸或气动马达应用的例子吗？

一、气缸的种类（Types of Cylinders）

在气动系统中，气缸由于具有相对较低的成本、容易安装、结构简单、耐用、缸径尺寸及行程可选等优点，因而是使用最多的一种执行元件。

根据不同的用途和使用条件，气缸的结构、形状、连接方式和功能也有多种形式。常用的分类方法主要有以下几种。

1. **按运动方式**

按运动方式，气缸可分为直线运动气缸（如图 10-17 所示）和摆动气缸（如图 10-18 所示）。

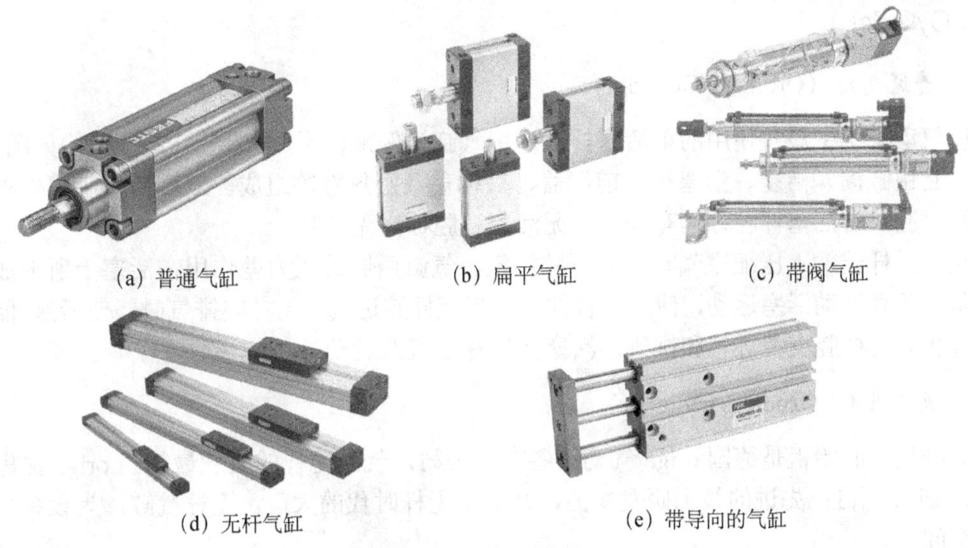

(a) 普通气缸　(b) 扁平气缸　(c) 带阀气缸

(d) 无杆气缸　(e) 带导向的气缸

图 10-17　直线运动气缸

(a) 齿轮齿条式摆动气缸

(b) 叶片式摆动气缸

图 10-18　摆动气缸

2. **按作用形式**

根据压缩空气对活塞端面作用力的方向不同，气缸可分为单作用气缸和双作用气缸。单作用气缸只有一个方向的运动是气压传动，活塞的复位靠弹簧力或重力实现。双作用气缸活塞的往复运动是靠压缩空气来完成的。

3. **按气缸的结构**

按气缸的结构可分为活塞式、柱塞式、膜片式、叶片摆动式及气液阻尼式缸等。

4. **按气缸的功能**

按气缸的功能可分为普通气缸和特殊气缸。普通气缸用于无特殊要求的一般场合。特殊气缸常用于有某种特殊要求的场合，如缓冲气缸、步进气缸、冲击式气缸、增压气缸、数字气缸、回转气缸、气液阻尼气缸、摆动气缸等。

5. **按气缸的安装方式**

按照气缸的安装方式可分为固定气缸、轴销式气缸、回转式气缸、嵌入式气缸等。固定式气缸的缸体安装在机架上不动，其连接方式又有耳座式、凸缘式和法兰式。轴销式气缸的缸体绕一固定轴，缸体可做一定角度的摆动。回转式气缸的缸体可随机床主轴做高速旋转运动，常见的有数控机床上的气动卡盘。

二、常用气缸的结构和工作原理（The Structure and Working Principle of Commonly Used Cylinder）

1. **普通气缸**（Ordinary Cylinder）

以气动系统中最常使用的单活塞杆双作用气缸为例来说明，普通气缸典型结构如图 10-19 所示，它由缸筒、活塞、活塞杆、前端盖、后端盖及密封件等组成。双作用气缸内部被活塞分成两个腔。有活塞杆腔称为有杆腔，无活塞杆腔称为无杆腔。

当从无杆腔输入压缩空气时，有杆腔排气，气缸两腔的压力差作用在活塞上所形成的力克服阻力负载推动活塞运动，使活塞杆伸出；当有杆腔进气，无杆腔排气时，使活塞杆缩回。若有杆腔和无杆腔交替进气和排气，活塞实现往复直线运动。

2. **无杆气缸**（Rodless Cylinder）

无杆气缸的始祖是德国 origa 气动设备有限公司，气缸无杆的概念最初由 origa 提出并实践的，origa 凭自己先进的技术研发实力，开启了无杆时代的大门。无杆气缸，为设备集成节省了空间。

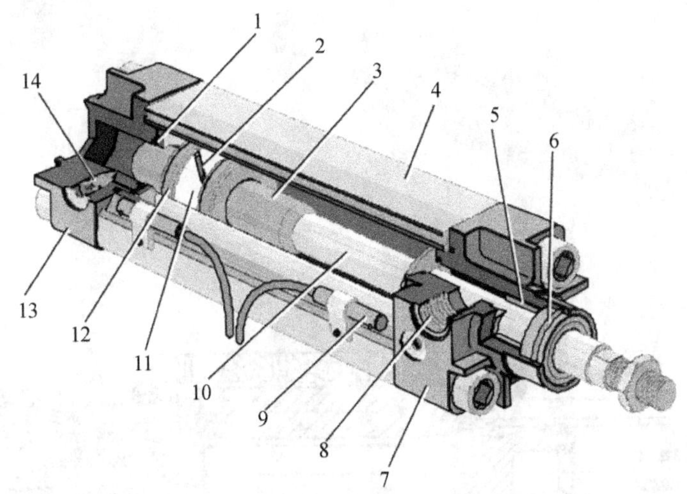

1，3—缓冲柱塞；2—活塞；4—缸筒；5—导向套；6—防尘圈；7—前端盖；8—气口；
9—传感器；10—活塞杆；11—耐磨环；12—密封圈；13—后端盖；14—缓冲节流阀

图 10-19 典型气缸的结构

无杆气缸和普通气缸的工作原理一样，只是外部连接、密封形式不同。气缸两边都是空心的，活塞杆内的永磁铁带动活塞杆外的另一个磁体（运动部件），它对清洁度要求较高，磁耦无杆气缸经常要拆下来用汽油清洗，这与它的工作环境有关。无杆气缸里有活塞而没有活塞杆，活塞装置在导轨里，外部负载与活塞相连，动作靠进气。

无杆气缸是指利用活塞直接或间接方式连接外界执行机构，并使其跟随活塞实现往复运动的气缸。这种气缸的最大优点是节省安装空间，分为磁耦无杆气缸（磁性气缸）与机械式无杆气缸。

（1）机械接触式无杆气缸

机械接触式无杆气缸，其结构如图 10-20 所示。在气缸缸管轴向开有一条槽，活塞与滑块在槽上部移动。为了防止泄漏及防尘需要，在开口部采用聚氨脂密封带和防尘不锈钢带固定在两端缸盖上，活塞架穿过槽，把活塞与滑块连成一体。活塞与滑块连接在一起，带动固定在滑块上的执行机构实现往复运动。

这种气缸的优点是：

① 与普通气缸相比，在同样行程下可缩小 1/2 安装位置。

② 不需设置防转机构。

③ 适用于缸径 10～80mm，最大行程在缸径≥40mm 时可达 7m。

④ 速度高，标准型可达 0.1～0.5m/s；高速型可达到 0.3～3.0m/s。

其缺点是：

① 密封性能差，容易产生外泄漏。在使用三位阀时必须选用中压式。

② 受负载力小，为了增加负载能力，必须增加导向机构。

（2）磁性无杆气缸

图 10-21 所示为磁性无杆气缸结构图，活塞通过磁力带动缸体外部的移动体做同步移动。它的工作原理是：在活塞上安装一组高强磁性的永久磁环，磁力线通过薄壁缸筒与套在外面的另一组磁环作用，由于两组磁环磁性相反，具有很强的吸力。当活塞在缸筒内被气压推动时，则在磁力作用下，带动缸筒外的磁环套一起移动。气缸活塞的推力必须与磁环的吸力相适应。

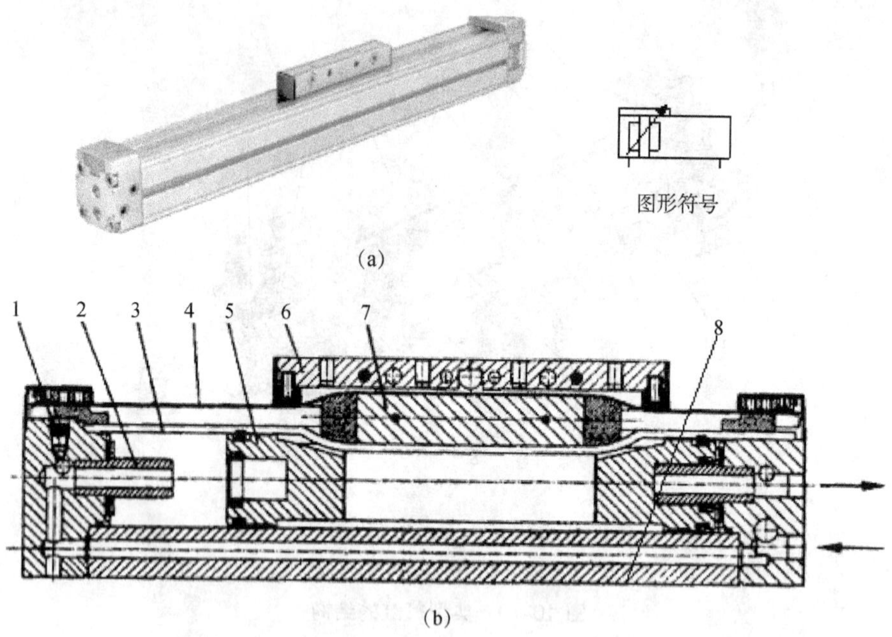

1—节流阀；2—缓冲柱塞；3—内侧密封带；4—外侧密封带；5—活塞；6—滑块；7—活塞轭；8—缸筒

图 10-20　机械接触式无杆气缸结构图

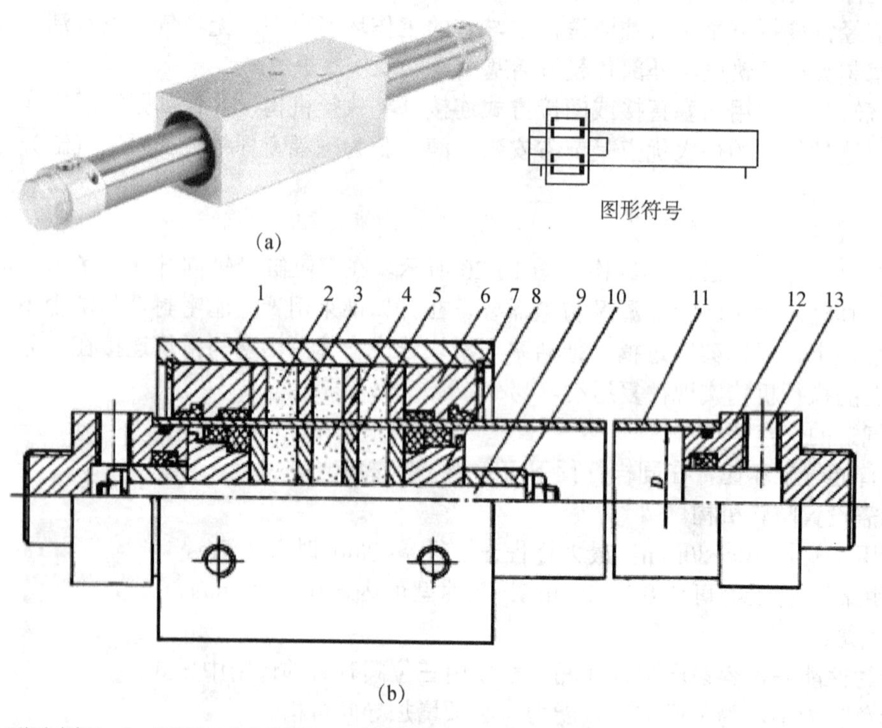

1—套筒（移动支架）；2—外磁环（永久磁铁）；3—外导磁板；4—内磁环（永久磁铁）；5—内导磁板；6—压盖；7—卡环；8—活塞；9—活塞轴；10—缓冲柱塞；11—气缸筒；12—端盖；13—进排气口

图 10-21　磁性无杆气缸结构图

无杆气缸可用于汽车、地铁及数控机床的开闭门，机械手坐标的移动定位，无心磨床的零件传送，组合机床进给装置，自动线送料，布匹纸张切割和静电喷漆等。

3. 气液阻尼气缸（Airdraulic Damping Cylinder）

因气体具有很大的压缩性，一般普通气缸在工作负载变化较大时，会产生“爬行”或“自走”现象，气缸的平稳性较差，且不易使活塞获得准确的停止位置。为使活塞运动平稳，可利用液压油的性质采用气-液阻尼缸。气-液阻尼缸是由气缸和液压缸组合而成，它是以压缩空气为能源，以油液作为控制和调节气缸运动速度的介质，利用液体的可压缩性小和控制液体排量来获得气缸的平稳运动和调节活塞的运动速度。气-液阻尼缸按其组合方式分为串联式和并联式两种。

图 10-22 所示为串联式气-液阻尼缸的工作原理图，它将气缸和液压缸串接成一个主体，两个活塞固定在一个活塞杆上，在液压缸进、出口之间装有单向节流阀。当气缸右腔进气时，活塞克服外载并带动液压缸活塞向左运动。此时液压缸左腔排油，由于单向阀关闭，油液只能经节流阀 1 缓慢流回右腔，从而对整个活塞的运动起到阻尼作用。调节节流阀即可达到调节活塞运动速度的目的。当压缩空气进入气缸左腔时，液压缸右腔排油，此时单向阀 3 开启，活塞能快速返回。

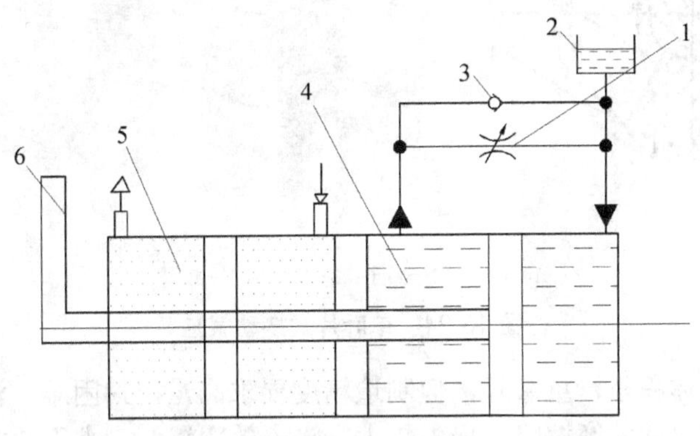

1—节流阀；2—油杯；3—单向阀；4—液压缸；5—气缸；6—外载荷

图 10-22　串联式气-液阻尼缸

串联式气-液阻尼缸的缸体较长，加工与装配的工艺要求高，且气缸和液压缸之间容易产生油与气互窜现象。为此，可将气缸与液压缸并联组合。如图 10-23 所示为并联式气-液阻尼缸，其工作原理与串联式气-液阻尼缸相同，这种气-液阻尼缸的缸体较短，结构紧凑，消除了油气互窜现象。但对于这种组合方式，因两个缸不在同一轴线上，安装时对其平行度要求较高。

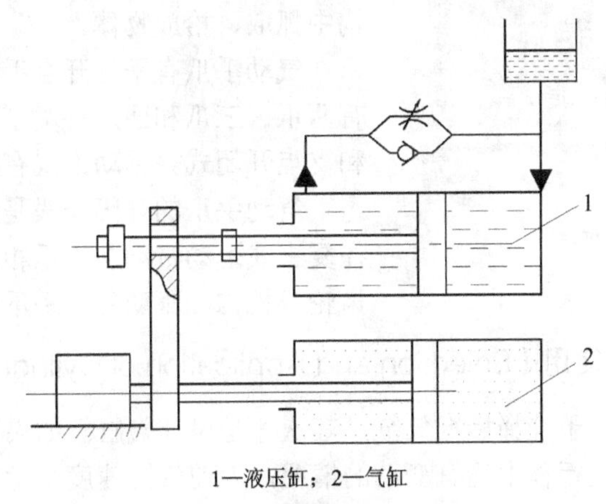

1—液压缸；2—气缸

图 10-23　并联式气-液阻尼缸

4. 摆动式气缸（Pneumatic Rotary Actuator）

摆动式气缸是将压缩空气的压力能转变成气缸输出轴的有限回转的机械能，多用于安装在位置受到限制，或转动角度小于 360º 的回转工作部件上，例如夹具的回转、阀门的开启及转位装置等机构。

图 10-24 所示为单叶片式摆动气缸，它是由叶片轴转子（即输出轴）、定子、缸体和前后端盖等部分组成。定子和缸体固定在一起，叶片和转子联在一起。在定子上有两条气路，当左路进气时，右路排气，压缩空气推动叶片带动转子顺时针摆动。反之，作逆时针摆动。

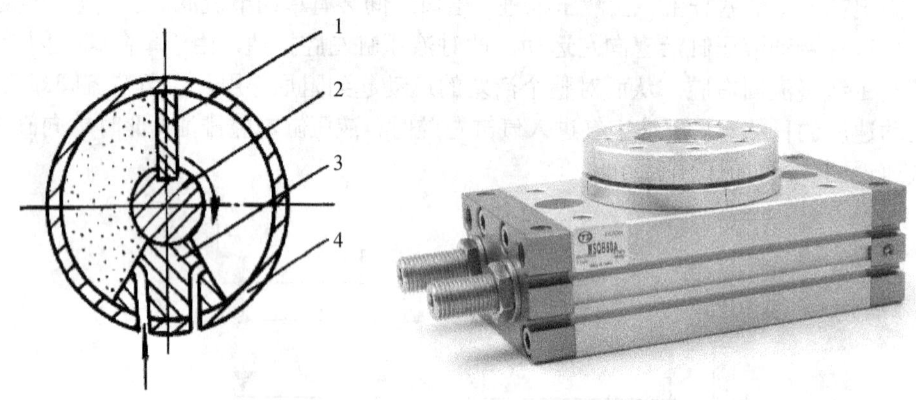

1—叶片；2—转子；3—定子；4—缸体

图 10-24　单叶片式摆动气缸

叶片式摆动气缸体积小，重量轻，但制造精度要求高，密封困难，泄漏性较大，而且动密封接触面积大，密封件的摩擦阻力损失较大，输出效率较低，小于 80%。因此，在应用上受到限制，一般只用在安装位置受到限制的场合，如夹具的回转、阀门开闭及工作台转位等。

5. 气动手爪（Pneumatic Finger）

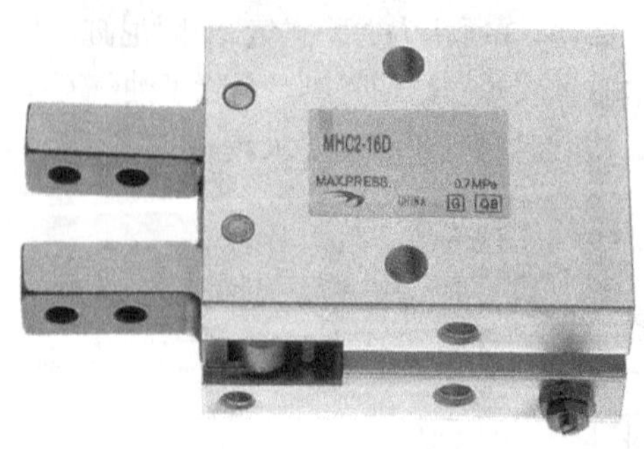

图 10-25　气爪

气动手爪是一种变型气缸，如图 10-25 所示，它可以用来抓取物体，实现机械手各种动作。在自动化系统中，气动手爪常应用在搬运、传送工件机构中抓取、拾放物体。

气动手爪有平行开合手指、肘节摆动开合手爪，有两爪、三爪和四爪等类型，其中两爪中有平开式和支点开闭式。驱动方式有直线式和旋转式。

气动手爪的开闭一般是通过由气缸活塞产生的往复直线运动带动与手爪相连的曲柄连杆、滚轮或齿轮等机构，驱动各个手爪同步做开、闭运动。

三、气缸的选择与使用（Selection and Application of Cylinder）

使用气缸应首先立足于选择标准气缸，其次才是设计气缸。如果要求高速运动，应选用大内径的进气管道。对于行程中途有变动的情况，为使气缸速度平稳，可选用气液阻尼缸。当要求行程终端无冲击时，则应选用缓冲气缸。

1. 气缸的选择步骤

（1）缸内径的确定。根据气缸输出力的大小来确定气缸内径。

（2）安装方式。根据负荷的运动方向来选择。工件做周期性的转动或连续转动时，应选用旋转气缸，此外在一般场合应尽量选用固定式气缸。如有特殊要求，则选用相适应的特种气缸或组合气缸。

（3）根据气缸行程确定活塞杆直径。气缸的行程一般比所需行程长 5～10mm。活塞杆为受压杆件，其强度是很重要的问题，应采用高强度钢、对其进行热处理和加大活塞杆直径等方法提高其强度（请参阅相关手册）。

（4）确定密封件的材料。标准气缸密封件的材料一般为丁腈橡胶。

（5）确定有无缓冲装置。根据工作要求确定有无缓冲装置。

（6）防尘罩的确定。气缸在沙土、尘埃、风雨等恶劣条件下使用时，有必要对活塞杆进行特别保护。防尘罩要根据周围环境温度选定（请参阅相关手册）。

2. 气缸的使用要求

（1）正常工作条件。工作气源压力在 0.3～0.6MPa 范围，环境温度在−35～80℃。

（2）行程。一般不用满行程，特别是在活塞杆伸出时，应避免活塞杆碰撞缸盖，否则容易破坏零件。

（3）安装。安装时要注意运动方向。活塞杆不允许承受偏载或轴向负载。

（4）润滑。压缩空气必须经过净化处理，在气缸进气口前应安装油雾器，以利气缸工作时相对运动部件的润滑。不允许用油润滑时，可用无油润滑气缸。在灰尘大的场合，运动件应设防尘罩。

四、气动马达的选择（Selection of Pneumatic Motor）

气动马达也叫气马达，属于气动执行元件，如图 10-26 所示。它是把压缩空气的压力能转换为回转机械能的能量转换装置。它的作用相当于电动机或液压马达，即输出力矩，驱动工作机构做连续旋转运动。

图 10-26　气动马达

气动马达的工作适应性较强，可用于无级调速、启动频繁、经常换向、高温潮湿、易燃易爆、负载启动、不便人工操作及有过载可能的场合。目前，气动马达主要应用于矿山机械、专业性的机械制造业、油田、化工、造纸、炼钢、船舶、航空、工程机械等行业，许多气动工具如风钻、气动扳手、气动砂轮等均装有气动马达。随着气压传动的发展，气动马达的应用将更趋广泛。

1. 气动马达的选择

不同类型的气动马达具有不同的特点和适用范围，故主要从负载的状态要求来选择适当的马达。需要注意的是，产品样本中给出的额定转速一般是最大转速的一半，而额定功率则是在额定转速时的功率（一般为该马达的最大功率）。

2. **气动马达的使用要求**

气动马达工作的适应性很强，因此应用广泛。在使用中需特别注意气动马达的润滑状况，润滑是气动马达正常工作不可缺少的一个环节。气动马达在得到准确、良好润滑的情况下，可在两次检修之间至少运转2500～3000h，一般应在气动马达的换向阀前装油雾器，以进行不间断的润滑。

气动控制元件包含哪几种类型？

在气动系统中，控制元件是控制和调节压缩空气的压力、流量、方向和发送信号的重要元件，利用它们可以组成各种气动控制回路，使气动执行元件按设计的程序正常地进行工作。控制元件按功能和用途可分为方向控制阀、压力控制阀和流量控制阀三大类。此外，还包括各种逻辑功能的气动逻辑元件等。

10.2.2 气动换向阀的选用（Selection of Pneumatic Reversing Valve）

与液压方向控制阀相似，气动方向控制阀是通过控制压缩空气的流动方向和气路的通断，来控制执行元件启动、停止及运动方向的气动控制元件。

根据方向控制阀的功能、控制方式、结构方式、阀内气流的流向及密封形式等，可将方向控制阀分为几类，见表10-2。

表10-2 方向控制阀的分类

分类方式	形式
按阀内气体的流动方向	单向阀、换向阀
按阀芯的结构形式	截止阀、滑阀
按阀的密封形式	硬质密封、软质密封
按阀的工作位数及通路数	二位三通、二位五通、三位五通等
按阀的控制操纵方式	气压控制、电磁控制、机械控制、手动控制

下面仅介绍几种典型的方向控制阀。

一、气控换向阀（Pneumatic Reversal Valve）

气控换向阀是利用压缩空气的压力推动阀芯移动，使换向阀换向，从而实现气路换向或通断。气压控制换向阀适用于易燃、易爆、潮湿、灰尘多的场合，操作时安全可靠。气压控制式换向阀按其控制方式不同可分为加压控制、卸压控制和差压控制三种。

加压控制是指所加的控制信号是逐渐上升的，当气压增加到阀芯的动作压力时，主阀便换向；卸压控制是所加的气控信号压力是逐渐减小的，当减小到某一压力值时，主阀换向；差压控制是使主阀芯在两端压力差的作用下换向。

气控换向阀按主阀结构不同，又可分为截止式和滑阀式两种主要形式，滑阀式气控阀的结构和工作原理与液动换向阀基本相同。在此仅介绍截止式换向阀的工作原理。

1. **单气控换向阀**

单气控换向阀是利用空气的压力与弹簧力相平衡的原理来进行控制的。图10-27所示为二位三通单气控换向阀的职能符号。这种结构简单、紧凑、密封可靠、换向行程短，但换向力大。

2. 双气控换向阀

换向阀滑阀阀芯两边都可作用压缩空气，但一次只作用于一边，这种换向阀具有记忆功能，即控制信号消失后，阀仍能保持在信号消失前的工作状态。如图 10-28 所示为双气控换向阀的职能符号。

图 10-27　二位三通单气控换向阀　　　图 10-28　双气控滑阀式换向阀

二、电磁换向阀（Solenoid Directional Valve）

电磁控制换向阀是利用电磁力的作用推动阀芯换向，从而改变气流方向的气动换向阀。气压传动中的电磁控制换向阀和液压传动中的电磁换向阀一样，也由电磁控制和主阀两部分组成。按控制方式不同，可分为直导式和先导式两大类。

利用电磁力直接推动阀杆（阀芯）换向，根据操纵线圈的数目有单线圈和双线圈，可分为单电控和双电控两种。图 10-29 所示为单电控直动式电磁阀工作原理。电磁线圈未通电时，P、A 断开，A、T 相通；电磁力通过阀杆推动阀芯向下移动，使 P、A 接通，T、P 断开。这种阀阀芯的移动靠电磁铁，复位靠弹簧，换向冲击较大，故一般制成小型阀。若将阀中的复位弹簧改成电磁铁，就成为双电磁铁直动式电磁阀。

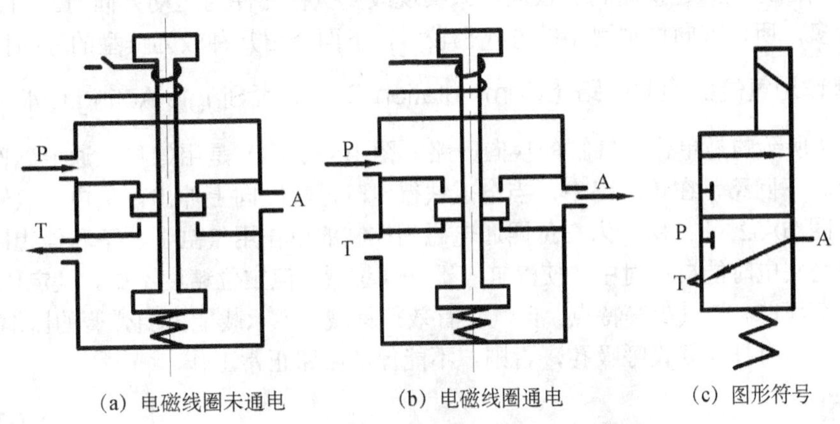

(a) 电磁线圈未通电　　(b) 电磁线圈通电　　(c) 图形符号

图 10-29　直动式单电控电磁阀工作原理图

图 10-30 所示为直动式双电控电磁阀的工作原理图。它有两个电磁铁，当线圈 1 通电、2 断电时［如图（a）所示］，阀芯被推向右端，其通路状态是 P 与 A、B 与 T_2 相通，A 口进气，B 口排气。当线圈 1 断电时，阀芯仍处于原有状态，即具有记忆性。当电磁线圈 2 通电、1 断电时［如图（b）所示］，阀芯被推向左端，其通路状态是 P 与 B、A 与 T_1 相通，B 口进气，A 口排气。若电磁线圈断电，气流通路仍保持原状态。

直动式电磁换向阀的特点是结构紧凑、换向频率高，但使用交流电磁铁时，若阀杆卡死就易烧坏线圈，并且阀杆的行程受电磁铁吸合行程的限制。

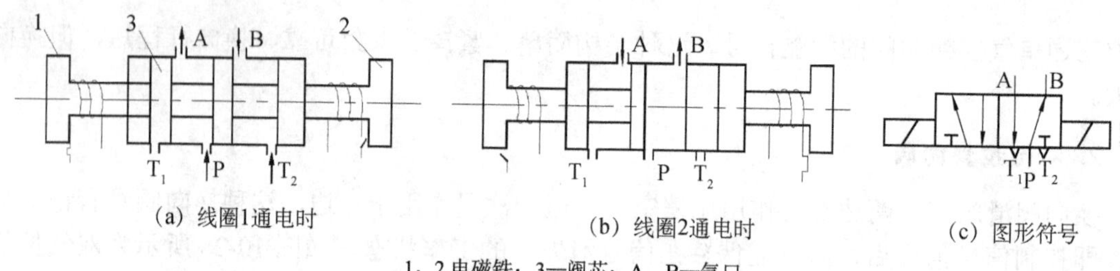

（a）线圈1通电时　　（b）线圈2通电时　　（c）图形符号

1，2 电磁铁；3—阀芯；A，B—气口

图 10-30　直动式双电控电磁阀工作原理图

三、单向阀（Non−return Valve）

单向阀是使气流只能朝一个方向流动，而不能反向流动的阀。单向阀常与节流阀组合，用来控制执行元件的速度，如图 10-31 所示。

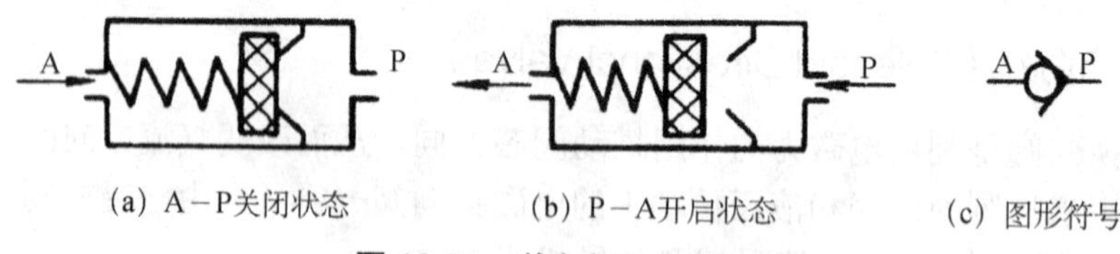

（a）A－P关闭状态　　（b）P－A开启状态　　（c）图形符号

图 10-31　单向阀工作原理图

10.2.3　方向控制回路安装与调试（Installation and Debugging of Direction Control Circuit）

方向控制回路是通过换向阀的换向，来实现改变执行元件的运动方向的。因为控制换向阀的方式较多，所以方向控制回路的方式也较多，下面介绍几种较为典型的方向控制回路。

一、单作用气缸的换向回路（Commutation Circuit of Single Acting Cylinder）

图 10-32 所示的是单作用气缸的换向回路。图 10-32（a）是用二位三通电磁阀控制的单作用气缸上、下回路，在该回路中，当电磁铁得电时，气缸向上伸出，失电时气缸在弹簧作用下返回。图 10-32（b）所示为三位四通电磁阀控制的单作用气缸上、下和停止回路，该阀在两电磁铁均失电时能自动对中，使汽缸停于任何位置，但定位精度不高，且定位时间不长。这种回路具有简单、耗气少等特点。但气缸有效行程减少，承载能力随弹簧的压缩量而变化。在应用中气缸的有杆腔要设呼吸孔，否则，不能保证回路正常工作。

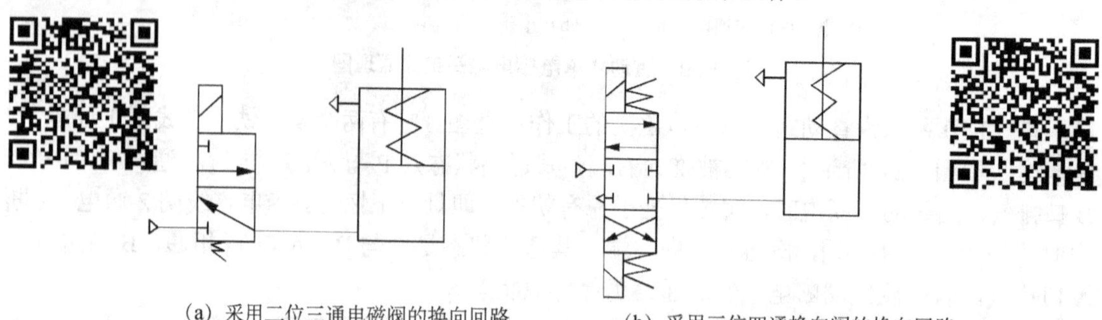

（a）采用二位三通电磁阀的换向回路　　（b）采用三位四通换向阀的换向回路

图 10-32　单作用气缸换向回路

二、双作用气缸的换向回路（Commutation Circuit of Double Acting Cylinder）

图 10-33 所示是一种采用二位五通双气控换向阀的换向回路。当有 K_1 信号时，换向阀换向处于左位，气缸无杆腔进气，有杆腔排气，活塞杆伸出；当 K_1 信号撤除，加入 K_2 信号时，换向阀处于右位，气缸进、排气方向互换，活塞杆回缩。由于双气控换向阀具有记忆功能，故气控信号 K_1、K_2 使用长、短信号均可，但不允许 K_1、K_2 两个信号同时存在。

三、差动控制回路（Differential Circuit）

差动控制是指气缸的无杆腔进气活塞伸出时，有杆腔的排气又回到进气端的无杆腔，如图 10-34 所示。该回路用一个二位三通手拉阀控制差动式气缸。当操作手拉阀使该阀处于右位时，气缸的无杆腔进气，有杆腔的排气经手拉阀也回到无杆腔成差动控制回路。该回路与非差动连接回路相比较，在输入同等流量的条件下，其活塞的运动速度可提高，但活塞杆上的输出力要减少。当操作手拉阀处于左位时，气缸有杆腔进气，无杆腔余气经手拉阀排气口排空，活塞杆缩回。

图 10-33　双作用气缸换向回路

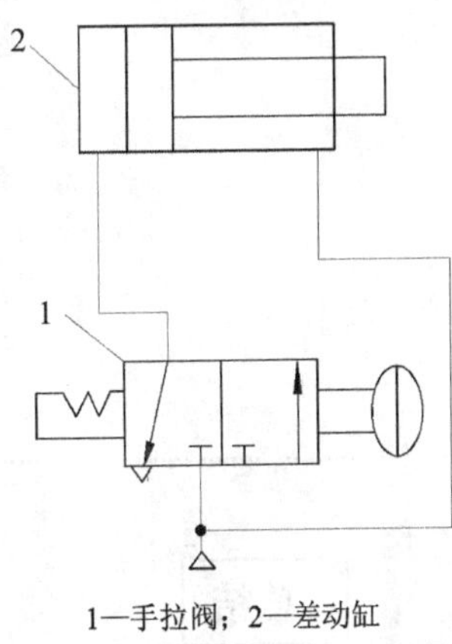

1—手拉阀；2—差动缸

图 10-34　差动控制回路

四、多位运动控制回路（Multi Position Motion Control Loop）

采用一个二位换向阀的换向回路，一般只能在气缸的二个终端位置才能停止。如果要使气缸有多个停留位置，就必须要增加其他元件，如图 10-35 所示。若采用三位换向阀则实现多位控制就比较方便了。

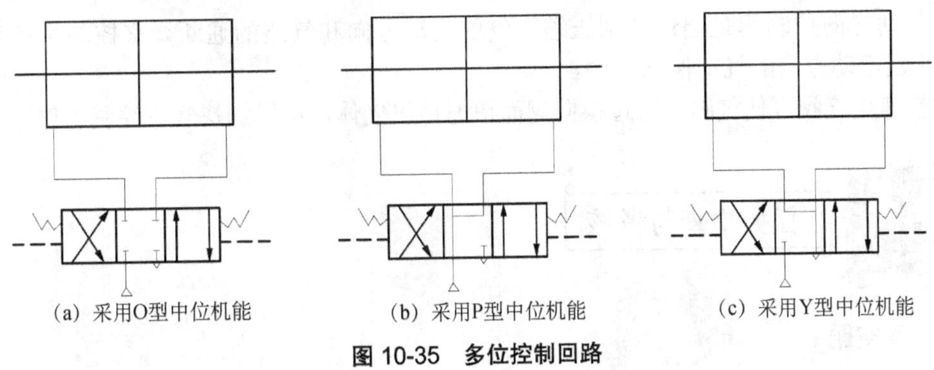

(a) 采用O型中位机能　(b) 采用P型中位机能　(c) 采用Y型中位机能

图 10-35　多位控制回路

在该任务中，双作用气缸的伸缩可采用双气控换向阀来实现，双气控换向阀的换向分别通过一个二位三通手动换向阀来控制。

将设计好的气动回路画到下方的方框中，并完成气动回路的安装与调试。

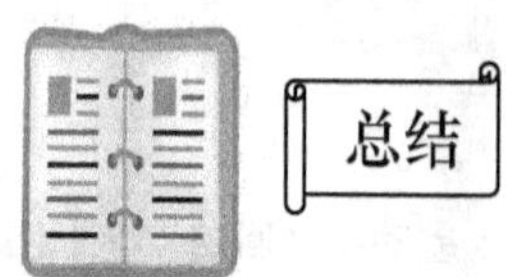

1. 气动系统常用的执行元件为气缸和气动马达。它们是将其他的压力能转化为机械能的元件，气缸一般用于实现直线往复运动，输出力或直线位移；气动马达主要用于实现连续回转运动，输出力矩和角位移。

2. 单作用气缸只有一个方向的运动是气压传动，活塞的复位靠弹簧力或重力实现。双作用气缸活塞的往复运动是靠压缩空气来完成的。

3. 气动方向控制阀是通过控制压缩空气的流动方向和气路的通断，来控制执行元件启动、停止及运动方向的气动控制元件。

4. 快速排气阀可使气缸不通过换向阀而快速排出气体，可以加快气缸往复动作速度。

一、填空题

1. 气动执行元件是将压缩空气的压力能转换为机械能的装置，包括________和________。

2. 在方向控制阀的表示方法中，压缩空气的输入口一般用字母________表示，或用数字表示。

二、判断题

1. 快速排气阀的作用是将气缸中的气体经过管路由换向阀的排气口排出。(　　)
2. 双气控及双电控二位五通方向控制阀具有保持功能。(　　)
3. 气控换向阀是利用气体压力来使阀芯运动而使气体改变方向的。(　　)
4. 快速排气阀一般安装在主控阀后面，以增加主控阀的排气速度，最终提高气缸的运动速度。(　　)

任务 10.3　速度控制回路设计、安装与调试（Task10.3 Design，Installation and Debugging of Speed Control Circuit　）

1. 能识别各种流量控制阀。
2. 会分析各类流量控制阀的工作特点。
3. 会根据要求选择流量控制阀。
4. 会分析速度控制回路的工作原理。

已知一双作用气缸初始状态为缩回状态，现在要用按钮控制气缸的伸出和缩回，控制要求为：

（1）用双气控二位五通换向阀控制气缸的伸出和缩回。

（2）按下一个二位三通手动换向阀，气缸缓慢伸出，伸出运动的时间 $t_1 = 3$ 秒；按下另一个二位三通手动换向阀，气缸缓慢缩回，缩回运动时间 $t_2 = 2.5$ 秒。

要求：

（1）确定所需气动元件，设计并绘制气动回路图。

（2）应用 FluidSim 软件进行对所设计的气动回路进行仿真。

（3）在气动实训台上对回路进行安装和调试。

问题 1：气缸的伸出和缩回速度如何调整？

问题 2：气缸运动到末端后的停止如何实现？

10.3.1 流量控制阀的选用（Selection of Flow Control Valve）

在气动系统中，经常要求控制气动执行元件的运动速度，这是靠调节压缩空气的流量来实现的。用来控制气体流量的阀称为流量控制阀。流量控制阀是通过改变阀的流通面积来调节压缩空气的流量，进而控制汽缸的运动速度、换向阀的切换时间和气动信号的传递速度的气动控制元件。流量控制阀包括节流阀、单向节流阀、排气节流阀等。

一、节流阀（Throttle Valve）

图 10-36 所示为圆柱斜切型节流阀的结构图。压缩空气由 P 口进入，经过节流后，由 A 口流出。旋转阀芯螺杆，就可改变节流口的开度，这样就调节了压缩空气的流量。由于这种节流阀的结构简单、体积小，故应用范围较广。

二、单向节流阀（One-way Throttle Valve）

单向节流阀是由单向阀和节流阀并联而成的组合式流量控制阀，如图 10-37 所示。当气流沿着 P→A 方向［见图 10-37（a）］流动时，经过节流阀节流；由 A→P 反方向［见图 10-37（b）］流动时，单向阀打开，不节流。单向节流阀常用于气缸的调速和延时回路。

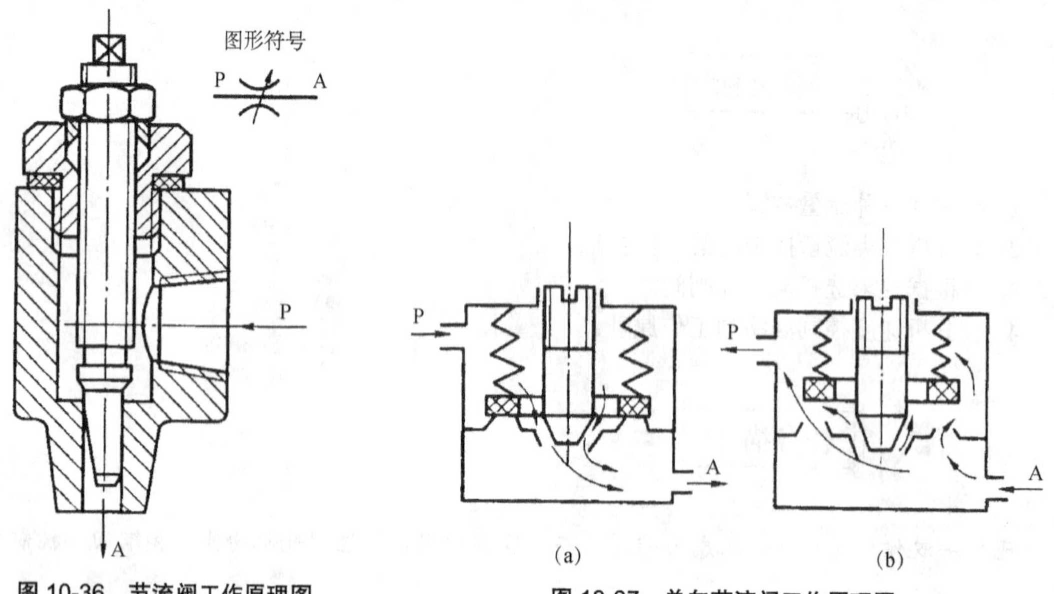

图 10-36 节流阀工作原理图

图 10-37 单向节流阀工作原理图

三、排气节流阀（Exhaust Throttle Valve）

排气节流阀是装在执行元件的排气口处，调节进入大气中气体流量的一种控制阀。它不仅能调节执行元件的运动速度，还常带有消声器件，所以也能起降低排气噪音的作用。

图 10-38 为排气节流阀工作原理图。其工作原理和节流阀类似，靠调节节流口 1 处的通流面积来调节排气流量，由消声套 2 来减小排气噪音。

用流量控制的方法控制气缸内活塞的运动速度，采用气动比采用液压困难。特别是在极低速控制中，要按照预定行程变化来控制速度，只用气动很难实现。在外部负载变化很大时，仅用气动流量阀也不会得到满意的调速效果。为提高其运动平稳性，建议采用气液联动。

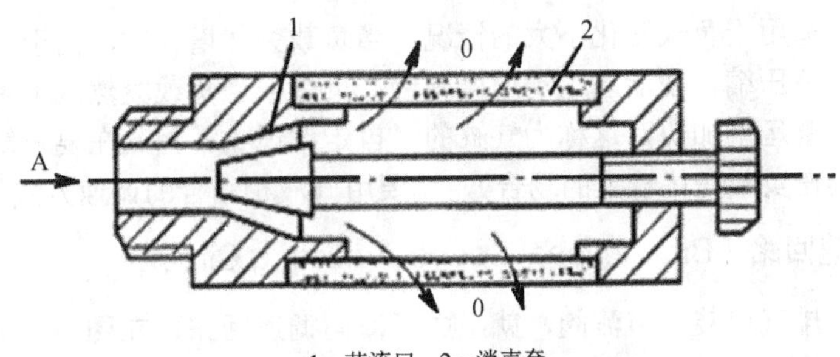

1—节流口；2—消声套

图 10-38　排气节流阀工作原理图

10.3.2　双作用气缸调速回路（Double Acting Cylinder Speed Adjusting Circuit）

一、单向调速回路（One Way Speed Adjusting Circuit）

双作用气缸有进气节流和排气节流两种调速方式。如图 10-39（a）所示为采用单向节流阀的供气节流调速回路，在图示位置，当气控换向阀不换向时，进入气缸 A 腔的气流经过节流阀，B 腔排出的气体直接经换向阀快排。当节流阀开度较小时，由于进入 A 腔的流量较小，压力上升缓慢，当气压能克服负载时，活塞前进，此时 A 腔容积增大，结果使压缩空气膨胀，压力下降，使作用在活塞上的力小于负载，因而活塞就停止前进。等压力再次上升时，活塞才再次前进。这种由于负载及供气的原因使活塞忽走忽停的现象，叫气缸的“爬行”。

供气节流调速多用于垂直安装的气缸供气回路中，在水平安装的气缸供气回路中一般采用如图 10-39（b）所示的排气节流调速回路中。由图示位置可知，当气控换向阀不换向时，从气源来的压缩空气，经气控换向阀直接进入气缸的 A 腔，而 B 腔中排出的气体必须经节流阀到气控换向阀而排入大气，因而 B 腔中的气体就具有一定的压力，此时活塞在 A 腔与 B 腔的压力差作用下前进，而减少了“爬行”发生的可能性。调节节流阀的开度，就可控制不同的排气速度，从而也就控制了活塞的运动速度。排气节流调速回路具有下属特点：气缸速度随负载变化小，运动较平稳，能承受与活塞运动方向相同的负载（反向负载）。

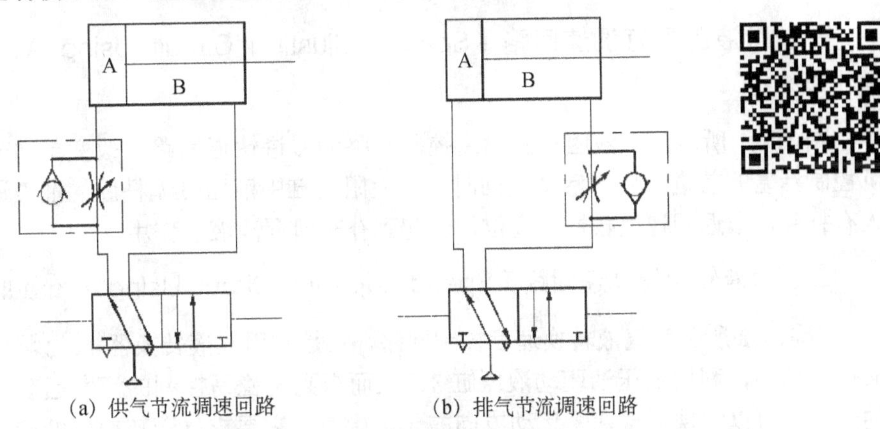

(a) 供气节流调速回路　　(b) 排气节流调速回路

图 10-39　双作用气缸单向调速回路

以上的讨论，适用于负载变化不大的情况。当负载突然增大时，由于气体的可压缩性，就迫使气缸内的气体压缩，使活塞运动速度减慢；反之，当负载突然减小时，气缸内被压缩的气体膨胀，使活塞运动加快，这称为气缸的“自走”现象。因此在要求气缸具有准确而平稳的速度时（尤其在负载变化较大的场合），就要用气液相结合的调速方式了。

二、双向调速回路（Bidirectional Speed Adjusting Circuit）

在气缸的进、排气口装设节流阀，就组成了双向调速回路，在图 10-40 所示的双向节流调速回路中，图 10-40（a）所示为采用单向节流阀式的双向节流调速回路，图 10-40（b）所示为采用排气节流阀的双向节流调速回路。

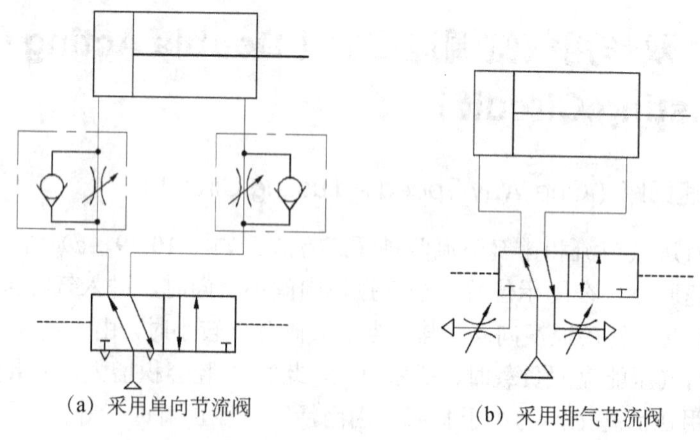

（a）采用单向节流阀　　（b）采用排气节流阀

图 10-40　双向调速回路

10.3.3　气液联动速度控制回路（Airdraulic Speed Control Circuit）

采用气液联动，是得到平稳运动速度的常用方式。其有两种：一种是应用气液阻尼缸的回路；另一种是应用气液转换器的速度控制回路。这两种调速回路都不需要设置液压动力源，却可以获得如液压传动那样平稳的运动速度。

一、气液阻尼缸调速回路（Speed Adjusting Circuit Using Airdraulic Damping Cylinder）

图 10-41 所示的气液阻尼缸速度控制回路为慢进快退回路，改变单向节流阀的开度，即可控制活塞的前进速度。活塞返回时，气液阻尼缸中液压缸无杆腔的油液通过单向阀快速流入有杆腔，故返回速度较快，高位油箱起到补充泄漏油液的作用。

二、气液转换器调速回路（Speed Adjusting Circuit Using Airdraulic Converter）

图 10-42 所示为气液转换速度控制回路，它是利用气液转换器 1、2 将气体的压力转变成液体的压力，利用液压油驱动液压缸 3，从而得到平稳易控制的活塞运动速度；调节节流阀的开度，可以实现活塞两个运动方向的无级调速。它要求气液转换器的储油量大于液压缸的容积，并有一定的容量。这种回路运动平稳，充分发挥了气动供气方便和液压速度易控制的

特点；但气液之间要求密封性好，以防止空气混入液压油中，保证运动速度的稳定。

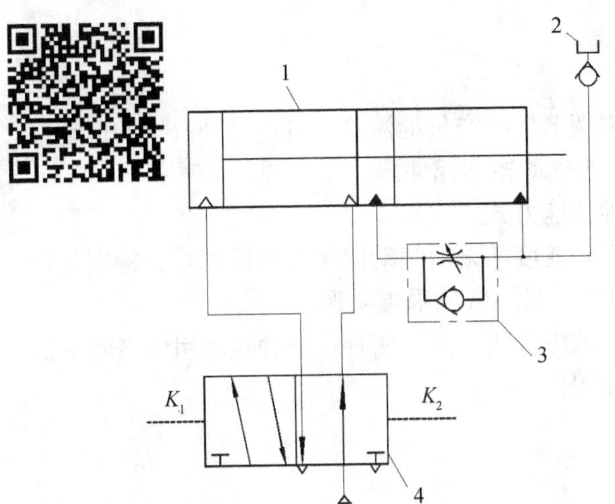

1—气液阻尼缸；2—油杯；3—单向节流阀；4—换向阀

图 10-41　气液阻尼缸调速回路

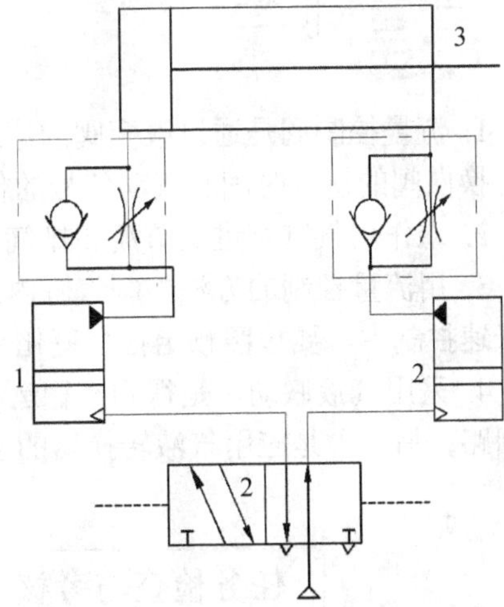

1，2—气液转换器；3—液压缸

图 10-42　气液转换器调速回路

任务分析

在该任务中，气缸的伸缩用双气控二位五通换向阀来控制。双气控换向阀的两端分别连接一个二位三通手动换向阀。气缸伸出和缩回速度的调节可用单向节流阀来控制。

任务实施

将设计好的气动回路画到下方的方框中，并完成气动回路的安装与调试。

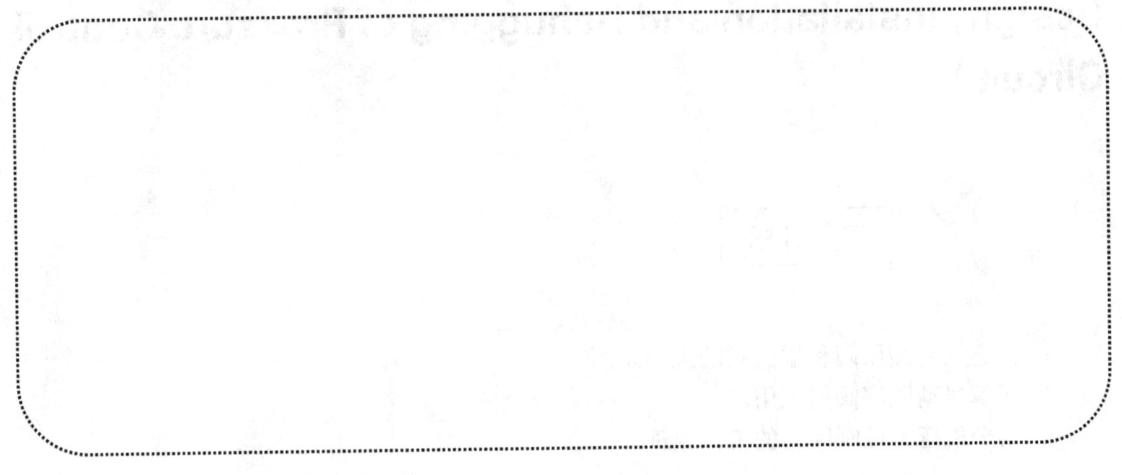

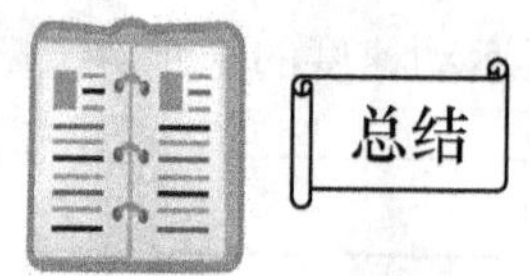

1. 流量控制阀是通过改变阀的流通面积来调节压缩空气的流量，进而控制汽缸的运动速度、换向阀的切换时间和气动信号的传递速度的气动控制元件。

2. 双作用气缸有进气节流和排气节流两种调速方式。

3. 用流量控制的方法控制气缸内活塞的运动速度，采用气动比采用液压困难。特别是在极低速控制中，要按照预定行程变化来控制速度，只用气动很难实现。

4. 采用气液联动，是得到平稳运动速度的常用方式。其有两种：一种是应用气液阻尼缸的回路；另一种是应用气液转换器的速度控制回路。

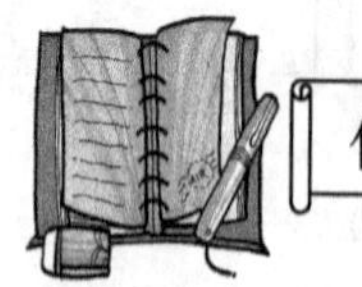

一、填空题

1. 流量控制阀就是通过改变阀的________来实现流量控制的元件。流量控制阀包括________、________、________等。

2. 排气节流阀是连接在________的排气口以控制所通过的空气流量，它采用________方式进行速度控制。

二、判断题

1. 单向节流阀使得压缩空气只能单方面通过。（　　）

2. 排气节流阀是通过调节节流口处的通流面积来调节排气流量的。（　　）

任务 10.4　压力控制回路设计、安装与调试（Task10.4 Design，Installation and Debugging of Pressure Control Circuit）

1. 熟悉气动减压阀和溢流阀的应用。
2. 了解气动顺序阀的应用。
3. 会分析压力控制回路的工作原理。

用 Fluidsim 仿真软件绘制出图 10-48，进行仿真，并在气动实训台上对该回路进行安装调试。

问题 1：气动系统中的稳压阀是哪种类型的阀？

问题 2：气动系统中的安全阀是哪种类型的阀？

10.4.1　压力控制阀的选用（Selection of Pressure Control Valve）

压力控制阀是用来控制气动系统中压缩空气的压力的，满足各种压力需求或用于节能。压力控制阀有减压阀、安全阀（溢流阀）和顺序阀三种。压力控制阀的共同特点是，利用作用于阀芯上的压缩空气的压力和弹簧力相平衡的原理来进行工作。

减压阀相关内容已经在 10.1.5 小节中进行了详细介绍，并且从前面的内容中我们已经知道气动系统中的稳压阀是减压阀。当管路中压力超过允许压力时，为了保证系统的工作安全，往往用安全阀实现自动排气，以使系统的压力下降。

当气动装置中不便安装行程阀，而要根据气压的大小来控制两个以上的气动执行机构的顺序动作时，就要用到顺序阀。

一、安全阀（Safety Valve）

当回路中气压上升到规定的调定压力以上时，气流需要经排气口排出，以保持输入压力不超过设定值。此时应当采用安全阀。

安全阀的工作原理如图 10-43（a）所示，当系统中进口 P 处气体作用在阀芯 3 上的力小于弹簧 2 的力时，阀处于关闭状态。如图 10-43（b）所示，当系统压力升高，作用在阀芯 3 上的作用力大于弹簧力时，阀芯上移，阀开启并溢流，使气压不再升高。当系统压力降至低于调定值时，阀口又重新关闭。安全阀的开启压力可通过调整弹簧 2 的预压缩量来调节。

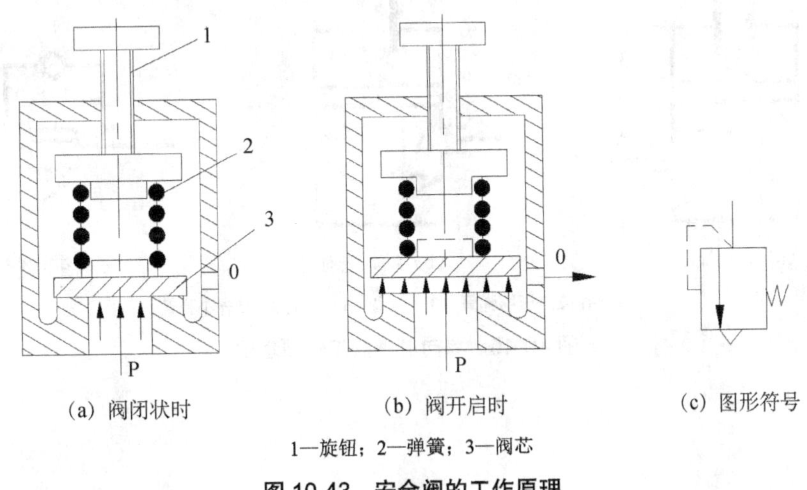

(a) 阀闭状时　　(b) 阀开启时　　(c) 图形符号

1—旋钮；2—弹簧；3—阀芯

图 10-43　安全阀的工作原理

由上述工作原理可知，对于安全阀来说，要求当系统中的工作气压刚一超过阀的调定压力（开启压力）时，阀便迅速打开，并以额定流量排放；而一旦系统中的压力稍低于调定压力时，便能立即关闭阀门。因此，在保证安全阀具有良好的流量特性前提下，应尽量使阀的关闭压力 p_s 接近于阀的开启压力 p_k，而全开压力 p_q 接近于开启压力，有 $p_s < p_k < p_q$。

二、顺序阀（Sequence Valve）

顺序阀是依靠气压系统中压力的变化来控制气动回路中各执行元件按顺序动作的压力阀。在气动系统中，顺序阀通常安装在需要某一特定压力的场合，以便完成某一操作。只有达到需要的操作压力后，顺序阀才有气输出。其工作原理图如图 10-44 所示。

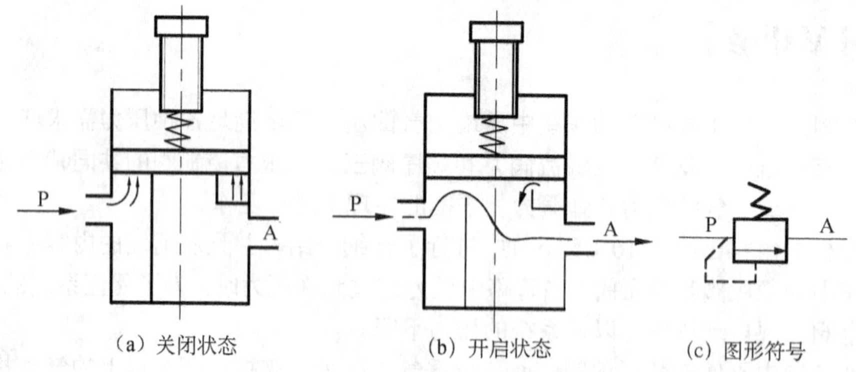

图 10-44　顺序阀工作原理图

气动顺序阀的工作原理与液压顺序阀基本相同，顺序阀常与单向阀组合成单向顺序阀。图 10-45 所示为单向顺序阀的工作原理图。当压缩空气由 P 口输入时，单向阀 4 在压差力及弹簧力的作用下处于关闭状态，作用在活塞 3 上输入侧的空气压力如超过弹簧 2 的预紧力时，活塞被顶起，顺序阀打开，压缩空气由 A 输出；当压缩空气反向流动时，输入侧变成排气口，输出侧变成进气口，其进气压力将顶起单向阀，由 P 口排气。调节手柄 1 就可改变单向顺序阀的开启压力，以便在不同的开启压力下，控制执行元件的顺序动作。

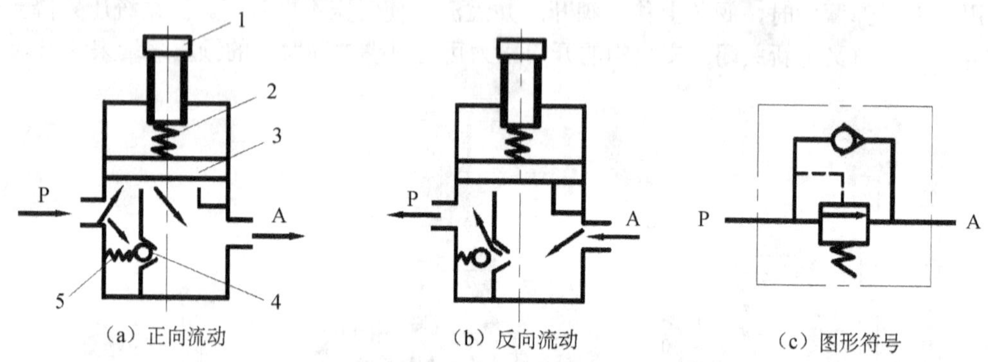

1—手柄；2—压缩弹簧；3—活塞；4—单向阀；5—小弹簧

图 10-45　单向顺序阀工作原理图

10.4.2 压力控制回路安装与调试(Installation and Debugging of Pressure Control Circuit)

压力控制回路是使气压回路中的压力保持在一定范围内，或使回路得到高、低不同压力的基本回路。

在一个气动控制系统中，进行压力控制主要有两个目的。第一是为了提高系统的安全性，在此主要指控制一次压力。如果系统中压力过高，除了会增加压缩空气输送过程中的压力损失和泄露外，还会使配管或元件破裂而发生危险。因此，压力应始终控制在系统的额定值以下，一旦超过了所规定的允许值时，能够迅速溢流降压。第二是给元件提供稳定的工作压力，使其能充分发挥元件的功能和性能，这主要指二次压力控制。

一、一次压力控制回路 (Primary Pressure Control Circuit)

一次压力控制回路主要用来控制储气罐内的压力，使它不超过储气罐所设定的压力。一般情况下，空气压缩机的出口压力小于 0.8MPa。如图 10-46 所示为一次压力控制回路。它可以采用外控溢流阀或电接点压力计来控制。当采用溢流阀来控制时，若储气罐内压力超过规定值时，溢流阀开启，压缩机输出的压缩空气由溢流阀 1 排入大气，使储气罐内的压力降到规定的范围内。当采用电接点压力计 2 控制时，用它直接控制压缩机的停止和转动，这样也能保证储气罐内压力在规定的范围内。

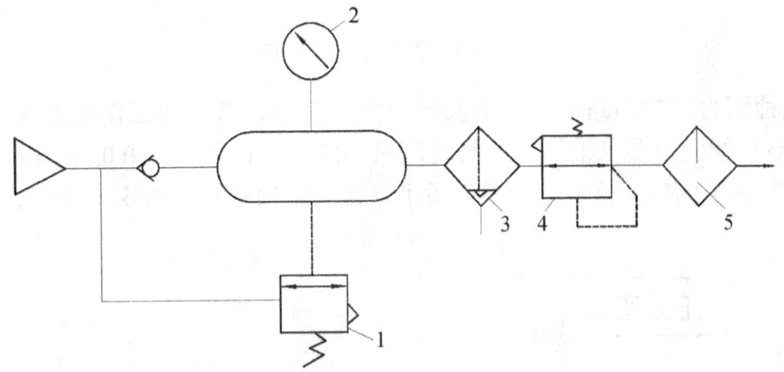

1—溢流阀；2—压力表；3—空气过滤器；4—减压阀；5—油雾器

图 10-46 一次压力控制回路

采用溢流阀控制时，结构简单、工作可靠，但气量损失较大；采用电接点压力计控制时，对电动机即控制要求较高，故常用于小型压缩机。

二、二次压力控制回路 (Secondary Pressure Control Circuit)

二次压力回路主要是对气动控制系统的气源压力进行控制。如图 10-47 所示是气缸、气马达系统气源常用的压力控制回路。输出压力的大小由溢流式减压阀调整。在此回路中，分水滤气器、减压阀、油雾器常组合使用，构成气动三联件。如果系统不需润滑，则可不用油雾器。

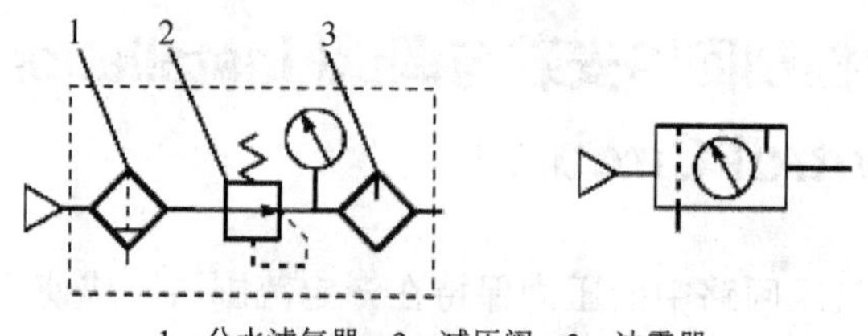

1—分水滤气器；2—减压阀；3—油雾器

图 10-47　二次压力控制回路

三、高低压转换回路（High and Low Pressure Converting Circuit）

在实际应用中，有些气动控制系统需要有高、低压力的选择。如果采用调节减压阀的办法来解决，在使用过程中会比较麻烦，通常采用图 10-48 所示的回路来解决这个问题。图中利用两个减压阀和一个换向阀构成的高、低压力 p_1 和 p_2 的自动换向回路，可同时输出高压和低压。

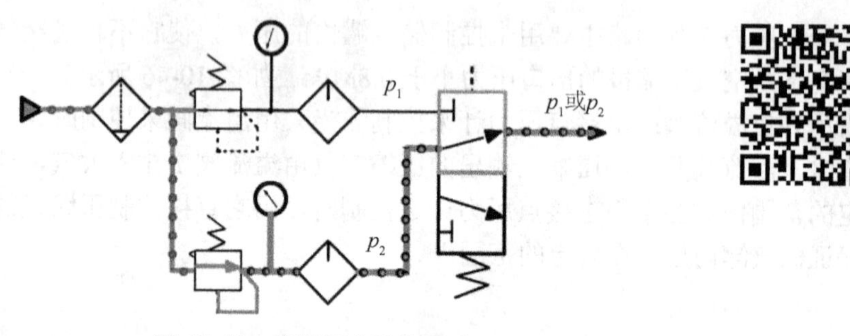

图 10-48　高低压力转换回路

在上述几种压力控制回路中，所提及的压力，都是指常用的工作压力值（一般为 0.4～0.5MPa），如果系统压力要求很低，如气动测量系统其工作压力在 0.05MPa 以下，此时使用普通减压阀因其调节的线性度较差就不合适了，应选用精密减压阀或气动定值器。

完成对图 10-48 的仿真和气动回路的安装与调试。

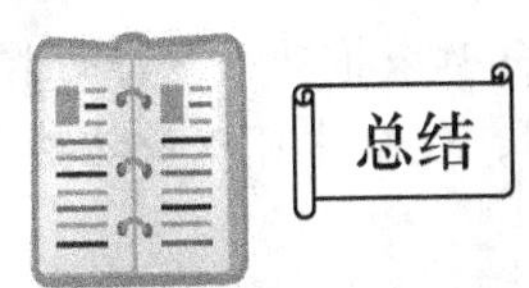

总结

1. 气动系统常用的执行元件为气缸和气动马达。它们是将其他的压力能转化为机械能的元件。

2. 单作用气缸只有一个方向的运动是气压传动，活塞的复位靠弹簧力或重力实现。双作用气缸活塞的往复运动是靠压缩空气来完成的。

3. 气动方向控制阀是控制压缩空气的流动方向和气路的通断，以控制执行元件启动、停止及运动方向的气动控制元件。

任务 10.5　气动逻辑回路安装与调试（Task10.5 Installation and Debugging of Pneumatic Logic Circuit）

任务目标

1. 能识别梭阀、双压阀、延时阀和快速排气阀。
2. 会分析梭阀、双压阀、延时阀和快速排气阀的工作特点。
3. 会根据要求选择梭阀、双压阀、延时阀和快速排气阀。
4. 会分析与门回路、或门回路及延时回路的工作原理。

任务描述1

如图 10-49 所示的记号装置可以在两个按钮中进行选择来控制气缸的运动，从而通过气缸来控制测量杆的运动。控制要求：

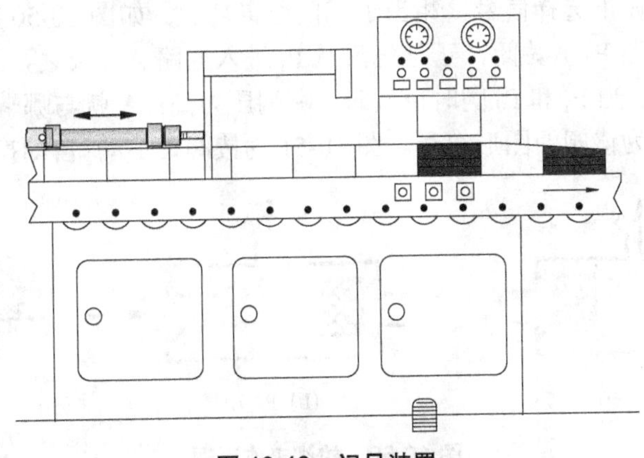

图 10-49　记号装置

（1）按下两个二位三通手动换向阀中的任何一个，都可以控制气缸来推动测量杆的前进。

（2）气缸必须前进到终端时，按下第三个二位三通手动换向阀，气缸才可以带动测量杆缩回。

完成以下内容：

（1）确定所需气动元件，设计并绘制记号装置的气动回路图。

（2）应用 FluidSim 软件进行对所设计的气动回路进行仿真。

（3）在气动实训台上对回路进行安装和调试。

问题 1：梭阀和双压阀的工作原理有什么区别？

问题 2：结合电器元件，比较一下“与门”与“或门”功能的不同之处。

已知一个采用单作用气缸的气动回路，动作要求为：按下一个二位三通手动换向阀的按钮后双作用气缸的活塞杆伸出，按下另一个二位三通手动换向阀的按钮后气缸活塞杆快速缩回。

要求：

（1）确定所需气动元件，设计并绘制气动回路图。

（2）应用 FluidSim 软件进行对所设计的气动回路进行仿真。

（3）在气动实训台上对回路进行安装和调试。

问题：单作用气缸的快速缩回如何实现？

10.5.1 梭阀的选取和使用（Selection and Use of Shuttle Valve）

在气压传动系统中，当两个通路 P_1 和 P_2 均与另一通路 A 相通，而不允许 P_1 与 P_2 相通时，就要用梭阀（Shuttle Valve）。

梭阀的作用主要在于选择信号，相当于或门逻辑功能。如图 10-50 所示，当 P_1 进气时，将阀芯推向右边，通路 P_2 被关闭，于是气流从 P_1 进入通路 A。反之，气流则从 P_2 进入 A，如图 10-50（b）所示。当 P_1 和 P_2 同时进气时，哪端压力高，A 就与哪端相通，另一端就自动关闭。图 10-50（c）为该阀的图形符号。图 10-51 为梭阀在手动-自动换向回路中的应用。

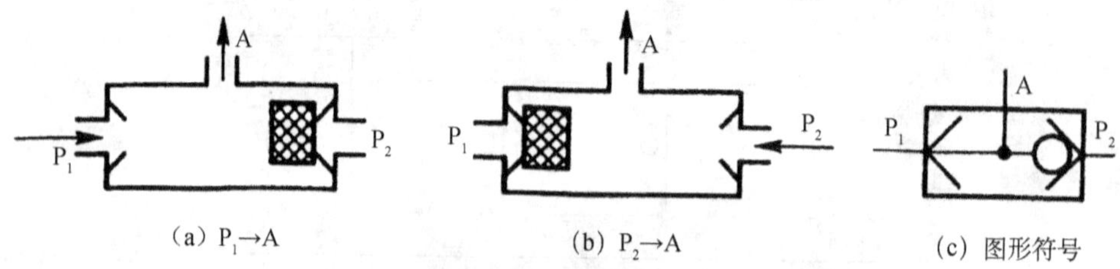

（a）$P_1 \to A$　（b）$P_2 \to A$　（c）图形符号

图 10-50　梭阀工作原理

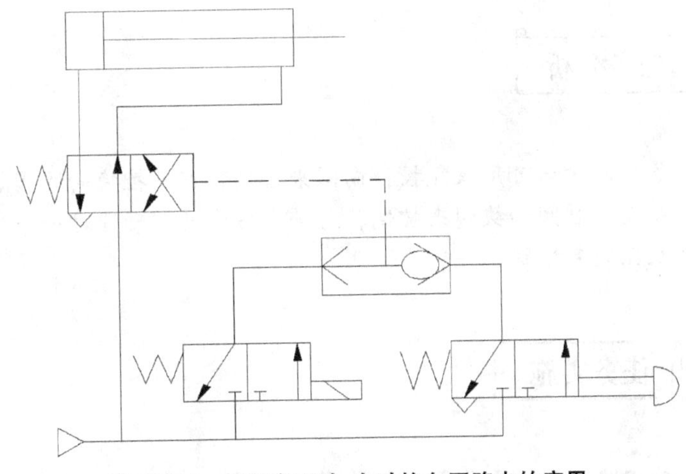

图 10-51　梭阀在手动-自动换向回路中的应用

10.5.2　双压阀的选取和使用（Selection and Use of Dual Pressure Valve）

图 10-52 为双压阀（**Dual Pressure Valve**）的工作原理图，该阀只有当两个输入口 P_1 和 P_2 同时进气时，A 口才能输出，因此双压阀具有“与”逻辑功能。图 10-53 为双压阀在气动回路中的应用。

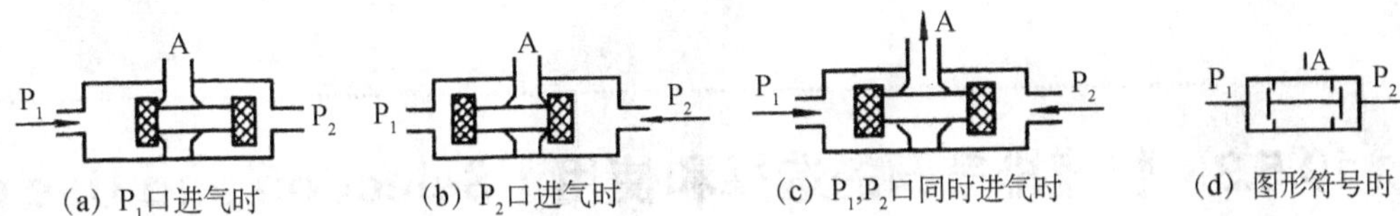

图 10-52　双压阀工作原理

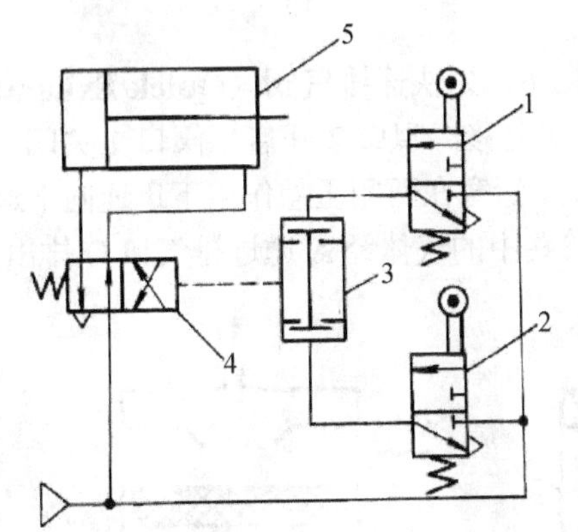

1，2—行程阀；3—双压阀；4—气控换向阀；5—液压缸

图 10-53　双压阀在气动回路中的应用

在任务1中，气缸的伸缩可用双气控换向阀来控制，双气控换向阀阀芯一个方向的运动通过两个二位三通手动控制阀和梭阀来控制，另一个方向的移动通过一个行程阀、一个二位三通换向阀和一个双压阀来控制。

将设计好的气动回路画到下方的方框中，并完成气动回路的安装与调试。

10.5.3 快速排气阀的选择和使用（Selection and Use of Quick Exhaust Air Valve）

图10-54（a）、图10-54（b）为快速排气阀（**Quick Exhaust Air Valve；QEAV**）的工作原理图。当P腔进气后，活塞上移，阀口2开启，阀口1关闭，P口和A口接通，压缩空气从P口流向A口。当腔排气时，活塞在两侧压差作用下迅速向下运动，将阀口2关闭，阀口1开启，A口和排气口O接通，管路中的气体经A通过排气口O排出。其图形符号见图10-54（c）。

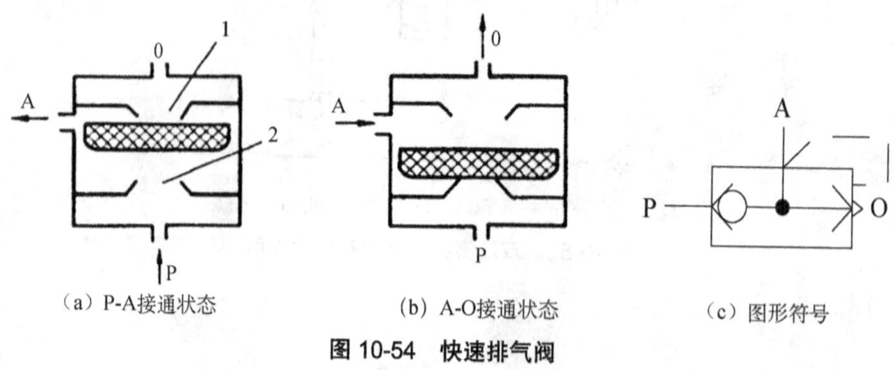

（a）P-A接通状态　（b）A-O接通状态　（c）图形符号

图10-54　快速排气阀

常装在换向阀和气缸之间，如图 10-55 所示。它使气缸不通过换向阀而快速排出气体，可以加快气缸往复动作速度。

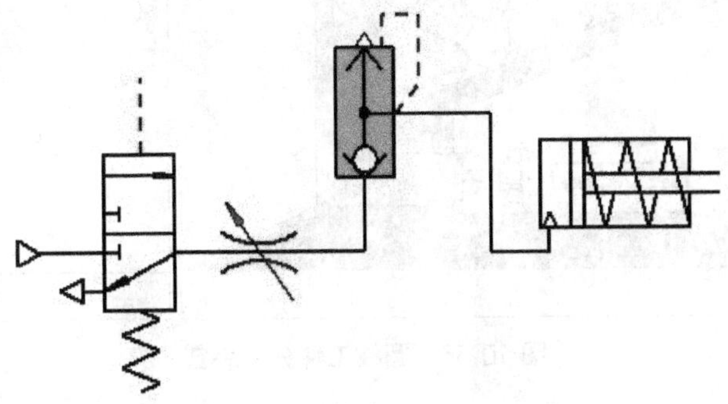

图 10-55　快速排气阀的应用

在任务 2 中，单作用气缸的伸缩可用二位三通手动换向阀来控制。气缸的快速缩回可用快速排气阀实现。

将设计好的气动回路画到下方的方框中，并完成气动回路的安装与调试。

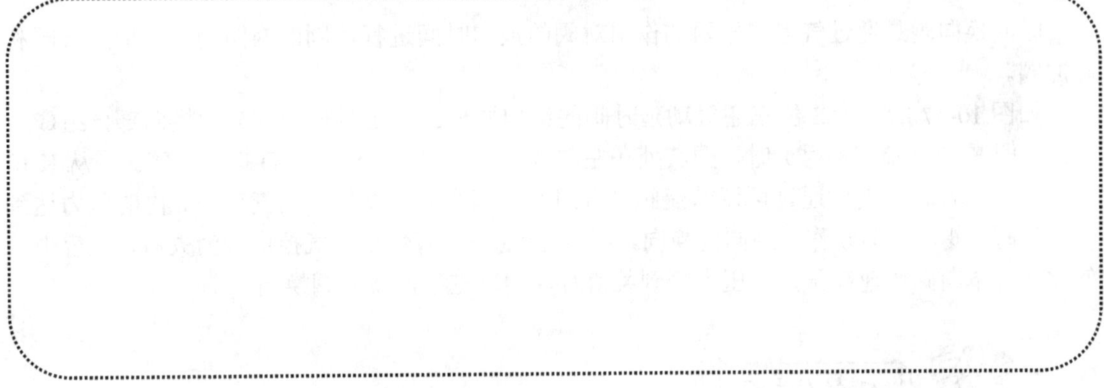

如图 10-56 所示，双作用气缸将圆柱形工件推向测量装置。工件通过气缸的连续运动而被分离。

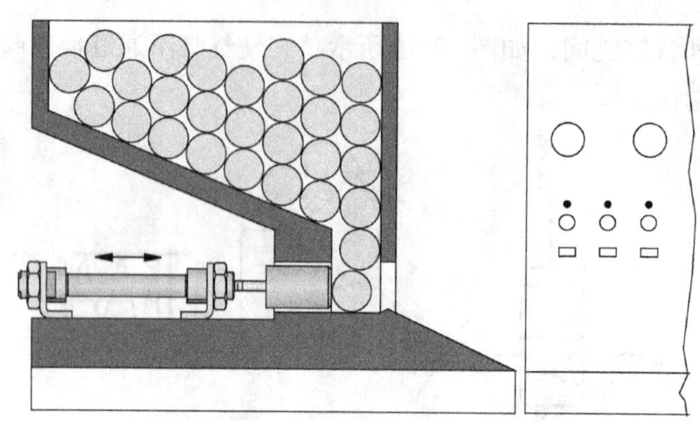

图 10-56　圆柱工件分离装置

控制要求：按下启动按钮，气缸伸出，气缸的进程时间 $t_1 = 0.6$ 秒。气缸在前进的末端位置停留时间 $t_2 = 1.0$ 秒。停留结束之后，气缸缩回，回程时间 $t_3 = 0.4$ 秒。周期循环时间 $t_4 = 2.0$ 秒。

要求：

（1）确定所需气动元件，设计并绘制圆柱工件分离装置的气动回路图。

（2）应用 FluidSim 软件进行对所设计的气动回路进行仿真。

（3）在气动实训台上对回路进行安装和调试。

问题 1：气缸往复循环时间是由哪几个元件控制的？分别控制的是哪个时间？

问题 2：工作压力的大小是如何决定循环时间的？

10.5.4　延时阀的选取和使用(Selection and Use of Phasing Time-delay Valve)

时间换向阀是通过气容或气阻的作用对阀的换向时间进行控制的换向阀。包括延时阀和脉冲阀。

如图 10-57 所示为二位三通气动延时阀的结构原理。由延时控制部分和换向部分组成。常态（即 K 口无控制信号）时，阀芯处在左端位置，P、A 断开，A、O 接通排气。当从 K 口通入气控信号时，气体通过可调节流阀（气阻）使气容腔 a 充气，当气容腔 a 内的压力达到一定值时，阀芯向右动作，换向阀换向，P、A 接通，A 有输出；气控信号消失后，气容中的气体通过单向阀快速卸压，当压力降到某值时，阀芯左移，换向阀换向。

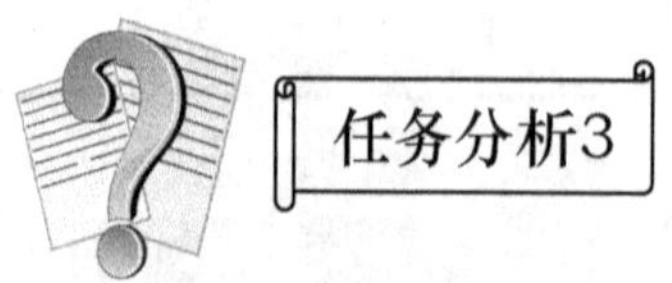

在任务 3 中，气缸的伸缩可用双气控换向阀来控制。双气控换向阀的一端通过一个带自锁的二位三通手动控制阀、一个行程阀和一个双压阀来控制，另一端通过一个行程阀和一个延时阀来控制。

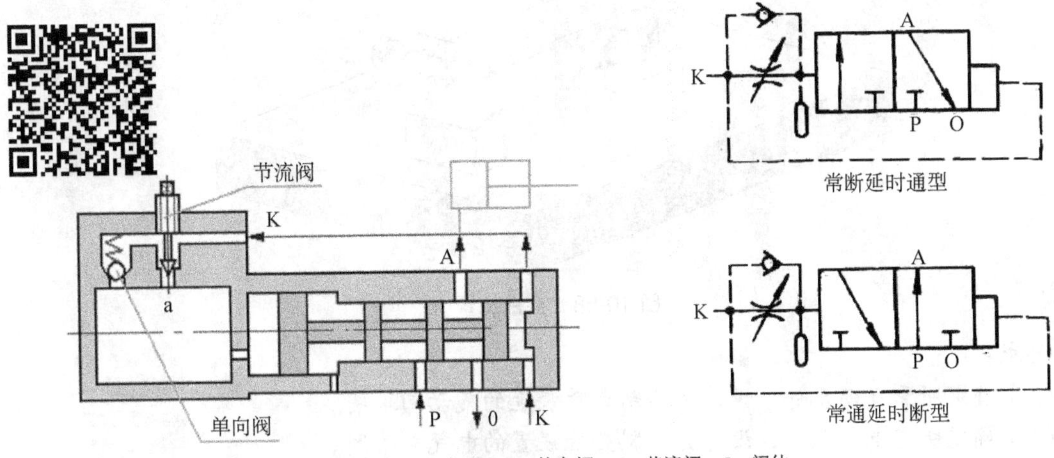

1—气容；2—阀芯；3—单向阀；4—节流阀；5—阀体

图 10-57 气动延时换向阀

任务实施3

将设计好的气动回路画到下方的方框中，并完成气动回路的安装与调试。

任务描述4

如图 10-58 所示，使用夹紧装置将工件夹紧。按下按钮后，气缸活塞杆伸出，气缸活塞杆上的夹爪前进，将工件夹紧；按下另一个按钮后，气缸缩回，夹爪返回到初始位置；当由于误操作把两个按钮同时按下时，气缸上的可移动夹爪保持不动。

控制要求：

（1）两按钮均采用点动按钮。

（2）气缸采用双作用气缸。

（3）气缸的伸出和缩回用双电控电磁换向阀控制。

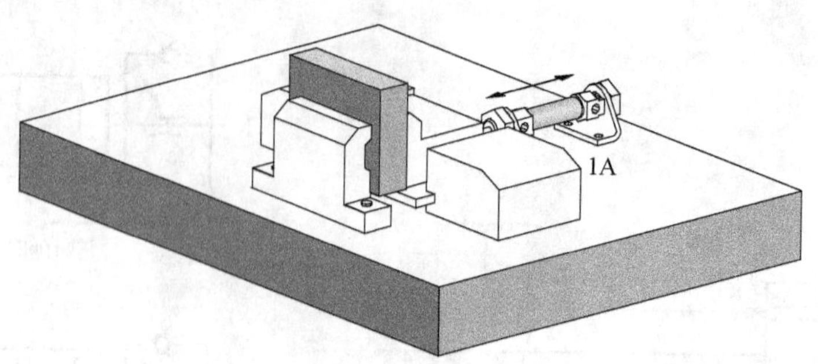

图 10-58　夹紧装置

要求：

（1）确定所需气动元件，设计并绘制夹紧装置的气动回路图。

（2）确定所需电气元件，设计并绘制夹紧装置的电气回路图。

（3）应用 FluidSim 软件对所设计的电气和气动回路进行仿真。

（4）在气动实训台上对气动回路和电气回路进行连接和调试。

任务实施4

将设计好的气动回路和控制电路画到下方的方框中，并完成气动和电气回路的安装与调试。

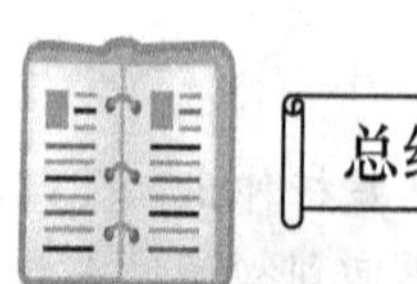

总结

1. 梭阀为或门元件，梭阀的作用主要在于选择信号，相当于或门逻辑功能。
2. 双压阀为与门元件，两端必须同时有输入，才会有输出。
3. 气控延时阀是通过气容或气阻的作用对阀的换向时间进行控制的换向阀。

项目拓展

一、行业标准

1. GB-T 22108.1—2008 气动压缩空气过滤器　第 1 部分　商务文件中包含的主要特性和产品标识要求

2. GB-T 22108.2—2008 气动压缩空气过滤器　第 2 部分　评定商务文件中包含的主要特性的测试方法

3. GB-T 14514.1—1993 气动管接头试验方法

4. GB-T 14514.2—1993 气动快换接头试验方法

5. GB-T 7940.1—2008 气动　五气口方向控制阀　第 1 部分：不带电气接头的安装面

6. GB-T 7940.2—2008 气动　五气口方向控制阀　第 2 部分：带可选电气接头的安装面

7. GB-T 14038—2008 气动连接　气口和螺柱端

8. JB-T 6378—2008 气动换向阀技术条件

9. GB-T 8102—2008 缸内径 8mm～25mm 的单杆气缸安装尺寸

10. JB-T 10606—2006 气动流量控制阀

11. GB-T 22107—2008 气动方向控制阀 切换时间的测量

12. GB-T 7932—2003 气动系统通用技术条件

二、现场案例

1. 现场案例 更换挖改钻机液压油

2. 现场案例 掘进机液压系统故障排除案例分析

3. 现场案例 控制阀组的故障诊断

4. 现场案例 液压油缸修复

5. 现场案例 液压凿岩台车主油泵故障诊断

参考文献

[1] 左健民. 液压与气压传动（第 5 版）[M]. 北京：机械工业出版社，2016.

[2] 王秋敏，赵秀华. 液压与气动系统安装与调试 [M]. 天津：天津大学出版社，2013.

[3] 高殿荣，王益群. 液压工程师技术手册（第二版）[M]. 北京：化学工业出版社，2016.

[4]《机械设计手册》编委会. 机械设计手册单行本——液压传动与控制 [M]. 北京：机械工业出版社，2007.

[5] 李新德. 液压系统故障诊断与维修技术手册（第 2 版）[M]. 北京：中国电力出版社，2013.

[6] 成大先. 机械设计手册（第六版）：单行本. 液压传动 [M]. 北京：化学工业出版社，2017.

[7] SMC（中国）有限公司. 现代实用气动技术（第 3 版）[M]. 北京：机械工业出版社，2008.

[8] 宋锦春. 液压技术实用手册 [M]. 北京：中国电力出版社，2011.

[9] 刘军营，韩克镇，许同乐. 液压与气压传动 [M]. 北京：机械工业出版社，2015.

[10] 赵波，王宏元. 液压与气动技术（第 4 版）[M]. 北京：机械工业出版社，2015.

[11] 白柳，于军. 液压与气动技术 [M]. 北京：机械工业出版社，2011.

[12] 刘银水. 液压与气压传动学习指导与习题集（第 2 版）[M]. 北京：机械工业出版社，2011.

[13] 陈尧明，许福玲. 液压与气压传动学习指导与习题集 [M]. 北京：机械工业出版社，2005.

[14] 刘延俊. 液压与气压传动 [M]. 北京：清华大学出版社，2010.

[15] 张利平. 液压气动技术速查手册（第二版）[M]. 北京：化学工业出版社，2016.

[16] 沈向东. 气压传动 [M]. 北京：机械工业出版社，2012.

[17] 胡家富，王庆胜等. 液压、气动系统应用技术 [M]. 北京：中国电力出版社，2011.

[18] 陈启复，中国液压气动密封件工业协会组. 中国气动工业发展史 [M]. 北京：机械工业出版社，2012.

[19] 孙名楷. 液压与气动技能训练 [M]. 北京：电子工业出版社，2009.

[20] 吴晓明. 现代气动元件与系统 [M]. 北京：化学工业出版社，2014.

[21] 陆勇星. 液压与气动综合实训 [M]. 北京：科学出版社，2016.

参考文献